KB117645

다 정 한
물 리 학

다정한
HOW TO MAKE
AN APPLE PIE
FROM SCRATCH
해리 클리프 지음
박병철 옮김
물리학
거대한 우주와 물질의 기원을 탐구하고 싶을 때

다산사이언스

비키와 로버트에게

고마운 마음을 전하며

아무것도 없는 무無의 상태에서 사과파이를 만들려면,

먼저 우주부터 만들어야 한다.

– 칼 세이건Carl Sagan

차 례

다정한 물리학

프롤로그

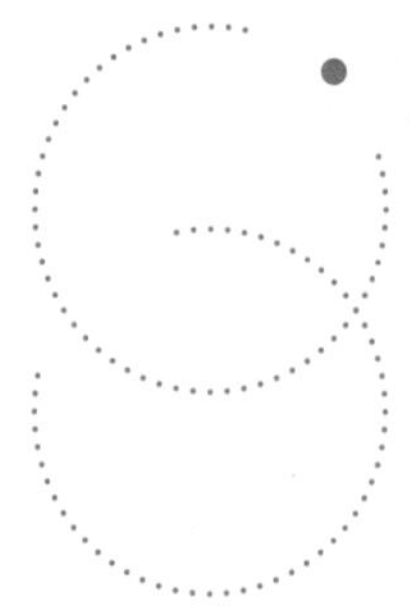

2010년 3월의 어느 쌀쌀한 아침, 나는 페르네-볼테르**Ferney-Voltaire**(프랑스 남동부에 있는 작은 마을: 옮긴이)라는 코뮌**commune**(프랑스의 최소 행정 구역. 우리나라의 읍, 또는 면에 해당함: 옮긴이)에 도착하여 울타리로 에워싸인 건물 앞에 차를 세웠다.

CERN SITE 8

ACCÈS RÉSERVÉ AUX PERSONNES AUTORISÉES

(CERN 8구역 관계자 외 출입금지)

나는 운전대가 오른쪽에 달린 자동차의 조수석 창문 쪽으로 몸을 잔뜩 뻗어서 출입증을 판독기에 갖다댔는데, 아무런 반응이 없다. 어라? 출입 신청이 아직 접수되지 않은 건가? 뒤를 돌아보니 건물에 들어가려는 차들이 내 뒤에 줄줄이 서 있다. 당황한 나는 출입증을 판독기에 대고 마구 비벼댔지만 굳게 닫힌 문은 꿈적도 하지 않는다. 고등학교 때 배운 어설픈 불어 실력으로나마 경비원에게 사정을 설명하기 위해 차에서 내리려고 하는데, 다행히 문이 삐걱거리며 열리기 시작했다.

제네바 공항 활주로의 경계를 표시하는 울타리 맞은편의 주 실험동 뒤편에 어렵사리 주차를 마치고 차에서 내렸더니, 메랭Meyrin(스위스 제네바주에 속한 도시: 옮긴이)의 향수 공장에서 날아온 역하도록 달콤한 냄새가 차가운 공기를 타고 날아와 내 코를 자극했다. 나는 외투 주머니에 손을 찔러 넣고 '3894호 빌딩Building 3894'이라는 썰렁한 이름이 붙어 있는 1층짜리 건물로 걸어 들어갔다.

건물 안에는 꽤 많은 사람들이 긴 테이블에 둘러앉아 회의가 시작되기를 기다리며 영어, 프랑스어, 독일어, 이탈리아어 등으로 옆 사람과 잡담을 나누고 있었고, 간간이 커피를 마시거나 심각한 표정으로 노트북 컴퓨터를 노려보는 사람도 있었다. 나는 내 이름이 호명되지 않기를 바라면서 테이블에서 떨어져 있는 제2열 의자에 자리를 잡고 앉았다.

우리들이 앉아 있는 곳에서 지하 100m 아래에는 웬만한 도시 하나를 감쌀 정도로 거대한 원형 콘크리트 터널이 뚫려 있다. 인류 역사상 가장 크고 강력한 기계인 '대형강입자충돌기Large Hadron Collider, LHC'가 이제 막 첫 가동에 들어갈 참이다. 앞으로 며칠 후면 이 엄청난 고리형 입자가속기는 아원자 입자subatomic particles(원자보다 작은 입자, 또는 원자를 구성하는 입자. 전자, 양성자, 중성자 등: 옮긴이)들을 엄청나게 빠른 속도로 충돌시켜서, 찰나의 순간이나마 빅뱅big bang 초기에 존재했던 극단적 환경을 만들어낼 것이다.

이렇게 만들어진 "초미세 격변"은 LHC 고리에서 수 km 떨어진 곳에 있는 4개의 감지기에 도달하여 소중한 데이터로 기록된다. 지하에 설치된 이 감지기는 규모가 거의 대성당만큼 커서, 사실 '~기器'로 끝나는 이름보다 '감지 본부'라는 명칭이 더 어울린다. 이들 중 하나가 바로 지금 우리 발밑에서 출발선에 선 단거리 육상선수처럼 만반의 준비를 갖추고 출발신호를 기다리고 있다. 대형강입자가속기뷰티Large Hadron Collider beauty, LHCb로 명명된 이 감지기에는 무려 6,000톤에 달하는 강철과 알루미늄, 실리콘, 광섬유 케이블 등이 투입되었다.

오늘이 있기까지 정말 오랜 시간이 걸렸다. 내 연구 동료 중에는 학위를 받은 직후부터 지금까지, 감지기를 건설하는 데 모든 시간을 바친 사람도 있다. 20년 동안 계획을 세우고, 자금을 확보하고, 수많은 부품을 설계하고, 시험하고, 조립한 끝에 드디어 인류 역사상 가장 복잡하고 정교한 감지기가 탄생한 것이다. 이제 며칠 후면 LHC에서 가속된 입자들이 감지기 안에서 최초의 충돌을 일으킬 예정이다.

당시 24살의 대학원생(박사과정 2년 차)이었던 나는 3개월짜리 프로젝트에 참여하기 위해 몇 주 전에 제네바에 도착하여 세계 최대, 세계 최고의 입자물리학 연구소인 유럽 원자핵 공동연구소CERN, European Organization for Nuclear Research에서 기거하던 중이었다. 그동안 나는 이 거대한 연구단지를 돌아다니면서 미로 같은 건물 구조와 각 연구실의 위치를 파악하고, 2월의 눈보라와 사투를 벌이고, "밤 10시 이후에는 화장실 물을 내리지 않는다"는 스위스식 에티켓을 배워나갔다. 그리고 CERN에서 나에게 주어진 임무는 LHCb의 수많은 하위 시스템이 최상의 상태를 유지하도록 관리하는 것이었다. 만일 이들 중 단 하나라도 오작동을 일으키면, 20년을 기다려서 얻은 데이터가 한순간에 무용지물이 된다.

내가 LHCb를 처음 본 것은 1년 반 전의 일이었다. 그때 독일 출신의 물리학자로 CERN에서 박사후과정postdoc(박사학위를 받은 후 정규 교수로 채용되기 전에 거치는 연구 과정: 옮긴이)을 보내고 있던 울리Uli가 LHCb에 접근하는 복잡한 절차를 나에게 일일이 알려주었는데, 가장 먼저 한 일은 지하를 돌아다니는 동안 방사능에 노출된 정도를 기록하는 배지를 몸에 부착하는 것이었다. 그 후 홍채 스캐너 앞에 서서 신분을 확인하니 우주선의 에어록airlock처럼 생긴 푸른색 문이 열렸고, 그 안으로 들어가 금속제 엘리베이터를 타고 지하 105m를 내려가서 사람들이 '피트pit(구덩이 또는 갱도)'라고 부르는 으스스한 곳에 도달했다.

입구를 막고 있는 육중한 문을 열고 들어가니 평생 한 번도 본 적 없는 이상한 지하세계가 펼쳐졌다. 요란한 소리를 내며 회전하는 기계와 빨강, 노랑, 파란색 페인트로 칠해진 철제 기중기가 제일 먼저 시야에 들어왔고, 수 km의 전선과 파이프를 따라 나 있는 거대한 콘크리트 터널도 인상적이었다. 그런데 방사능 경고문이 커다랗게 적힌 여러 개의 보안용 문을 지나 두께 12m 벽 사이에 있는 좁은 통로를 한동안 따라갔더니, 갑자기 엄청나게 큰 콘크리트 동굴이 눈앞에 나타났다.

이곳에 처음 온 사람들은 그 거대한 규모에 완전히 압도된다. 일단 LHCb는 크다. 높이 10m, 길이 21m짜리 복잡한 기계장치가 동굴을 완전히 가로지르고 있다. 언뜻 봐서는 대체 어디에 쓰는 물건인지 알 길이 없다. 당장 눈에 보이는 것이라곤 이리저리 나 있는 계단과 철제 난간, 그리고 초록색과 노란색으로 칠해진 비계scaffolding(높은 곳에서 일할 수 있도록 설치한 임시가설물: 옮긴이)뿐이다. 감지기의 핵심인 예민한 부품들은 대부분 보이지 않는 곳에 숨어 있다. 동굴 벽을 그물처럼 덮고 있는 케이블은 감지기에 전원을 공급하고, 수백만 개의 초소형-초정밀 센서에서 홍수처럼 쏟아지는 데이터를 컴퓨터에 전송한다. LHCb는 광속보다 아주 조금 느린 입자들이 충돌할 때 튀어나온 수천 개 소립자들의 경로를 수천분의 1mm 오차 이내로 측정할 수 있으며, 이 작업을 1초에 수백만 번 수행할 수 있다.

그러나 LHCb에서 가장 놀라운 점은 그것이 만들어진 방식이다. LHC와 연결되어 있는 네 개의 실험동이 모두 그렇듯이, LHCb는 "현대판 바벨탑"이라 불릴 만하다. 이곳에 설치된 모든 부품은 브라질의 리우데자네이루Rio de Janeiro에서 러시아의 노보시비르스크Novosibirsk에 이르기까지, 전 세계 수십 개 대학의 물리학자와 공학자들이 설계 단계부터 서로 긴밀하게 협조하여 만들어낸 국제적 합작품이다. 이 많은 부품이 제네바 외곽에 있는 거대한 동굴에서 조립되어 하나의 실험도구로 탄생한 것이다. 내가 보기에는 이 장치가 제대로 작동한다는 사실 자체가 기적이다.

케임브리지에 있는 나의 동료들은 지난 10년 동안 부 검출기subdetector(입자의 종류를 판별하는 장치)에서 전송된 데이터를 판독하는 전자장비의 설계 및 제작, 그리고 테스트를 도맡아 왔다. 나도 그 연구팀의 일원이었는데, 나에게 주어진 임무는 전자장비를 제어하는 소프트웨어가 다양한 상황에서 정상적으로 작동하는지 확인하는 것이었다. 이 과정에서 단 하나의 실수만 있어도 LHC가 가동을 시작하는 디데이에 심각한 문제가 야기될 수 있다. 물론 나는 거대한 프로젝트의 작은 톱니바퀴 하나에 불과했지만, 지난 20년에 걸쳐 70개국에서 참여한 수백 명의 물리학자와 10여 개 나라에서 6,500만 유로를 투자하여 만든 거대한 실험장비가 나 한 사람 때문에 무용지물이 될 수도 있다고 생각하니 머리카락이 곤두설 지경이었다. 누구나 같은 심정이었겠지만, 나 역시 마지막 순간에 일을 그르친 장본인이 되는 것은 꿈에서조차 떠올리기 싫은 일이었다.

회장이 회의 시작을 알리자, 모든 잡담이 끊기면서 방 안이 물을 끼얹은 듯 조용해졌다. 내 주변의 동료들은 지난 며칠간 잠을 못 잔 기색이 역력했지만, 눈빛만은 그 어느 때보다 초롱초롱했다. 오늘은 지금까지 내가 물리학자로서 쌓아온 모든 경력이 중요한 심판대에 오르는 날이다. 회의의 첫 번째 안건은 이곳 사람들 사이에서 "머신**the Machine**(기계)"으로 불리는 LHC의 야간 작업일정을 보고하는 것이었다. 그렇다, 이 자리에 모인 사람들이 그토록 기다려 왔던 바로 그 "머신" 말이다.

LHC는 30년 넘게 진행된 역사상 최대 규모의 과학 프로젝트로부터 탄생한 결과물이다. 그 내부를 들여다보면 최고가 아닌 것이 없다. 일단 크기부터 압도적이다. LHC는 세계에서 가장 큰 과학 장비이자, 분야를 막론하고 세계에서 가장 큰 기계이다. 물론 "세계에서 가장 크다"는 말은 "인류 역사를 통틀어 가장 크다"는 말이기도 하다. 고리형 터널의 둘레는 약 27km인데, 한 바퀴 도는 동안 스위스와 프랑스의 국경을 네 번이나 넘나든다(국경을 통과하는 곳에는 터널 벽에 영토를 표시하는 국기가 그려져 있다). 입자빔이 지나가는 파이프의 내부는 성간공간**interstellar space**(별과 별 사이의 빈 공간: 옮긴이)보다 더욱 심하게 텅 빈 상태여서, −271.3°C라는 극저온 상태를 유지하고 있다(절대온도 0K보다 2도쯤 높다). 입자의 길을 유도하는 수천 개의 초전도자석들이 이 정도로 낮은 온도에서만 제대로 작동하기 때문이다. 온도를 낮추려면 약 1만 톤의 액체질소와 큰 도시의 전력소비량에 맞먹는 전력을 투입하여 120톤이 넘는 초유동체 액체헬륨을 생산한 후, 펌프를 통해 LHC의 자석으로 흘려보내야 한다.[1] 단연 세계 최대의 냉각시스템이다. 앞으로 며칠 후 이 거대한 기계가 가동되기 시작하면, 광속의 99.999996%까지 가속된 양성자proton들이 LHCb를 포함한 네 곳의 감지기에서 서로 정면충돌하여 새로운 형태의 물질을 만들어낼 것이다. 우주가 탄생하고 1조분의 1초까지 존재했다가, 그 후로 지금까지 다량으로 존재한 적이 없는 매우 희귀한 물질이다.

몇 년에 걸쳐 설계하고, 재원을 확보하고, 수천 명의 물리학자를 모으고, 첨단 도시공학을 구현하고(액체수소로 얼어붙은 지하터널 파기), 기기를 만들고, 시험가동하고, 수백만 개에 달하는 부품을 조립하고, 35톤짜리 자석에서 초미세 실리콘 센서에 이르는 온갖 주변기기를 설치하고… 이 모든 과정을 완수한 것은 오직 하나의 목적을 이루기 위해서였다. "인간의 본성인 호기심을 충족시킨다"는 목적이 바로 그것이다. 일부 언론들, 특히 영국의 《데일리 익스프레스UK's Daily Express》는 "CERN이 LHC를 이용하여 불길한 차원으로 가는 문을 열려고 한다"거나 "신神을 불러오려 한다"는 등, 근거 없는 기사를 여러 차례 실어왔다[2][넷플릭스의 인기드라마 〈기묘한 이야기Strange Things〉에서 "뒤집힌 세계Upside Down"로 가는 문이 열린 것은 CERN의 잘못일 수도 있다(Strange, Up, Down은 모두 쿼크quark라는 소립자의 이름이다: 옮긴이)].[3] 그러나 LHC의 목적은 만물의 구성요소와 우주의 탄생비화를 알아내는 것뿐, 여론에서 말하는 은밀한 목적 같은 것은 눈곱만큼도 없다.

지금 우리에게는 반드시 답을 찾아야 할 "정말로 중요한 질문"이 주어져 있다. 물리학자들은 우주 만물의 가장 근본적인 구성요소를 설명하기 위해 '표준모형Standard Model'이라는 이론을 구축해 놓았다. 수천 명의 이론가와 실험가들이 수십 년 동안 긴밀하게 협조하면서 어렵게 만들어낸 이론이다. 이 정도면 인간의 지성이 쌓은 가장 위대한 금자탑으로 손색이 없는데, 최고의 이론치고는 이름이 너무 썰렁하다. 어쨌거나 표준모형에 의하면 우리 주변에 있는 모든 물질(은하, 별, 행성, 인간 등)은 단 몇 종류의 입자들로 이루어져 있으며, 이들이 몇 가지 기본힘을 통해 결합하여 다양한 원자와 분자를 만들어낸다. 표준모형은 태양이 빛을 발하는 이유에서 빛의 본질과 사물이 질량을 갖는 이유에 이르기까지, 거의 모든 것을 설명하는 이론이다. 게다가 표준모형은 지난 50년 동안 우리가 제기할 수 있는 모든 테스트를 완벽하게 통과했으니, "과학 역사상 가장 성공적인 이론"으로 불러도 전혀 어색하지 않다.

그럼에도 불구하고 물리학자들은 표준모형이 틀렸거나, 아직 불완전하다는 사실을 잘 알고 있다. 이미 알려진 현상에 관한 한 표준모형은 완벽한 답을 제시하고 있지만, 현대물리학의 가장 큰 미스터리로 들어가면 어깨를 으쓱거리거나 모순된 답을 줄줄이 내놓을 뿐이다. 자세한 사연을 설명하기 전에 미리 알아둬야 할 것이 있다. 천문학자와 우주론학자들은 지난 수십 년 동안 우주를 부지런히 관측한 끝에, "우주의 95%는 눈에 보이지 않는 암흑에너지dark energy와 암흑물질dark matter로 이루어져 있다"는 난처한 결론에 도달했다. 이들의 정체가 무엇이건 간에(사실 알아낸 것도 별로 없다), 표준모형에 등장하는 입자로 이루어지지 않았다는 것만은 분명하다. 우주에서 우리가 알고 있는 것이 단 5%뿐이라는 것만도 충분히 당혹스러운데, 난처한 것은 이뿐만이 아니다. 표준모형에 의하면 우주에 존재하는 모든 물질은 빅뱅이 일어나고 100만분의 1초가 지났을 때 반물질과 결합하여 완전히 사라졌어야 한다. 다시 말해서 우리의 우주는 별도, 행성도, 인간도 없는 "텅 빈 우주"가 되었어야 한다는 뜻이다.

그러나 우리의 우주에는 별이 있고, 행성도 있고, 인간도 존재한다. 표준모형이 엉뚱한 주장을 하고 있는 것이다. 그러므로 우주에는 아직 발견되지 않은 기본 입자가 존재할 가능성이 아주 높다.

다시 LHC로 돌아가 보자. 설레는 마음으로 회의실에 모였던 2010년 3월, 우리는 "LHC가 만들어낸 충돌사건에서 무언가 새로운 현상을 발견하게 될 것"이라고 굳게 믿고 있었다. 그렇게 되기만 하면, 우리는 과학의 가장 큰 미스터리를 해결하는 역사적 장도壯途의 선발대가 되는 셈이다.

대학원 박사과정에 갓 입학했던 2008년, 나는 LHC가 가동되는 현장에서 입자물리학을 연구하는 최초의 학생이 되리라는 생각에 잔뜩 들떠 있었다. 1970년대 후반부터 개발된 120억 유로짜리 "머신"에서 얻은 데이터를 최초로 접하는 학생이 전 세계에 과연 몇 명이나 될까? 그중 한 사람이 되는 것은 두말할 것도 없이 엄청난 영예이자 행운이었다.[4] 내가 영국 케임브리지의 새 연구소에 도착하기 며칠 전인 2008년 9월 10일, 전 세계 언론의 집중조명을 받으며 드디어 첫 번째 양성자가 LHC의 27km짜리 고리형 터널을 내달리기 시작했다. CERN의 물리학자와 공학자들은 샴페인을 터뜨리며 성공적인 첫 가동을 자축했고, 입자물리학은 잠시나마 각국 신문의 헤드라인을 장식했다.

그로부터 며칠 후, LHC는 사뭇 다른 이유로 또다시 뉴스에 등장했다. 9월 19일 정오경에 LHC의 전자석을 마지막으로 점검하던 중 거의 재앙에 가까운 사고가 발생한 것이다. 무슨 영문인지 LHC 제어본부LHC Control Center(NASA의 임무제어본부Mission Control Center에 해당함)에 설치된 모든 모니터가 일제히 붉은색으로 변했고, 점검과정을 지켜보던 공학자들은 일제히 패닉에 빠졌다. 훗날 나는 그 자리에 있었던 공학자 중 한 사람과 대화를 나눈 적이 있는데, "가속기를 제어하는 소프트웨어에 문제가 있다"고 생각할 정도로 모든 경보장치가 동시에 울렸다고 한다. 몇 시간 후 터널 내부로 들어간 공학자들은 생각보다 사태가 훨씬 심각하다는 것을 금방 알 수 있었다.

전선의 연결상태가 느슨한 곳에서 발생한 스파크 때문에 초전도자석을 식히는 액체헬륨이 끓기 시작했고, 여기서 발생한 충격파가 750m 구간에 걸쳐 가속기에 손상을 입혔다.[5] 그 여파로 길이 15m에 무게가 무려 35톤에 달하는 전자석이 지지대에서 떨어져 나와 터널 바닥에 흩어졌고, 전선 연결 부위가 기화되어 입자빔이 지나가는 파이프 수백 m가 시커멓게 그을렸다.

정상복구될 때까지 최소한 1년 이상이 소요되는 대형 사고였다. CERN의 공학자들은 자존심에 큰 상처를 입었지만 곧바로 수리 작업에 착수했고, 13개월 동안 2,500만 유로를 추가로 투입한 끝에 드디어 2009년 11월 20일에 시험용 양성자를 LHC에 흘려보내는 데 성공했다. 그러나 이것은 LHC가 발휘할 수 있는 최대에너지의 극히 일부만 발휘된 "연습용 가동"이었다(CERN의 관계자들은 2008년 9월에 발생한 대형 참사를 "사소한 사고"라고 완곡하게 표현하곤 했다).

그 후로 약 4개월이 지난 2010년 3월, 중요한 회의가 소집되어 3894호 빌딩 회의실에 우리가 모인 것이다. 이제 '머신'이 본격적으로 가동되면 지금까지 한 번도 도달한 적 없는 고에너지 영역에서 암흑물질과 힉스보손**Higgs boson**(힉스입자)을 찾고, 초미니 블랙홀을 창조하고, 아무도 상상하지 못한 새로운 물질을 발견하게 될 것이다. 물론 신나는 일이지만, 그만큼 부담감도 크다. 그날 테이블에 둘러앉은 다른 사람들도 이 일이 얼마나 중요한 과업인지 잘 알고 있었다.

의장은 침착한 말투로 보고서를 읽어 내려갔다. 간간이 근처 비행장에서 들려오는 여객기 엔진 소리에 목소리가 묻히긴 했지만, 어떤 내용인지는 대충 알 수 있었다. 그는 몇 차례의 정전사고에도 불구하고 LHC의 야간 수리 작업이 순조롭게 진행되었으며, 며칠 이내에 입자의 충돌 흔적을 볼 수 있을 거라고 했다. 그리고 의장이 테이블 주변을 걸어 다니는 동안 네덜란드, 스페인, 러시아, 독일, 이탈리아 등지에서 온 물리학자들은 자신이 맡은 하부 구조의 개선사항을 완벽한 영어로 설명해 나갔다. 그런데 프랑스에서 온 한 물리학자가 예고도 없이 보고서를 프랑스어로 읽는 바람에 갑자기 분위기가 썰렁해졌다. 사람들의 따가운 눈총에도 불구하고, 그는 당당하게 말했다—"잘 모르시나 본데, CERN에서는 영어뿐만 아니라 프랑스어도 공용어로 인정하고 있습니다. 게다가 지금 여러분이 앉아 있는 이곳은 엄연히 프랑스 땅이라고요." 맞는 말이긴 한데, CERN에서 개최된 대부분의 회의는 특별한 이유가 없는 한 영어로 진행된다. 아마도 그 프랑스인은 실험과 관련된 전문용어를 영어로 구사하는 사람들이 살짝 거슬렸던 모양이다.

내 차례가 다가오자 심장이 빠르게 뛰기 시작했다. 사실 우리 연구팀은 며칠 전 새벽에 전자제어 소프트웨어에서 약간의 문제점을 발견하고 완전 패닉상태에 빠졌었다. 다행히 그 문제는 고전적인 방법으로 해결되었고(전원 껐다가 다시 켜기), 그 후로는 모든 것이 정상적으로 돌아갔다. 그러나 마음 한구석에는 문제의 원인을 찾지 못했다는 불안감이 나를 괴롭히고 있었다.

나는 후속 질문이 나오지 않기를 간절히 바라면서 조심스럽게 입을 열었다. "지난 24시간 동안 달라진 사항이 없습니다. 모든 것이 정상입니다." 다행히도 의장은 다음 발표자에게 관심을 돌렸고, 몇 건의 발표가 이어지고 나니 모든 것이 명백해졌다. LHCb가 가동준비를 마친 것이다.

회의를 마치고 주차장으로 걸어가는데, 저 멀리 냉각탑에서 뿜어져 나온 증기구름이 눈에 들어왔다. 그것은 지하에서 거대한 '머신'

이 으르렁대고 있음을 보여주는 유일한 증거였다. 제네바 공항과 쥐라산맥Jura Mountains(프랑스-스위스-독일에 걸쳐 있는 산맥. 프랑스와 스위스의 자연국경 역할을 함: 옮긴이) 사이에 사는 사람들 중 자신의 발밑에서 무슨 일이 벌어지고 있는지 아는 사람이 과연 몇이나 될까?

그로부터 일주일이 지난 2010년 3월 30일, CERN의 공학자들은 LHC에서 두 가닥의 양성자 빔을 생성하여 정면으로 충돌시키는데 성공했다. 난이도를 비유하자면 대서양의 양 끝에서 각각 바늘을 하나씩 발사하여 중간지점에서 충돌시키는 것과 비슷하다. 첫 번째 양성자가 충돌하면서 엄청난 에너지로부터 물질이 탄생했고, CERN의 관제실에 설치된 대형스크린에는 찰나와 같은 창조의 순간이 선명한 영상으로 나타났다. LHCb의 조그만 제어실을 가득 채운 물리학자들은 숨소리까지 죽여가며 모니터를 바라보다가, 충돌이 확인되던 순간 어린아이들처럼 길길이 뛰며 환호성을 질렀다. 20년에 걸친 노력이 드디어 결실을 맺은 것이다.

그날은 인류의 가장 야심 찬 지적 탐구 여정이 새로운 단계로 진입한 날이었다. 지난 수백 년 동안 과학자들은 자연의 가장 근본적인 구성요소와 그들의 출처를 밝히고, 이로부터 우주를 만드는 '조리법'을 알아내기 위해 끊임없이 노력해 왔다. 이 책은 바로 그 여정에 관한 이야기다. 여기에는 지난 수백 년 동안 수천 명의 사람이 물질의 구성요소를 조금씩 발견하고, 죽어가는 별의 중심부에서 그 기원을 추적하다가 빅뱅의 순간까지 거슬러 올라가는 파란만장한 이야기가 담겨 있다. 그것은 화학과 원자, 핵, 입자물리학, 천체물리학, 그리고 우주론에 관한 이야기이자, 나의 개인적 임무인 "사과파이 만들기"에 관한 이야기이기도 하다. 갑자기 웬 사과파이 타령이냐고? 여기에는 약간의 설명이 필요할 것 같다.

1980년에 방영된 TV 다큐멘터리 시리즈 〈코스모스Cosmos〉에서, 미국의 천체물리학자 칼 세이건Carl Sagan은 시청자를 상상의 우주선에 태우고 우주를 가로지르는 장대한 여행길에 올랐다. 당시 이 시리즈를 본 시청자는 거실 소파에 편안히 앉아 머나먼 은하를 구경하고, 생명의 기원을 찾고, 별의 탄생과 죽음을 생생하게 볼 수 있었다. 또한 〈코스모스〉는 지금으로부터 거의 40년 전에 만들어졌기에, 시간과 공간을 가로지르는 여행은 수많은 후일담을 낳았다.

칼 세이건은 특유의 과장된 말투 때문에 가끔 사람들의 놀림감이 되곤 했다. 그가 진행한 〈코스모스〉 시리즈의 9편은 칠흑같이 어두운 배경에 작은 초록색 점이 나타나는 장면으로 시작된다. 처음에는 우주공간을 표류하는 떠돌이 행성처럼 보이는데, 서서히 확대해 보니 무언가 이상하다. 그러다 시청자들이 "아하, 행성이 아니라 사과였구나!"라고 깨닫는 순간, 갑자기 나타난 부엌칼이 사과를 사정없이 두 조각으로 자르고, 그 후에는 조리사가 롤링핀rolling pin(손으로 굴려서 밀가루 반죽을 납작하게 펴는 원통 모양의 도구: 옮긴이)으로 밀가루 반죽을 펴서 무언가를 만든 후 오븐에 넣는 장면이 이어진다.

얼마 후 배경은 참나무 장식으로 유명한 케임브리지 트리니티 칼리지Trinity College의 연회장으로 바뀐다. 그곳에는 기다란 테이블이 여러 개 놓여 있고, 그중 한 테이블의 끝에 붉은 터틀넥 스웨터를 입은 칼 세이건이 앉아 있다. 웨이터가 세이건에게 갓 구운 사과파이를 권하자, 그는 카메라 쪽으로 시선을 돌리며 다음과 같은 첫 대사를 날린다—"아무것도 없는 무無의 상태에서 시작하여 사과파이를 만들려면, 우선 우주부터 만들어야 합니다."

그것이야말로 내가 전부터 보고 싶었던 요리 프로그램이었다. "오늘 〈영국제빵사The Great British Bake Off(아마추어 제빵사들이 출연하여 경합을 벌이는 TV 프로그램: 옮긴이)〉의 주제는 소금에 절인 캐러멜 파르페입니다. 조리를 시작하기 전에, 죽어가는 별을 이용하여 탄소를 만드는 방법을 메리 베리Mary Berry(영국의 요리사 겸 제빵사. 음식평론가로 TV에 자주 출연하여 인지도가 높음: 옮긴이)가 보여드릴 겁니다." 어쨌거나 세이건이 하려는 말의 요점은 사과파이가 "사과와 밀가루 반죽의 단순한 혼합"을 훨씬 뛰어넘는, 그 이상의 존재라는 것이었다. 사과파이를 충분히 크게 확대하면 초신성이 폭발할 때 우주공간으로 흩어졌거나, 빅뱅의 뜨거운 열기 속에서 생성된 수조×수조 개의 원자가 모습을 드러낼 것이다. 그러므로 사과파이 조리법을 근본부터 알고 싶다면 우주를 만드는 방법부터 알아야 한다.

스티븐 호킹Stephen Hawking은 우주 만물의 궁극적 기원을 알아내려는 행위를 두고 "신의 마음 헤아리기"라는 거창한 표현을 사용했다.[6] 그러나 나는 칼 세이건의 실용적이고 담백한 표현이 훨씬 피부에 와닿는다. 사과파이에서 시작하여 점점 잘게 잘라 나가면, 더 이상 쪼갤 수 없는 최소 단위에 도달하여 물질의 궁극적 기원을 알아낼 수 있지 않을까? 신의 마음까지는 알 수 없겠지만, 적어도 아무것도 없는 것에서 사과파이를 만드는 방법은 알 수 있지 않을까?

이 질문에 답하려면 지구 곳곳을 돌아다녀야 한다. 이탈리아의 산악지대에서 밑으로 1km 내려가 태양의 중심부를 들여다보고, 미국 뉴멕시코 봉우리 꼭대기도 올라야 한다(이곳에서는 일단의 천문학자들이 별빛에 숨어 있는 신호를 분석하고 있다). 또한 루이지애나주 남부의 소나무 숲으로 가서 시공간에 주름이 지는 소리를 듣고, 뉴욕의 연구소로 가서 거대한 입자충돌기가 빅뱅과 비슷한 온도를 만들어내는 과정도 지켜봐야 한다. 앞으로 우리는 과거와 현재의 화학자, 천문학자, 물리학자, 우주론학자들과 함께 물질의 기본단위와 변천사를 추적할 것이며, 이 과정에서 아직 풀리지 않은 수많은 미스터리와 마주하게 될 것이다(물론 이들은 영원히 풀리지 않을 수도 있다).

우주의 조리법을 알아내려면 공간뿐만 아니라 시간도 수 세기에 걸쳐 넘나들어야 한다. 그러나 모든 여행담이 그렇듯이, 우리의 여행도 평범한 가정집에서 시작된다.

1장

기본요리법

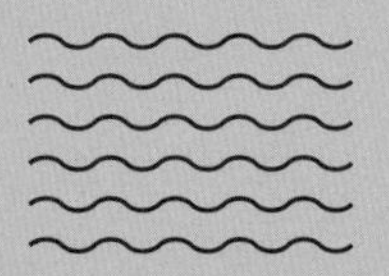

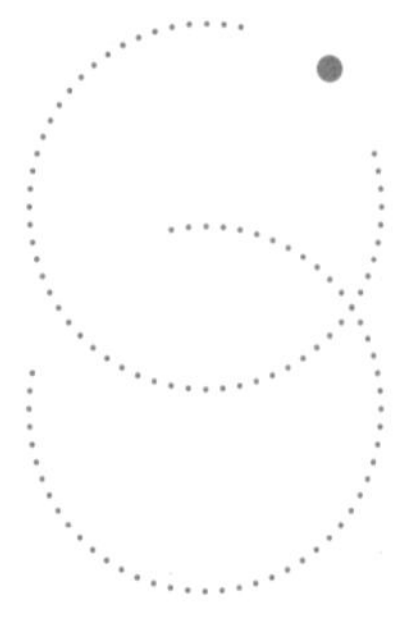

어느 여름날 오후, 나는 온라인에서 주문한 유리그릇 몇 개와 한 상자에 6개 들어있는 키플링 브램리Mr. Kipling Bramley 사과파이를 들고, 무모하고 어리석은 실험을 하기 위해 런던 남쪽 교외에 있는 부모님 집을 찾아갔다.

어린 시절에 아마추어 화학자를 자처했던 우리 아버지는 1960년대 중반에 할아버지의 정원에 있는 헛간에서 진한 화약 냄새를 사방에 풍기며 행복한 오후 시간을 보내곤 했다. 그 시절에는 누구나(특히 화학에 약간의 지식을 갖고 있으면서 안전에는 관심도 없는 청소년들도) 동네 화학용품점에서 각종 화약 등 위험한 유해물질을 마음대로 구입할 수 있었다. 하루는 아버지가 화약으로 매우 극적인 실험을 하고 있는데, 할아버지(그분은 젊었을 때 포병으로 근무했지만 총소리에 전혀 익숙하지 않았다)가 달려 나와 큰 소리로 외쳤다. "이 녀석아, 당장 그만두지 못해? 창문이 덜걱거리고 있잖아!" 참으로 순진하고 단순했던 시절이었다. 아버지는 내가 호시탐탐 노리던 분젠버너를 비롯하여 오래된 화학실험 도구를 아직도 보관하고 있고, 내가 사는 런던의 조그만 아파트는 그동안 생각해 온 실험을 하기에는 그다지 적절한 장소가 아니었다.

내가 하려던 실험은 다음과 같다—나에게 사과파이가 주어졌는데 파이와 사과, 또는 이들의 조합에 대해서는 아는 것이 하나도 없다. 이런 경우 사과파이가 무엇으로 만들어졌는지 알고 싶다면 어떻게 해야 할까? 나는 차고에 설치된 작업대 위에서 파이의 일부를 긁어내어 시험관에 넣고(이때 부서지기 쉬운 껍질과 부드러운 사과가 잘 섞여야 한다), 중앙에 작은 구멍이 뚫린 코르크 마개로 시험관 입구를 닫았다. 그리고 이 시험관을 차가운 물에 떠 있는 플라스크 병과 L자형 유리관으로 연결한 후 시험관 아래에 설치해 둔 분젠버너에 불을 붙이고 한 걸음 뒤로 물러났다.

얼마 후 파이가 캐러멜처럼 녹아내리기 시작했고, 시험관 내부는 연기로 가득 찼다. 아무래도 연기의 압력 때문에 파이 조각이 유리관 쪽으로 밀려 나갈 것 같아서 버너의 불을 조금 약하게 줄였다. 그랬더니 파이가 서서히 검게 변하면서 다행히도 연기가 유리관을 따라 플라스크 병 쪽으로 흐르기 시작했고, 얼마 후 플라스크는 하얀 연기로 가득 찼다. 다시 한번 강조하건대, 이것은 장난이 아니라 진지한 화학실험이었다!

연기의 정체가 궁금해진 나는 오랜 옛날부터 사용되어 온 화학 분석법, 즉 "코 들이대고 냄새 맡기"를 시도했다. 낭만주의 시대**Romantic Age**(18세기 말~19세기 초: 옮긴이)의 저명한 화학자 험프리 데이비**Humphry Davy**는 다양한 기체들이 인체에 미치는 영향을 확인하기 위해 본인이 직접 기체를 들이마시곤 했다. 그가 1799년에 소위 '웃음가스'로 불리는 이산화질소^{NO_2}를 발견한 것도 이런 투철한 실험정신 덕분이었다. 그 후 데이비는 종종 가까운 친구들(가끔은 젊은 여인들)과 어두운 방에 모여앉아 다량의 이산화질소를 들이마시며 웃음파티를 벌였다고 한다. 물론 추천할 만한 방법은 아니다. 하루는 데이비가 실험 도중 일산화탄소^{CO}를 지나치게 들이마시고 쓰러진 적이 있는데, 연구원들이 그를 바깥으로 끌고 나와 신선한 공기를 마시게 했더니 희미한 소리로 이렇게 중얼거렸다—"괜찮네. 오늘 죽을 것 같진 않아."[1]

그러나 사과파이에서 발생한 연기는 몇 시간 동안 집 전체에 지독한 악취를 풍겼을 뿐, 나의 정신상태에는 아무런 영향도 미치지 않았다. 플라스크 안을 들여다보니 연기의 일부가 차가운 물과 접촉하여 누런 액체로 변했고, 액체 표면에는 암갈색의 얇은 기름 막이 형성되어 있었다.

10분쯤 지난 후, 까맣게 탄 사과파이에서 더 이상 연기가 생성되지 않는 것을 확인하고 우리(아버지와 나)는 실험 종료를 선언했다. 당연한 이야기지만, 분젠버너로 10분 동안 가열한 시험관을 만질 때는 각별한 주의를 기울여야 한다. 그런데 시험관 내부를 한시라도 빨리 확인하고 싶은 마음에, 하마터면 손가락을 데일 뻔했다. 탁상용 컴퓨터가 가장 위험한 실험도구로 알려진 데에는 그럴 만한 이유가 있는 것이다.

나는 시험관이 충분히 식을 때까지 기다렸다가 그 속에 남아있는 내용물을 의자 위에 조심스럽게 털어놓았다. 사과파이는 새까만 조약돌처럼 쪼그라들었지만 표면의 일부는 밝은 빛을 반사하고 있었다. 이 단순 무식한 실험에서 사과파이의 구성성분에 대해 과연 무엇을 알아냈을까? 실험에서 얻은 최종물질은 검은 고형물과 노란 액체,

그리고 흰 기체이며, 덤으로 나의 피부와 머리카락, 그리고 입고 있던 옷에 역겨운 냄새가 잔뜩 스며들었다. 검은 고체는 타고 남은 숯 덩어리고 노란 액체는 대부분이 물이라는 정도는 알 수 있었지만, 이것만으로 사과파이의 구성성분을 알아내기에는 역부족이었다. 사과파이의 근본적인 구성성분을 알아내려면 좀 더 수준 높은 화학적 분석이 필요하다.

원소

물리학자로서 인정하긴 싫지만, 내가 학창시절에 제일 좋아했던 과목은 물리학이 아니라 화학이었다. 솔직히 말해서 물리학 실험실은 서툰 솜씨로 전기회로를 조립하거나 흔들리는 진자를 멍하니 바라보며 시간을 측정하는 등, 재미와는 완전히 담을 쌓은 곳이었다. 그러나 화학실험실에서는 합법적으로 불장난을 할 수 있고, 산酸을 갖고 놀 수도 있으며, 마그네슘 리본을 태워서 눈부신 불꽃을 만들고, 신기하게 생긴 유리그릇에 총천연색 거품을 일으키는 등 온갖 마술을 마음껏 부릴 수 있었다. 학생들의 경각심을 느슨하게 만드는 보안경과 주황색 경고문이 적혀 있는 수산화나트륨 병, 과거의 실험경력을 보여주듯 각종 독성물질로 얼룩진 하얀 실험복 등은 화학실험을 위험하면서도 짜릿한 시간으로 만드는 데 일조했다. 그리고 이 모든 것들을 질서정연하게 지휘한 주인공은 스포츠카로 출퇴근하는 멋쟁이이자 "분무식 콘돔을 발명하여 벼락부자가 된 사람"으로 소문났던 수수께끼의 화학교사, 터너 선생님Mr. Turner이었다.

내가 훗날 입자물리학자가 된 것은 그 시절에 화학에 흠뻑 빠졌기 때문이다. 입자물리학과 마찬가지로 화학은 이 세상에 존재하는 모든 물질과 기본요소들이 특정한 법칙에 따라 반응하고, 분해되고, 변하는 과정을 연구하는 학문이다. 그런데도 내가 화학 대신 물리학을 택한 이유는 화학의 세계를 지배하는 법칙이 어디서 왔는지, 그 기원을 알고 싶었기 때문이다. 만일 내가 18~19세기에 태어났다면 당연히 화학을 택했을 것이다. 그 시대에는 물질의 근본적 구성성분을 연구하는 분야가 물리학이 아닌 화학이었기 때문이다. 현대 화학에 가장 큰 업적을 남긴 사람은 다소 무모한 성격에 야망이 넘치는 프랑스의 재벌 청년, 앙투안-로랑 라부아지에Antoine-Laurent Lavoisier였다. 1743년에 프랑스 파리의 부유한 법조인 집안에서 태어난 그는 아버지에게 물려받은 막대한 재산 덕분에 웬만한 대학교 실험실을 훨씬 능가하는 최고급 개인 실험실을 꾸며놓고 언제든지 원하는 실험을 할 수 있었다. 또한 그는 같은 화학자인 아내 마리-앤 피레트 폴즈Marie-Anne Pierrette Paulze의 도움을 받아 고대 그리스 시대부터 전해 내려온 아이디어를 체계적으로 분석하고 화학원소의 개념을 정립하는 등 자칭 "현대 화학의 혁명"을 불러일으켰다.

모든 물질이 몇 종류의 기본단위(또는 원소)로 이루어져 있다는 주장은 이미 수천 년 전부터 꾸준히 제기되어 왔다. 고대 이집트와 인도, 중국, 그리고 티베트의 문헌에도 이와 비슷한 개념이 등장한다. 고대 그리스인들은 모든 물질이 흙, 물, 공기, 불이라는 네 종류의 원소로 이루어져 있다고 믿었다. 그러나 고대 그리스의 원소 개념과 요즘 고등학생들이 학교에서 배우는 화학원소 사이에는 커다란 차이가 있다.

현대 화학에서 말하는 원소란 탄소나 철, 또는 금처럼 더 이상 쪼갤 수 없고 다른 것으로 변할 수도 없는 물질을 의미한다. 그러나 고대 그리스인들은 흙, 물, 공기, 불이 일련의 변화를 거쳐 서로 교환될 수 있다고 생각했다. 또한 그들은 네 종류의 원소에 '뜨거움', '차가움', '건조함', '축축함'이라는 네 가지 특질特質, quality을 추가했다. 흙은 차가우면서 건조하고, 물은 차가우면서 축축하고, 공기는 뜨거우면서 축축하고, 불은 뜨거우면서 건조하다. 그리고 기본원소에 특질을 추가하거나 제거하면 다른 원소로 바뀔 수 있다. 예를 들어 차갑고 축축한 물에 '뜨거움'이라는 특질을 추가하면 뜨겁고 축축한 공기가 되는 식이다. 그리하여 고대 그리스의 4원소론은 주어진 물질을 다른 물질로 바꾸는 연금술alchemy(특히 평범한 금속을 금으로 바꾸는 기술)에 이론적 기초를 제공했다.

라부아지에가 제일 먼저 공략한 것은 '변환'이라는 개념이었다. 그가 구축한 다른 이론과 마찬가지로, 화학변환이론도 "모든 화학반응에서 질량은 항상 보존된다"는 단순한 가정에서 출발한다. 다시 말해서, 실험을 시작하기 전에 미리 측정한 시료(들)의 질량과 실험이 끝난 후에 남은 최종물질의 질량은 (실험 도중에 새어나간 기체가 없다면) 항상 같다는 것이다. 그전에도 화학자들은 질량보존을 하나의 법칙으로 가정해 왔지만, 실험을 통해 최초로 확인한 사람은 최고로 정밀한(즉, 최고로 비싼) 실험도구를 보유한 라부아지에였다. 그는 자신이 얻은 실험결과를 정리하여 1773년에 책으로 출간했다. 나의 고교 시절 화학교사였던 터너 선생님도 질량보존법칙을 "라부아지에의 원리"라는 제목으로 가르쳤다.♦

유리그릇에 담긴 물을 완전히 증류하면 그릇 안에 약간의 고체

♦ 박학다식하기로 유명한 러시아의 학자 미하일 로모노소프Mikhail Lomonosov는 자신이 설계한 실험을 통해 라부아지에보다 몇 년 일찍 질량보존법칙을 발견했다. 그러나 현대 화학에 미친 라부아지에의 영향이 워낙 막대하여, 로모노소프의 업적은 빛을 보지 못하고 거의 잊혔다.

찌꺼기가 남는다. 과거의 화학자들은 이것이 "물이 흙으로 변할 수 있음을 보여주는 증거"라고 주장했다. 그러나 이 말을 도저히 믿을 수 없었던 라부아지에는 비싼 저울을 이용하여 텅 빈 유리그릇의 무게를 실험 전과 실험 후에 측정하여 비교해 보았다. 아니나 다를까, 유리그릇은 실험 후에 조금 가벼워졌고, 손실된 무게는 증류 과정에서 그릇 안에 쌓였던 고체 찌꺼기의 무게와 정확하게 일치했다. 고체 찌꺼기는 물이 변해서 생성된 물질이 아니라, 유리그릇에서 떨어져 나온 미세한 조각이었던 것이다.

이로써 물이 흙으로 변한다는 가설은 틀린 것으로 판명되었고, 라부아지에는 화학에 대한 기존의 관념을 송두리째 뒤집어엎는 야심 찬 장정의 첫발을 내디뎠다. "물리학과 화학의 혁명"이라는 깃발 아래 과거의 원소 개념을 갈아엎기 시작한 것이다.[2] 물을 이용하여 고색창연한 원소 변환설을 폐기 처분한 후, 그는 가장 신비하고 강력한 원소인 '불'에 도전장을 내밀었다.

18세기 중반까지만 해도 화학자들은 목탄 같은 가연성 물체에 불을 붙이면 '플로지스톤phlogiston'이라는 물질이 방출되면서 타들어간다고 생각했다. 즉, 목탄에는 다량의 플로지스톤이 함유되어 있어서 한번 불을 붙이면 오랫동안 탈 수 있으며, 플로지스톤이 완전히 고갈되거나 주변의 공기가 플로지스톤을 더 이상 흡수할 수 없게 되었을 때 연소가 끝난다는 것이다.

그러나 여기에는 한 가지 문제가 있다. 물체가 탈 때 플로지스톤이 방출된다면 연소가 끝난 후에는 무게가 가벼워져야 하는데, 일반적으로 금속이 불에 타면 타기 전보다 무거워진다. 디종Dijon(프랑스 중부의 도시: 옮긴이)에서 변호사 겸 화학자로 활동했던 루이-베르나르 기통 드 모르보Louis-Bernard Guyton de Morveau는 "물체 속에 함유된 플로지스톤은 워낙 가벼워서 위로 떠오르는 풍선처럼 일종의 '부력'을 행사하고 있다. 그런데 물체가 연소되면 플로지스톤의 부력이 더 이상 작용하지 않기 때문에 물체는 더 무거워진다"고 해명했다.

기통 드 모르보의 설명에 만족할 수 없었던 라부아지에는 연소라는 과정을 면밀히 분석한 끝에 정반대의 설명을 제시했다. 연소과정에서 플로지스톤이 방출되는 게 아니라, 오히려 공기가 물체에 흡수된다는 것이다. 그의 설명에 의하면 불에 탄 물체가 무거워지는 것은 연소 과정 중에 공기와 결합하기 때문이다.

이것이 얼마나 뛰어난 통찰인지 보여주기 위해 약간의 설명을 덧붙이고자 한다. 소싯적에 학교에서 배웠던 연소의 원리를 잠시 잊고 18세기 화학자의 눈으로 바라보면, 플로지스톤은 꽤 그럴듯한 가설이다. 물체에 불이 붙으면 빛과 열이 방출되면서 연기까지 피어오르지 않던가? 아무리 봐도 무언가가 "빠져나가는" 것 같다. 이와 반대로 연소되는 물체가 공기 중에서 무언가를 빨아들인다는 것은 직관과 상식에 위배된다. 그러나 라부아지에는 상식을 거부하고 실험적 증거만을 따름으로써 완전히 다른 결론에 도달할 수 있었다.

핵심 질문은 다음과 같다—물체가 탈 때, 공기 중에서는 과연 무엇이 소비되는가? 당시 라부아지에는 잘 모르고 있었지만, 영국의 과학자들은 공기의 성질에 대하여 꽤 많은 사실을 알아낸 상태였다. 1756년에 스코틀랜드의 자연철학자♦ 조지프 블랙Joseph Black은 소금에 열을 가했을 때 발생하는 새로운 종류의 공기를 발견했다. 놀라운 것은 이 새로운 공기가 주변에 퍼져 있으면 어떤 물체건 더 이상 타지

♦ 과거에는 자연을 연구하는 학자를 "자연철학자natural philosopher"라고 불렀다. "과학자scientist"라는 호칭이 등장한 것은 19세기 후의 일이다.

않는다는 것이었다(요즘은 이 공기를 이산화탄소 CO_2라고 부른다). 그로부터 10년 후, 영국의 물리학자 겸 화학자 헨리 캐번디시Henry Cavendish는 철에 황산을 부었을 때 생성된 공기가 "터지는 듯한" 불꽃을 만들어낸다는 사실을 알아냈다. 그러나 이 시기에 새로운 공기를 가장 많이 발견한 사람은 영국의 자연철학자 조지프 프리스틀리Joseph Priestly였다.

프리스틀리는 1767년에 캐번디시가 "가연성 공기"를 발견했다는 소식을 듣고 공기를 연구하기 시작했다. 장로 교회의 목사였던 그는 리즈Leeds(영국 잉글랜드 요크셔주 중부에 있는 소도시: 옮긴이)에 있는 양조장 옆에 살면서 틈틈이 화학을 연구했는데, 파리에 있는 라부아지에의 초호화판 실험실과 비교하면 거의 헛간이나 다름없었다. 그러나 바로 옆이 양조장이었기에, "맥주 무한 공급"이라는 혜택 외에 또 하나의 이점을 누릴 수 있었다. 맥주를 발효하는 과정에서 생성된 다량의 고정공기fixed air(이산화탄소의 옛 명칭: 옮긴이)를 이용하여 "거품이 나는 음료"를 개발한 것이다. 그렇다. 프리스틀리는 현대 탄산음료 산업의 선구자였다.♦

그로부터 몇 년이 지난 1774년, 프리스틀리는 과학사에 이름을 남길 획기적 발견을 하게 된다. 햇빛을 렌즈로 모아서 독성이 매우 강한 '레드 칼크스red calx(수은을 함유한 광물)'에 쪼였더니, 새로운 종류의 공기가 생성되어 밝은 빛을 방출하면서 맹렬하게 타오른 것이다. 그리고 유리병에 쥐를 가둬놓고 이 공기를 주입했더니, 그렇지 않은 쥐보다 수명이 무려 4배나 길어졌다. 프리스틀리는 자신이 직접 이 공기를 마셔보고는 실험일지에 다음과 같이 적어놓았다.

♦ 프리스틀리는 이 환상적인 발명에도 불구하고 돈을 한 푼도 벌지 못했다. 그의 기술은 훗날 슈베페J. J. Schweppe에게 전수되어 '탄산수'라는 상품으로 탄생했고, 1783년에는 제네바에 탄산음료를 생산하는 슈베페사Schweppe Company가 설립되었다.

새 공기를 마셨을 때의 첫 느낌은 다른 공기를 마셨을 때와 크게 다르지 않았다. 그러나 약간의 시간이 지나자 가슴이 이전보다 가볍고 편안해지는 것을 느꼈다. 이 순수한 공기가 세상에 알려지면 사람들에게 큰 인기를 끌 것 같다. 누가 알겠는가? 지금까지 이 공기를 마셔본 생명체는 쥐 두 마리와 나밖에 없다.[3]

프리스틀리는 자신이 발견한 기적의 공기를 "탈脫플로지스톤 공기dephlogisticated air('플로지스톤에 없는 공기'라는 뜻: 옮긴이)"라고 불렀다. 일반적인 공기보다 플로지스톤 함유량이 적어서, 들이마셨을 때 기분이 좋아진다고 생각했기 때문이다. 이 공기는 플로지스톤을 효과적으로 흡수하여 촛불을 더욱 오래 타게 하고, 쥐의 수명을 늘려준다.

그해 10월에 프리스틀리는 파리로 여행을 갔다가 라부아지에를 비롯한 여러 학자들을 만났다. 아쉽게도 그 만남에서 무슨 대화가 오갔는지는 알 길이 없지만, 당대 화학의 두 거장이 얼굴을 맞대고 의견을 나누는 장면은 생각만 해도 흥미롭다. 엄청난 부자에 자존심 강한 파리지앵과 강한 요크셔 억양으로 자신의 의견을 거침없이 펼치는 터프한 목사… 상상이 가지 않는가? 우리가 아는 것이라곤 프리스틀리가 라부아지에에게 자신이 새로 발견한 공기에 대해 언급했다는 사실뿐이다. 그 덕분에 라부아지에는 자신의 '불 이론fire theory'을 완성하는데 반드시 필요한 정보를 얻을 수 있었지만, 정교한 논리와 실험을 거친 끝에 프리스틀리와는 완전히 다른 결론에 도달했다. 그는 프리스틀리가 발견한 것이 탈플로지스톤 공기가 아니라 '연료와 결합하여 연소를 일으키는 기체'임을 깨닫고, 이것을 "산소oxygen"로 명명했다.

라부아지에의 논리에 의하면 불은 기본원소가 아니며, 플로지스톤은 아예 존재하지도 않는다. 양초에 불을 붙이면 연료(파라핀)가 산소와 결합하여 연소되면서 이산화탄소를 방출한다. 라부아지에는 동물이 호흡을 할 때에도 이와 비슷한 과정이 일어난다는 것을 증명했다. 동물이 음식을 먹으면 그 속에 함유된 탄소가 몸속의 산소와 결합하여 이산화탄소를 방출한다. 라부아지에는 이 가설을 입증하기 위해 얼음을 채운 커다란 용기 속에 기니피그가 들어 있는 양동이를 집어넣은 후 얼음이 녹는 속도를 측정했다. 기니피그의 몸에서 방출된 열이 얼음을 녹일 것이므로 용기 바닥에 생성된 물의 양을 측정하면 생명 활동에서 방출된 열량을 알 수 있고, 이는 곧 기니피그가 효율적으로 음식을 태워서 열을 만들어낸다는 증거이다. 동물 학대라고 생각하는 사람도 있겠지만, 이 실험에서 기니피그는 잠시 추위에 떨었을 뿐 얼어 죽지는 않았다. 전하는 소문에 의하면 "실험 대상이 되다 to be a guinea pig"라는 말은 이 실험 때문에 생긴 관용어라고 한다.[4]

라부아지에의 혁명은 여기서 끝나지 않았다. 사람들은 반복 실험을 통해 "캐번디시가 발견한 가연성 공기가 산소와 만나 연소되면 물이 남는다"는 사실을 깨달았고, 라부아지에는 자신이 얻은 실험결과를 면밀히 분석한 끝에 "물은 오랜 옛날부터 가장 기본적인 원소로 취급되어 왔지만, 사실은 두 종류의 가연성 원소로 이루어진 혼합물이다"라고 결론지었다. 여기서 말하는 두 종류의 가연성 원소란 프리스틀리가 발견한 산소와 캐번디시가 발견한 가연성 공기인데, 라부아지에는 이것을 '수소 hydrogen'라 부르기로 했다.

그러나 대부분의 과학자, 특히 프랑스의 가장 강력한 라이벌이었던 영국의 과학자들은 라부아지에의 파격적인 이론을 선뜻 수용할 수 없었다. 프리스틀리도 물이 기본원소가 아니라는 라부아지에의 제안을 거부하고 죽는 날까지 플로지스톤 이론에 매달렸다. 라부아지에의 새로운 화학 이론이 완고한 과학자들에게 수용되려면 좀 더 확실한 증거가 필요했고, 마침내 그는 1785년에 자신의 연구실에서 개최된 공개실험에서 물이 산소O와 수소H로 분리되는 과정을 보여주는 데 성공했다.

그 후 1780년대 말에 기존의 화학 이론은 거의 폐기되다시피 했다. 물은 산소와 수소로 분리될 수 있고, 공기는 여러 기체의 혼합물이며, 불은 연료와 산소가 결합하는 과정에서 나타난 부산물이었다. 1789년에 라부아지에는 자신의 화학 이론을 집대성하여 과학사에 길이 남을 명저 『화학원론An Elementary Treatise on Chemistry(원제: Traité élémentaire de chimie)』을 출간했다. 이 책에는 "화학원소chemical element"에 대한 개념과 함께 산소와 수소, 그리고 지금 우리가 질소nitrogen라고 부르는 아조트azote를 포함하여 총 33종의 원소가 소개되어 있는데, 시종일관 논리가 매우 정연했기 때문에 일부 완고한 반대론자를 제외하고 대부분의 학자들 사이에서 폭발적인 반향을 불러일으켰다. 자신의 연구를 "화학 혁명"이라고 자칭했던 라부아지에의 자신감은 결코 허풍이 아니었던 것이다.

나의 사과파이 실험에서 생성된 세 가지 물질을 라부아지에에게 보여준다면 어떤 설명을 내놓을 것인가? 무엇보다도 그는 나의 거칠고 즉흥적인 접근방식을 별로 좋아하지 않을 것 같다. 우리 아버지의 차고는 라부아지에의 실험실과 달리 장비가 충분하지 않았고, 실험 전후에 사과파이의 질량을 측정할 만한 정밀저울도 없었다. 게다가 나는 실험 도중에 하얀 연기가 빠져나가는 것을 막지 못했으니, 연기의 성분은 미스터리로 남을 수밖에 없다.

그건 그렇다 치고, 실험의 마지막 단계에 생성된 새까만 물질은 무엇일까? 라부아지에의 화학원소 목록을 뒤져보면 '숯charcoal'이 가장 유력하다(charcoal을 사전에서 찾아보면 '숯', 또는 '목탄'이라고 되어 있는데, 둘 다 "나무가 타고 남은 잔해"라는 뜻이다. 그러나 charcoal은 동물성, 또는 식물성 물질이 타고 남은 잔해를 포괄적으로 칭하는 단어이다: 옮긴이). 땅 밑에 나무 조각을 묻고 그 중심부에 불을 지펴서 만들어진 숯은 지난 수백 년 동안 중요한 연료로 사용되어 왔다. 땅 밑에 묻으면 흙이 공기 유입을 막아주기 때문에, 나무는 중심부의 강렬한 열에 의해 숯과 기체로 분해된다. 내가 사과파이를 태운 것도 이 과정과 거의 비슷하다. 시험관의 마개가 흙처럼 산소 유입을 차단하여 파이가 과열되는 것을 막아주었기 때문에 숯이 되었던 것이다. 이 원소는 모든 유기물의 기초단위로서, 지금은 '탄소carbon'라는 이름으로 불리고 있다.

노란색 액체는 무엇이었을까? 원리적으로는 성분을 더 분해할 수도 있지만, 양이 너무 작은 데다 냄새가 너무 지독해서 더 이상 진도를 나가지 않았다(분석이 가능할 정도로 노란색 액체를 많이 모으려면 동네 슈퍼마켓에 있는 파이를 몽땅 사다가 끓여야 할 판이었다). 어쨌거나 그 물질의 주성분은 '물'일 가능성이 높은데, 물은 라부아지에가 알아낸 바와 같이 산소와 수소의 화합물이므로 내가 실험에서 얻은 최종물질은 탄소와 산소, 그리고 수소로 요약된다. 이 세 가지 원소는 사과파이에서 인간에 이르는 모든 유기물의 주성분이기도 하다. 물론 이것이 전부가 아니다. 사과파이 포장지의 뒷면에 명시되어 있는 성분표를 보면 '철Fe'도 분명히 들어 있다. 아마도 이것은 까맣게 탄 숯에 섞여 있었을 것이다. 그리고 극히 소량이긴 하지만 질소N와 셀렌Se, 나트륨Na, 염소Cl, 칼륨K, 칼슘Ca, 불소F, 마그네슘Mg, 황S 등도 들어 있다. 아버지의 차고에서는 실험기구가 빈약하여 이들을 분리할 수 없었지만, (포장지에 적힌 영양성분표가 거짓이 아니라면) 이들도 분명히 사과파이에 함유되었을 것이다.

그렇다면 머릿속에는 더 깊은 질문이 떠오른다—이 원소들은 무엇으로 이루어져 있는가? 완전한 무無의 상태에서 사과파이를 만들려면 수소, 산소, 탄소 같은 원소부터 만들어야 하고, 이를 위해서는 개개의 원소들이 무엇으로 이루어져 있는지 알아야 한다. 원소에 도달하면 거의 다 온 것 같지만, 사실 우리의 여정은 이제 막 시작했을 뿐이다.

2장

가장 작은 조각

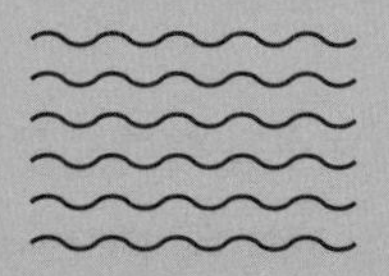

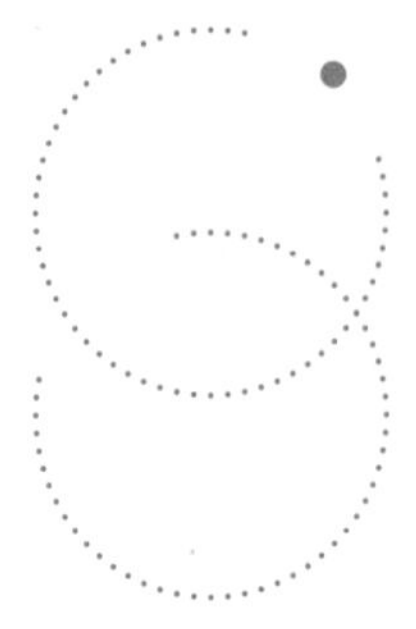

TV 시리즈 〈코스모스〉의 9편에서, 식탁 위에 사과파이가 올라오자 칼 세이건은 이 책의 주제라 할 수 있는 유명한 대사를 읊는다—"아무것도 없는 무無의 상태에서 사과파이를 만들려면, 먼저 우주부터 만들어야 합니다." 그리고는 자리에서 일어나 칼을 집어 들고 먹음직한 사과파이를 자르면서 중요한 질문을 제기한다. "이 사과파이를 반으로 잘라보겠습니다… 이 정도면 대충 절반쯤 되겠군요. 이제 절반을 또 절반으로 자르고, 그 절반을 또 절반으로 자르고… 이런 식으로 계속 잘라서 원자에 도달하려면 총 몇 번을 잘라야 할까요?"

열 번? 백 번? 백만 번? 무한히 작은 조각("매우 작은" 정도가 아니라, 수학적으로 크기가 0인 조각)이 될 때까지 무한정 자를 수 있을지도 모른다. 이 간단한 사고실험思考實驗, **thought experiment**(현실적으로 구현할 수 없어서 생각만으로 진행되는 실험: 옮긴이)에는 현대 과학의 주춧돌인 원자론의 핵심이 담겨 있다.

원래 원자atom는 "더 이상 쪼갤 수 없는 물질의 최소 단위"를 뜻하는 용어였다(atom이라는 단어는 고대 그리스어로 "쪼갤 수 없음"을 뜻하는 atomos에서 유래되었다). 사과파이에서 우주비행사에 이르기까지, 이 세상 모든 만물은 다양한 종류의 원자들이 이리저리 결합하여 만들어진 것이다. 믿기 어려울 정도로 단순명쾌한 설명이지만, 우리의 일상적인 경험과는 정면으로 상치된다. 우리의 감각기관은 사과의 붉은 껍질이나 커피의 쓴맛처럼 색과 질감, 온도, 맛, 냄새를 통해 세상을 인지하기 때문이다.

원자론atomic theory에 의하면 우리가 보고 느끼는 세계는 환상에 불과하다. 어떤 물체건 깊이 파고들어 가면 우리에게 친숙한 특징은 완전히 사라지고 원자와 진공만이 존재한다. 색, 맛, 온도, 냄새는 다양한 원자들이 오만가지 방식으로 결합하여 우리의 마음을 현혹하는 속임수일 뿐이다.

이런 식으로 생각할 때, 원자의 개념이 처음 등장한 후 진실로 받아들여질 때까지 수천 년이 걸린 것은 그다지 놀라운 일이 아니다. 고대 그리스에서 원자의 개념이 처음 등장했을 때, 추상적인 개념보다 "느낄 수 있는 진리"를 선호했던 아리스토텔레스가 원자론을 배척했던 것도 커다란 악재로 작용했다. 고대인뿐만 아니라 현대를 사는 우리들도 질감에 입각한 이론이 훨씬 피부에 와닿는다. 차갑거나 뜨거운 것, 축축하거나 마른 것, 정지상태에 있거나 움직이는 것 등 우리는 사물의 특질을 오감五感으로 판단하는 데 익숙해져 있다. 과학과 무관하게 사는 대부분의 일반인은 원자론을 받아들였다기보다 믿는 쪽에 가깝다. 원자를 직접 본 사람은 이 세상에 단 한 명도 없기 때문이다.

원자론은 17세기에 와서야 과학계에 조금씩 수용되기 시작했는데, 그 대표적 인물이 바로 고전물리학의 대부인 아이작 뉴턴Isaac Newton이다. 자타가 공인하는 원자론자였던 그는 모든 물질이 원자로 이루어져 있으며, 빛도 '미립자corpuscle'라는 작은 알갱이로 이루어져 있다고 굳게 믿었다. 뉴턴은 중력 법칙과 광학 이론, 그리고 운동의 법칙을 구축한 최고의 과학자로서, 18세기 자연철학자들이 원자론을 수용하는 데 결정적인 영향을 미쳤다. 그러나 이때만 해도 원자의 존재를 입증할 만한 증거가 전혀 없었고, 원자라는 개념 자체가 화학을 이해하는 데 아무런 도움도 되지 않았기 때문에, 원자론의 수용 여부는 그다지 중요한 문제가 아니었다. 라부아지에와 프리스틀리가 실험결과를 이론으로 정립할 때에도 물체의 깊은 속에서 일어나는 물리적 과정에 대해서는 아무런 관심도 갖지 않았다. 오직 사실fact만을 믿었던 라부아지에는 "보이지 않는 원자"를 추적하는 것이 시간 낭비라고 생각했을 것이다.

이런 분위기에서 원자론이 인정을 받으려면 누군가가 나서서 숨겨진 영역(원자)과 화학 사이를 연결하는 다리를 놓아야 했고, 결국 이 일을 훌륭하게 완수한 사람은 잉글랜드 북서부의 아름다운 컴벌랜드Cumberland주에서 태어난 존 돌턴John Dalton이었다.

원자를 상상하다

존 돌턴은 1766년에 잉글랜드 북서부의 완만한 농지로 에워싸여 있는 외딴 마을 이글스필드Eaglesfield에서 평범한 직공 조지프 돌턴Joseph Dalton의 아들로 태어났다. 그의 가족은 마을 근처에 약간의 땅을 소유하고 있었지만, 그다지 부유한 집안은 아니었다.

그러나 어린 돌턴에게는 몇 가지 장점이 있었다. 그는 정보를 스펀지처럼 빨아들이는 능력과 강한 호기심을 타고난 비범한 소년이었고, 그의 가족은 교육을 중요시하는 비순응파nonconformist(영국교회의 법령에 순응하지 않는 종교적 파벌: 옮긴이) 퀘이커 교도였다. 특히 교육열이 매우 높았던 존의 어머니는 퀘이커 교도의 지역단체인 기독우회基督友會, Society of Friends의 네트워크를 십분 활용하여 18세기 영국의 평범한 소년이 받을 수 있는 교육보다 훨씬 좋은 교육환경을 만들어 주었다.

예로부터 영국 북서부지방은 날씨가 변덕스럽기로 유명하다. 그래서인지 존은 어린 시절부터 날씨에 관심이 많았다고 한다. 그의 집에서는 아일랜드해Irish Sea에서 밀려온 비구름이 그래스무어봉Grasmoor Pike과 그리스데일봉Grisedale Pike을 넘어가는 광경을 한눈에 볼 수 있었다. 퀘이커 교도는 재미를 추구하는 집단이 아니었기에(음주를 엄격하게 금하고 거룩한 행동을 강조했음) 허용되는 여가 활동이 극히 드물었는데, 다행히도 '자연탐구'는 허용되는 활동 중 하나였다. 자연을 탐구하는 것이 신의 업적을 드러내는 거룩한 행위라고 생각했기 때문이다. 존은 소년 시절부터 기압과 온도, 습도, 강우량 등을 매일 측정했고, 이 행동은 그가 죽는 날까지 계속되었다. 당시에 그는 전혀 예상하지 못했지만, 이 규칙적인 일과는 그를 원자론으로 인도하는 긴 여정의 시작이었다.

존은 퀘이커 교도의 도움으로 교육을 받았지만 정기적인 도움이 아니었기에, 15살 때부터는 생계를 유지하기 위해 농장에서 일을 해야 했다. 자칫하면 시골 마을의 농부로 주저앉을 뻔했던 그 시기에 구원의 손길을 내민 것은 80km 거리에 있는 시장 도시 켄달Kendal

의 기숙학교였다. 그곳의 책임자가 존에게 교사 자리를 제안한 것이다. 퀘이커 교단에서 운영하던 그 학교에서는 다양한 실험을 할 수 있는 각종 도구가 구비되어 있었다. 또한 맹인 자연철학자 존 고프John Gough에게 과학을 배운 것도 존 돌턴의 삶에 커다란 영향을 미쳤다. 고프는 존에게 뉴턴의 원자론을 비롯하여 과학과 수학을 가르쳤고, 존은 그 대가로 논문을 읽고, 쓰고, 그래프를 그리는 등 고프의 논문 작성을 도와주었다.

존은 법학이나 의학을 공부하고 싶었지만 당시 영국 대학의 해당 학과들은 퀘이커 교도의 입학을 허락하지 않았다. 그 대신 존은 비순응파 퀘이커 교단이 신흥 산업도시 맨체스터Manchester에 새로 설립한 대학의 교수 자리를 얻게 된다.

이글스필드의 농장에서 일하던 소년에게 맨체스터는 너무나 크고 번잡한 도시였다. 그곳에서는 급진적인 종교와 정치, 새로운 과학, 그리고 혁명적인 신기술이 무서울 정도로 빠르게 퍼져나가는 중이었다. 당시 맨체스터는 영국을 최강대국으로 견인한 산업혁명의 심장부로서, 증기기관으로 가동되는 거대한 방적 공장과 줄지어 늘어선 붉은 벽돌의 주택들이 도시의 스카이라인을 형성하고 있었다. 게다가 그곳의 과학은 부유한 귀족의 사설 실험실에서 은밀하게 진행되는 취미활동이 아니라 공학자와 상인, 그리고 산업자본가들로 구성된 대형 커뮤니티의 일부였기에, 과학을 연구하는 돌턴에게는 더없이 좋은 장소였다.

날씨에 대한 돌턴의 관심은 맨체스터에서도 이어졌는데, 이 시기에는 특히 '비雨'에 유별난 관심을 보였다. (나를 포함한) 남부 사람들 사이에는 옛날부터 "맨체스터에 비 그칠 날 없다"는 말이 농담처럼 전해온다(북부보다 남부가 살기 좋다는 뜻이다: 옮긴이). 다소 과장된 말이긴 하지만, 영국 북서부가 다른 지역보다 습한 것은 분명한 사실이다. 돌턴은 이슬비가 내리는 레이크 디스트릭트Lake District(잉글랜드 북서부의 호수가 많은 지역: 옮긴이)로 종종 산책하러 나갔는데, 습도가 얼마나 높았는지 이런 의문을 떠올리곤 했다—"이 축축한 공기 속에 습기가 더 흡수될 여지가 남아 있을까?" 그렇다. 돌턴을 원자론으로 이끈 것은 바로 이 질문이었다.

돌턴은 일정한 부피의 공기에 흡수될 수 있는 수증기의 양을 확인하기 위해 일련의 실험을 계획했다. 당시 사람들은 설탕이 커피 속에서 녹는 것처럼, 물이 공기 속에 녹아든다고 생각했다. 커피 한 잔에 설탕을 티스푼으로 약 150번쯤 떠넣으면(스타벅스에서 주는 시나몬 돌체라떼보다 많은 양이다!) 설탕이 더 이상 녹지 않고 잔의 밑바닥에 쌓이기 시작한다. 비가 올 때 나타나는 현상도 이와 비슷하다. 공기 속의 수증기가 포화상태에 도달하면 작은 물방울로 응축되어 구름이 형성되고, 물방울이 어느 이상 커지면 비가 내리기 시작한다.

주어진 부피 안에 공기를 더 많이 욱여넣으면 수증기를 더 많이 흡수할 수 있다. 이것은 설탕을 더 녹이기 위해 머그잔에 커피를 추가하는 것과 같다(저자가 말하는 커피는 커피 가루가 아니라 "물에 커피를 풀어 넣은 용액"을 의미한다: 옮긴이). 그러나 돌턴의 실험은 이상한 결과를 낳았다. 용기 안에 욱여넣은 공기의 양에 상관없이, 흡수되는 수증기의 양이 항상 일정했던 것이다. 마치 공기와 수증기가 서로의 존재를 무시한 채(즉, 아무런 상호작용도 하지 않으면서) 항상 동일한 공간을 차지하는 것처럼 보였다.

이쯤에서 독자들은 묻고 싶을 것이다—"이 모든 이야기가 원자론과 무슨 관계란 말인가?" 물론 밀접한 관계가 있다. 여기서 중요한 것은 결과를 해석하는 방법이다. 돌턴은 이 결과를 "공기와 수증기는 같은 종류의 원자에만 힘을 행사한다"는 증거로 해석했다. 두 개의 공기 원자나 두 개의 수증기 원자는 서로 상호작용을 교환하지만, 공기 원자와 수증기 원자는 상대방을 완전히 무시한다는 것이다. 내가 20대 초반에 초대받았던 대부분의 생일파티는 이처럼 이상한 분위기에서 진행되었다. 초대된 하객들은 생일을 맞은 주인공의 고등학교 동창이거나 대학교 친구였는데, 두 그룹의 공통점이 전혀 없었기 때문에 같은 파티에 초대되었음에도 불구하고 시종일관 두 그룹으로 나뉘어서 각자 자기들끼리 놀다가 돌아가곤 했다. 돌턴에 의하면 서로 다른 두 종류의 기체 원자들도 이와 같은 방식으로 거동한다.

돌턴은 1801년에 새로운 원자론을 발표했고, 그의 이론은 맨체스터를 넘어 유럽 전역에 빠르게 퍼져나갔다. 카리스마 넘치는 화학자이자 이상한 가스를 들이마시는 기행으로 유명했던 험프리 데이비는 돌턴의 "혼합기체이론"를 긍정적으로 평가했으나, 돌턴의 스승이었던 존 고프를 비롯하여 대다수의 저명한 과학자는 격렬하게 반대 의사를 표명했다(고프는 제자의 논문을 비난하면서 속이 편하지 않았을 것이다).

돌턴은 반대론자들이 더 이상 반박할 수 없을 정도로 확실한 증거를 보여주기 위해 새로운 실험에 착수했다가, 특정 기체가 다른 기체보다 물에 잘 녹는 의외의 현상을 발견하고 간단한 설명을 제시했다. 당시 돌턴은 전혀 눈치채지 못했지만, 이때 제시한 답은 그가 확고한 원자론자로 입지를 굳히는 결정적 계기가 된다. 그는 원자가 물에 녹는 정도를 좌우하는 요인이 "원자의 무게"라고 주장했다. 즉, 무거운 원자가 가벼운 원자보다 물에 잘 녹는다는 것이다. 물론 이 가설을 증명하려면 원자들 사이의 상대적인 무게를 알아야 한다.

그러나 19세기 초에는 원자를 본 사람이 아무도 없었다. 원자를 보여주는 초강력 현미경은 그로부터 거의 200년이 지난 21세기에 발명되었다. 돌턴이 활동하던 시대에 원자란 검증되지 않은 가설에 불과했으며, 만일 존재한다 해도 크기가 너무 작기 때문에 눈으로 확인하는 것이 불가능했다. 당시 대부분의 과학자들은 "앞으로 세월이 아무리 많이 흘러도 인간은 결코 원자를 볼 수 없을 것"이라고 생각했다. 이런 열악한 상황에서 돌턴은 무슨 수로 원자의 질량을 측정할 수 있었을까?

돌턴은 자신이 창안한 혼합기체이론(원자는 자신과 같은 종류의 원자에게만 척력을 행사한다는 이론)을 이용하여 얼마나 많은 종류의 원자들이 결합하여 분자를 형성하는지 알아냈는데, 대략적인 논리는 다음과 같다. 화학적으로 종류가 다른 두 원자 A와 B가 결합하여 A-B라는 분자를 만든다고 가정해 보자. 그런데 또 다른 원자 A가 A-B 분자에 접근하여 자기도 분자의 구성원이 되기를 원하고 있다. A끼리는 서로 밀어내는 힘이 작용하므로, 새로 들어온 A는 기존의 A와 최대한 먼 거리를 유지하기 위해 B의 뒤쪽으로 붙어서 결합을 시도할 것이다. 즉, 새로 만들어진 분자는 A-A-B나 B-A-A가 아니라, A-B-A의 형태이다. 여기에 또 다른 세 번째 A가 다가와서 결합을 시도할 때에도 A들 사이의 거리가 가장 먼 상태를 선호할 것이므로, B를 중심으로 한 정삼각형 배열이 만들어진다(A 원자들 사이의 각도=120°).

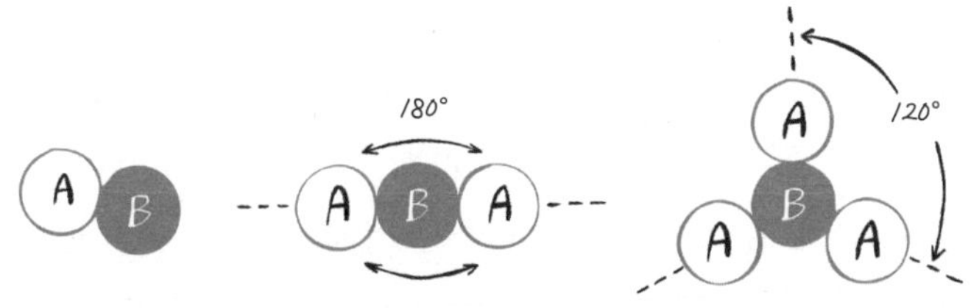

돌턴은 "A와 B로 이루어진 화합물이 단 한 종류만 존재한다면, 그 화합물의 분자는 AB라는 가장 단순한 구조를 가져야 한다. 그러나 A와 B의 화합물이 두 종류라면 두 번째 화합물의 분자 구조는 AB 다음으로 단순한 ABA여야 한다"고 주장했다.

한 가지 예를 들어보자. 19세기 초에는 탄소와 산소로 이루어진 두 종류의 기체가 알려져 있었는데, 하나는 탄화산소carbonic oxide(무색의 독성기체로서, 험프리 데이비가 실험 중에 들이마셨다가 거의 죽을 뻔했음)이고 다른 하나는 탄산carbonic acid(조지프 블랙이 발견한 '고정공기.' 실험실에서 수많은 쥐들이 과학실험이라는 명목하에 이 기체를 마시고 질식했음)이었다. 돌턴은 고정된 양의 탄소와 결합하여 위의 두 기체를 만드는 산소의 양을 측정함으로써, 탄산에 함유된 산소가 탄화산소에 함유된 산소보다 두 배 많다는 사실을 알아냈다. 여기에 그의 원자 이론을 적용하면 탄화산소는 탄소 원자 한 개와 산소 원자 한 개가 결합한 가장 단순한 화합물이며(현대식 용어로는 일산화탄소이다), 탄산은 탄소 원자 한 개와 산소 원자 두 개가 결합하여 만들어진 화합물이다(현대식 용어로는 이산화탄소이다).

이로써 돌턴은 탄소 원자와 산소 원자의 상대적 질량을 알아내는 데 성공했다. 그가 얻은 탄소와 산소의 질량 비율은 약 1.30:1이었는데, 이것은 오늘날 알려진 1.33:1과 거의 비슷하다. 몇 가지 추측과 가설, 그리고 실험에 기초하여 원자의 특성을 측정함으로써 은밀한 원자의 세계를 처음으로 들여다본 사람이 된 것이다.

이것이 얼마나 중요한 결과인지 누구보다 잘 알고 있었던 돌턴은 "물에 녹는 기체의 양"이라는 원래의 문제를 완전히 잊어버리고 새로운 원자론에 본격적으로 집중하기 시작했다. 그 후로 3년 동안 강의를 하거나 레이크 디스트릭트를 산책할 때만 빼고 원자론을 깊이 파고든 끝에, 드디어 돌턴은 자신의 아이디어를 세상에 공개할 준비를 마쳤다.

1807년 3월, 돌턴은 '화학원소'라는 혁명적 개념을 홍보하기 위해 계몽주의의 본산이자 영국 최고의 지성들이 모여있는 에든버러Edinburgh로 여행을 떠났다. 당대의 쟁쟁한 과학자들이 모인 자리에서 그의 강연은 가장 영국적인 방식으로, 간단한 사과와 함께 시작되었다. "물리학의 본산으로 유명한 이 도시에서 낯선 이방인이 100% 확실하게 검증되지도 않은 가설을 발표하게 된 점, 먼저 사과드립니다." 그러나 돌턴의 겸손함 뒤에는 굳건한 신념이 자리 잡고 있었다. "오늘 이 자리에서 발표할 이론이 실험을 통해 검증된다면 화학에 매우 중대한 변화가 초래될 것이며, 과학 자체가 크게 단순해져서 이해의 폭이 이전보다 훨씬 넓어질 것입니다. 그리고 저는 이 이론이 가까운 미래에 검증될 것으로 굳게 믿고 있습니다."[1]

돌턴이 에든버러에서 발표한 원자론과 얼마 후 출간된 논문 「화학철학의 새로운 체계A New System of Chemical Philosophy」는 라부아지에의 화학원소와 고대 그리스의 원자 가설을 하나로 연결하는 가교의 역할을 했다. 돌턴의 이론에 의하면 모든 물질은 "단단하고, 더 이상 분할되지 않으면서 절대로 파괴되지 않는" 원자로 이루어져 있으며, 모든 화학원소는 특정 질량을 갖는 고유한 원자로 구성되어 있다. 석탄 태우기에서 파이 굽기에 이르기까지, 모든 화학반응은 다른 종류의 원자들을 재배열하여 더 다양한 분자를 만드는 과정에 불과했다.

돌턴의 원자론은 에든버러를 넘어 순식간에 유럽 전역으로 퍼져나갔고, 과학자들의 반응은 가히 폭발적이었다. 특히 런던의 험프리 데이비는 돌턴의 이론이 여러 화학원소의 반응방식을 정량적으로 설명한다는 사실을 간파하고 크게 흥분했다. 이것이 바로 그 유명한 "배수비례법칙the law of multiple proportions"으로, 두 원소가 화학반응을 할 때 "항상 특정한 비율로 섞여서 새로운 화합물을 만든다"는 내용을 골자로 하고 있다. 이것은 모든 물질이 원자라는 알갱이로 이루어져 있다는 사실에서 직접적으로 유도되는 결과이다.

지구 대기의 성분 중 가장 많은 양을 차지하는 질소와 산소가 반응하면 아산화질소nitrous oxide와 산화질소nitric oxide, 그리고 이산화질소nitrogen dioxide라는 세 가지 화합물이 만들어진다. 질소 7g에 산소를 주입하여 이 반응을 일으키면, 결과물에 따라 4g, 8g, 16g의 산소가 소모되는 것을 알 수 있다. 돌턴은 이로부터 아산화질소와 산화질소, 그리고 이산화질소의 화학식이 각각 N_2O, NO, NO_2임을 알아냈다. 산소가 이처럼 특정한 비율에 따라 소모되는 이유는 산소 원자의 질량이 질소 원자의 약 1.14배이기 때문이다.

논문이 발표된 후 불과 몇 개월 만에 다른 화학자들은 각종 원소들이 돌턴의 이론에 따라 반응한다는 사실을 실험으로 확인했다. 시골에서 갓 올라온 무명의 화학자가 전 세계 화학계에 일대 혁명을 불러일으킨 것이다. 이로써 돌턴은 순식간에 저명인사가 되었고, 바로 그 해에 험프리 데이비는 그를 영국 최고의 권위를 자랑하는 런던 왕립학회Royal Society의 회원으로 추대했다.♦

그러나 돌턴의 생각이 모두 수용된 것은 아니었다. 화학자들은

♦ 그러나 돌턴은 데이비의 제안을 정중하게 거절했다. 북부 출신답게 급진적이었던 그의 눈에는 왕립학회가 "부패한 정치집단"으로 비쳐졌기 때문이다. 당시 왕립학회의 회장이었던 조지프 뱅크스Joseph Banks가 학회의 회원 자리를 자신과 가까운 지인들로 채워 넣는 바람에, 일반인들은 왕립학회를 "취미로 과학을 갖고 노는 소수 귀족들의 친교집단" 쯤으로 취급했다. 돌턴은 1822년에 자신의 친구가 허락도 없이 자신을 회원으로 등록한 후에야 마지못해 왕립학회의 일원이 되었다.

돌턴의 원자론에서 내려진 결론을 기꺼이 받아들이고 자신들의 실험에 적극적으로 응용했지만, "원자는 물리적 실체"라는 돌턴의 주장에는 다소 회의적인 반응을 보였다. 1826년에 험프리 데이비(당시 왕립학회 회장이었음)는 돌턴에게 왕실 메달Royal Medal을 수여하면서 "본 메달은 물리적 원자에 대한 돌턴의 신념에 수여하는 것이 아니라, 그의 원자론이 낳은 결과(배수비례법칙)에 수여하는 것"임을 특별히 강조했다.

돌턴은 라부아지에의 화학과 원자론을 연결해 주었지만 아이디어 자체가 시대를 너무 앞서갔기 때문에 정당한 대접을 받지 못했다. 그 후로 원자론은 거의 100년 동안 숱한 논쟁을 야기하다가, 베른Bern의 특허청에서 근무하는 젊은 물리학자에 의해 마침내 정설로 자리잡게 된다. 사실 그는 원자론뿐만 아니라 과학의 미래를 송두리째 바꿀 운명을 타고난 사람이었다.

아인슈타인과 원자

고등학교에서 알베르트 아인슈타인Albert Einstein을 가르치던 교사는 스트레스를 꽤 많이 받았을 것 같다. 물론 1895년에 담당 교사는 헝클어진 머리칼에 장난기 가득하면서 수시로 자만심에 찬 미소를 짓는 독일 청소년이 훗날 과학의 미래를 바꿀 천재라는 사실을 전혀 알지 못했다.

세간에 알려진 대로 아인슈타인은 모범생과 거리가 멀었다. 그는 10대 중반부터 수학과 물리학은 자신이 선생님보다 잘 가르칠 수 있으므로 학교에 가는 것이 시간 낭비라고 생각했다. 또한 그는 선생님의 화를 돋우는 데 탁월한 재주가 있었던 것 같다. 하루는 그의 부친 헤르만 아인슈타인Hermann Einstein이 학교에 불려온 적이 있는데, "우리 아들이 무슨 잘못을 했습니까?"라고 묻자 교사가 분노에 찬 어조로 이렇게 대답했다—"제가 수업을 할 때마다 제일 뒷자리에 앉아서 실실 웃는단 말입니다!"[2]

아인슈타인의 고교 시절은 그다지 행복하지도, 성공적이지도 않았지만 물리학자가 되기로 결심하고 한 번의 재수再修를 겪은 후 스위스 취리히Zurich에 새로 개교한 연방 폴리테크닉Federal Polytechnic(과학기술 전문학교로서, 지금의 공과대학과 크게 다르지 않음: 옮긴이)에 입학했다. 그의 대학 시절은 비교적 순탄했던 것으로 전해진다. 속박에서 벗어난 아인슈타인은 동네 커피숍과 호숫가 낚시터에서 친구들과 어울리거나, 파티 석상에서 바이올린 연주 솜씨를 뽐내며 젊은 여학생들의 시선을 끌곤 했다. 그러던 어느 날, 그는 한 파티장에서 평생 친구가 될 미셸 베소Michele Besso를 만나게 된다. 베소(그는 아인슈타인보다 6살 많은 공학자였다)와 아인슈타인은 틈날 때마다 단골 카페에 마주 앉아 입에 파이프 담배를 물고 과학과 철학, 또는 정치에 대한 담론을 펼치며 여유로운 시간을 보냈다.

아인슈타인에게 에른스트 마흐Ernst Mach의 이론을 소개한 사람도 베소였다. 오스트리아의 물리학자이자 철학자인 마흐는 원자론의 극렬한 반대론자로서 "원자는 거시적 물체의 거동을 설명하기 위해 편의상 도입한 허구에 불과하다"고 주장했다. 또한 그는 "인간의 감각으로 인지할 수 없는 대상의 존재 여부를 놓고 왈가왈부하는 것은 과학이 아니라 믿음의 문제"라고 했다.

마흐가 이런 과격한 주장을 펼친 데에는 그럴 만한 이유가 있었다. 돌턴의 원자론이 발표된 지 거의 100년이 지났는데도 원자의 존재에 대한 정황증거만 난무할 뿐, 직접적인 증거가 단 하나도 발견되지 않은 것이다. 물론 그사이에 원자론이 커다란 성공을 거둔 분야도 있었다. 예를 들어 화학에서 원자의 결합을 표현한 화학식(아산화질소=N_2O처럼, 화합물의 성분을 구성원자의 약호로 표기하는 방법)은 유기물 분자의 반응을 연구하는 데 매우 유용한 것으로 판명되었다. 그리고 종류가 다른 원자들 사이의 상대적 질량 비율을 측정하는 실험도 상당히 진전되어, 분자의 구성성분과 관련된 의문(물은 HO인가, 아니면 H_2O인가? 등) 중 상당수가 해결된 상태였다.

이 무렵에 기체의 거동 방식을 설명하는 "운동이론Kinetic Theory"이 등장하여 과학자들 사이에 빠르게 퍼져나가고 있었다. 이 이론에 의하면 기체를 구성하는 원자들은 "작고 사나운 벌떼"처럼 빈 공간을 정신없이 날아다니다가 용기의 벽에 수시로 부딪히고 있으며, 이 특성을 잘 활용하면 기체의 온도와 압력 등 측정 가능한 물리량을 이론적으로 계산할 수 있다. 과거에 라부아지에는 열熱, heat이 "칼로릭caloric"이라는 물질 때문에 생긴다고 주장하면서 칼로릭을 원소 목록에 포함시켰는데, 운동이론이 등장한 후로 칼로릭 가설은 완전히 폐기되었다. 열은 특별한 입자가 아니라, 원자의 이동속도에 따라 정해지는 양이었다. 즉, 원자가 빠르게 움직일수록 기체의 온도는 높아진다. 기체에 열을 가할수록 압력이 높아지는 것도 같은 논리로 설명할 수 있다. 온도가 올라가면 원자의 속도가 빨라져서 용기의 내벽을 더 세게, 그리고 더 자주 때리기 때문에 압력이 높아지는 것이다.

운동이론은 1738년에 네덜란드 출신의 물리학자 다니엘 베르누이Daniel Bernoulli가 처음 제안한 후 100년이 넘도록 거의 원형 그대로 남아 있다가, 1860년대에 제임스 클러크 맥스웰James Clerk Maxwell과 조사이어 윌러드 기브스Josiah Willard Gibbs, 그리고 루트비히 볼츠만Ludwig Boltzman의 손을 거치면서 대대적으로 수정되었다. 고전 운동이론에 기체원자론과 통계역학을 적용하여, 측정 가능한 기체의 물리량을 계산할 수 있게 된 것이다. 새로운 통계이론을 기체에 적용하면 열의 이동(전도)과 한 방에서 방출된 냄새가 옆방에 전달될 때까지 걸리는 시간 등 우리에게 친숙한 현상뿐만 아니라♦, 지금까지 한 번도 관측된 적 없는 새로운 특성까지 설명할 수 있다.♦♦

아인슈타인과 베소가 커피와 담배 연기를 연신 들이키며 토론을 나누던 무렵에도 운동이론은 정체 상태를 벗어나지 못하고 있었다. 물론 그사이에 몇 가지 진전을 이룩하긴 했지만, 어려운 문제가 여전히 해결되지 않은 상태여서 언제든지 뒤집힐 수 있는 상황이었다. 그러나 가장 큰 문제는 원자를 본 사람이 아무도 없다는 것이었다.

그 무렵 빈대학교University of Vienna에서는 루트비히 볼츠만을 필두로 한 원자론 지지자들과 이들의 가장 강력한 라이벌인 에른스트 마흐 사이에 치열한 논쟁이 벌어지고 있었다. 이때 마흐에게 신랄한 공격을 받았던 볼츠만은 자신의 이론을 방어하기 위해 남은 여생 몇 년을 고스란히 투자했으나, 마흐를 비롯한 강경파 학자들의 생각을 바꾸기에는 역부족이었다.

한편, 취리히에서 이들의 논쟁을 주의 깊게 바라보던 청년 아인슈타인은 볼츠만이 옳다고 결론지었다. 그동안 운동이론이 이룩했던 그 많은 업적들이 우연일 수는 없다고 생각했기 때문이다. 원자의 존재를 굳게 믿었던 아인슈타인은 학교를 졸업한 즉시 2,000년 넘게 이

♦ 운동이론은 "방귀 뀐 놈이 성낸다the one who smelt it dealt it"는 속담에 이론적 근거를 제공하기도 했다.

♦♦ 운동이론의 가장 큰 업적은 기체의 밀도가 높아져도 점성viscosity(끈적거리는 정도)이 증가하지 않는 현상을 설명한 것이다. 사실 이것은 우리의 직관과 완전히 반대이다. 예를 들어 공기 중에서 흔들리는 진자振子, pendulum는 공기의 절반을 빼낸 밀폐 용기 안에서 흔들리는 진자보다 저항을 많이 받을 것 같지만, 실제로는 그렇지 않다.

어져 온 논쟁을 완전히 끝내기로 마음먹었다. 그러나 오래된 습관을 끝내 떨치지 못하여 공부에 집중하지 못했고, 그의 박사학위 논문은 가장 낮은 점수로 간신히 심사를 통과했다. 심지어 그가 가장 존경했던 헤르만 민코프스키Herman Minkowski 교수에게 "게을러빠진 개"라는 소리를 들을 정도였다. 아인슈타인은 졸업 후 강사 자리를 얻기 위해 백방으로 뛰어다녔지만 대부분의 대학에서 거절당했고, 결국 쥐꼬리만 한 월급을 받는 임시교사로 만족해야 했다.

아인슈타인의 방황은 1902년에 스위스 베른Bern에 있는 특허청에 말단 사무관으로 취직하면서 일단락되었다. 월급이 두 배로 오른 덕분에 생활고에서 벗어난 것도 다행이었지만, 무엇보다 좋은 것은 업무가 별로 많지 않아서 틈틈이 물리학 논문을 읽고 생각을 정리할 수 있다는 점이었다(훗날 그는 "업무시간에도 몰래 논문을 읽었다"고 고백했다).

안정된 수입 덕분에 여자친구인 밀레바 마리치Mileva Marić와 결혼도 할 수 있었다. 밀레바와 알베르트는 같은 대학을 다닌 동문으로서(밀레바는 그녀의 입학동기생들 중에서 유일한 여학생이었다) 과학적 관심사와 로맨스를 공유하는 사이였다. 그의 부모와 친구들은 밀레바와의 결혼을 마땅치 않게 생각했지만, 아인슈타인에게 그런 것은 별문제가 되지 않았다(밀레바는 아인슈타인보다 나이가 4살이나 많고, 젊었을 때부터 몸이 불편하여 다리를 절고 다녔다: 옮긴이). 그러나 안타깝게도 밀레바는 졸업시험에 한 번 낙방했고(아인슈타인과 동거하며 뒷바라지를 할 때 시험을 보았다. 이때 아인슈타인은 밀레바에게 학교를 그만둘 것을 종용했다고 한다), 재시험 준비를 하던 중 임신을 하는 바람에 학자로서의 꿈을 완전히 접고 말았다.

두 사람 사이의 로맨스는 1903년에 이미 식어버렸지만(훗날 아인슈타인은 "밀레바와 결혼한 것은 의무감 때문이었다"고 털어놓았다), 아인슈타인에게는 안정적이고 조용한 삶을 누릴 수 있게 된 것만도 감지덕지였다. 밀레바가 졸업을 코앞에 둔 시점에서 학교를 그만두고 결혼을 한 것은 19세기 초의 보수적인 사회에서 혼전 임신이라는 부담을 떨쳐버리기 위한 어쩔 수 없는 선택이었을 것이다. 어쨌거나 삶의 무게에서 어느 정도 벗어난 아인슈타인은 업무량이 별로 많지 않은 특허청 근무하면서 인생을 통틀어 가장 창조적인 시기를 맞이하게 된다.

1905년은 과학사에 길이 남을 신화가 만들어진 "기적의 해"이다. 이 해에 아인슈타인은 불과 몇 달 안에 네 편의 논문을 연달아 발표했는데, 이 논문이 과학계에 던진 충격파는 100여 년이 지난 지금까지도 계속되고 있다. 그중에서도 시간과 공간의 기본개념을 새롭게 정의한 "상대성이론Special Relativity"과 양자시대의 서막을 연 "광전효과Photoelectric Effect"는 과학사에 길이 남을 최고의 논문으로 손색이 없다. 상대성이론과 양자역학quantum mechanics은 현대 입자물리학을 떠받치는 두 개의 기둥으로, 이 책의 주제와도 밀접하게 관련되어 있다(이에 관한 이야기는 앞으로 여러 번 반복될 텐데, 아직은 준비가 되지 않았으므로 그냥 넘어가기로 한다).

아인슈타인의 혁명적인 논문 네 편 중에서 원자의 존재를 입증한 논문이 "가장 덜 혁명적인" 논문으로 저평가된 것은 참으로 아이러니가 아닐 수 없다. 1905년을 기적의 해라고 부르는 데에는 그럴 만한 이유가 있다. 아인슈타인이 박사학위를 받기 위해 제출한 논문(기적의 논문 네 편의 서막을 여는 "몸풀기용 논문"이었다)은 엉뚱하게도 설탕물을 소재로 삼았지만 설탕 분자의 개수와 크기를 계산한 천재적 논문이었으며, 계산 결과도 요즘 알려진 값과 놀라울 정도로 비슷했다. 그러나 아인슈타인은 운동이론의 검증되지 않은 가정을 그대로 따랐을 뿐, 원자나 분자의 존재를 증명하지는 못했다.

사실 아인슈타인에게는 "오직 원자만이 남길 수 있는 흔적"만으로 충분했다. 원자는 너무 작아서 배율이 가장 큰 현미경을 들이대도 보이지 않는다. 하지만 원자가 "눈에 보일 정도로 큰 입자"에 영향을 미쳐서, 관측 가능한 결과를 낳을 수도 있지 않을까?

1827년, 스코틀랜드의 식물학자 로버트 브라운Robert Brown은 물에 떠 있는 꽃가루를 현미경으로 관찰하다가 이상한 현상을 발견했다. 꽃가루 알갱이 안에서 작은 입자들이 끊임없이 움직이고 있었던 것이다. 일각에서는 꽃가루 분자가 살아 있는 생명체라는 주장도 있었고 근처를 지나가는 마차 때문에 흔들린 것이라는 해석도 있었지만, 어느 누구도 완벽한 설명을 내놓지 못했다. "브라운 운동Brownian motion"으로 알려진 이 현상은 거의 30년 동안 수수께끼로 남아 있다가, 1860년대에 두 명의 과학자가 새로운 해석을 내놓았다. 혹시 꽃가루 입자가 물 분자에게 계속 얻어맞아서 움직이는 것은 아닐까? 물 분자 자체는 크기가 너무 작아서 현미경을 동원해도 볼 수 없지만, 물 분자가 큰 물체와 여러 번 부딪히면서 나타난 결과는 관측 가능할 수도 있다. 문제는 개개의 물 분자들이 너무 작고 속도도 느려서, 거대한 꽃가루 입자에 미치는 영향이 상대적으로 너무 약하다는 점이다. 꽃가루 입자가 물 분자에 부딪혀서 움직인다는 것은 항공모함이 멸치와 충돌하여 방향이 바뀌는 것과 비슷하다.

아인슈타인은 물 분자 한 개가 거대한 꽃가루 입자를 움직이게 할 수는 없지만, 충돌 효과가 충분히 많이 누적되면 결국 꽃가루 입자가 움직일 수도 있다고 생각했다. 운동이론에 의하면 꽃가루 입자는 수많은 물 분자들에게 에워싸여 있으며, 물 분자는 물에 내재된 열 때문에 끊임없이 요동치고 있다. 그런데 이 요동은 무작위로 일어나기 때문에, 물 분자들이 꽃가루 입자의 특정 부위에 더 많이 부딪히면 그 방향으로 알짜 힘net force이 작용하여 꽃가루 입자가 움직이는 것이다(물론 꽃가루 입자가 움직일 정도로 많은 힘이 누적되어야 한다).

이 누적된 효과에 의해 꽃가루 입자는 마치 술 취한 사람이 걷는 것처럼 액체 속에서 지그재그로 움직이게 된다. 즉, 통계역학에서 말하는 "무작위 걷기random walk" 경로를 따라가는 것이다. 꽃가루 입자는 어느 한순간에 특정 방향으로 밀렸다가, 다음 순간에는 무작위로 선택된 다른 방향으로 밀려난다. 움직이는 방향은 매번 무작위로 결정되지만, 시간이 흐를수록 꽃가루 입자는 출발점에서 점점 멀어지게 된다. 가로등 밑에서 출발한 취객이 비틀거리면서 무작위로 걷다 보면 가로등으로부터 점점 멀어지는 것과 같은 이치다. 아인슈타인의 목적은 일정 시간 동안 꽃가루 입자가 이동한 평균 거리를 주어진 물 분자의 개수와 이론적으로 연결 짓는 것이었다.

아인슈타인은 탁월한 물리적 통찰과 기발한 수학을 동원하여 하나의 방정식을 유도하는 데 성공했다. 이 방정식에 의하면 시간이 흐름에 따라 꽃가루 입자가 출발점에서 이탈한 거리는 물 분자의 수가 작을수록 증가한다. 이 시점에서 아인슈타인이 해결하려고 했던 문제의 핵심을 되돌아보자. 물리학의 한쪽 진영에서는 모든 물질이 원자로 이루어져 있다고 주장하고, 반대진영에서는 원자란 상상의 산물일 뿐이며 실제로 모든 물질은 최소 단위 없이 연속적이라고 주장하고 있다. 물질이 연속적이라면 사과파이건 물이건 무한정 작게 자를 수 있다. 즉, 모든 물질은 무한개의 무한히 작은 조각들로 이루어져 있다는 뜻이다. 예를 들어 물은 양에 상관없이 무한히 작은 물 분자들이 무한개 모여서 이루어진 물질인 셈이다. 만일 이것이 사실이라면 물 위에 떠 있는 꽃가루 입자는 아인슈타인의 방정식에 의해 조금도 움직이지 않아야 한다. 상식적으로 생각해도 그래야 할 것 같다. 물 분자의 수가 무한대라면 꽃가루 입자와 부딪히는 물 분자의 개수도 모든 방향에서 같을 것이므로(즉, 모든 방향에서 무한대일 것이므로) 꽃가루 입자에 가해지는 힘이 모두 상쇄되어 정지상태를 유지해야 한다.

그러나 물 위에 뜬 꽃가루 입자는 분명히 움직이고 있다! 다시 말해서, "브라운 운동이 일어나는 이유를 설명하려면 원자의 존재를 받아들일 수밖에 없다"는 것을 청년 아인슈타인이 증명한 것이다. 게다가 그는 주어진 시간 동안 꽃가루 입자가 이동하는 거리에 기초하여 물 한 방울에 들어 있는 물 분자의 수를 계산하는 방법까지 알아냈다.

이 정도면 매우 깔끔해 보이지만, 안타깝게도 과학의 역사는 깔끔한 길을 따라 곧바로 나아간 적이 한 번도 없다. 사실 아인슈타인의 원래 목적은 브라운 운동을 설명하는 것이 아니라 원자의 존재를 증명하는 것이었다. 자신의 논문이 꽃가루 입자의 운동과 관련되어 있다는 사실은 모든 계산이 끝난 후에야 깨달았을 것이고, 논리를 완벽하게 마무리 지으려면 물 위에 떠다니는 작은 입자(꽃가루 입자)들이 자신의 방정식을 따른다는 실험적 증거가 필요했을 것이다. 그래서 아인슈타인은 논문의 말미에 다음과 같이 적어놓았다—"본 논문에서 제기된 문제를 가까운 시일 안에 누군가가 해결해 주기를 기대한다. 브라운 운동과 열이론(운동이론)의 상관관계를 밝히려면 실험적 증거가 반드시 필요하다."[3]

아인슈타인의 기대에 부응한 사람은 프랑스의 물리학자 장 바티스트 페랭Jean Baptiste Perrin이었다. 그는 1908~1911년 사이에 연구팀과 함께 일련의 정교한 실험을 수행하여 아인슈타인의 예측이 옳았음을 입증했다. 아인슈타인의 이론적 통찰과 페랭의 기발한 실험이 하나로 결합하여, 마침내 돌턴의 원자 가설이 진실로 판명된 것이다. 그렇다. 모든 물질은 원자로 이루어져 있었다.

이제 우리는 칼 세이건의 질문에 답할 수 있게 되었다. "사과파이를 계속 자르고 잘라서 개개의 원자에 도달하려면 총 몇 번이나 잘라야 하는가?" 페랭은 아인슈타인의 방정식이 옳다는 것을 증명했을 뿐만 아니라, 주어진 질량 안에 들어있는 원자나 분자의 수를 헤아릴 때 반드시 필요한 '아보가드로 수**Avogadro number**'를 측정하는 데에도 성공했다. 키플링표 사과파이 한 개를 꺼내서 부엌용 저울에 무게를 달고 약간의 계산을 해보니, 사과파이 한 개에는 약 4조×1조 개의 원자가 들어 있다는 결론이 내려졌다!

자, 이제 사과파이를 계속 반으로 잘라서 원자 한 개에 도달하려면 총 몇 번을 잘라야 할까? 〈코스모스〉에서 칼 세이건은 "29번 자르면 된다"고 했다. 그가 사용했던 사과파이는 내 것보다 조금 컸으므로, 나는 내 사과파이를 대상으로 직접 계산해 보기로 했다. 그런데 종이 위에 숫자를 끄적이다가 깜짝 놀랐다. 그 위대한 칼 세이건의 계산이 틀린 것이다! 그는 납작한 파이를 "위에서 아래로 자르는 행위"만 고려했기 때문에, 29번 잘랐을 때 남은 조각의 위쪽 면적은 원자 한 개의 면적과 같아지지만 높이는 여전히 파이의 높이와 같다. 다시 말해서, 폭이 원자 한 개와 같은 "가늘고 기다란 기둥"이 최종적으로 남는 것이다. 이것을 원자 한 개라고 우길 수는 없다. 원자 한 개에 도달하려면 가늘고 기다란 기둥을 옆으로 또 잘라야 한다. 이런 식으로는 계산이 너무 번거로우니, 다른 방법을 찾아보자. 파이를 계속 반으로 잘라나간다고 했을 때, 마지막으로 잘라서 생긴 두 조각의 크기가 처음 시작했던 파이의 "4조×1조분의 1(즉, 원자 한 개)"이 되려면 총 몇 번을 잘라야 할까? 답은 82번이다($2^{82} \cong$ 4조×1조: 옮긴이). 머지않아

PBS 방송국의 PD에게 방송 내용을 수정해 달라는 편지가 쇄도할 것 같다. "칼 세이건 교수님, 죄송합니다. 하지만 틀린 건 바로잡아야 하지 않겠습니까?"

82는 이론으로 얻은 숫자일 뿐이다. 훌륭한 과학자라면 계산 결과를 실험으로 확인해야 한다. 그래서 나는 가장 예리한 부엌칼을 들고 파이를 반으로, 반으로, 또 반으로… 잘라나가기 시작했다. 그런데 한 14번쯤 자르고 나니 파이 껍질이 산산이 부서져서 엉망진창이 되었고, 이런 식으로는 도저히 원자에 도달할 수 없을 것 같았다. 문제는 원자가 너무, 지나치게, 환상적으로 작다는 것이다. 탄소 원자 한 개의 지름은 100억분의 1m밖에 안 된다. 얼마나 작은지 감이 안 잡힌다면, 리처드 파인만Richard Feynman의 비유가 도움이 될 것이다— "사과 한 개를 지구 크기만큼 부풀린다면, 사과 속에 들어 있는 원자 한 개는 원래 사과와 비슷한 크기가 된다." 인간이 만든 어떤 칼을 동원해도 사과파이를 이 정도로 작게 자를 수는 없다. 그렇다면 어떻게 해야 사과파이가 정말 원자로 이루어져 있는지 확인할 수 있을까? 별로 어렵지 않다. 절굿공이와 분쇄기, 그리고 현미경만 있으면 된다.

제일 먼저 나는 지난번 실험에서 얻은 숯덩이 사과파이의 작은 조각을 열심히 갈아보았다. 처음에는 고운 가루가 되리라고 생각했는데, 아쉽게도 숯덩이 파이는 순수한 물질이 아니라 다량의 기름과 수분을 머금고 있어서 갈면 갈수록 걸쭉해졌다. 불순물을 제거하기 위해 약간의 열을 가했더니 그제서야 건조한 분말이 되었다. 나는 따로 받아두었던 노란색 사과파이 액체 한 방울을 현미경 슬라이드에 떨어뜨리고, 그 위에 숯덩이 파이 분말을 조금 뿌린 후 현미경으로 들여다보았다.

현미경의 배율을 400배로 키웠더니 분말 입자가 화면을 가득 채울 정도로 크게 확대되었다. 나는 숯덩이가 충분히 곱게 갈리지 않은 것으로 판단하고 슬라이드를 빼내려다가 화면 왼쪽 아래에서 훨씬 작은 검은 입자를 발견했다. 현미경 렌즈를 그쪽으로 맞추고 대충 크기를 가늠하고 있는데, 갑자기 그 입자가 움직이는 것이 아닌가! 그것도 액체의 흐름을 따라 부드럽게 흘러가는 것이 아니라, 무언가가 마음에 들지 않는다는 듯 격렬하게 요동치고 있었다. 그 옛날 브라운이 왜 "살아 있는 분자를 발견했다"고 생각했는지, 그 이유가 피부에 와닿는 순간이었다. 검은 입자는 정말로 살아서 춤추는 것처럼 보였다. 그때 느꼈던 흥분과 기쁨은 말로 표현할 길이 없다. 소싯적에 생전 처음 천체망원경으로 토성과 위성을 발견했을 때에도 이와 비슷한 느낌이었다. 그때 내가 내뱉었던 말은 지금 생각해도 참 바보 같다—"맙소사… 토성이 진짜 있었네!" 그전에도 책이나 TV를 통해 토성을 여러 번 보아왔지만, 내 눈으로 직접 확인하는 것은 완전히 다른 경험이었다.

춤추는 숯덩이 사과파이 가루도 나에게 완전히 새로운 세상을 보여주었다. 입자가 지그재그로 요동치는 이유가 "눈에 보이지 않을 정도로 작지만 분명히 존재하는 원자" 때문이라고 생각하니, 내가 원자로 이루어진 세상에 살고 있다는 것이 실감 나게 느껴졌다. 사실 물리학자들은 원자라는 개념에 지나칠 정도로 친숙하기 때문에, 한 번도 본 적이 없으면서 당연하게 여기는 경향이 있다. 현미경 안에서 요동치던 입자는 내가 원자의 증거를 눈으로 확인한 몇 안 되는 사례 중 하나였다. 사과파이(또는 적어도 사과파이의 일부)는 정말 원자로 이루어져 있었다. 이보다 확실한 증거가 또 어디 있겠는가?♦

물론 우리의 이야기는 이것으로 끝이 아니다. 페랭의 실험으로 원자의 존재가 확인되고 10년쯤 지났을 때, 유럽의 한 실험실에서

"원자는 최종 입자가 아니라 더 작은 입자들로 이루어진 복합체"라는 놀라운 사실이 밝혀졌다. 그 후로 물질의 특성과 자연의 법칙을 설명하는 이론은 혁명적인 변화를 겪었고, 그 파급효과는 가히 상상을 초월했다.

♦ 엄밀히 말해서 이 실험으로 입증된 것은 "사과파이에서 나온 노란 액체는 원자로 이루어져 있다"는 사실이다. 검은 입자가 요동친 것은 액체를 구성하는 분자들이 검은 입자를 연속적으로 때렸기 때문이다.

3장

원자의 구성성분

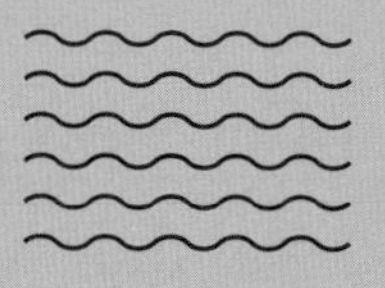

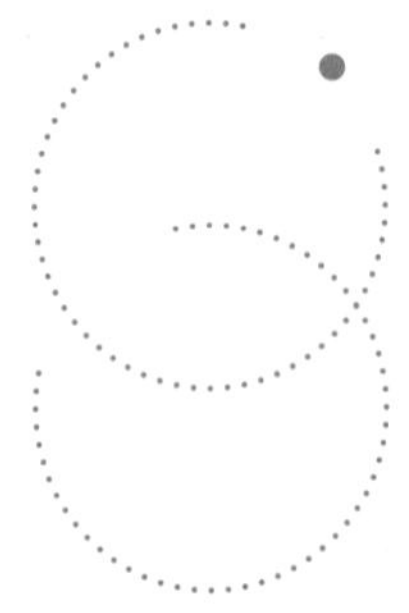

원자는 작다. 엄청나게, 말도 안 되게, 상상할 수 없을 정도로 작다. 좀 더 구체적으로 말해보라고? 음… 이 문장의 끝에 찍혀 있는 마침표 안에 탄소 원자 500만 개를 욱여넣을 수 있다. 솔직히 말해서 이런 식의 설명은 별로 피부에 와닿지 않는다. 직경이 100만분의 1mm도 안 되는 물체를 머릿속에 그리기란 현실적으로 불가능하다. 당신이 지금까지 살아오면서 보았던 가장 작은 물체는 무엇인가? 아마도 태양 빛 아래 나풀거리는 먼지나 벼룩 정도일 것이다. 하지만 이들도 원자와 비교하면 어마어마하게 크다.

원자가 이렇게 작은데, 그 내부 구조를 논할 수 있다는 건 정말 놀라운 일이 아닐 수 없다. 그렇다고 요즘처럼 거대한 장비를 동원한 국제적 규모의 실험이 실행된 것도 아니다. 원자의 내부 구조가 알려진 것은 20세기가 시작된 후 몇십 년 사이에 실행된 지극히 단순하고 기발한 4건의 실험 덕분이었다.

20세기 초에 과학의 영웅은 단연 실험물리학이었다. 당시는 음침한 실험실에서 밤새워 일하는 한두 명의 물리학자가 심오한 발견을 할 수 있던 시기였다. 요즘 입자물리학이 이 정도로 획기적인 발전을 이루려면 전 세계에서 모인 수천 명의 물리학자, 공학자, 기술자와 수백만 또는 수십억 달러(또는 유로, 파운드, 엔)의 돈이 투입되어야 한다. 게다가 반드시 성공한다는 보장도 없다. 나는 LHCb 실험실에서 국적이 제각각인 2,000여 명의 사람들과 함께 일하고 있는데, 이곳은 거의 40년에 걸쳐 계획하고, 설계하고, 건설된 네 개의 입자감지기 중 규모가 가장 작다. 그러나 최초의 아원자 입자는 실험실 테이블에 모두 올라갈 정도로 소박한 관측장비를 통해 발견되었다.

우리는 사과파이의 기본 구성요소를 찾다가 원자에 도달했다. 이제 우리의 관심사는 원자의 내부 구조로 옮겨갔으니, 원자의 구성성분이 처음 발견되었던 시대로 되돌아가 보자. 일단은 19세기 말에 과학자들이 물질의 구조를 어떤 식으로 이해했는지 알아두는 게 좋을 것 같다. 존 돌턴은 모든 화학원소들이 물질의 기본단위인 원자로 이루어져 있다고 주장했지만, 원자가 "더 이상 쪼갤 수 없는 최소 단위"라고 믿는 사람은 별로 많지 않았다. 1815년에 영국의 화학자 윌리엄 프라우트William Prout는 대부분 원소의 질량이 수소의 정수배라는 점에 착안하여 "모든 원소는 수소 원자로 이루어져 있다"고 주장했다. 그러나 그가 말하는 질량은 대략적인 반올림의 결과였고, 염소의 질량은 수소의 35.5배였기 때문에 다소 설득력이 떨어졌다. 그리고 당시 대부분의 화학자들이 연금술(값싼 금속을 금으로 바꾸는 비술로 고대부터 꾸준히 연구되어 오면서 약학과 점성술, 철학 등에 영향을 미쳤으나 실질적인 성과는 전혀 없음: 옮긴이)을 혐오했던 것도 악재로 작용했다. 프라우트가 옳다면 납 원자에서 수소 원자 몇 개를 제거하면 간단하게 금으로 변하기 때문이다.

1869년, 원자가 내부 구조를 가진 복합체임을 보여주는 또 다른 정황증거가 러시아에서 발견되었다. 그 주인공은 치즈 공장의 감독관이자 화학자, 그리고 이발사들의 영원한 숙적인♦ 드미트리 이바노비치 멘델레예프Dmitri Ivanovich Mendeleev이다. 평소 장거리 여행을 자주 했던 그는 달리는 기차 안에서 화학원소가 적힌 카드로 솔리테어 게임solitair game(혼자 하는 카드 게임: 옮긴이)을 하던 중 질량이 작은 순서로 원소에 번호를 붙이면 화학적 성질이 일목요연하게 드러난다는 사실을 발견했다. 여기에 착안하여 각 원소를 질량에 따라 주기적으로 배열한 것이 바로 그 유명한 주기율표periodic table이다. 멘델레예프가 처음 작성한 주기율표에는 여러 곳이 빈칸으로 남아 있었는데, 그는 이것이 해당 칸에 들어갈 원소가 아직 발견되지 않았기 때문이라고 생각했다. 아니나 다를까, 그 후로 몇 년 사이에 갈륨Ga, 스칸듐Sc, 게르마늄Ge 등 빈칸에 들어갈 원소들이 속속 발견되었고, 멘델레예프의 주기율표는 자연에 존재하는 원소의 가장 신뢰할 만한 목록으로 자리 잡게 된다.

이 모든 정황을 고려할 때, 화학원소 사이에는 모종의 관계가 있음이 분명하다. 왜 그럴까? 주기율표에 나타난 특성을 보면 자연에 존재하는 원소들은 서로 무관한 마구잡이 집단은 아닌 것 같다. 원자의 내부에는 우리가 모르는 고도의 질서가 존재할지도 모른다. 아직 결론을 내릴 수는 없지만 그럴 가능성이 농후하다. 그러나 약간의 틈

♦ "이발과 면도는 1년에 한 번만 한다"는 것이 평소 멘델레예프의 철칙이었다. 덕분에 그는 『반지의 제왕』에 등장하는 간달프Gandalf the Grey와 레오나르도 다빈치Leonardo da Vinci, 그리고 『올리버 트위스트』에 등장하는 악당 패긴Fagin을 합쳐놓은 듯한 외모를 갖게 되었다.

만 보여도 연금술의 망령이 여지없이 끼어들기 때문에, 화학자와 물리학자들 앞에서 원자에 내부 구조가 존재한다는 것을 입증하려면 강력한 실험적 증거가 필요했다. 이 원대한 작업에 첫 번째 신호탄을 쏘아 올린 곳은 입자물리학의 탄생지인 케임브리지대학교의 허름한 실험실이었다. 앞에서 언급한 "4번의 실험" 중 첫 번째 실험이 이곳에서 실행된 것이다.

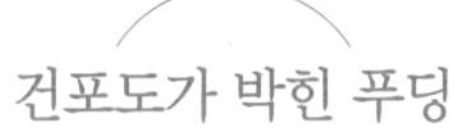

건포도가 박힌 푸딩

케임브리지의 코퍼스크리스티 칼리지Corpus Christi College(케임브리지의 단과대학: 옮긴이) 뒤쪽으로 눈에 잘 띄지 않는 한적한 길을 따라가면, 세계에서 가장 유명한 건물인 캐번디시 연구소Cavendish Laboratory가 시야에 들어온다. 관광객과 보트 여행자들, 험악한 택시기사들, 그리고 자전거를 탄 학생들로 북적이는 킹스퍼레이드King's Parade(케임브리지에 있는 거리 이름: 옮긴이)를 코앞에 두고 있지만, 연구소 주변은 대체로 조용한 편이다. 대부분의 관광객들은 이쪽으로 오지 않고 케임브리지의 웅장한 중세 건축물을 구경하거나, 펀트punt(삿대로 젓는 바닥이 평평한 배: 옮긴이)를 타고 상류로 올라간다. 그러나 아주 가끔은 연구소 입구에 있는 아치 조형물 밑에서 이슬비를 피하며 캐번디시 연구소의 연혁을 속사포처럼 쏘아대는 가이드의 말에 귀를 기울이는 사람들도 있다. 여기서 5분쯤 머문 후 이들이 가는 곳은 이글펍Eagle Pub이다. 그 옛날 캐번디시 연구소의 연구원이었던 프랜시스 크릭Francis Crick과 제임스 왓슨James Watson이 DNA의 이중나선구조를 알아낸 후 곧바로 달려와 "드디어 생명의 비밀을 풀었다"며 자축했던 역사적 장소이기 때문이다.

그러나 캐번디시 연구소에는 건물 앞쪽 벽에 걸린 조그만 액자를 제외하고, 이곳에서 역사적 발견이 이루어졌음을 보여주는 흔적은 전혀 남아 있지 않다. 나는 이 점이 항상 불만스러웠다. 입자물리학이 하나의 종교로 성장했다면 아마도 가장 성스러운 종교가 되었을 것이다. 그러면 전 세계의 순례자들이 매년 거룩한 캐번디시 성당을 찾아와 복도를 거닐며 원자를 쪼개서 새로운 구성성분을 발견한 남녀 성인들의 조각상을 우러러봤을 것이다. 복도 끝에 있는 기념품점에 가면 어니스트 러더퍼드**Ernest Rutherford**나 조지프 존 톰슨**Joseph John Thomson**의 도자기 피규어를 살 수 있을지도 모른다. 그러나 다들 알다시피 입자물리학은 종교가 아니다(사실은 종교가 아니어서 천만다행이다). 1970년대 중반에 케임브리지대학교 물리학과는 거의 허물어져 가는 빅토리아식 건물을 떠나 훨씬 큰 건물로 이사했고, 대학 측에서는 이 고색창연한 연구소에 액자 몇 개를 걸어 놓고 사회과학자들에게 내주었다.

그 후로도 몇 년 동안은 이곳을 찾는 유별난 사람들이 있었다. TV 시리즈 〈코스모스〉의 9편에서 사과파이와 관련된 장면이 끝나면, 갑자기 칼 세이건이 캐번디시 연구소의 낡은 강의실에 나타나 이런 멘트를 날린다—"여기가 바로 원자의 성질이 처음으로 밝혀진 곳입니다." 약간 과장된 말이긴 하지만, 원자와 관련된 수수께끼의 상당 부분을 캐번디시의 물리학자들이 해결한 것은 분명한 사실이다. 그중 첫 번째 퍼즐 조각을 맞춘 사람은 캐번디시 연구소의 소장이었던 톰슨이었다.

학생들에게 "J. J"라는 애칭으로 불렸던 톰슨은 전혀 실험물리학 체질이 아니었으며, 영국 최고 실험실의 수장이 될 인물은 더더욱 아니었다. 수리물리학을 전공했던 그는 손재주가 어찌나 거칠었는지,[1] 학생들 사이에서 "우리 두목이 예민한 실험용 전구를 만지지 못하도록 잘 막기만 하면 실험의 절반은 성공"이라는 말이 나돌 정도였다.[2] 그러나 톰슨은 독창적인 실험을 설계하고 흥미로운 문제를 찾아내는 데 탁월한 능력을 발휘했다. 1896년 초에 있었던 사건이 그 첫 번째 사례이다. 그 무렵 독일의 물리학자 빌헬름 뢴트겐Wilhelm Roöntgen은 사람의 살을 통과하여 뼈의 상태를 보여주는 기적의 광선을 발견했다. 그는 이 광선으로 아내의 손을 촬영한 사진을 세상에 공개하여 일대 센세이션을 일으켰고(그녀는 자신의 뼈 사진을 보고 "죽음을 보았다"고 했다), 이 신비한 광선(복사radiation)은 미지未知를 뜻하는 "X-선"으로 명명되었다.

뢴트겐이 발견한 X-선은 크룩스관crookes tube에서 방출된 것이다. 크룩스관은 공기를 빼낸 유리관의 양 끝에 전극을 부착한 도구인데, 여기에 높은 전압을 가하면 음극cathode에서 음극선cathode ray이 생성되어 이동하다가 양극anode에 도달했을 때 섬뜩한 녹색 빛이 방출된다(이 사실은 수십 년 전부터 알려져 있었다). X-선은 음극선이 유리에 부딪히는 곳에서 생성되는 것처럼 보였으나, 정작 음극선의 정체를 아는 사람은 아무도 없었다.

X-선의 잠재력에 매료된 톰슨은 음극선의 정체를 밝히기로 마음먹었다. 당시 과학계는 음극선의 정체를 놓고 두 가지 주장이 대립하고 있었는데, 한쪽 진영은 음극선이 라디오파나 빛, 또는 X-선 같은 전자기파의 일종이라고 주장했고, 다른 진영은 이온ion처럼 음전하를 띤 입자의 흐름이라고 주장했다. 톰슨은 지난 몇 년 동안 전기를 이용하여 기체를 이온으로 분리하는 실험을 해왔기 때문에 당연히 후자를 지지하는 쪽이었으나, 문제는 그것을 증명하는 방법이었다. 음극

선이 음전하를 띤 입자의 흐름이라는 것을 어떻게 입증할 수 있을까?

1895년에 장 바티스트 페랭은 음극선을 금속제 컵에 발사하면 컵 안에 음전하가 축적된다는 사실을 알아냈다. 이로써 "음극선 = 음전하를 띤 입자의 흐름"일 가능성이 더욱 높아진 것이다. 그러나 반대론자들은 "음전하가 생성된 것은 음극선이 낳은 부차적 결과일 수도 있으므로, 이것만으로는 음극선 자체가 음전하로 이루어져 있다는 증거가 될 수 없다"고 주장했다.

톰슨은 페랭의 실험을 약간 수정하여 음극선이 지나가는 길에서 조금 벗어난 곳에 금속 컵을 설치했다. 이 상태에서 전원을 켜니 음극선은 직선을 따라 똑바로 나아갔고, 컵에는 음전하가 축적되지 않았다. 그런데 자기장을 이용하여 음극선의 궤적이 휘어지게 만들어서 금속 컵에 도달하도록 만들었더니… 짜잔! 드디어 음전하가 감지되었다. 음극선이 가는 곳에 음전하도 따라간 것이다. 이로써 음극선은 음전하를 띤 입자의 흐름이라는 것이 확실해졌지만, 어떤 종류의 입자인지는 여전히 오리무중이었다. 음전하를 띤 원자일까? 아니면 아직 발견된 적 없는 새로운 입자일까?

진상을 규명하려면 음극선의 질량부터 알아야 했다. 음극선이 음이온(음전하를 띤 원자)이라는 그의 짐작이 맞다면, 가장 가벼운 원자인 수소보다 질량이 작아야 한다. 그런데 이렇게 작은 질량을 무슨 수로 측정한다는 말인가? 원자의 크기를 간접적으로나마 측정한 것도 그로부터 10년 후의 일이었다.

그러나 톰슨에게는 '자기장'이라는 비장의 무기가 있었다. 입자가 자기장을 통과할 때 경로가 휘어지는 정도를 측정하면 된다. 입자의 질량이 클수록 완만한 곡선을 그리기 때문이다(이것은 트럭이 커브길을 돌 때 나타나는 현상과 비슷하다. 트럭이 무거울수록 타이어와 도로 사이의 마찰력이 커야 미끄러짐 없이 안전하게 돌 수 있다). 문제는 입자의 질량뿐만 아니라 속도와 전하량도 휘어지는 정도에 영향을 미친다는 것이다. 속도가 빠를수록 경로가 덜 휘어지고, 전하량이 클수록 많이 휘어진다. 그러므로 경로의 곡률(휘어진 정도)만으로는 입자의 질량을 알아낼 수 없지만, "질량과 전하량의 비율"은 알 수 있다.

톰슨은 실험데이터에 기초하여 일련의 계산을 수행하다가 놀라운 사실을 발견했다. 음극선의 질량을 전하로 나눈 값이 수소이온을 전하로 나눈 값보다 약 1,000배쯤 작게 나온 것이다. 여기에는 두 가지 해석이 가능하다. (1) 음극선의 전하량이 수소이온의 전하량보다 훨씬 크거나 (2) 음극선의 질량이 수소이온의 질량보다 훨씬(아마도 수천 배 이상) 작다는 뜻이다. 그렇다면 혹시 톰슨은 돌턴이 말했던 "더 이상 쪼갤 수 없는 원자"보다 더 근본적인 무언가를 엿본 것은 아닐까?

1897년 4월 30일, 톰슨은 런던행 기차에 올랐다. 영국 왕립 과학연구소에서 매주 금요일마다 개최되는 "금요 저녁 토론회 **Friday Evening Discourses**"에 참석하여 자신의 연구결과를 발표하기로 되어 있었기 때문이다. 참나무로 장식된 회의장에는 각자 자신의 분야에서 위대한 업적을 남긴 당대 최고의 과학자들이 야회복 차림으로 청중석을 메우고 있었다. 톰슨은 과거에 험프리 데이비가 극적인 실험결과를 발표하면서 청중을 사로잡았던 바로 그 연단에서 새로운 원자이론을 찬찬히 설명해 나갔다. 참석자들은 랭커셔지방 사투리가 약간 섞인 말투와 독특한 몸놀림에 서서히 압도되었고, 좌중을 사로잡은 톰슨은 실험에서 얻은 증거를 제시하며 음극선이 "가장 작은 원자보다 훨씬 작으면서 음전하를 띤 입자"임을 역설했다. 이것만으로도 충분히 놀라운 주장인데, 톰슨은 여기서 멈추지 않고 청중들을 쥐락펴락하며 파격적인 결론을 향해 나아갔다. "일단은 음극선을 구성하는 입자를 미립자corpuscle라 부르기로 하겠습니다.♦

이 미립자는 혼자 떠도는 입자가 아니라, 모든 원자를 구성하는 핵심 요소입니다." 유리관 내부에 작용하는 전기력이 원자를 문자 그대로 "갈가리 찢어서" 음전하를 띤 미립자들을 원자로부터 해방시켰고, 이들이 전기장을 따라 이동하면서 음극선이라는 형태로 나타났던 것이다. 그렇다. 톰슨은 눈에 보이지 않는 원자를 더 작은 단위로 분해하는 데 성공했다!

청중석에 앉아있던 과학자들 중 대부분은 톰슨의 말을 믿지 않았다. 그 자리에 있었던 한 사람은 훗날 톰슨의 강연을 회상하며 "늙은 학자들을 놀리는 줄 알았다"고 했다.[3] 음극선이 음전하의 흐름이라는 데에는 대부분 동의하는 분위기였지만, 이 음전하가 원자의 구성 요소라는 주장은 너무 멀리 간 것 같았다. 확실히 그는 실험에서 얻은 증거를 넘어 과도한 주장을 펼치고 있었다. 예나 지금이나, 비범한 주장을 펼칠 때에는 그에 걸맞은 비범한 증거도 함께 제시해야 하는 법이다.

강연을 마치고 연구실로 돌아온 톰슨은 자신의 주장을 확실하게 입증하기 위해 "영국 최고의 유리 가공사"로 알려진 에버니저 에버렛Ebenezer Everett을 조수로 고용했다.[4] 물론 에버렛에게 주어진 일은 유리관(음극선관)을 만드는 것이었다. 새로 제작될 유리관은 더 강한 전기장이 걸리도록 전극이 추가되고, 거의 완벽한 진공상태를 버틸 정도로 내구성이 뛰어나야 했다. 에버렛은 톰슨이 요구한 유리관

♦ 빛의 입자설을 주장했던 아이작 뉴턴도 빛을 구성하는 입자를 '미립자corpuscle'라고 불렀다.

을 만들기 위해 며칠 동안 열심히 펌프질을 했다.

두 사람은 실험도구를 준비하면서 1897년 여름을 보냈다. 에버렛은 공들여 만든 유리관을 보호하기 위해 "무딘 손" 톰슨의 접근을 원천 봉쇄했고, 세부 구조를 확인할 때만 안전거리 안으로 들어오는 것을 허용했다. 마침내 음극선관이 완성되자 톰슨은 지체 없이 실험에 착수했고, 전기장과 자기장의 변화에 따른 음극선관의 경로 변화를 측정하여 질량과 전하의 비율을 이전보다 훨씬 정확하게 알아낼 수 있었다. 그리고 여기서 얻은 데이터는 이전 실험에서 얻은 결과와 완벽하게 일치했다. 톰슨의 미립자는 정말로 수소 원자보다 수천 배쯤 가벼운 것 같았다. 두 사람의 노력이 결실을 맺은 것이다.

그해 10월에 톰슨은 지신이 발견한 미립자가 원자의 구성성분임을 주장하는 새로운 논문을 발표했는데, 여기서 그는 "양전하의 바닷속에 동심원을 따라 미립자가 배열되어 있는" 원자모형**atomic model**을 최초로 제시했다. 그리고 향후 몇 년 동안 모형을 여러 차례 수정하여 당시 영국에서 유행했던 디저트를 연상시키는 모형에 도달했다(이 책의 제목과도 잘 어울린다). 톰슨의 주장에 의하면 원자는 곳곳에 건포도가 박혀 있는 푸딩과 비슷하다. 원자의 몸체는 양전하를 띤 스펀지 케이크를 닮았고, 그 안에 음전하를 띤 미립자가 건포도처럼 박혀 있는 식이다. 이로써 멘델레예프의 주기율표에 담긴 수수께끼도 하나둘씩 풀리기 시작했다. 원소의 화학적 특성이 제각각인 이유는 그 안에 포함된 미립자의 수가 다르기 때문이었다.

톰슨의 이론이 학계에 수용되기까지는 여러 해가 소요되었다. 연금술을 병적으로 싫어했던 물리학자들이 아원자 입자라는 개념 자체를 불편하게 생각했기 때문이다. 톰슨이 명명했던 '미립자'라는 이름도 더 이상 사용되지 않았다. 입자물리학에 관심 있는 독자들도 이런 용어는 들어본 적이 없을 것이다. "음극선의 구성 입자이자, 음전하를 띠고 있으면서 모든 원자에 들어 있는 엄청나게 가벼운 입자"는 오늘날 '전자electron'라는 이름으로 불리고 있다. 그러니까 톰슨은 전자의 최초 발견자이자, 원자모형을 최초로 제안한 사람이다. 그는 이 공로를 인정받아 1906년에 노벨 물리학상을 수상했다.

이로써 우리는 사과파이의 첫 번째 "궁극적 구성성분(더 이상 쪼갤 수 없는 최소 단위)"인 전자에 도달했다.

그러나 우리의 이야기는 아직도 갈 길이 멀다. 톰슨이 전자와 한창 씨름을 벌이고 있을 때, 뉴질랜드에서 갓 도착한 젊은 학생이 물리학 전체를 새로운 세계로 이끌 준비를 하고 있었다. 원자에 대한 생각을 근본부터 바꿔놓게 될 그 학생의 이름은 어니스트 러더퍼드였다.

원자의 심장

나는 나의 모교인 케임브리지대학교를 자랑스럽게 생각한다. 그런데 칼 세이건은 이 학교 출신이 아닌데도 〈코스모스〉 시리즈에 등장하여 "케임브리지는 역사상 최초로 원자의 비밀을 밝힌 과학의 성지"라며 극찬을 아끼지 않았다. 그러나 현대적 의미의 원자가 처음으로 만들어진 곳은 미래지향적 산업도시인 맨체스터였다. 맨체스터 대학교의 물리학자들은 10년이 넘는 세월 동안 실험실에서 사투를 벌인 끝에 원자의 비밀을 밝히는 데 성공했고, 이들을 이끈 우두머리는 (내 개인적인 생각이지만) 역사상 최고의 실험물리학자, 어니스트 러더퍼드였다.

러더퍼드는 1871년에 뉴질랜드 북섬North Island에 있는 평게어

후Pungarehu에서 농부의 아들로 태어났다. 그는 호주의 켄터베리 칼리지Canterbury College에서 물리학을 공부한 후 1895년에 영국으로 진출하여 캐번디시 연구소에서 톰슨의 지도를 받는 연구원 학생이 되었는데, 처음부터 각종 실험을 주도하며 실험물리학자로서의 자질을 유감없이 발휘했다. 그러나 러더퍼드가 원자의 구조를 밝히는 운명적 길을 걷기 시작한 것은 캐번디시에서의 생활이 거의 끝나가던 무렵이었다. 1896년에 프랑스의 물리학자 앙리 베크렐Henri Becquerel이 우라늄이 함유된 광물에서 자발적으로 생성되는 방사선을 발견했다는 소식이 전해지자, 러더퍼드는 장래가 보장된 X-선 실험을 그만두고 신비한 방사선의 정체를 밝히기로 마음먹었다. 물리학자로서의 경력에 치명타를 입을 수도 있는 위험한 선택이었지만, 결국 그는 이 선택 덕분에 최고 물리학자의 반열에 오르게 된다.

1898년, 어느덧 27살이 된 러더퍼드는 영국을 떠나 캐나다의 몬트리올Montreal에 있는 맥길대학교McGill Univ.로 자리를 옮겼고, 얼마 지나지 않아 그곳을 세계 최고의 방사선 연구센터로 탈바꿈시켰다. 한편, 파리에서 마리 퀴리Marie Curie와 그녀의 남편 피에르 퀴리Pierre Cuirie는 라듐radium, Ra이라는 원소를 추출하기 위해 야외에서 역청우라늄pitchblende(다량의 우라늄이 함유된 광물)이 담긴 뜨거운 용기를 열심히 휘젓고 있었다. 그래 봐야 손에 쥐는 것은 수십분의 1g에 불과했지만, 라듐의 방사선이 우라늄보다 수백만 배나 강한 점을 고려하면 실로 위험천만한 실험이었다.

퀴리 부부와 러더퍼드의 선도적 역할에 힘입어 방사성원소radioactive element(자발적으로 방사선을 방출하는 원소: 옮긴이)의 목록이 점차 길어지면서, "방사선은 원자의 내부 어딘가에서 방출된다"는 사실이 분명해졌다. 그리고 방사선을 방출한 원자는 완전히 다른 종류의 원자로 변하는 것 같았다. 러더퍼드는 맥길대학교의 화학자 프레더릭 소디Frederick Soddy와 함께 방사성원소 토륨thorium, Th이 붕괴되어 "토륨-Xthrium-X(지금은 '라듐'으로 불림)"로 변한다는 확실한 증거를 발견했다. 과학 역사상 처음으로 한 물체가 다른 물체로 변신하는 마술 같은 과정이 포착된 것이다. 그렇다면 연금술은 진짜 과학이었단 말인가?

1907년, 러더퍼드는 맥길대학교 동료들의 만류에도 불구하고 좀 더 효율적인 연구를 위해 영국으로 돌아왔다. 얼마 후 맨체스터대학교에 자리 잡은 그는 기존의 연구실을 완전히 갈아엎고, 더욱 중요한 문제를 연구하는 최첨단 실험실로 개편했다. 물론 그가 생각하는 중요한 문제란 원자의 내부 구조를 탐색하는 것이었다. 러더퍼드의 강력한 통솔하에 연구원과 학생 수가 빠르게 늘어났고, 이들은 원자의 내부를 공략하는 다양한 프로젝트에 투입되어 곧 다가올 원자물리학 시대의 초석을 다졌다. 청년 시절에 단호하면서도 수줍은 성격이었던 러더퍼드는 나이가 들고 업적이 쌓일수록 매사 활동적이고 자신감 넘치면서 약간의 허풍기마저 감도는 지도자가 되어 있었다(한 동료는 그를 가리켜 "살아 있는 라듐 덩어리"라고 했다). 게다가 목소리가 어찌나 컸는지, 복도에서 "전진하라, 기독교 병사들이여Onward, Christian Soldiers('믿는 사람들은 주의 군대니…'로 시작되는 찬송가: 옮긴이)"라는 노래가 들려오면 연구원들은 러더퍼드가 곧 문을 열고 들어온다는 신호로 알아듣고 실험실을 정돈하곤 했다. 그리고 학생과 연구원들이 어떤 문제를 상의해 오건, 러더퍼드는 항상 최선을 다해 해결책을 제시해주었다.

러더퍼드와 함께 연구한다는 건 결코 쉬운 일이 아니었다. 그는 감정을 다스리지 못하여 수시로 분통을 터뜨리곤 했는데, 누구든지 그 옆에 있던 사람은 원인을 제공하지 않았어도 날벼락을 온몸으로 받아내야 했다. 그가 맨체스터에 자리 잡고 얼마 지나지 않았을 때 있었던 일화 한 토막—한 화학과 교수가 공동실험실에서 물리학과를 위해 배정된 공간을 야금야금 침범해 들어오는 바람에 러더퍼드의 심기가 몹시 불편해졌다. 그러던 어느 날, 자제력을 상실한 러더퍼드는 문제의 교수 앞에서 "이런 빌어먹을!"이라며 주먹으로 책상을 내리쳤고, 놀란 교수가 자기 연구실로 달아나자 모든 사람들이 보는 앞에서 한바탕 추격전이 벌어졌다.[5] 나중에 그 교수는 지인들에게 이 이야기를 들려주며 "악몽이 따로 없었다"고 했다. 대부분의 경우에는 화가 가라앉은 후 당사자를 찾아가서 살짝 수줍은 표정으로 용서를 구하곤 했지만, 러더퍼드의 고함을 코앞에서 받아내는 것은 화학과 교수의 말대로 악몽에 가까웠다고 한다.

그러나 변덕스러운 성격에도 불구하고 맨체스터의 연구원들은 러더퍼드를 사랑하고 존경했다. 그들은 단순한 과학자 집단이 아니라, 가장 중요한 과학 분야를 선도한다는 자부심으로 똘똘 뭉친 가족이었다. 또한 러더퍼드는 현재 진행 중인 연구에 가장 적합한 현상을 골라내는 데 탁월한 재능을 갖고 있었다. 그는 틈날 때마다 "나는 학생들에게 쓸모없는 프로젝트를 맡겨서 시간을 낭비하게 만든 적이 단 한 번도 없다"며 자신의 선구안을 자랑하곤 했다. 그러나 그의 가장 큰 무기는 문제가 해결될 때까지 절대로 포기하지 않고 끈질기게 물고 늘어지는 집요함이었다. 그와 오랜 세월 함께 일해온 제임스 채드윅**James Chadwick**(중성자를 발견하여 1935년에 노벨상을 수상한 영국의 물리학자: 옮긴이)은 러더퍼드의 성격이 너무 날카롭다고 생각하지 않느냐는 질문에 이렇게 대답했다—"날카로운 성격은 아닙니다. 사실 러더퍼드는 전함의 뱃머리랑 비슷해요. 배가 충분히 무거우면 뱃머리가 굳이 면도날처럼 날카롭지 않아도 무엇이든 박살 낼 수 있지 않습니까?"[6]

러더퍼드의 조준선에 포착된 문제는 원자의 내부 구조였다. 지난 10년 동안 방사선에 대하여 많은 사실이 새로 밝혀졌음에도 불구하고, 아직 풀지 못한 수수께끼가 사방에 널려 있었다. 일부 원자는 왜 방사선을 방출하면서 다른 원자로 변신하는가? 그리고 방사선에 담긴 에너지는 대체 어디서 온 것인가? 가장 중요한 질문이었지만, 그 답을 아는 사람은 아무도 없었다. 러더퍼드의 계산에 의하면 방사성 붕괴가 일어날 때 방출되는 에너지는 가장 격렬한 화학반응에서 방출되는 에너지보다 무려 수백만 배나 강력했다. 그렇다면 답은 하나뿐이다. 원자의 내부 어딘가에 방대한 양의 에너지가 저장되어 있음이 분명하다.

러더퍼드는 방사성원소가 붕괴될 때 튀어나오는 입자에 초점을 맞췄다. 그는 캐번디시 연구소에서 일하던 시절에, 우라늄에서 두 종류의 방사선이 방출된다는 사실을 알아냈는데, 그중 하나는 공기 중에서 겨우 몇 cm 이동하다가 멈췄고, 다른 하나는 꽤 멀리 이동할 뿐만 아니라 금속을 통과할 정도로 투과력이 강했다. 러더퍼드는 그리스문자를 이용하여 첫 번째 방사선을 '알파선α-ray', 두 번째 방사선을 '베타선β-ray'으로 명명했다.◆

그 후 과학자들은 투과력이 강한 베타선의 궤적이 자기장 안에서 쉽게 휘어진다는 사실을 알아냈고, 얼마 가지 않아 베타선은 전자electron로 밝혀졌다.

◆ 투과력이 더욱 강한 세 번째 방사선은 1900년에 프랑스의 물리학자 폴 빌라드Paul Villard에 의해 발견되었으며, 러더퍼드가 정한 규칙에 따라 '감마선γ-ray, gamma ray'으로 명명되었다.

맨체스터에서 러더퍼드가 이룩한 첫 번째 업적은 한스 가이거 Hans Geiger의 도움을 받아 알파입자(알파선의 구성입자)의 정체가 전자 두 개를 잃은 헬륨He 원자임을 알아낸 것이다. 가이거는 독일 출신의 물리학자로서, 알파입자의 수를 헤아리는 최초의 입자감지기를 만든 사람으로 유명하다.◆◆

러더퍼드와 가이거는 감지기를 만드는 동안 감지기의 기다란 가스관을 통과한 알파입자가 사진건판에 남긴 영상이 기대했던 만큼 선명하지 않아서 애를 먹고 있었다. 아무래도 알파입자가 기체 분자와 충돌하면서 경로를 이탈한 것 같았다. 어떻게 그럴 수 있을까? 러더퍼드는 몹시 당혹스러웠다. 알파입자는 원자가 붕괴될 때 방출되어 거의 광속에 가까운 속도로 이동한다. 이렇게 무지막지한 입자가 어떻게 기체 분자처럼 미약한 방해물 때문에 경로를 벗어난다는 말인가?[7]

여기서 "올바른 질문으로 정곡을 찌르는" 러더퍼드의 능력이 다시 한번 빛을 발휘한다. 그는 가이거에게 다양한 물체에 알파입자를 발사하여 산란散亂되는 정도를 측정하라고 지시했고, 가이거는 다양한 재질로 박막薄膜, foil을 만들어서 실험을 한 끝에 "박막을 구성하는 원자가 무거울수록 알파입자가 크게 산란된다"는 사실을 알아냈다. 그중에서도 알파입자를 가장 큰 각도로 산란시키는 재질은 금gold, Au이었는데, 가끔은 산란각이 너무 커서 가이거와 러더퍼드를 어리둥절하게 만들었다.

산란각이 큰 것이 왜 문제가 되었을까? 톰슨의 원자모형(건포도

◆◆ 이 감지기는 오늘날 방사능 수치를 측정할 때 사용되는 '가이거 계수기Geiger counter'의 전신으로, 입자가 도달할 때 나는 "딸깍!" 소리가 심리적 불안감을 일으키기 때문에 재난 영화에 단골 음향으로 사용되어 왔다.

가 박힌 푸딩 모형)에 의하면 원자의 몸체는 양전하를 띤 구형 물체로서 스펀지케이크처럼 보들보들하고, 그 안에 음전하를 띤 전자가 건포도처럼 듬성듬성 박혀 있다. 알파입자(전자)가 이렇게 만만한 원자를 향해 거의 광속으로 돌진하면 경로에 아무런 영향을 받지 않고 가뿐하게 관통해야 할 것 같은데, 경로가 휘어지면서 사방팔방으로 산란되었으니 문제가 심각해진 것이다.

러더퍼드는 이 의외의 결과를 놓고 한동안 심사숙고하다가 즉흥적인 해결책을 떠올렸다. 새로 들어온 제자인 어니스트 마스덴 Ernest Marsden에게 "알파입자가 금 박막에 충돌한 후 되로 튕겨 나오는 경우가 있는지 확인하라"는 특명을 내린 것이다. 물론 러더퍼드는 그런 일이 없을 것이라고 확신했지만(금 원자가 자신을 향해 돌진해 오는 알파입자를 반대 방향으로 튕겨낼 수는 없다), 방사선을 연구하는 마스덴에게는 좋은 프로젝트라고 생각했다.

그 시절에 실험실에서 알파입자의 수를 헤아리는 것은 결코 쉬운 일이 아니었다. 나는 주변 사람들에게 내가 실험물리학자라고 말할 때마다 살짝 사기를 치는 듯한 느낌이 든다. 내 손으로 직접 하는 일이 거의 없기 때문이다. 대형강입자충돌기LHC에서 생성된 데이터는 인터넷망을 통해 케임브리지의 연구실로 전송된다. 내가 하는 일이라곤 모니터에 뜬 데이터를 분석하는 것뿐이다. 가끔은 공항 라운지나 우리 집 침실에서 차를 마시며 데이터를 조회할 때도 있다. 그러나 20세기 초에는 칠흑 같은 암실에서 현미경으로 황화아연 스크린을 몇 시간 동안 들여다보며 알파입자가 보내는 신호(깜빡거리는 빛)를 헤아리다가, 더 이상 견딜 수 없을 정도로 눈이 피곤해지면 하루 일과를 끝내곤 했다. 게다가 이 모든 작업은 강력한 방사선(알파선)으로부터 불과 몇 cm 거리에서 이루어졌다.

마스덴은 매일 관측을 시작하기 전에 눈이 어둠에 적응하도록 캄캄한 실험실에서 한동안 가만히 앉아 있어야 했다. 그의 앞에 놓인 작업대에는 방사성원소 라듐, 비스무트**bismuth, Bi**, 그리고 라돈**radon, Rn** 기체의 혼합물이 담긴 원뿔형 유리가 놓여 있고, 그 끝부분에는 방사성원소에서 방출된 알파입자가 빠져나갈 수 있도록 운모로 만들어진 얇은 창이 설치되어 있었다. 알파선이 지나가는 길목에는 조그만 금박金箔이 사격장의 표적처럼 매달려 있고, 그 앞(방사성원소가 있는 쪽)에는 황화아연 스크린과 현미경이 설치되어 있는데, 이들은 알파입자와의 직접 접촉을 막기 위해 납으로 차폐되어 있었다.

눈이 어둠에 충분히 익숙해졌을 때, 마스덴은 몸을 잔뜩 기울여 현미경을 들여다보았다. 러더퍼드와 마찬가지로 마스덴도 이 실험에서 아무것도 발견하지 못할 것으로 예측했다. 그러나 그는 현미경 속 스크린에서 반짝이는 신호를 발견하고 대경실색했다. 마치 미시세계의 영화 시사회에서 카메라 플래시가 터지듯이, 수십 개의 섬광이 산발적으로 번쩍이고 있었던 것이다. "혹시 내가 무언가를 잘못 건드려서 실험을 망친 건 아닐까?" 두목에게 추궁당할까 봐 더럭 겁이 난 마스덴은 모든 장비를 재점검한 후 다시 현미경을 들여다보았으나, 번쩍이는 섬광은 사라지지 않았다. 사흘 동안 눈을 혹사해 가며 동일한 실험을 반복한 후, 마스덴은 러더퍼드에게 놀라운 소식을 전했다. 알파입자가 금박에 충돌한 후 왔던 길로 튕겨 나간 것이다!

러더퍼드는 한동안 벌어진 입을 다물지 못했다. 훗날 그는 당시를 회상하며 이렇게 말했다—"그것은 내 인생을 통틀어 가장 놀라운 사건이었습니다. 휴지 한 장을 허공에 매달아 놓고 직경 40cm짜리 대포알을 발사했는데, 그게 휴지에 튕겨 나와 나한테 되돌아왔다고 생각해 보세요. 당시 상황이 꼭 그랬습니다."[8] 가이거와 마스덴도 영문을 모르기는 마찬가지였다. 세 사람은 실험결과를 1909년 7월에 논문으로 발표했는데, 납득할 만한 설명을 단 한 줄도 내놓지 못했다. 다만 "알파입자의 경로가 갑자기 180° 바뀌려면 실험실에서 사용한 것보다 수십억 배 강한 자기장을 걸어주어야 한다"는 모호한 설명이 추가되었을 뿐이다. 어쨌거나 알파입자가 뒤로 튕겨 나갔다는 것은 그 자리에 엄청난 힘을 발휘하는 무언가가 자리 잡고 있다는 뜻이다.

가장 당혹스러웠던 사람은 실험의 모든 부분을 설계한 러더퍼드였다. 그는 1908년 한 해 동안 무려 14편의 중요한 논문을 발표하여 학계를 놀라게 했지만, 산란실험에 충격을 받은 후로는 연구 속도가 눈에 띄게 느려졌다. 그는 한동안 연구실에 출근도 하지 않고 자택에 두문불출하면서 실험결과를 수없이 되새겨 보았다. 혹시 알파입자가 수십 개의 금 원자와 연속적으로 충돌하여 방향이 180° 바뀐 건 아닐까? 그러나 막상 계산을 해보니 이런 일이 일어날 확률이 너무 낮았다. 마스덴은 현미경 속에서 깜빡이는 광경을 꽤 자주 목격했는데, 연속 충돌사건이 그 정도로 자주 일어나는 것은 현실적으로 불가능해 보였다. 알파입자는 질량이 엄청나게 큰 무언가와 "단 한 번의 충돌"로 방향이 바뀌어야 했다.

마스덴으로부터 충격적인 소식을 들은 지 18개월이 지난 1910년 12월의 어느 주말, 마침내 러더퍼드는 답을 찾아냈다. 그는 맨체스터의 젊은 대학원생 찰스 골턴 다윈Charles Galton Darwin♦을 일요일 저녁 식사에 초대한 자리에서 장차 세상을 바꾸게 될 위대한 발견을 처음으로 공개했다. 원자는 그의 옛 스승이었던 톰슨의 원자모형처럼 "건포도가 박힌 푸딩"이 아니라, 작은 태양계와 비슷했다. 원자의 심

♦ 진화론의 원조인 찰스 다윈Charles Darwin의 손자.

장부에 양전하를 띤 작은 태양이 자리 잡고 있고,◆◆ 음전하를 띤 전자들이 행성처럼 그 주변 궤도를 돌고 있었던 것이다. 중심부의 태양(훗날 러더퍼드는 이것을 원자핵原子核, **atomic nucleus**으로 명명했다)은 원자 크기의 1/30,000밖에 되지 않지만, 전체 질량의 99.8%가 이곳에 밀집되어있다. 알파입자를 뒤로 튕겨낼 정도로 강한 반발력을 발휘한 것은 바로 이 원자핵이었다. 방사성물질에서는 가끔씩 양전하를 띤 알파입자가 방출되는데, 이 입자가 원자핵에 가까이 접근하면 상상을 초월할 정도로 강한 전기적 척력이 작용한다. 그런데 어쩌다가 이들이 정면충돌을 하면 척력이 극대화되어 알파입자가 뒤로 튕겨 나간 것이다['핵**nucleus**'이라는 용어는 다른 분야에서도 종종 사용되기 때문에(예: 세포핵), 원자의 핵이라는 점을 분명히 하기 위해 이 책에서는 '원자핵'으로 표기하기로 한다. 그러나 '원자'라는 접두어가 굳이 필요 없는 경우에는 그냥 '핵'으로 표기할 것이다: 옮긴이].

다음 날 아침 러더퍼드는 의기양양한 얼굴로 연구소에 출근하여 가이거에게 기쁜 소식을 전한 후, 곧바로 자신이 떠올린 원자모형을 검증하는 실험에 착수했다. 그날부터 가이거는 몇 주 동안 금박을 향해 알파입자를 열심히 쏘아댔고, 여기서 얻은 산란각 데이터는 러더퍼드의 예측과 정확하게 일치했다. 정말로 원자는 더 이상 쪼갤 수 없는 기본 입자가 아니라, 복잡한 내부 구조를 갖고 있었다. 1911년, 러더퍼드는 자신의 원자모형을 세상에 알릴 준비를 끝내고 100년 전에 존 돌턴이 첫 번째 원자모형을 발표했던 맨체스터의 "문학 및 철학 협회**literary and Philosophical Society**"를 발표장소로 선택했다.

◆◆ 처음에는 러더퍼드도 원자핵의 전하가 +인지 −인지 확신하지 못하다가, 몇 년이 지난 후에야 양전하임을 알게 되었다.

그날 러더퍼드는 발표 석상에서 원자핵의 발견을 훨씬 뛰어넘어 아원자세계의 그림을 최초로 보여주었다. 원자핵은 원자보다 수만 배 작으면서 원자질량의 대부분을 차지하고 있으며, 그 주변을 가벼운 전자구름이 선회하고 있다. 원자를 축구장 크기만큼 확대하면 원자핵은 센터서클 중앙에 놓인 작은 구슬쯤 되고, 전자는 관중석 어딘가에서 열심히 돌고 있을 것이다.

그러나 러더퍼드의 원자모형은 태생적으로 심각한 문제점을 안고 있었다. 원자가 정말로 태양계와 비슷하다면, 안정한 상태를 유지하지 못하고 태어나자마자 순식간에 붕괴되어야 한다. 맥스웰의 고전 전자기학에 의하면 가속운동을 하는 하전입자(전하를 띤 입자)는 전자기파(빛)를 방출한다. 원운동(궤도운동)도 엄연한 가속운동이므로, 원자핵 주변을 도는 전자는 전자기파를 방출하면서 에너지를 잃을 것이고, 에너지가 작아지면 궤도반지름도 작아진다. 그러므로 이런 과정이 계속되면 전자는 나선을 그리면서 서서히 원자핵에 가까워지다가 결국은 원자핵 속으로 빨려 들어가야 한다. 다시 말해서, 원자의 내부 구조가 붕괴되는 것이다. 태양계를 닮은 원자모형은 이전에도 제안된 적이 있지만, 이 문제를 해결하지 못하여 모두 실패했다. 그 옛날 톰슨이 건포도-푸딩 모형을 떠올린 것도 전자가 안정한 상태를 유지하는 방법을 찾다가 궁여지책으로 도달한 결론이었다.

이 역설적인 문제는 덴마크의 젊은 물리학자 닐스 보어Niels Bohr가 "양자quantum"라는 새로운 개념을 도입하면서 극적으로 해결되었다. 20세기 초에 알베르트 아인슈타인과 막스 플랑크Max Planck는 빛이 불연속의 에너지 알갱이광양자, light quanta로 이루어져 있다는 양자가설을 처음으로 제안했고, 여기서 영감을 떠올린 보어는 전자가 특정한 궤도만 돌 수 있으며, 한 궤도에서 다른 궤도로 점프할 때마다 광

양자를 방출한다고 주장했다. 보어의 원자모형에 의하면 전자는 원형 철로를 달리는 기차처럼 자신에게 할당된 궤도만 돌 수 있기 때문에, 원자핵으로 빨려 들어가는 것은 불가능하다. 보어의 양자이론과 러더퍼드의 원자핵을 결합하면 화학원소들이 저마다 고유한 파장의 빛을 방출하거나 흡수하는 특이한 현상을 설명할 수 있다. 이것은 현대 원자론이 거둔 위대한 승리 중 하나이다. 보어의 이론은 얼마 후 아원자 세계의 모든 현상을 양자역학으로 설명하는 양자혁명으로 이어지게 된다(자세한 내용은 나중에 다룰 예정이다).

물리학자들은 러더퍼드의 원자모형에 보어의 양자이론을 추가하여 마침내 주기율표의 수수께끼를 풀어냈다. 그 실마리는 원자핵에 관한 러더퍼드의 첫 논문이 발표되고 몇 달이 지난 후 그의 제자 헨리 모슬리Henry Mosley가 이루어낸 또 하나의 발견에서 시작된다. 멘델레예프가 주기율표를 만들 때 각 원소에 부여한 번호, 즉 "원자번호atomic number"는 원소가 등장하는 순서에 따라 매긴 것일 뿐, 숫자 자체에 특별한 의미는 없었다. 가장 가벼운 수소는 1번, 그다음으로 가벼운 헬륨은 2번… 이런 식으로 92번 우라늄까지 계속된다. 언뜻 보면 원소의 질량이 가벼운 순서로 번호를 매긴 것 같다. 뒤로 갈수록 대체로 질량이 커지기 때문이다. 그러나 반드시 그런 것은 아니다. 멘델레예프는 화학적 성질이 비슷한 원소를 같은 세로줄에 배치하기 위해, 무거운 원소를 가벼운 원소보다 앞에 갖다 놓았다(주기율표에는 이런 사례가 몇 개 있다). 예를 들어 원자번호가 27인 코발트cobalt, Co는 원자번호가 28인 니켈nickel, Ni보다 질량이 크다. 그래서 대부분의 물리학자와 화학자들은 원자번호가 "물리적 의미는 없지만 여러 모로 편리한 숫자"라고 생각했다. 그러나 모슬리는 여러 원소에서 방출된 X-선의 진동수frequency(파동이 1초 동안 진동하는 횟수: 옮긴이)가 원자의 질량이 아닌 원자번호에 비례한다는 사실을 알아냈다. 정말로 그랬다. 원자번호는 편의상 붙인 '출석번호'가 아니라, 원자핵 안에 들어 있는 양전하의 개수였다! 수소 원자에는 양전하가 한 개 들어 있고, 우라늄 원자에는 무려 92개의 양전하가 들어 있다. 양전하의 수는 음전하를 띤 채 원자핵 주변에서 궤도운동을 하는 전자의 수와 정확하게 일치하기 때문에, 원자는 전기적으로 중성인 상태를 유지한다. 멘델레예프가 러시아 횡단 열차 안에서 원소 목록으로 카드놀이를 하다가 우연히 발견한 패턴은 원자핵 주변에 전자가 배열되는 방법과 밀접하게 관련되어 있었다.

그러나 이 모든 것은 하나의 중요한 질문을 낳았다. 원자핵은 무엇으로 이루어져 있는가? 모든 원소가 수소로 이루어져 있다는 윌리엄 프라우트의 주장이 결국 옳았다는 말인가? 모든 원자핵의 전하량이 수소 원자 전하량의 정수배로 나타나는 것을 보면 그런 것 같기도 하다. 하지만 방사성붕괴가 일어날 때 헬륨 원자핵(알파선)이나 전자(베타선)가 방출되는 것을 보면, 모든 원자핵은 헬륨 원자핵과 전자로 이루어져 있을지도 모른다. 모든 것이 불확실한 상황에서 대부분의 물리학자들이 기이하고 매력적인 양자이론에 빠져 있을 때, 러더퍼드는 소규모 연구팀을 이끌고 새로운 탐험을 시작했다. 이번에 그가 세운 목표는 원자핵의 구성성분을 밝히는 것이었다.

4
장

원자핵 분해하기

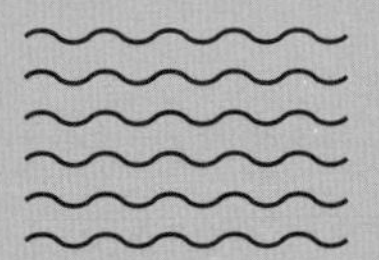

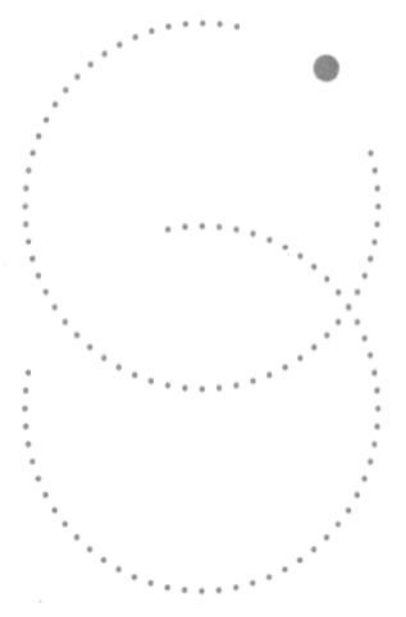

"무無에서 사과파이 만들기"라는 우리의 프로젝트는 어디까지 진행되었는가? 글쎄… 기본재료에 대해서는 꽤 많이 알아낸 것 같다. 파이를 불에 태워서 추출한 탄소, 산소, 수소는 각기 다른 원자에 속하고, 모든 원자는 근본적으로 같은 재료로 구성되어 있다. 원자질량의 대부분을 차지하면서 엄청나게 작은 '원자핵'과, 그 주변을 도는 훨씬 가벼운 '전자'라는 입자가 바로 그 재료이다. 음전하를 띤 전자와 양전하를 띤 원자핵은 강력한 전기력을 통해 하나로 묶여 있으며, 여기에 약간의 '양자 마법'이 개입되어 전자가 핵으로 빨려 들어가는 것을 막아준다. 그렇지 않다면 우주에 존재하는 모든 물질은 탄생하자마자 붕괴되었을 것이다.

또한 우리는 탄소 원자와 산소 원자가 다른 이유도 알아냈다. 원자의 특성을 결정하는 것은 원자핵 안에 들어 있는 양전하의 개수였다. 이 양전하는 음전하를 띤 전자와 정확하게 균형을 이루어, 원자 전체를 전기적 중성으로 만든다. 수소는 내부 구조가 가장 단순한 원자로서, 전하가 +1인 원자핵과 그 주변을 도는 전자 한 개로 이루어져 있다. 탄소는 양전하 6개와 전자 6개, 산소는 양전하 8개와 전자 8개, 우라늄은 양전하 92개와 전자 92개… 기타 등등이다. 화학자들은 원자번호를 "주기율표에서 특정 원자를 쉽게 찾아주는 이름표" 쯤으로 생각했지만, 모슬리는 원자핵에 들어있는 양전하의 수가 원자번호와 정확하게 일치한다는 사실을 알아냈다. 원소의 화학적 성질이 주기율표에서 번호가 이동함에 따라 규칙적으로 변한다는 것은 원자의 화학적 특성이 원자핵에 들어 있는 양전하의 수에 의해 완전히 결정된다는 뜻이다.

이 정도면 충분히 감탄할 만한 성과이다. 그러나 전자와 원자핵을 발견했음에도 불구하고, 우리는 아직 수소와 탄소, 그리고 산소 원자를 만드는 방법을 알아내지 못했다. 이들뿐만 아니라, 사과파이를 구성하는 어떤 원소도 만들 수 없다. 원자핵에 들어 있는 양전하의 수에 의해 원자의 종류가 결정된다면, 그 안에 무엇이 들어 있는지 알아야 한다. 그래야 맨땅에서 주기율표에 등재된 모든 원소를 만들 수 있다.ㄴ

1913년에 러더퍼드-보어 원자모형이 처음 알려졌을 때 원자핵의 대부분은 미스터리에 싸여 있었지만, 그것이 "더 이상 쪼갤 수 없는 최소 단위 입자"가 아니라는 것만은 분명해 보였다. 마리 퀴리와 어니스트 러더퍼드는 알파선과 베타선, 그리고 감마선이 원자핵에서 방출된다고 믿었는데, 이는 곧 원자핵이 더 작은 구성요소로 이루어져 있음을 의미했다. 그토록 작다는 원자보다 수만 배나 더 작은 원자핵도 단일입자가 아닌 복합체라니, 그 작은 것이 대체 무엇으로 만들어졌다는 말인가?

방사성붕괴 과정에서 방출되는 알파입자의 정체는 헬륨의 원자핵이고 베타입자는 전자이므로, 원자핵이 헬륨 원자핵과 전자로 이루어져 있다는 것은 꽤 타당한 가정이다. 그 배경에는 모든 원소의 기본재료가 수소 원자라는 윌리엄 프라우트의 가설이 자리 잡고 있었지만, 염소처럼 질량이 수소의 정수배로 떨어지지 않는 원소가 여러 개 있었기 때문에 학자들 사이에서 그다지 큰 환영을 받지는 못했다.

모든 것이 모호한 상황에서 물리학자들이 진전을 이루려면 새로운 실험데이터가 반드시 필요했다. 그러나 원자보다 훨씬 작은 원자핵에서 정보를 얻어내기란 결코 쉬운 일이 아니었다. 원자의 내부구조는 그 후로 두 차례의 영웅적인 실험을 거치면서 어렵사리 밝혀지게 되는데, 그중 첫 번째 실험을 수행한 사람은 원자핵을 발견한 실험물리학의 영웅, 어니스트 러더퍼드였다.

원자핵의 파편

1914년에 제1차 세계대전이 발발하자 러더퍼드는 적군의 잠수함을 탐지하는 해군 연구 프로젝트에 차출되어 한동안 과학연구를 할 수 없게 되었다. 그러나 전쟁조차도 과학을 향한 그의 열정을 막을 수는 없었다. 얼마 전 영국 왕실로부터 작위를 수여받아 '경卿, Sir'으로 불리게 된 그는 이제 40대의 나이에 접어들었지만, 호기심과 연구열은 그 어느 때보다 왕성했다. 러더퍼드가 발견한 원자핵은 과학의 새로운 지평을 활짝 열어젖혔고, 그는 출발선에 선 단거리 육상선수처럼 언제라도 새로운 세계를 향해 탐험을 떠날 준비가 되어 있었다.

그는 예리한 과학적 직감으로 연구방향을 이미 잡아놓은 상태였다. 1910년 12월에 찰스 골턴 다윈과 저녁 식사를 하는 자리에서 원자핵에 관한 정보를 처음으로 공개했을 때, 다윈은 다음과 같은 문제를 제기했다. "교수님의 생각이 맞는다면, 수소처럼 가벼운 원소로 이루어진 기체에 알파입자를 쏘았을 때 가끔은 알파입자보다 훨씬 가벼운 수소 원자의 핵이 튀어나와야 하지 않겠습니까? 스누커 당구 게임(공을 포켓에 넣는 당구 게임: 옮긴이) 에서 큐볼(큐로 치는 볼)에 얻어맞은 빨간 공들처럼 말이죠."

전쟁이 일어나기 전에 알파입자가 금박에 충돌한 후 뒤로 튕겨 나오는 광경을 최초로 목격했던 어니스트 마스덴은 다윈의 제안에 따라 알파입자를 공기 속으로 발사하는 실험에 착수했다. 공기 속에는 수증기H_2O가 포함되어 있으므로, 당연히 산소 원자도 존재한다. 마스덴은 다윈이 예측한 대로 알파입자를 공기 중에 발사했을 때 수소 원자핵이 튀어나오는 것을 확인했다. 그런데 이상하게도 감지기에 포착된 수소 원자핵의 개수는 공기의 습도를 감안하여 예측한 값보다 훨씬 많았다. 당황한 마스덴은 알파입자의 생성원인 라듐에서 수소 원자핵이 함께 방출될 가능성을 조심스럽게 제시했지만, 러더퍼드를 설득하기에는 역부족이었다.

안타깝게도 마스덴은 1915년에 맨체스터를 떠나 뉴질랜드의 웰링턴 대학교에 자리를 잡았다가 프랑스에서 나치와 싸우기 위해 영국군에 입대했다. 러더퍼드는 편지를 통해 마스덴에게 양해를 구한 후, 전쟁 중에도 마스덴이 하던 실험을 계속했다. 한때 연구원으로 북적이던 맨체스터의 실험실은 절간처럼 조용해졌지만, 러더퍼드는 어두운 지하실에서 연구실 관리인 윌리엄 케이William Kay의 도움을 받아가며 어렵게 실험을 진행했다.

그가 사용한 도구는 폭이 10cm 남짓한 낡은 황동상자의 한쪽 끝에 라듐을 집어넣고 파이프를 통해 다양한 가스를 주입하는 형태로서, "가장 단순한 도구로 최상의 결과를 도출한다"는 러더퍼드식 사고의 결정판이었다. 상자의 반대쪽 끝은 작은 창문을 뚫고 얇은 금속 박막으로 가려놓았는데, 이것도 라듐에서 방출된 알파입자를 차단하고 수소 원자핵만 통과시키는 기발한 장치였다. 그리고 창문 바깥쪽에는 황화아연으로 도금된 스크린을 설치하여, 수소 원자핵이 닿으면 특유의 섬광이 번쩍이도록 만들었다.

관측은 완전한 암흑 속에서 황화아연 스크린을 현미경으로 들여다보는 것이 전부였지만, 이것도 결코 쉬운 일이 아니었다. 수소 원자핵이 만드는 섬광은 알파입자의 경우보다 훨씬 희미했기 때문에, 몇 분 동안 들여다보고 있노라면 정말로 섬광이 번쩍였는지, 아니면 눈이 만들어낸 환영인지 분간하기가 어려웠다. 그래서 러더퍼드와 케이는 2분마다 관찰자를 교대해가면서 시력을 회복해야 했다. 그때 러더퍼드가 작성한 연구 노트에는 실험 중에 겪은 애로사항이 빼곡하게 적혀 있는데, 금속박막에서 반사된 빛을 놓치거나 기체에 섞인 오염물질도 문제였지만 가장 자주 등장하는 문구는 "눈이 피로해서 관측할 수 없음"이었다.

러더퍼드는 실험결과를 해석하는 데 꽤 많은 시간을 투자했다. 수소 원자핵이 관측된 것은 오염된 기체를 사용했기 때문일까? 혹은 알파입자가 황동상자 끝에 있는 금속박막에 부딪힐 때 수소 원자핵이 덤으로 생성된 것은 아닐까? 아니면 마스덴이 예측한 대로 수소 원자핵이 라듐에서 직접 방출되었을까? 그는 1917년 여름에 또다시 미군에 차출되어 한동안 실험을 중단했으나, 이것은 한 걸음 뒤로 물러나서 문제를 조망하는 좋은 기회이기도 했다. 그해 9월에 연구실로 돌아왔을 때, 러더퍼드는 이미 답을 알고 있었다. 그가 관측한 수소 원자핵은 기체에 존재했던 것이 아니라, 알파입자가 기체의 원자핵과 충돌할 때 생성된 것이었다.

러더퍼드는 10~11월 동안 평범한 공기에서 이산화탄소와 질소, 그리고 산소에 이르기까지 다양한 기체를 대상으로 동일한 실험을 반복했다. 알파입자를 공기 중에 발사하면 수소 원자핵의 출현을 암시하는 섬광이 스크린에 나타났지만, 순수한 이산화탄소나 산소 기체에 알파입자를 발사한 경우에는 섬광이 거의 관측되지 않았다. 그런데 기체를 질소로 바꿨더니 공기의 경우보다 훨씬 많은 수소 원자핵이 무더기로 관측되었다. 러더퍼드는 모든 가능성을 도마 위에 올려놓고 하나씩 제거해 나가다가 충격적인 결론에 도달했다. 알파입자와 충돌한 질소 원자핵이 수소 원자핵으로 분해되어 유산탄 파편처럼 쏟아져 내린 것이다. 이 발견의 중요성을 누구보다 잘 알고 있었던 그는 미 해군사령관에게 다음과 같은 편지를 보냈다. "죄송하지만 당분간 해군에 합류하기 어려울 것 같습니다. 제가 원자핵을 분해한 것이 맞다면, 저의 연구는 전쟁보다 훨씬 중요합니다."[1]

그 후 1년 동안 결과를 확인하고 또 확인한 끝에, 러더퍼드는 다음과 같이 결론지었다—"실험에서 방출된 수소 원자핵은 질소 원자핵의 구성성분이었다."[2] 모든 화학원소의 궁극적 구성요소가 수소임을 마침내 증명한 것이다. 나중에 그는 수소 원자핵이 전자와 함께 원자의 근본적 구성성분임을 강조하기 위해 '양성자proton'라는 이름을 새로 부여했다.♦

♦ '양성자'는 모든 화학원소가 수소 원자로 이루어져 있다는 윌리엄 프라우트의 가설에서 따온 이름이다. 프라우트는 1815년에 발표한 논문에서 수소 원자를 '원질原質, protyls'이라 불렀다.

존 돌턴이 측정한 원자의 상대 질량에서 출발하여 "모든 원소는 수소로 이루어져 있다"던 윌리엄 프라우트의 가설은 러더퍼드의 실험을 거치면서 절정에 도달했다. 러더퍼드는 프라우트의 가설을 부활시켰을 뿐만 아니라 화학원소의 궁극적 기원을 이해할 수 있는 길을 열어주었으며, 덕분에 물리학자들은 전자와 양성자를 기본재료로 삼아 헬륨에서 우리늄에 이르는 모든 원소의 내부 구조를 상상할 수 있게 되었다. 더욱 놀라운 것은 이 모든 업적이 전쟁 중에 이루어졌다는 점이다. 러더퍼드는 물자가 태부족한 시기에 황량한 지하실험실에서 낡아빠진 황동상자와 소량의 라듐, 그리고 전문학자가 아닌 윌리엄 케이의 도움만으로 위대한 발견을 이루어냈다.

그러나 러더퍼드의 결론에는 '옥의 티'가 남아 있었다. 모든 원소가 수소로 이루어져 있다면 염소 원자^{Cl}의 질량은 왜 수소의 35.5배인가? 사실 이 문제의 해결책은 캐나다 맥길대학교 시절 러더퍼드의 연구 동료였던 프레더릭 소디가 이미 제안해 놓은 상태였다. 1913년에 소디는 방사선을 방출하지 않는 평범한 원소와 화학적으로 동일하면서 방사선을 내뿜는 새로운 원소를 몇 개 발견했는데, 그 대표적인 사례가 바로 납^{Pb}이었다. 납은 분명히 방사성원소가 아닌데도 어떤 납에서는 방사선이 방출되고 있었던 것이다. 이는 곧 주기율표에서 같은 자리를 차지하면서 방사능이 다른 원소가 여러 개 존재한다는 뜻이다. 소디는 이런 원소를 '동위원소**isotope**'라 불렀다.

그렇다면 이 대목에서 감질나는 가능성이 제기된다. 소디가 말한 동위원소들(주기율표에서 같은 자리에 들어가는 원소들)은 원자핵의 전하가 같아서 화학적 성질이 동일하지만, 원자의 총질량이 다른 것은 아닐까? 자연에 질량이 각각 35와 36인 두 가지 종류의 염소 원자가 섞여서 존재한다면, 원자의 질량은 그 중간값으로 측정될 수도 있지 않을까? 꽤 그럴듯한 아이디어였지만 증명하기가 어려웠다. 동위원소의 질량을 개별적으로 측정하려면 일단 ^{35}Cl과 ^{36}Cl을 분리해야 하는데, 두 원소의 화학적 성질이 똑같아서 분리할 방법이 없었던 것이다.

그러나 궁하면 통한다고 하지 않던가. 그 무렵 캐번디시 연구소의 칙칙한 지하실에서 프랜시스 애스턴Francis Aston이라는 화학자가 원자의 질량을 고도로 정확하게 측정하는 '질량분석기mass spectrography'를 발명했다. 이것은 전기장과 자기장을 일종의 렌즈로 사용하여 이온의 궤적을 바꾸는 장치로서, 초점을 잘 맞추면 사진에 찍힌 위치로부터 이온의 질량을 정확하게 알 수 있다.

애스턴은 질량분석기를 사용하여 염소에 두 종류의 동위원소가 존재한다는 사실을 알아냈다. 자연에는 질량이 35인 염소와 37인 염소가 약 3:1의 비율로 섞여 있어서 평균 질량이 35.5로 측정된 것이었다. 그 후 에스턴은 1922년까지 22종의 원소에서 총 48개의 동위원소를 발견했는데, 그중 제논Xe의 동위원소만 무려 6개나 되었다. 이들의 질량은 예외 없이 수소 원자의 정수배로 판명되었으며,♦ 원자핵에서 양성자가 방출된다는 러더퍼드의 실험결과와 결합하니 "원자핵은 양성자로 이루어져 있다"는 환상적인 결과가 도출되었다.

러더퍼드와 애스턴의 결과를 하나로 묶으면 파격적이면서도 단순한 원자모형이 만들어진다—"모든 원소는 양성자와 전자로 이루어져 있다." 이것은 물질에 관한 최초의 통일이론이기도 하다. 양성자는 수소 원자의 핵으로 양전하를 띠고 있으며, 질량이 양성자의 1/2,000에 불과한 전자는 음전하를 띠고 있다. 당시 러더퍼드와 애스턴을 비

♦ 여기에는 단 하나의 예외가 있는데, 모든 질량의 기준으로 삼았던 수소의 질량은 1이 아니라 1.008이다. 이 초과질량은 궁극적으로 태양빛과 별빛, 그리고 우주에 존재하는 모든 원소의 기원과 관련되어 있는데, 자세한 내용은 5장에서 다룰 예정이다.

롯한 대부분의 물리학자들은 원자핵 안에 양성자와 전자가 똘똘 뭉쳐있고 여분의 전자가 핵으로부터 멀리 떨어진 곳에서 궤도운동을 한다고 믿었다. 수소를 제외한 모든 원소의 질량이 양전하 질량의 두 배인 이유를 설명하려면 그 길밖에 없었기 때문이다. 예를 들어 헬륨의 핵은 전하가 +2이면서 질량은 수소 원자의 네 배인데, 그 이유를 이해하려면 "헬륨의 핵에는 네 개의 양성자와 두 개의 전자가 들어 있어서 전하는 4+(−2)=+2이고 질량은 수소의 네 배이다"라고 생각하는 수밖에 없다. 그러므로 헬륨의 핵에 그 주변을 선회하는 전자 두 개를 추가하면 전기적으로 중성인 헬륨 원자가 만들어진다. 다른 원소도 마찬가지다. 탄소 원자의 핵은 12개의 양성자와 6개의 전자로 이루어져 있고, 6개의 전자가 그 주변을 선회하고 있다. 게다가 방사선 중에는 전자로 이루어진 베타선도 있으므로, 원자핵 안에 전자가 들어 있다는 주장은 꽤 설득력이 있었다.

원자핵에 양성자와 전자를 추가하면 동위원소의 구조도 이해할 수 있다. 질량이 수소의 35배인 염소^{35}Cl의 핵에 양성자 두 개와 전자 두 개를 추가하면 ^{37}Cl의 핵이 된다. 전자의 전하와 양성자의 전하가 정확하게 상쇄되어 염소 원자핵의 총 전하는 달라지지 않지만(그래서 화학적 성질도 변하지 않는다. 즉, 이것은 여전히 염소 원자의 핵이다), 핵의 무게가 달라졌으므로 "동일한 원소의 무거운 버전"이 되는 것이다.

전자-양성자 이론은 화학원소의 구조를 비롯하여 일부 원소가 방사선을 방출하면서 다른 원소로 변하는 이유, 그리고 많은 원소들이 동위원소를 갖는 이유를 깔끔하게 설명하면서 전대미문의 성공을 거두었다. 그러나 불행히도 이것은 틀린 이론이었다. 러더퍼드와 애스턴이 작성한 원자 쇼핑목록과 조리법에는 필수요소가 누락되어 있었다. 그리고 그것을 찾을 때까지 물리학자들은 또다시 멀고 힘든 길을 가야 했다.

중성자여, 그대는 어디에 있는가?

캐번디시 연구소의 한 방에서 실험용 가운을 입은 두 남자가 상자처럼 생긴 물건 안에 몸을 잔뜩 웅크린 채 앉아 있다. 그중 한 사람은 기골이 장대한 핵물리학의 선구자, 어니스트 러더퍼드였고 그 옆에서 창백한 얼굴을 한 채 짓눌리고 있는 사람은 깡마른 체구에 말수가 적은 제임스 채드윅이었다. 닮은 구석이라곤 찾아볼 수 없는 두 사람이 좁은 공간에서 몸을 밀착시킨 채 눈이 어둠에 적응할 때까지 기다리고 있다. 밖에서는 실험조교 조지 크로우George Crowe가 연구실 꼭대기의 창고에서 가져온 방사성물질을 곳곳에 부지런히 설치하는 중이다. 러더퍼드와 채드윅은 암순응이 될 때까지 기다리며 낮은 소리로 대화를 나누고 있다.

J.J. 톰슨이 은퇴한 후 케임브리지로 돌아와 캐번디시 연구소장으로 취임한 러더퍼드는 우리와 똑같은 문제를 놓고 한창 고민하고 있었다—"화학원소를 인공적으로 만들려면 어디서 어떻게 시작해야 하는가?" 그는 원자핵에 양성자를 추가하여 점점 더 무거운 핵을 만드는 과정을 상상하다가 곧바로 심각한 문제에 직면했다. 원자핵이 커지면 양전하가 많아져서 이들 사이의 전기적 척력이 점점 강해지고, 이 힘은 양성자들을 좁은 공간에 묶어두는 데 커다란 걸림돌로 작용할 것이다. 양성자들 사이의 전기적 척력이 커진 상태에서 또 하나의 양성자를 추가하려면 원자핵을 향해 엄청나게 빠른 속도로 쏘아야 하고, 척력이 어느 수준을 넘어서면 양성자를 추가하는 것이 아예 불가능할 수도 있다.

평소에 러더퍼드는 파격적인 사고思考를 즐기는 사람이 아니었지만, 채드윅과 좁은 공간에 갇혀 있다 보니 별의별 생각이 다 들었다. 원자핵의 내부에 전자와 양성자가 공존한다면, 전자 한 개와 양성자 한 개를 하나로 압축시켜서 전기적으로 중성인 핵을 만들 수도 있지 않을까? 그러나 이런 원자핵은 자연에서 발견된 적이 한 번도 없다. 전자와 양성자가 결합해서 만들어진 중성입자는 원자를 형성하지 않고 화학적 특징도 없으며, 용기에 담을 수도 없는 것 같았다. 그러나 이 유별난 가상의 입자에 원소 조리법의 열쇠가 숨어 있을지도 모른다. 현대물리학에서 '중성자neutron'로 불리는 입자가 바로 그 주인공이다.

양전하를 띤 양성자가 양전하를 띤 원자핵에 접근하면 전기력에 의해 밀려나지만, 중성자는 아무런 방해도 받지 않는다. 전하가 없으면 전기력도 작용하지 않기 때문이다. 중성자는 주변에 강력한 척력장을 깔아놓은 원자핵에 쉽게 침투할 수 있다. 비유하자면 중무장한 요새에 여유 있게 걸어 들어가는 유령과 비슷하다. 러더퍼드와 채드윅은 이상한 자세로 대화를 나누다가 "무거운 원자를 만드는 유일한 방법은 중성자를 추가하는 것뿐"이라는 결론에 도달했다. 중성자가 없었다면 주기율표에 올라 있는 대부분의 무거운 원자들은 애초부터 존재하지 않았을 것이다.

그러나 중성자가 존재한다 해도, 그것을 증명하기란 보통 어려운 일이 아니었다. 그 시대의 입자 관측은 오직 '입자의 전하'를 통해 이루어졌다. 양성자와 알파입자가 황화아연 스크린에 도달했을 때 섬광이 발생하는 것은 이들이 전기전하를 띠고 있기 때문이다. 그러나 전하가 없는 중성자는 스크린에 도달해도 흔적을 남기지 않기 때문에, 당시의 방법으로는 존재를 증명할 수 없었다.

두 사람이 첫 번째 실험에 사용한 도구는 소설 『프랑켄슈타인』에 등장하는 기괴한 장치를 연상시킨다. "만일 내가 튜브를 통해 강력한 아크방전electric arc(전기불꽃)을 통과할 수 있다면, 강력한 전기력을 가하여 전자와 양성자, 그리고 중성자가 방출되도록 만들 수 있지 않을까?" 두 사람은 위험을 무릅쓰고 시도해 보았지만 결과는 실망스러웠고, 그 후에 시도한 일련의 실험도 모두 실패로 끝났다.

1920년대에 들어서면서 러더퍼드와 채드윅은 '중성자포획'을 제1과제로 삼았다. 훗날 채드윅은 이 시절을 회상하며 말했다—"그땐 바보 같은 실험을 꽤 많이 했지요. 그런데 제일 바보 같은 실험은 아마 러더퍼드의 머리에서 나왔을 겁니다."[3] 생전 처음으로 연신 헛발질을 날리다 지친 러더퍼드는 연구실에서 보내는 시간이 점점 줄어들었고, 결국은 "과학계의 지도자"라는 위상을 다지는 쪽으로 에너지를 쏟기 시작했다. 한편 채드윅은 캐번디시 연구소의 부소장으로 부임한 후 실험실을 운영하고, 연구프로젝트를 설계하고, 부족한 시설과 공간을 확보하느라 여념이 없었다. 1920년대 중반에 접어들면서 캐번디시 연구소에 노화의 조짐이 뚜렷하게 나타나자 러더퍼드는 "건물이 아무리 낡았어도 연구실은 젊은 학생들로 가득 채워야 한다"고 주장했다.

러더퍼드는 자타가 공인하는 탁월한 리더였지만, "가치 있는 실험은 예산이 부족해도 얼마든지 할 수 있다"던 그의 낡은 사고방식은 캐번디시 연구소의 경쟁력을 약화시킬 뿐이었다. 물론 그가 이런 관점을 고수한 데에는 그럴 만한 이유가 있다. 러더퍼드는 고가의 장비를 쓰지 않고서도 방사선의 비밀을 풀고 원자핵을 발견했으며, 실험실 테이블에 올라갈 정도로 기초적인 장비를 사용하여 원자핵을 분해하는 데 성공했다. 하루는 한 학생이 "장비가 부족해서 실험에 진척

이 없다"고 하소연하자, 러더퍼드는 두 눈을 부릅뜨고 소리쳤다—"꼭 무능한 녀석들이 장비 타령을 하지. 나라면 그런 실험은 북극에서도 할 수 있다고!" 과거에는 이런 자세가 통했지만, 1920년대에는 채드윅과의 관계를 어렵게 만들 뿐이었다.

채드윅은 나름대로 수완이 좋은 사람이었지만(그는 제1차 세계대전 때 포로가 되어 독일의 유명한 룰레벤 수용소Ruhleben camp에 수감되었는데, 이 기간 동안 수용소 안에 임시실험실을 지어서 운용할 정도로 수완이 뛰어났다), 세월이 흐를수록 연구원들의 요구사항을 들어주기가 점점 더 어려워졌다. 훗날 그는 이 시절을 회상하며 말했다—"하루는 호주에서 온 젊은 물리학자 마크 올리펀트Mark Oliphant가 저를 찾아와 거의 울먹이면서 하소연을 하더군요. 고성능 펌프를 새로 사주지 않으면 도저히 실험을 할 수 없다고 말이죠." 좌절에 빠진 올리펀트를 위해 그가 할 수 있는 일이라곤 러더퍼드의 개인 실험실에서 펌프를 빌려오는 것뿐이었다.

이런 열악한 환경에도 불구하고 채드윅은 중성자포획을 포기하지 않았다. 중성자는 틀림없이 존재하는 것 같은데, 문제는 그것을 감지하는 방법이었다. "정말 열심히 일했습니다. 그 시절에 원자핵을 만들려면 그 방법밖에 없었거든요."[4]

1919년, 러더퍼드가 케임브리지로 돌아왔을 때 전 세계 물리학계는 물리학의 기초를 뒤흔든 양자혁명에 완전히 점령당한 상태였고, 원자핵은 곁다리 연구주제로 밀려나 있었다. 그래도 러더퍼드는 캐번디시 연구소가 "핵물리학 최후의 보루"로 남기를 원했으며, 1920년대 말에는 비엔나와 베를린, 그리고 파리 출신의 젊은 물리학자들이 핵물리학의 선구자가 되기 위해 캐번디시 연구소로 모여들기 시작했다.

그 무렵에 원자핵의 내부를 들여다보는 새로운 방법이 개발되었다. 가벼운 원자핵에 알파입자를 발사하면 가끔씩 에너지가 매우 큰 광자(빛의 입자)인 '감마선'이 방출되는데, 그 이유는 다음과 같다. 알파입자가 원자핵 안으로 침투하면 그 안에 들어 있는 전자와 양성자가 평소 위치를 벗어나 "들뜬상태excited state"에 놓이게 된다. 그런데 들뜬상태는 물리적으로 불안정하기 때문에 이들은 곧바로 원래의 안정한 상태(에너지가 낮은 상태)로 되돌아오고, 이 과정에서 여분의 에너지가 감마선의 형태로 방출되는 것이다. 그래서 물리학자들은 감마선을 일종의 메신저로 활용한다는 아이디어를 떠올렸다. 즉, 원자핵에서 방출된 감마선을 분석하면 그 안에서 작용하는 힘의 비밀을 알아낼 수도 있다는 뜻이다.

그러나 이 아이디어에는 한 가지 문제가 있었다. 1898년에 마리 퀴리가 발견한 후 물리학자들 사이에서 "알파입자 발생기"로 인기를 끌었던 라듐은 강력한 "감마선 발생기"이기도 하다. 그래서 물리학자들은 감마선이 라듐에서 자연적으로 발생한 것인지, 아니면 알파입자가 방출되면서 내부 구조가 변하여 그 여파로 방출된 것인지 쉽게 판단을 내리지 못하고 있었다. 그 진상을 규명하려면 알파입자와 함께 소량의 감마선을 방출하는 또 다른 방사성원소가 필요하다. 다행히도 마리 퀴리는 1898년에 바로 이런 원소를 발견했고, 그녀의 조국 이름을 따서 '폴로늄polonium'으로 명명했다. 그 무렵 캐번디시 연구소는 희귀한 원소가 태부족하여 연구에 커다란 차질을 빚고 있었으며, 폴로늄을 가장 많이 확보한 곳은 마리 퀴리가 속해 있는 파리의 라듐연구소Institut du Radium였다.

이미 노벨상을 두 차례나 수상한 마리 퀴리는 파리연구소 소장직과 함께 국제과학계의 리더 역할을 하느라 연구 일선에서 다소 멀어진 상태였지만, 또 다른 퀴리가 그녀의 뒤를 잇고 있었다. 훗날 마리 퀴리의 뒤를 이어 노벨 화학상을 수상한 그녀의 딸, 이렌 퀴리Irène Curie가 바로 그 주인공이다[마리 퀴리의 집안은 총 6개의 노벨상을 수집했다. 1903년에 마리 퀴리와 피에르 퀴리(마리의 남편)가 노벨 물리학상을 공동 수상했고, 1911년에는 마리 퀴리 혼자 노벨 화학상을 받았으며, 그녀의 큰딸 이렌 퀴리는 1935년에 남편 프레데리크 졸리오 퀴리Frédéric Joliot Curie(부인의 성을 따랐음)와 함께 노벨 화학상을 공동 수상했다. 그리고 마리의 작은딸 이브 퀴리Eve Curie의 남편인 헨리 라부이스Henry Labouisse Jr.는 1965년에 유니세프Unicef(UN 아동기금)의 대표 자격으로 노벨 평화상을 받았다. 그래서 이브 퀴리는 사석에서 "우리 가족 중 노벨상을 못 받은 사람은 저밖에 없어요. 저는 집안의 수치입니다"라며 뼈 있는 농담을 던지곤 했다: 옮긴이]. 1931년 가을, 이렌은 베를린의 두 물리학자 발터 보테Walther Bothe와 헤르베르트 베커Herbert Becker가 발표한 논문을 읽고 감마선에 관심을 갖기 시작했다. 보테와 베커는 폴로늄에서 방출된 알파입자를 가벼운 원자(리튬~산소, 마그네슘, 알루미늄, 은 등)에 충돌시켰을 때 생성되는 감마선을 분석하다가, 특정 원자에서 예상 밖의 현상을 발견하고 깜짝 놀랐다. 베릴륨beryllium, Be에서 생성된 감마선이 7cm짜리 철판을 가뿐하게 투과한 것이다.♦

대부분의 감마선은 이렇게 두꺼운 철판을 통과하지 못한다. 그런데 유독 베릴륨에서 방출된 감마선은 다른 감마선보다 투과력이 훨씬 강한 것으로 나타났다.

이렌은 베를린의 연구팀보다 10배나 강한 폴로늄을 이미 갖고 있었다. 그녀는 유리한 조건을 십분 활용하여 남편이자 연구 동료인 프레데리크 졸리오와 함께 보테와 베커의 실험을 재현했는데, 이때 관측된 감마선의 투과력은 베를린팀이 얻은 값보다 훨씬 강력했다.

♦ 주기율표에서 수소, 헬륨, 리튬Li 다음에 등장하는 은백색의 금속성 원소.

그러나 가장 놀라운 것은 파라핀 왁스를 향해 감마선을 쏘았을 때 양성자가 엄청난 속도로 방출되었다는 점이다.

원자핵을 당구공으로 삼은 트릭샷(정상에서 벗어난 샷으로 의외의 결과를 낳는 기술: 옮긴이)을 상상해 보자. 진짜 당구 게임에서는 한 공이 다른 공을 때리면 그 공이 또 다른 공을 때리고, 그 공이 또 다른 공을 때리고… 이런 식으로 계속된다. 폴로늄에서 자연적으로 방출된 알파 입자가 베릴륨의 핵을 때리면 투과력이 높은 방사선이 방출되는데, 이것이 바로 이렌과 프레데리크가 관측했던 감마선이다. 이 감마선이 다량의 수소 원자를 포함한 파라핀 왁스를 때리면 수소 원자의 핵, 즉 양성자가 빠른 속도로 방출된다.

놀라운 것은 파라핀 속의 양성자(수소 원자핵)가 감마선과 충돌했을 때 상상을 초월하는 에너지를 갖고 튀어나온다는 점이다. 여기서 독자들의 이해를 돕기 위해 "전자볼트electron volt, eV"라는 단위를 소개하고자 한다. 이것은 줄joule이나 칼로리calorie처럼 에너지를 나타내는 단위이다. 사과파이 한 조각에 들어있는 에너지를 논할 때는 칼로리라는 단위가 매우 유용하지만, 아원자 입자의 세계로 가면 불편하기 짝이 없다. 원자 한 개의 에너지와 비교했을 때 1칼로리는 너무도 큰 양이기 때문이다. 아원자 입자의 에너지를 칼로리로 나타내는 것은 당신의 체중을 태양질량의 단위로 표기하는 것과 같다.♦♦ 이럴 때는 원자 규모에 알맞은 단위를 쓰는 것이 바람직한데, 그 대표적인 단위가 바로 전자볼트이다. 1eV는 1볼트volt짜리 배터리로 가동되는

♦♦ 태양질량(태양의 질량)은 약 200만×1조×1조 kg이다. 그러므로 나의 체중은 0.000000000000000000000000000039태양질량이다(78kg). 사람의 체중을 나타내기에는 그다지 편리한 방법이 아니지만, 다이어트에 민감한 사람은 이런 식으로 표기해도 충분히 위기감을 느낄 것이다.

회로에서 전자 한 개가 획득하는 에너지에 해당한다.

양성자가 이렌 퀴리의 실험에서 측정된 값만큼 빠르게 가속되려면 양성자를 때린 감마선은 약 5,000만 eV(또는 50MeV)의 에너지를 갖고 있어야 한다. 그러나 폴로늄에서 방출된 감마선의 에너지는 아무리 커도 5.3MeV를 넘지 않는다. 대체 무슨 영문일까? 베릴륨이 알파입자를 통째로 삼킨다 해도, 어떻게 자신이 흡수한 에너지보다 10배나 큰 에너지를 방출한다는 말인가? 모르긴 몰라도, 베릴륨 원자핵 안에서 무언가 이상한 일이 벌어지고 있음이 분명하다.

이렌 퀴리가 프랑스 과학아카데미에서 놀라운 결과를 발표하고 며칠이 지난 1월의 어느 아침, 제임스 채드윅은 캐번디시 연구소의 사무실에서 최근 발행된 프랑스 과학학술지 《콩드 랑뒤Comptes rendus》를 읽다가 베릴륨 복사에 관한 이렌 퀴리의 논문에 이르렀을 때 벌어진 입을 다물지 못했다. 그로부터 몇 분 후, 젊은 물리학자 노먼 페더Norman Feather가 똑같이 놀란 표정을 지은 채 채드윅의 사무실로 뛰어들어 왔다. 오전 11시경에 채드윅으로부터 파리에서 날아온 소식을 전해 들은 러더퍼드는 눈이 점점 커지다가 결국 참지 못하고 외마디 소리를 질렀다—"그럴 리가 없어, 이건 말도 안 돼!"[5] 채드윅은 러더퍼드가 과학 논문을 읽고 그토록 흥분하는 모습을 일찍이 본 적이 없었다. 두 사람은 이렌 퀴리의 실험결과를 믿어 의심치 않았지만(이렌이 사용한 실험도구는 러더퍼드 못지않게 단순하면서 우아했다), 그 이유를 설명하는 것은 완전히 다른 문제였다. 이렌의 주된 관심사는 베릴륨에서 방출되는 감마선이었기 때문에, 자신이 관측하는 복사輻射, radiation가 감마선이 아닐 수도 있다는 생각을 한 번도 해본 적이 없었다. 그러나 무려 11년을 중성자 사냥꾼으로 살아온 채드윅은 이렌의 논문을 읽는 즉시 낌새를 알아차렸다. 바로 그렇다. 베릴륨에서 방출된 것은 감마선이 아니라 중성자였던 것이다!

채드윅은 베릴륨에서 방출된 방사선을 중성자로 간주하면 에너지 문제가 말끔하게 해결된다는 사실에 주목했다. 감마선은 질량이 없기 때문에, 파라핀 왁스에서 무거운 양성자가 튀어나오도록 만들려면 엄청나게 많은 에너지를 갖고 있어야 한다. 이 상황은 탁구공을 던져서 볼링공을 움직이게 만드는 것과 비슷하다. 볼링공이 조금이라도 움직이려면 탁구공을 엄청나게 빠른 속도로 던져야 한다.

그러나 중성자는 양성자와 질량이 비슷하기 때문에,♦ 양성자를 중성자로 때리는 것은 볼링공을 또 다른 볼링공으로 때리는 것과 비슷하다. 양성자를 방출시키는 데 필요한 감마선의 에너지는 50MeV나 되지만, 중성자라면 4.5MeV로 충분하다. 그리고 이 값은 베릴륨 핵에 흡수된 알파입자의 에너지 5.3MeV보다 작다. 계산을 끝낸 채드윅의 머릿속에는 확실한 그림이 그려졌으나, 다른 물리학자들을 설득하려면 좀 더 확실한 증거가 필요했다.

가장 중요한 문제는 시간이었다. 이렌 퀴리나 베를린의 연구팀도 이 사실을 곧 알게 될 것이므로, 연구가 조금만 지체되면 "양성자의 최초 발견자"라는 타이틀은 다른 사람에게 넘어갈 것이 거의 확실했다. 채드윅은 볼티모어 병원을 이 잡듯이 뒤져서 어렵게 구한 폴로늄으로 실험을 시작했다. 경쟁자들도 같은 실험을 하고 있으리라는 강박관념 때문이었는지 그는 하루에 3시간만 자면서 필사적으로 실험에 매달렸고, 보름쯤 지난 어느 날 의기양양한 얼굴로 연구실에 나타났다.

♦ 러더퍼드는 중성자가 양성자와 전자로 이루어져 있다고 생각했다. 그런데 전자의 질량은 양성자와 비교가 안 될 정도로 작기 때문에, 양성자와 중성자의 질량이 비슷하다는 것은 꽤 그럴듯한 가정이었다.

그해 2월, 채드윅은 카피차 클럽Kapitza Club(러시아인 표트르 카피차Pyotr Kapitza가 트리니티 칼리지에 있는 자신의 방에 물리학자들을 정기적으로 초대하면서 시작된 비공식적 모임)에 참석하여 와인을 곁들인 저녁 식사를 마친 후, 자신에 찬 표정으로 칠판 앞에 서서 최근에 알아낸 내용을 써 내려가기 시작했다. 간간이 제기되는 질문에 완벽한 답이 돌아오자 청중들은 완전히 압도되었고, 채드윅의 강연은 이렌 퀴리와 줄리오의 초기 아이디어에서 출발하여 그가 내린 마지막 결론까지 일사천리로 내달렸다. "몇 주일 동안 파라핀 왁스를 비롯하여 다양한 물질에 알파입자를 발사한 끝에, 베릴륨에서 방출된 입자는 감마선이 아니라는 결론에 도달했습니다. 만일 그것이 감마선이라면 에너지보존법칙에 위배되기 때문입니다." 이렌과 졸리오, 그리고 채드윅이 얻은 결과는 베릴륨에서 방출된 입자가 "양성자와 질량이 비슷하면서 전하가 없는 입자"임을 분명하게 보여주고 있었다. 지난 몇 주 동안 캐번디시에 떠돌던 소문은 사실이었다. 양성자를 찾아 10년을 헤맸던 채드윅이 마침내 원자의 마지막 구성요소인 중성자를 발견한 것이다.

러더퍼드를 비롯한 캐번디시의 연구원들은 오랜 가뭄 끝에 찾아온 채드윅의 성공을 원 없이 만끽했고, 채드윅이 《네이처Nature》에 관련 논문을 발표한 직후 러더퍼드는 그의 스승이었던 J. J. 톰슨이 1897년에 전자의 존재를 천명했던 런던 왕립학회에 출두하여 중성자가 발견되었음을 선포했다. 1920년에 중성자의 존재를 최초로 예견했던 사람이 바로 본인이었으니, 누구보다 감회가 새로웠을 것이다.

그러나 이것은 완전한 승리가 아니었다. 채드윅이 실행한 후속 실험에서 중성자의 질량이 양성자보다 조금 작은 것으로 판명되었기 때문이다. 직관적으로는 다소 이상하게 들리겠지만, 사실 이것은 중성자가 양성자와 전자로 이루어져 있다는 러더퍼드의 주장을 뒷받침하는 증거였다. 중성자가 안정한 상태를 유지하려면 양성자와 전자가 결합할 때 에너지의 일부가 방출되어야 하기 때문이다. 이 '결합에너지binding energy'는 둘을 합한 결과가 각 부분의 합보다 작아지는 결과를 낳는다.

그러나 파리의 이렌과 프레데리크는 베릴륨 연구를 포기하지 않았다. 이들 부부는 더욱 정교한 실험을 수행한 끝에 중성자의 질량이 양성자보다 0.1%(1/1,000)가량 무겁다는 사실을 알아냈고, 결국 러더퍼드는 "중성자 = 양성자 + 전자"라는 믿음을 포기할 수밖에 없었다.

원자핵이 양성자와 전자로 이루어져 있다는 것도 틀린 주장이었다. 당시 물리학자들은 "원자핵에서 전자가 방출되고 있으므로, 전자는 원자핵의 구성요소일 것"이라는 논리적 착각에 빠져 있었다. 그러나 사실 전자는 원자핵이 방사성붕괴를 일으킬 때 생성된 것이었고, 원자핵은 양성자와 전자의 집합이 아니라 양성자와 중성자의 집합이었다. 원자핵 안에서 베타붕괴beta decay로 알려진 붕괴 현상이 일어나면 중성자가 양전하를 띤 양성자로 변하면서 음전하를 띤 전자를 외부로 방출한다.

이로써 중성자는 양성자, 전자와 함께 원자핵을 이루는 구성성분으로 자리 잡게 된다. 이들을 조합하면 수소(양성자 1개, 전자 1개)에서 우라늄(양성자 92개, 전자 92개, 중성자 146개)에 이르는 모든 원자를 만들 수 있다. 이제 남은 문제는 이들이 어떻게 결합하여 사과파이 같은 화학원소가 되는지를 알아내는 것이다. 그 해답은 놀랍게도 지구와 멀리 떨어진 별 속에 들어 있었다.

5장

핵분
열오

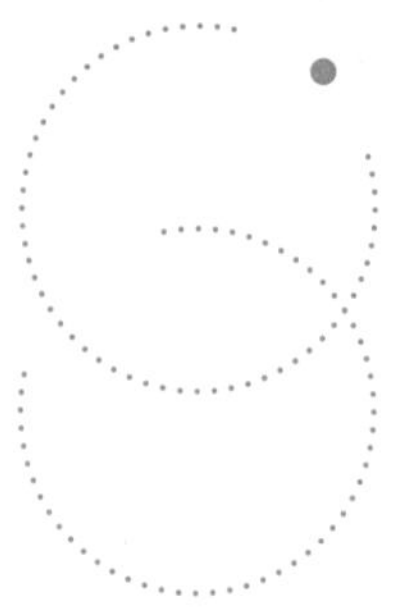

몇 년 전, 나는 세계 최대의 핵반응 실험기를 방문하던 길에 영국의 조용한 시골 마을 컬햄Culham을 지나간 적이 있다. 구불구불한 템즈강 상류의 옥스퍼드셔Oxfordshire(잉글랜드 중남부에 있는 주: 옮긴이)에서 그림 같은 풍경에 둘러싸인 컬햄은 더 없이 소박하고 조용한 동네지만, 이곳의 물리학자들은 자연에 존재하는 가장 강한 힘과 매일같이 씨름을 벌이고 있다. 중심가에서 자동차를 타고 조금만 가면 지구에서 별을 만들기 위해 고군분투하는 과학자들과, 그들이 기거하는 거대한 과학단지가 눈앞에 펼쳐진다.

단지에 도착하니, 고맙게도 연구소의 정보관리 책임자인 크리스 워릭Chris Warrick이 나서서 나의 "1일 투어 가이드"를 자청했다. 나의 임무는 런던 과학박물관 큐레이터의 자격으로 흥미로운 과학 장비와 그에 관한 정보를 수집하는 것이었지만, 10대 시절부터 꼭 한번 가보고 싶었던 유럽공동핵융합실험장치Joint European Torus, JET를 구경하는 절호의 기회이기도 했다.

JET는 세계 최대의 핵융합로nuclear fusion reactor이다. 이곳에서는 거대한 도넛 모양의 금속 안에서 수소가 수억 °C까지 가열되고 있다. 수소 원자를 이런 초고온 상태에 방치하면 헬륨 원자핵으로 변하면서 열과 빛을 방출하는데, 이것이 바로 우리의 태양을 포함한 모든 별들의 에너지원이다. JET의 연구원들은 이 엄청난 힘을 길들이고 제어하는 방법을 알아내기 위해 밤낮없이 고군분투하고 있다. 만일 이들이 성공한다면, 핵융합은 향후 수백만 년 동안 충분히 쓰고도 남을 깨끗하고 저렴한 에너지를 인류 전체에게 공급할 수 있게 된다.♦

별의 에너지를 지구에서 사용한다는 아이디어는 원자핵에너지가 처음 발견된 1930년대부터 과학자와 공학자들의 간절한 희망 사항이었다. 특히 기후 문제가 심각하게 대두된 요즘에는 핵융합에너지의 실용화가 더욱 절실해졌다. 나는 2000년대 말에 박사학위 논문 주제를 놓고 심각하게 고민한 적이 있는데, 그때 염두에 두었던 주제가 바로 핵융합이었다. 그 무렵 대형강입자충돌기LHC가 가동을 시작한 덕분에 결국 입자물리학으로 낙찰을 보았지만, 가까운 곳에서 핵융합로를 구경하는 것은 나의 버킷 리스트 중 하나였다.

크리스와 나는 길 건너편에 있는 흰색 건물로 이동했다. 겉모습은 1960년대 판 〈스타트렉Star Trek〉을 연상시켰지만, 규모는 거기 등장하는 우주함대 사령부보다 두 배는 큰 것 같았다. 미로처럼 나 있는 복도를 지나 보안문 몇 개를 통과하니, 중앙홀에 우뚝 선 JET가 시야에 들어왔다. 그 중심부에는 수많은 파이프와 전선, 그리고 예민한 기

♦ 핵융합로에서는 이산화탄소가 발생하지 않으며, 우라늄을 분해하여 에너지를 만들어내는 핵분열과 달리 수소처럼 가벼운 원소를 원료로 사용하기 때문에 방사선이 방출되지도 않는다. 간단히 말해서, 핵융합에너지는 모든 사람들이 꿈꾸는 "완벽한 청정에너지"이다.

계장치들이 복잡하게 연결되어 있는데, 가장 눈에 띄는 것은 밖으로 돌출된 여덟 개의 커다란 주황색 강철변압기였다. 도넛의 반지름은 3m에 불과했지만, 무지막지한 외형을 보니 그 안에 엄청난 힘이 내재되어 있음을 쉽게 짐작할 수 있었다.

융합반응로의 주변을 둘러보는 동안 크리스는 그곳의 연구원들이 하는 일을 설명해 주었다. 핵융합이 일어날 정도로 뜨거운 수소는 이 세상 어떤 용기에도 담을 수 없기 때문에, 융합로 안에 강력한 자기장을 걸어서 수소가 도넛형 용기의 내벽에 닿지 않고 고리 모양으로 흐르도록 만들어야 한다. 1980년대 초에 JET가 완공되었을 때 과학자들은 "투입한 에너지보다 만들어낸 에너지가 더 많은 수익형 에너지원"이 되기를 원했으나, 막상 가동을 해보니 의외의 문제가 속출하여 목적을 달성하지 못했다. 현재 JET는 프랑스 남부에 건설 중인 초대형핵융합로**International Thermonuclear Experimental Reactor, ITER**의 사전시험용 설비로 운용되고 있다. 200억 유로(약 27조 원)짜리 괴물 프로젝트로 알려진 ITER은 핵융합을 활용하여 에너지원을 확보하는 것이 목적이지만, 앞으로 해결해야 할 기술적, 정치적 문제들이 너무 많아서 전망이 불투명한 상태이다.

그날 저녁 크리스와 나는 사무실에 마주 앉아 핵융합의 미래에 관해 다양한 의견을 나누었는데, 그는 JET의 정보관리 책임자답게 매우 낙관적이었다. 발전 속도가 느리긴 하지만 기술적인 문제는 언젠가 해결될 것이고, '무한 청정에너지'라는 테마 자체가 너무 매력적이어서 도저히 포기할 수 없다는 것이다. 그러나 공학적 문제는 여전히 심각한 걸림돌로 남아 있다.

컬햄의 과학자들을 괴롭히는 문제는 우리가 사과파이의 궁극적 구성성분을 찾다가 직면한 문제와 근본적으로 동일하다. 모든 원자의 기본성분(전자, 양성자, 중성자)을 알았으니, 이들을 융합해서 사과파이에 들어 있는 화학원소를 만들기만 하면 된다. 수소 원자는 아주 쉽다. 양성자와 전자를 한 그릇에 넣고 열심히 흔들면 된다. 그러나 탄소 원자(핵 = 양성자 6개+중성자 6개)와 산소 원자(핵 = 양성자 8개+중성자 8개)를 만드는 것은 결코 만만치 않은 과제이다.

사실은 탄소나 산소를 만들기 전에, 사과파이에 들어 있지 않은 헬륨부터 만들어야 한다. 주기율표에서 두 번째로 등장하는 헬륨의 핵은 두 개의 양성자와 두 개의 중성자로 이루어져 있기 때문에, 헬륨을 거치지 않으면 탄소나 산소에 도달할 수 없다.

그러나 JET의 과학자들도 익히 아는 것처럼, 수소에서 헬륨을 만드는 것도 혀를 내두를 정도로 어렵다. 그 이유를 이해하기 위해 간단한 사고실험을 해보자. 지금 우리는 원자핵을 조리하는 부엌에 서 있고, 조리대 위에는 기본재료인 양성자와 중성자가 두 개의 그릇에 담겨 있다. 오늘의 메뉴는 양성자 2개와 중성자 2개로 이루어진 헬륨 원자핵이다. 이것을 "원자핵 조리법 101"이라고 하자. 이 정도면 꽤 단순한 이름이다.

앞서 말한 바와 같이 헬륨 원자를 헬륨 원자답게 만드는 것은 핵에 들어 있는 전하(또는 핵에 들어 있는 양성자의 수)이므로, 일단은 양성자 두 개를 모으는 것부터 시작하자. 그런데 양성자 두 개를 취하여 가까이 가져갔더니 당장 문제가 발생한다. 이들은 전하의 부호가 같기 때문에 밀어내는 힘이 작용하고, 이 힘은 둘 사이의 거리가 가까울수록 점점 더 강해진다. 전하를 띤 두 입자 사이에 작용하는 전기력은 역제곱 법칙을 따르는 것으로 알려져 있다. 다시 말해서, 둘 사이의 거리가 반으로 줄어들 때마다 전기력이 네 배로 커진다는 뜻이다. 양성자 두 개를 강제로 가까이 가져가면 척력이 점점 강해지다가 결국 우리 손을 벗어나 멀리 날아가면서 부엌을 난장판으로 만들 것이다.

과거에 어니스트 러더퍼드도 이 문제를 심사숙고하다가 중성자의 존재를 떠올렸다. 전기적으로 중성인 입자(전하가 0인 입자)는 척력을 행사하지 않으므로, 양성자와 중성자를 가까이 가져가는 것은 비교적 쉽다. 그러나 생각이 여기까지 미쳤을 때 문득 그릇을 바라보니 양성자와 전자만 남아 있고 중성자는 모두 사라졌다.

바로 이것이 우리가 직면한 두 번째 문제이다—혼자 떨어져 있는 중성자는 물리적으로 매우 불안정하다. 핵 안에 있는 중성자는 안정한 상태를 유지하는 데 별문제가 없지만, 밖으로 나오면 평균 15분 안에 양성자와 전자로 붕괴되면서 '뉴트리노**neutrino**(중성미자)'라는 유령 같은 입자를 방출한다[정확하게 말하면 반뉴트리노(뉴트리노의 반입자)이다. 자세한 내용은 잠시 후에 다룰 것이다]. 중성자는 원소의 구조를 설명하기 위해 도입되었지만, 철보다 가벼운 원소가 형성될 때에는 거의 아무런 역할도 하지 않는다.♦ 중성자는 오랫동안 어슬렁거리는 것을 별로 좋아하지 않기 때문이다.

아무래도 막다른 길에 도달한 것 같다. 이 상태에서 진도를 나가려면 가까이 접근한 두 양성자 사이의 전기적 척력을 극복하는 방법을 어떻게든 찾아야 한다. 이를 위해서는 두 가지 수수께끼를 풀어야 하는데, 첫 번째는 가까이 접근한 두 개의 양성자를 묶어둘 정도로 강력한 인력이 필요하다는 것이다. 1921년에 이 수수께끼의 첫 번째 힌트를 발견한 사람은 제임스 채드윅과 스위스 태생의 젊은 물리학자 에티엔 비엘레**Etienne Bieler**였다. 수소 원자핵(양성자)에 알파입자를

♦ 중성자가 철보다 무거운 원소(ex: 금)의 형성에 중요한 역할을 하는 이유는 잠시 후에 알게 될 것이다.

발사하면 대부분이 튕겨 나오지만, 알파입자와 수소 원자핵 사이의 거리가 1천×1조분의 1m 이내로 가까워지면 갑자기 두 입자 사이에 인력이 작용하기 시작한다. 이것은 강한 핵력**strong nuclear force**(강력)이라는 새로운 힘이 발견된 첫 번째 사례였다. "강한"이라는 수식어가 붙은 이유는 이 힘이 지극히 가까운 거리에서 전기력을 이길 정도로 강하기 때문이다.

1920년대에는 강력에 대해 알려진 내용이 거의 없었다. 그저 "원자핵이 단단한 결합상태를 유지하려면 강력은 반드시 존재해야 하며, 두 양성자 사이의 거리가 지극히 가까운 경우에만 인력으로 작용한다"는 것뿐이었다. 바로 여기서 두 번째 수수께끼가 등장한다. 두 개의 양성자를 융합시켜서 헬륨 원자핵을 만들려면, 강력이 작용할 정도로 둘 사이의 거리가 가까워야 한다. 그런데 거리가 1,000조분의 1m 이내로 가까워지면 전기적 척력은 5kg짜리 아령의 무게만큼 강해진다. "별거 아니네. 그 정도 아령은 한 손으로 쉽게 들 수 있잖아."라고 생각하는 독자들은 이 점을 생각해 보기 바란다. 질량이 0.0000000000000000000000000017kg에 불과한 양성자가 발휘하는 강력이 지구와 아령 사이에 작용하는 중력과 같다는 뜻이다[아령의 질량은 양성자보다 훨씬 크고, 지구의 질량은 양성자보다 무지막지하게 크다. 그런데도 두 양성자 사이에 작용하는 강력은 아령과 지구 사이에 작용하는 중력(만유인력)과 거의 비슷하다: 옮긴이].

원자핵을 에워싸고 있는 "밀어내는 전기장"은 성을 에워싼 가파른 성벽과 비슷하다. 양성자가 이런 성에 침투하려면 성벽을 뛰어넘을 정도로 빠르게 점프해야 한다. 일단 벽을 넘기만 하면 강력이 작용하여 외부에서 침투한 양성자를 원자핵의 일원으로 받아들인다. 이런 일은 양성자의 속도가 엄청나게 빠른 경우에만 일어날 수 있으며, 속도가 그 정도로 빨라지려면 온도가 수천만 도에 도달해야 한다. JET의 과학자들이 수소의 온도를 높이기 위해 애쓰는 것은 바로 이런 이유 때문이다. 핵융합을 제어하기 어려운 것도 같은 이유다. 그러나 우주에는 자연적으로 초고온 상태를 유지하는 곳이 있다. 그것도 한두 곳이 아니라 무수히 많다.

불가능한 태양

별 중심부의 온도를 최초로 계산한 사람은 영국의 천문학자 아서 스탠리 에딩턴Arthur Stanley Eddington이었다. 천문학을 향한 그의 열정은 잉글랜드 남부의 해안 도시 웨스턴수퍼메어Western-super-Mare에서 모친과 야간산책을 하던 1886년으로 거슬러 올라간다. 당시 4살짜리 꼬마였던 그는 어머니의 손을 잡고 어두운 밤하늘에 떠 있는 별을 일일이 헤아리며 걸었다고 한다.

1920년, 케임브리지천문대의 소장이 된 에딩턴은 별(태양)과 관련된 해묵은 수수께끼를 풀기 위해 머리를 쥐어짜고 있었다. "별들은 왜 빛을 발하는가?" 태양은 매 순간 383×1조×1조 와트W[1와트=1초당 1줄(J)의 일을 할 수 있는 일률: 옮긴이]에 달하는 에너지를 우주공간으로 방출하고 있다.[1] 물이 가득 담긴 주전자 1,500억 개를 계속해서 끓일 수 있는 양이다.

19세기 중반부터 과학자들은 태양에너지의 기원과 태양의 수명을 놓고 열띤 논쟁을 벌여왔다. 태양의 나이가 생각보다 많다고 주장하는 쪽은 주로 지질학자와 동물학자들이었는데, 진화론의 원조인 찰스 다윈은 태양과 지구의 나이가 수억 년, 또는 수십억 년에 달한다고 주장했다. 생명체들이 자연선택에 의해 지금과 같은 형태로 진화하고 바위가 형성되려면 최소한 그 정도의 시간이 소요된다고 생각했기 때문이다. 그러나 영국의 물리학자 켈빈 경Lord Kelvin(본명은 윌리엄 톰슨William Thomson인데 영국 왕실로부터 켈빈 남작Baron Kelvin이라는 작위를 받은 후 켈빈 경으로 불렸다. 절대온도의 단위인 켈빈Kelvin, K은 그의 이름에서 따온 것이다: 옮긴이)이 이끄는 반대파 학자들은 다윈의 주장을 말도 안 되는 헛소리로 치부했다. "태양과 같은 에너지를 수백만 년 이상 만들어낼 수 있는 에너지원은 이 세상에 존재하지 않는다. 바위나 캐는 작자들이 물리법칙에 대하여 뭘 안다고 떠드는가?"

1919년, 수십 년간 계속된 논쟁에 종지부를 찍을 중요한 단서가 드디어 발견되었다. 에딩턴이 수장으로 있는 케임브리지천문대로부터 그리 멀지 않은 곳에 위치한 캐번디시 연구소의 칙칙한 지하실에서, 프랜시스 애스턴이 최근 발명한 질량분석기를 이용하여 원자의 무게를 측정하고 있었다. 그는 모든 원자의 질량이 수소 원자 질량의 정수배임을 입증함으로써, 수소 원자핵(양성자)이 원자의 구성성분이라는 사실을 알아냈다. 그러나 이 '정수 법칙'에는 한 가지 골치 아픈 예외가 있었다.

애스턴의 질량분석기로는 원자들 사이의 상대적 질량(질량의 비율)만 측정할 수 있기 때문에, 질량을 비교할 기준을 선택해야 한다. 그 무렵에는 원자질량(양성자의 수+중성자의 수)이 16인 산소를 기준으로 사용했으므로, 질량의 기본단위는 산소 원자의 1/16로 정의되었다. 그렇다면 수소 원자의 질량은 정확하게 1이 되어야 하는데, 실제로 측정된 값은 1.008이었다. 대체 무엇이 잘못된 것일까?

에딩턴은 애스턴의 측정 결과를 보자마자 그 중요성을 곧바로 깨달았다. 러더퍼드와 애스턴의 주장대로 모든 원자가 수소로 이루어져 있다면, 태양에너지의 비밀은 0.008이라는 초과량에 숨어 있을지도 모른다. 1905년에 알베르트 아인슈타인은 그 유명한 방정식 $E=mc^2$을 통해 질량과 에너지가 서로 호환 가능한 양임을 천명한 바 있다.♦

빛의 속도(c)는 물리학의 기본상수로서 299,792,458m/s(약 30만 km/s)이다. 지구 둘레의 7.5배에 달하는 거리를 단 1초 만에 주파하는 엄청난 속도이다. 물론 빛의 속도의 제곱(c^2)은 상상을 초월할 정도로 큰 값이다. 그러므로 약간의 질량(m)이 고스란히 에너지(E)로 변환되면 상상을 초월하는 위력을 발휘한다. 수소 원자 4개가 융합하여 헬륨으로 변한다면, 각 수소 원자의 초과질량이 에너지로 변환될 것이다. 에딩턴은 약간의 계산을 거친 후 "태양의 내부에서 핵융합 반응이 일어난다면, 수소가 태양의 7%만 차지해도 지금과 같은 에너지를 지질학자들이 주장하는 만큼 긴 세월 동안 방출할 수 있다"는 결론에 도달했다.

물론 에딩턴은 자신의 주장이 추측에 불과하다는 것을 잘 알고 있었다. 실험실에서 수소를 융합시켜 헬륨을 만든 사례가 단 한 건도 없었기 때문이다. 그렇다면 중요한 질문이 남는다—"태양의 중심부는 양성자의 전기적 척력을 극복하고 이들을 초근거리로 밀착시켜서 융합을 일으킬 만큼 뜨거운가?" 다행히도 에딩턴에게는 비장의 무기가 있었다. 별의 내부에서 진행되는 과정을 설명하는 이론적 모형을 구축한 것이다.

이 모형으로 계산된 태양 중심부의 온도는 약 4,000만 ℃였다.

♦ 아인슈타인의 논문에는 $E=mc^2$이 등장하지 않는다. 그는 이 방정식을 다른 기호로 표기했다.

이 정도면 실험실에서 도달할 수 있는 온도보다 훨씬 높지만, 양성자 융합에 필요한 100억 ℃에는 턱없이 부족하다[섭씨온도(℃)와 절대온도(K) 사이에는 약 273의 차이가 있다(섭씨온도 = 절대온도 - 273.15). 그런데 온도가 이 정도로 높으면 273은 별 의미가 없기 때문에 대부분의 경우에는 절대온도 단위를 사용한다. 다시 말해서, 4,000만 ℃ ≅ 4,000만 K이다: 옮긴이]. 원자핵 주방에서 보았듯이 두 개의 양성자가 전기적 척력을 극복하고 초단거리로 접근하려면 환상적인 속도로 내달려야 하는데, 4,000만 ℃라는 온도로는 어림 반 푼어치도 없다(온도란 입자들이 갖고 있는 평균 운동에너지의 척도이다. 그러므로 온도가 높다는 것은 입자의 속도가 빠르다는 것을 의미한다: 옮긴이).

그러나 에딩턴은 별의 내부에서 수소 원자들이 융합하여 헬륨으로 변한다는 주장을 조금도 굽히지 않았다—"별의 내부가 충분히 뜨겁지 않다며 반박하는 사람들과 일일이 논쟁을 벌일 생각은 없다. 다만 그들에게 '더 뜨거운 곳을 찾아보라'고 조언하고 싶을 뿐이다('지옥에나 가라**go to hell**'는 폭언의 가장 점잖은 버전이 아닐까 생각한다)[2]." 에딩턴의 생각이 옳다면 양성자는 어떤 방식으로든 기존의 물리법칙을 뛰어넘어야 했다. 다행히도 "물리법칙 깨기"는 20세기 초에 과학계를 갈아엎은 양자역학의 주특기였다.

양자 조리법

11번째 생일날, 나는 아버지로부터 『이상한 나라의 톰킨스**Mr. Tompkins in Wonderland**』라는 제목의 문고판 과학책을 선물받았다. 이것은 나에게 이상하고 신기한 양자물리학의 세계를 보여준 첫 번째 책으로, 시도 때도 없이 졸면서 환상적인 세계를 꿈꾸는 "큰 은행의 작은 점원" 톰킨스 씨의 모험담이 흥미진진하게 펼쳐져 있다. 어쩌다가 모든 물체들이 양자역학의 법칙을 노골적으로 따르는 이상한 세계로 들어간 그는 상식을 완전히 벗어난 스누커와 사자와 호랑이가 어느 순간 갑자기 우리 밖으로 나오는 이상한 동물원을 둘러보면서 마술 같은 양자세계에 완전히 빠져든다. 이 기발하고 유쾌한 책의 저자인 조지 가모프George Gamow는 20세기의 가장 독창적인 물리학자이자 별의 핵융합에 얽힌 비밀을 푸는 데 결정적 실마리를 제공한 사람이기도 하다.

게오르기 안토노비치 가모프Georgii Antonovich Gamow(러시아 본명)는 1904년에 우크라이나의 흑해 연안에 있는 작은 도시 오데사Odessa에서 태어났다. 그는 어릴 때부터 남다른 궁금증과 권위에 도전하는 반골 기질을 유감없이 발휘하여 주변 사람들을 놀라게 했는데, 그 대표적 사례가 바로 "성찬 사건"이다. 가모프가 열 살 때, 한 교회의 성직자가 "성찬 예식에 올라온 빵은 나중에 예수님의 살로 변한다"고 주장했다. 궁금증을 이기지 못한 그는 교회에서 몰래 훔쳐 온 빵 부스러기와 자신의 손가락에서 떼어낸 피부조직을 아버지가 사준 현미경으로 열심히 비교 관찰한 후 "예수님의 살은 사람의 살보다 평범한 빵에 훨씬 가깝다"고 결론지었다. 훗날 그가 아버지에게 보낸 편지에는 이런 글귀가 등장한다—"제가 과학자가 된 것은 그 실험 덕분이었습니다."[3]

제1차 세계대전과 볼셰비키 혁명의 혼란 속에서도 가모프는 고향인 오데사와 소련 제일의 이론물리학과가 있는 페트로그라드Petrograd(상트페테르부르크St. Petersburg의 옛 이름: 옮긴이)에서 최고 수준의 교육을 받았다. 그러나 그의 인생에서 가장 큰 기회는 독일 괴팅겐Göttingen의 이론물리학연구소에서 일하던 1928년 여름에 찾아왔다(당시 연구소 소장은 양자혁명의 선두 주자 중 한 사람인 막스 보른Max Born이었다).

가모프는 세미나실과 카페에서 활기 넘치는 젊은 물리학자들이 새로운 이론에 대해 열띤 토론을 벌이는 모습을 보고 깊은 감명을 받았다.[4] 그러나 평소 조용한 분위기를 선호했던 그는 대부분의 시간을 연구실 도서관에서 보냈다. 그러던 어느 날, 가모프는 바로 그 도서관에서 우라늄에 알파입자(양성자와 2개와 중성자 2개로 이루어진 헬륨 원자의 핵)를 발사하는 러더퍼드의 실험논문을 읽다가 잠시 머릿속이 혼란스러워졌다. 러더퍼드는 알파입자가 우라늄 핵 안으로 절대 침투할 수 없다고 했는데, 원래 우라늄핵에서는 알파입자가 자연적으로 방출되지 않던가. 밖에서 고에너지로 주입된 알파입자는 핵 안으로 들어갈 수 없는데, 에너지가 그 절반밖에 안 되는 알파입자가 어떻게 핵에서 탈출할 수 있다는 말인가?

가모프는 원자핵에 양자역학을 적용하면 의문이 풀릴 수도 있다고 생각했다. 그러나 당시에는 이런 시도를 해본 사람이 아무도 없었다. 1920년대의 물리학자들은 새로 등장한 양자역학으로 전자의 궤도를 설명했을 뿐, 원자핵에 양자역학을 적용하는 것은 미지의 영역으로 남아 있었다.

양자역학의 핵심 개념 중 하나는 "파동-입자 이중성wave-particle duality"이다. 이것은 기존의 직관에 반대되는 개념이자 모든 물리학을 통틀어 가장 심오한 원리이기도 하다. 19세기 말에 물리학자들은 빛이 호수의 표면을 따라 퍼져나가는 물결처럼, 일종의 파동이라고 믿었다. 그때까지 실행된 모든 실험들이 빛의 파동성을 강력하게 뒷받침했기 때문이다. 예를 들어 작은 구멍을 향해 빛을 쪼였을 때 구면파의 형태로 계속 진행하는 것은 빛이 회절回折, diffraction되었기 때문이며, 두 줄기의 빛이 서로 만났을 때 스크린에 어두운 무늬와 밝은 무늬가 번갈아 나타나는 것은 이들이 서로 간섭干涉, interference을 일으켰기 때문이다(파동의 마루와 마루가 만나면 빛이 더욱 밝아지고, 마루와 골이 만나면 빛이 상쇄되어 사라진다). 이런 것은 빛이 파동임을 보여주는 강력한 증거이다.

그러나 20세기가 밝으면서 모든 것이 혼란스러워지기 시작했다. 독일의 물리학자 막스 플랑크는 "뜨거운 물체(붉게 달궈진 쇠막대 등)에서 방출되는 빛의 색상변화를 설명하려면 빛이 파동이 아니라 작은 알갱이로 이루어져 있다고 가정해야 한다"고 주장하면서, 빛의 알갱이를 '양자quanta'라고 불렀다(quanta는 quantum의 복수이다: 옮긴이). 처음에 프랑크는 이 가정이 실험결과를 이론적으로 재현하기 위한 수학적 트릭일 뿐이라고 생각했다. 그러나 앞서 얘기했던 1905년에 발표한 아인슈타인의 그 유명한 논문 '광전효과'가 나온 후로 빛의 양자설은 더욱 큰 힘을 얻게 되었고, 빛을 구성하는 알갱이에는 '광자photon'라는 이름이 붙여졌다.

서로 양립할 수 없을 것 같은 파동설과 입자설은 급기야 양자혁명에 불을 당겼다. 처음에는 파동성과 입자성을 동시에 보유한 대상이 광자뿐이라고 생각했으나, 1924년에 프랑스의 물리학자 루이 드브로이Louis de Broglie는 파동-입자 이중성이 빛뿐만 아니라 모든 물체에 존재하는 일반적 성질이라고 주장했다. 전자와 양성자, 심지어 원자까지도 넓게 퍼진 파동처럼 거동하도록 만들 수 있다는 것이다(그 전까지만 해도 이런 것들은 "위치를 정확하게 결정할 수 있는" 작고 단단한 덩어리로 간주되었다). 가모프가 괴팅겐에 도착하기 1년 전, J. J. 톰슨의 아들 조지 패짓 톰슨George Paget Thomson은 얇은 금속막에 전자를 쏘는 실험을 하다가 전자가 도달하는 스크린에서 회절무늬를 발견했다. 이로써 드브로이의 가설은 사실로 확인되었으며, 조지 톰슨은 "전자=입자"라는 부친의 주장과 상반되는 발견을 함으로써 1937년에 노벨상을 수상했다.♦

이 모든 내용이 선뜻 이해되지 않는다 해도 걱정할 것 없다. 1920년대에 전 세계 물리학계는 파동-입자 이중성 때문에 극도의 혼란을 겪었다. 기이한 양자세계를 그나마 가장 직관적으로(또는 가장 '덜 반직관적으로') 서술하는 방법은 오스트리아 태생의 독일 이론물리학자 에르빈 슈뢰딩거Erwin Schrödinger가 구축한 "파동역학wave mechanics"이었다.

일반적으로 광자, 전자, 양성자 같은 입자들은 공간의 한 점에서 감지된다. 예를 들어 임의의 실험과정에서 감지용 스크린에 도달한 전자는 명확한 위치에 하나의 점을 남긴다. 과거에 물리학자들이 전자를 입자로 간주한 이유는 이동 공간에서 넓게 퍼지지 않고 하나의 명확한 위치에서 감지되었기 때문이다. 그러나 파동역학에 의하면 전자는 방출된 후부터 감지되기 전까지, 입자가 아닌 파동처럼 행동한다.

단, 이것은 물이나 공기, 또는 진동하는 끈처럼 매질을 통해 전달되는 파동이 아니라, '파동함수wave function'로 알려진 확률의 파동이다. 특정 위치에서 파동함수의 크기(값)는 바로 그곳에서 해당 물체(입자)가 발견될 확률과 관련되어 있다. 파동함수가 클수록 입자가 발견될 확률이 높다. 그런데 정말 이상한 것은 지금부터다. 전자를 서술하는 파동함수는 공간을 타고 잘 퍼져나가다가 누군가가 전자를 관측하기만 하면 순식간에 하나의 점으로 붕괴되며, 바로 그 지점에서

♦ 뉴욕 벨 연구소Bell Labs의 물리학자 클린턴 데이비슨Clinton Davisson과 레스터 거머Lester Germer도 이와 비슷한 현상을 발견하여 1937년에 조지 톰슨과 함께 노벨상을 받았다.

전자가 발견된다. 게다가 관측을 하기 전에 파동함수가 어떤 지점에서 붕괴될지 미리 아는 것은 원리적으로 불가능하다. 우리가 알 수 있는 것이라곤 각 지점에서 "파동함수가 붕괴될 확률"뿐이다. 이 비상식적인 과정은 "파동함수의 붕괴wave function collapse"로 알려져 있는데, 그 저변에 깔린 원리는 지금도 완전한 미스터리로 남아있다.◆ 어쨌거나 아원자세계에 존재하는 모든 물리적 객체들은 이렇게 비상식적인 방식으로 거동한다.

가모프는 우라늄핵에서 방출되는 알파입자에 파동역학을 적용하면 에너지가 충분하지 않아도 원자핵에서 탈출할 수 있음을 깨달았다. 앞에서 잠깐 언급했던 '성벽' 이야기로 되돌아가 보자. 사실 이것은 가모프의 『이상한 나라의 톰킨스』에 등장하는 비유를 차용한 것이다. 원자핵은 침입자를 막기 위해 높은 벽으로 에워싼 성과 비슷하다. 가모프는 알파입자가 핵을 탈출하기 전에 성벽 안에서 이리저리 튕기는 모습을 머릿속에 떠올렸다. 고전물리학적 관점에서 보면, 작은 공처럼 생긴 알파입자는 누군가가 별도의 에너지를 공급하지 않는 한 절대로 성벽을 탈출할 수 없다.

그러나 알파입자를 파동으로 간주하면 이상한 일이 벌어진다. 물통의 갈라진 틈으로 물이 새어 나오듯이, 알파입자의 파동이 성벽 밖으로 새어 나오는 것이다! 그 결과 알파입자는 성벽 밖에서 발견될 수도 있다. 물론 확률이 아주 작지만 분명히 0은 아니다. 그러므로 파동함수가 붕괴되었을 때, 알파입자는 마치 장애물을 뛰어넘은 것처럼 우라늄 원자핵의 바깥에서 발견될 수도 있다(이것을 양자터널효과

◆◆ 그러나 파동함수로 예측된 결과는 실험결과와 정확하게 맞아 떨어진다. 더 자세한 내용을 알고 싶은 독자들은 필립 볼Philip Ball의 『이상함을 넘어서Beyond Weird』를 읽어보기 바란다.

quantum tunneling effect라 한다: 옮긴이). 감옥에 갇힌 죄수가 벽을 향해 끊임없이 자신의 몸을 날린다고 가정해 보자. 그는 양자역학을 배운 적이 있기에, 언젠가는 벽 바깥으로 나갈 수 있다고 굳게 믿으면서 이 무모한 짓을 반복하고 있다. 과연 그는 바보일까? 이론적으로는 바보가 아니다. 그가 벽을 통과할 확률이 아주 작긴 하지만 0은 아니기 때문이다. 그러나 입자 한 개가 벽을 통과하는 것과 사람이 벽을 통과하는 것은 완전히 다른 이야기다. 사람의 몸은 엄청나게 많은 입자로 이루어져 있기 때문에, 모든 입자들이 "벽을 통과하는 행운"을 동시에 누려야 탈출이 가능하다. 즉, 거시적인 세계에서 거시적 물체가 벽을 통과할 확률은 0이라고 단정해도 된다. 따라서 문제의 죄수는 현실적으로 바보임이 분명하다.

가모프의 양자핵이론은 알파입자가 우라늄핵에서 탈출하는 비결을 거의 완벽하게 설명했다.♦♦ 그해 여름, 가모프는 괴팅겐 연구소에서 한 살 아래의 독일 태생 물리학자 프리츠 후테르만스Fritz Houtermans와 친구가 되었다. 첫눈에 상대방을 알아보고 의기투합한 두 사람은 젊고 잘생긴 외모에 자유분방한 성격, 짓궂은 유머 감각까지 비슷했지만, 가장 큰 공통점은 물리학에 대한 열정이었다. 가모프의 알파붕괴이론에 깊은 감명을 받은 후테르만스는 베를린으로 돌아온 후에도 그 문제를 계속 생각하다가 새로운 아이디어를 떠올리게 된다.

그로부터 몇 달이 지난 어느 날, 가모프에게 편지 한 통이 배달되었다. 후테르만스가 영국의 천체물리학자 로버트 앳킨슨Robert

♦♦ 비슷한 시기에 미국의 물리학자 로널드 거니Ronald Gurney와 에드워드 콘돈Edward Condon도 가모프와 거의 같은 이론을 발표했다.

Atkinson과 함께 가모프의 이론을 검토하던 중 태양 내부에서 일어나는 핵융합 반응의 수수께끼를 풀었다는 것이다. 두 사람의 논리는 다음과 같은 질문에서 출발한다—"입자가 장벽을 통과하여 원자핵 밖으로 탈출할 수 있다면, 밖에 있던 입자가 원자핵 안으로 침투할 수도 있지 않을까?" 가모프의 이론을 태양 중심부와 비슷한 온도에 적용해 보니, 정말로 핵융합이 일어날 수 있을 것 같았다. 태양 중심부에서 양성자가 양자터널을 통해 '전기적 척력'이라는 벽을 뚫고 원자핵 안으로 진입한다면, 낮은 온도에서도 핵융합이 일어날 수 있지 않을까? 만일 그렇다면 에딩턴이 옳았던 셈이다.

얼마 후 세 사람은 오스트리아 알프스의 취르스Zürs에 있는 리조트에 모여들었다. 논문에 관한 의견을 나누면서 여가시간을 보내기에는 더없이 좋은 장소였을 것이다. 프리츠와 로버트는 "계산이 거의 끝났으니 스키 탈 시간은 충분하다"며 좋아했고,[5] 가모프도 딱히 이견을 달지 않았다.

후테르만스와 앳킨슨이 개발한 이론은 가모프의 이론과 완전히 정반대였다. 가모프는 원자핵 안에서 입자가 탈출하는 과정을 설명한 반면, 후테르만스와 앳킨슨은 성벽을 공격하는 침략군처럼 밖에 있는 입자가 전기적 장벽을 뚫고 핵 안으로 침투하는 과정을 설명했다. 에딩턴의 계산에 따르면 태양에 있는 양성자는 성벽 꼭대기를 뛰어넘을 정도로 충분한 에너지를 갖고 있지 않다. 그러나 핵 주변을 에워싼 장벽은 높을수록 얇아지기 때문에, 태양 중심부의 양성자들이 장벽의 얇은 부분에 도달할 수 있을 정도로 충분히 빠르게 움직이면, 굳이 장벽 꼭대기에 도달하지 않아도 양자터널효과에 의해 원자핵의 내부로 침입할 수 있다.

문제는 확률이다. 양자터널효과가 일어날 확률은 태양 중심부에서 핵융합이 일어날 정도로 충분히 높은가? 후테르만스와 앳킨슨, 그리고 가모프는 며칠 동안 스키를 타고, 술을 마시고, 약간의 토론을 나누다가 별 중심부의 온도 및 밀도와 융합이 일어날 확률을 연결하는 방정식을 유도하는 데 성공했다. 안타깝게도 1929년에는 원자핵의 구조에 대한 지식이 태부족하여 가모프의 계산이 10^4배(1만 배)나 작게 나왔는데, 무슨 운명의 장난인지 후테르만스와 앳킨슨이 계산 도중 실수를 저질러서 결과가 10^4배 커지는 바람에 두 개의 실수가 정확하게 상쇄되어 올바른 값이 얻어졌다.

태양의 핵융합 반응은 에딩턴이 계산했던 중심부의 온도(약 4,000만 ℃)에서도 일어날 수 있었다. 더욱 기쁜 소식은 태양이 지금과 같은 에너지를 수십억 년 동안 방출할 수 있다는 것이었다.

집으로 돌아온 후테르만스는 실수한 부분을 수정하여 깔끔한 논문으로 정리한 후, 샬럿 리펜슈탈Chalotte Riefenstahl과 함께 저녁 산책을 나갔다(후테르만스의 대학 선배인 그녀는 당시 로버트 오펜하이머Robert Oppenheimer에게도 애정 공세를 받고 있었다).♦

샬럿: 오늘 저녁 별빛이 유난히 아름답지 않니?

후테르만스: 정말 그러네요. 그런데 저는 별이 빛나는 이유를 바로 어제 알았어요.[6]

내 개인적인 생각이지만, 이것은 역대 최고의 데이트용 멘트였다. 낭만적인 대화가 효력을 발휘했는지, 두 사람은 결국 결혼식을 올

♦ 제2차 세계대전 때 맨해튼 프로젝트를 진두지휘하여 "원자폭탄의 아버지"로 알려진 바로 그 사람이다.

렸다. 그것도 한 번이 아니라 두 번씩이나(나치 정부의 부당한 정책 때문에 강제로 이혼했다가 재결합했다: 옮긴이)! 후테르만스와 앳킨슨은 "위치에너지 냄비를 이용한 헬륨 조리법How to Cook Helium in a Potential Pot"이라는 제목의 논문을 학술지에 제출했는데, 위트와 담을 쌓은 편집자가 제목이 너무 가볍다며 "별의 내부에서 원소 조합의 가능성에 대한 질문On the Question of the Possibility of the Synthesis of Elements in Stars"이라는 썰렁한 제목으로 바꿔서 출판했다.

두 사람의 논문은 별다른 주목을 받지 못했다. 제목 때문이 아니라, 핵물리학 자체가 그다지 인기 있는 분야가 아니었기 때문이다. 당시에는 지금 시각에서 볼 때 헛소리에 불과한 엉터리 가설이 난무했으니, 후테르만과 엣킨슨의 논문도 그중 하나로 취급되었을 것이다. 양자혁명의 선두주자였던 닐스 보어는 "물리학의 제1계명인 에너지보존법칙이 원자핵 안에서 성립하지 않는다면 태양에너지의 근원을 설명할 수 있을지도 모른다"며 다소 우회적인 자세를 취했다. 이런 상황에서 후테르만과 앳킨슨의 가설이 학계의 관심을 끌려면 실험적 증거가 반드시 필요했는데, 이것을 때맞춰 제공한 사람은 캐번디시 연구소의 어니스트 러더퍼드와 그의 동료들이었다.

1932년, 캐번디시의 물리학자 존 코크로프트John Cockcroft와 어니스트 월턴Ernest Walton은 최초의 입자가속기 중 하나에서 양성자 빔을 발사하여 리튬핵을 두 조각으로 분해하는 데 성공했다. 이 역사적인 실험이 성공할 수 있었던 것은 가모프가 예견했던 "원자핵의 양자터널효과" 덕분이었다. 코크로프트와 월턴이 사용한 양성자 빔의 에너지는 약 80만 eV로 전기장 성벽 꼭대기를 넘기에는 턱없이 부족했다(꼭대기를 넘으려면 수백만 eV가 필요하다).[7] 그런데도 리튬핵이 두 조각으로 분리되었다는 것은 양성자 빔이 양자터널을 통과하여 리튬핵에 도달했음을 의미한다. 드디어 가모프의 가설이 실험을 통해 사실로 확인된 것이다.

코크로프트와 월턴의 실험 덕분에 원자핵에도 양자역학이 적용된다는 확실한 증거가 확보되자, 물리학자들은 태양과 별의 내부에서 헬륨이 만들어지는 과정도 설명할 수 있을 것이라며 한껏 기대에 부풀었다. 그러나 마지막 종착지까지는 아직 넘어야 할 장애물이 몇 개 더 남아 있었다. 물질의 궁극적 구성요소를 찾는 우리에게도 아직 두 가지 핵심 요소가 누락되어 있으니, 수소 원자의 희귀한 동위원소인 '중수소deuterium'와 SF 작가들이 좋아하는 '반물질antimatter'이 바로 그것이다.

헬륨을 만드는 두 가지 방법

물리학자들은 양자터널효과 덕분에 태양과 별이 두 개의 양성자를 가까이 밀착시킬 정도로 뜨겁다는 사실을 알아냈다. 다시 말해서, 헬륨을 조리하는 "열핵 오븐"을 발견한 셈이다. 그러나 여기에는 아직 문제가 남아 있다. 아무것도 없는 무의 상태에서 헬륨을 만드는 것이 목적이라면 우선 양성자 두 개를 융합시켜야 하는데, 자연에는 두 개의 양성자로 이루어진 안정한 물질이 존재하지 않는다. 만일 이런 물질이 존재한다면 ^{2}He로 명명되었겠지만, 이런 원자핵은 발견된 사례가 단 한 건도 없다.

그렇다고 희망이 전혀 없는 것은 아니다. 1931년에 미국의 화학자 헤럴드 유리Harold Urey는 양성자 1개와 중성자 1개로 이루어진 중수소를 발견했다(양성자의 수가 1개이므로 수소의 동위원소인데 중성자가 추가되어 질량이 거의 두 배로 무겁기 때문에 '수소'라는 이름을 유지한 채 앞에 무거울 重자를 붙인 것이다: 옮긴이). 그렇다면 한 가지 가능성이 대두된다. 즉, 양성자 두 개를 결합시킴과 동시에 둘 중 하나를 중성자로 바꿀 수 있다면, 헬륨 조리법의 첫 단계인 중수소가 만들어진다.

1932년 전까지만 해도 물리학자들은 양성자를 중성자로 바꾸는 것이 불가능하다고 생각했다. 무엇보다도 전기전하가 문제이다. 양성자가 중성자로 변하면, 양성자에 존재했던 양전하는 어디로 가는가? 전기전하는 절대로 그냥 사라지지 않는다. 바로 이 대목에서 우리 목록에 누락된 두 번째 요소인 '양전자positron'가 등장한다. 가끔 '반전자antielectron'로도 불리는 이 입자는 전하의 부호가 플러스(+)라는 것만 제외하고 모든 성질이 전자와 완전히 똑같다. 양전자는 최초로 발견된 반물질로서 지극히 심오한 물리적 의미를 담고 있는데, 자세한 내용은 뒤에서 다룰 것이다. 지금 논의 중인 헬륨 조리법에서 양전자는 "반드시 필요하지만 별로 중요하지 않은" 조연 역할을 한다.

1934년, 파리의 과학자 부부 이렌 퀴리와 프레데리크 졸리오는 불안정한 원자핵에서 양전자가 방출되는 새로운 유형의 방사성붕괴를 발견하고 그 원인을 추적하다가, 붕괴되는 원자핵 내부에서 양성자가 중성자로 변환되었음을 깨달았다. 핵물리학이라는 분야가 태동한 후로 이 현상이 발견될 때까지 왜 그토록 오랜 시간이 걸렸을까? 이유는 간단하다. 고립된 양성자는 이런 식으로 붕괴되지 않기 때문이다. 실제로 양성자는 중성자보다 가볍다. 그러나 특정한 종류의 불안정한 원자핵에서는 양성자가 핵에서 약간의 에너지를 흡수하여 조금 더 무거운 중성자로 변하고, 이 과정에서 양전자와 뉴트리노를 방출한다.

이로써 양성자를 중성자로 바꾸는 방법과 중수소를 확보했으니, 헬륨을 만들려는 우리의 시도는 커다란 진전을 이룬 셈이다. 1936년에 로버트 앳킨슨은 수소로부터 무거운 원소가 만들어지는 과정의 첫 번째 단계를 제시했다. 태양 중심부와 같은 초고온 상태에서는 두 개의 양성자가 가까이 들러붙어서 아주 짧은 시간 동안 "양성자 두 개로 이루어진 불안정한 핵"이 되었다가, 둘 중 하나가 중성자로 변신하여 중수소핵이 될 수 있다.

앳킨슨이 제시한 이론은 곧 다가올 드라마틱한 발전의 서막이었다. 가모프는 오토바이를 타고 조용한 대학가를 질주하는 등 몇 년 동안 유럽을 돌아다니다가 1933년에 소련을 탈출하여 미국 워싱턴 대학교에 정착했다. 이곳에서 그는 "별의 에너지 문제(별이 빛을 방출하는 이유)"를 집중적으로 연구했고, 1938년에는 세계 최고의 천체물리학자와 핵물리학자, 그리고 양자물리학자 34명을 초대하여 별의 내부를 주제로 학술회의를 개최했다.

참가자 중에는 당대 최고의 이론물리학자인 한스 베테Hans Bethe도 있었다. 가모프는 그를 두고 "별의 내부에 대해서는 아무것도 모르지만, 핵의 내부 구조에 관한 한 모르는 것이 없는 사람"이라고 했다.[8] 사실 베테는 학술회의가 개최되기 직전에 가모프의 제자였던 찰스 크리치필드Charles Critchfield를 만난 적이 있었다. 크리치필드는 "양성자 두 개가 융합하면 중수소가 되고, 여기에 후속 단계를 몇 번 더 거치면 오직 양성자만으로 헬륨 원자핵이 만들어질 수 있다"는 앳킨슨의 주장을 받아들였는데, 중간 계산을 실행하던 중 난관에 봉착하여 베테의 도움을 청한 것이다.

젊은 물리학자의 열정에 깊은 인상을 받은 베테는 계산을 더욱 우아하고 정교하게 다듬었고, 덕분에 두 사람은 완벽한 헬륨 조리법을 완성할 수 있었다. 이것은 오늘날 "양성자-양성자 연쇄반응protonproton chain"으로 알려져 있는데, 가장 최근 버전은 다음과 같다.

헬륨 조리법: 양성자–양성자 연쇄반응

1단계: 두 개의 양성자가 충돌하여 아주 짧은 시간 동안 불안정한 핵(양성자 2개로 이루어진 원자핵)이 만들어진다.

2단계: 불안정한 핵이 해체되기 직전에 양성자 1개가 중성자로 붕괴되면서 중수소핵(양성자 1개 + 중성자 1개)이 만들어지고 양전자 1개와 뉴트리노 1개가 방출된다.

3단계: 또 다른 양성자가 중수소핵에 충돌하여 ^{3}He(양성자 2개와 중성자 1개로 이루어진 헬륨의 동위원소)이 만들어지면서 감마선이 방출된다.

4단계: ^{3}He이 또 다른 ^{3}He과 충돌하여 ^{4}He(양성자 2개 + 중성자 2개)이 만들어지고, 남은 양성자 2개가 외부로 방출된다.

이것이 바로 헬륨 조리법이다! 게다가 전체 과정에서 에너지가 방출되므로, 별이 빛을 발하는 이유까지 설명할 수 있다. 그러나 여기에는 한 가지 문제가 있다. 에딩턴은 태양 중심부의 온도를 4,000만 ℃로 추정했는데, 이 온도에서는 양성자–양성자 연쇄반응이 아주 빠른 속도로 일어나기 때문에 태양이 지금보다 훨씬 밝아야 한다. 두 물리학자가 천신만고 끝에 과학의 가장 오래된 미스터리를 거의 해결했는데, 안타깝게도 마지막 장애물에 걸린 것이다.

이 문제가 해결된 곳이 바로 가모프가 주최한 워싱턴 학술회의였다. 이 자리에서 태양 내부의 물리적 상태에 대하여 기나긴 토론이 오가는 동안 베테의 머릿속에서 전구가 번쩍 켜졌다. 에딩턴이 계산한 4,000만 ℃는 태양의 성분이 지구와 거의 같다는 가정하에 얻은 값이었다. 그러나 1925년에 영국의 여성 천문학자 세실리아 페인 Cecilia Payne은 태양과 별의 주성분이 수소와 헬륨이며, 무거운 원소는 소량에 불과하다는 사실을 알아냈다. 태양의 73%가 수소이고 25%가 헬륨이라는 가정하에 에딩턴의 계산을 다시 해보면, 태양 중심부의 온도는 1,900만 ℃까지 떨어진다. 베테가 이 온도에서 양성자-양성자 연쇄반응이 일어날 때 방출되는 에너지를 계산해 보니, 실제 관측된 태양에너지와 거의 비슷한 값이 얻어졌다.

이로써 태양이 열을 방출하는 이유가 완벽하게 설명되었다. 태양 중심부에서는 가차 없는 중력 때문에 의해 수소가 1,500만℃까지 가열된다.♦ 이 무시무시한 열기 속에서 양성자와 전자는 핀볼게임을 하듯 엄청난 속도로 이리저리 튕겨 다니는데, 아주 가끔씩은 양성자 두 개가 양자법칙이 적용될 정도로 가까이 접근하는 경우가 생긴다. 이럴 때 때마침 양자터널효과가 일어나면 두 양성자는 전기적 척력을 극복하고 하나로 융합되어 중수소핵을 형성한다. 태양은 지난 수십억 년 동안 이런 식으로 수소를 원료로 삼아 천천히, 그러나 확실하게 헬륨을 만들어왔다. 그리고 이 과정에서 생성된 에너지는 중심에서 표면을 향해 흐르다가, 표면을 탈출하는 순간부터 우리에게 친숙한 햇빛이 되어 사방으로 퍼져나간다. 간단히 말해서 태양은 열핵융합을 일으키는 용광로였던 것이다.

그러나 헬륨 조리법은 아직 완성되지 않았다. 학회가 진행되는 동안 베테는 무언가가 잘못되었다는 느낌을 떨쳐버릴 수 없었다. 양성자-양성자 연쇄반응을 태양보다 작은 별에 적용하면 만족스러운 결과가 나오는데, 큰 별에 적용하여 얻은 결과는 현실과 일치하지 않

♦ 1,500만 ℃는 가장 최근에 업데이트된 값이다.

았기 때문이다. 밤하늘에서 가장 밝게 빛나는 시리우스Sirius(큰개자리 Canis Major의 일등성)를 예로 들어보자. 시리우스의 겉보기 밝기apparent brightness(지구에서 보이는 밝기: 옮긴이)는 "지구와의 거리"와 "질량"이라는 두 가지 요인에 의해 결정된다. 지구와의 거리는 약 8.6광년(1광년=빛이 1년 동안 가는 거리=약 9조 4,600억 km)으로, 은하 규모에서 볼 때 거의 코앞에 있는 것과 마찬가지다. 또한 시리우스의 질량은 태양의 약 두 배로서, 중력이 태양보다 강하기 때문에 중심부의 온도도 태양보다 높다. 온도가 높다는 것은 양성자의 속도가 빠르다는 뜻이며, 이는 곧 양성자들끼리 전기적 척력을 이기고 핵융합을 일으킬 확률이 높다는 뜻이기도 하다.

그러나 이상한 것은 시리우스의 질량이 태양의 두 배밖에 안 되는데도, 태양보다 무려 25배나 밝다는 점이다. 이것은 양성자-양성자 연쇄반응으로 설명할 수 없다. 여기에는 무언가 다른 이유가 있음이 분명하다.

베테는 완전히 다른 종류의 반응을 떠올려 보았다. 양성자가 곧바로 결합하지 않고, 이미 존재하는 무거운 핵에게 먹혔다가 헬륨핵으로 방출되는 것은 아닐까? 이 가설이 입증되려면 양성자를 소화해낼 수 있는 무거운 핵이 존재해야 한다.

베테는 주기율표의 헬륨에서 출발하여 순차적으로 이 가설을 적용해보았다. 헬륨은 질량이 5인 동위원소가 존재하지 않기 때문에 양성자를 추가해 봐야 별 소득이 없다. 그 뒤에 나오는 리튬, 베릴륨Be, 보론B은 양이 너무 적어서 빨리 소모되기 때문에, 태양이 지금처럼 오래 타는 이유를 설명할 수 없다. 그런데 그다음에 나오는 탄소는 적절한 특성을 갖고 있는 것 같았다. 베테는 대략적인 해결책을 머릿속으로 정리한 후 코넬로 돌아가는 기차에 올랐다.

그로부터 몇 주일 후, 베테는 헬륨을 만드는 두 번째 조리법을 완성했다. 이것이 바로 "탄소-질소-산소 순환carbon-nitrogen-oxygen cycle(줄여서 CNO 순환이라 함)"으로, 다음과 같은 단계를 거쳐 진행된다.

헬륨의 두 번째 조리법: 탄소-질소-산소 순환

1단계: 양성자가 양자터널을 통해 ^{12}C의 핵으로 침투하여 새로운 핵 ^{13}N이 만들어졌다가, 곧바로 ^{13}C로 붕괴되면서 양전자와 뉴트리노를 방출한다.

2단계: 두 번째 양성자가 양자터널을 통해 ^{13}C의 핵으로 침투하여 ^{14}N이 만들어진다.

3단계: 세 번째 양성자가 양자터널을 통해 ^{14}N의 핵으로 침투하여 ^{15}O가 만들어졌다가 곧바로 ^{15}N으로 붕괴되면서 양전자와 뉴트리노를 방출한다.

4단계: 마지막으로 네 번째 양성자가 양자터널을 통해 ^{15}N의 핵으로 침투하면 ^{4}He의 핵과 (처음 출발했던) ^{12}C의 핵으로 분해된다.

이것은 거의 기적에 가까운 반응이다. ^{12}C의 핵은 연속적인 충돌을 겪으면서 효과적으로 양성자를 흡수하여 헬륨의 핵으로 변환시키고, 마지막 단계에 가면 자신도 원래의 ^{12}C로 되돌아와서 모든 과정을 처음부터 다시 시작할 수 있다.

^{12}C의 핵에서 양성자 6개로 형성된 전기적 척력의 에너지장벽은 수소 원자핵의 에너지장벽보다 6배나 높다. 이런 곳에서 양성자가 양자터널을 통해 탄소핵으로 진입하려면 속도가 엄청나게 빨라야 하므로, 핵융합 반응이 일어나는 양상은 온도에 따라 크게 달라진다. 실

제로 별 중심부의 온도가 두 배로 높아지면 CNO 순환에서 발생하는 에너지는 6만 5,000배나 커진다.[9] 시리우스의 질량이 태양의 두 배에 불과한데도 25배나 밝은 이유가 바로 이것이다. 태양보다 1.2배 이상 무거운 별에서 방출되는 빛에너지의 근원은 CNO 순환으로 설명할 수 있다.◆

이로써 우리는 별의 내부에서 헬륨이 만들어지는 과정을 알게 되었다. 드디어 헬륨의 완벽한 조리법을 손에 넣은 것이다. 그러나 아직 한 가지 문제가 남아 있다. 태양의 내부에서 실제로 CNO 순환이 일어나고 있다는 것을 어떻게 확인할 수 있을까?

최근까지만 해도 태양 내부에서 헬륨이 융합되는 과정은 서로 다른 두 가지 과학이론으로 설명되고 있었다. 1930년대부터 물리학자들은 입자가속기에서 발사된 양성자를 다양한 표적에 충돌시켜서 한스 베테가 생각했던 핵융합 반응을 재현해 왔는데, 이 과정에서 별의 온도에 따른 핵융합 반응의 속도를 알아낼 수 있었다. 한편, 천체물리학자들은 별 중심부의 온도를 더욱 정확하게 예측하는 이론적 모형을 구축해 왔다. 물리학자들은 이 두 가지 지식을 조합하여 "태양과 질량이 비슷한 별에서는 양성자-양성자 연쇄반응을 통해 헬륨이 만들어지고, 시리우스처럼 태양보다 질량이 큰 별에서는 CNO 순환을 통해 헬륨이 만들어진다"고 결론지었다.

그러나 이 모든 것은 간접적인 증거일 뿐이다. 확실한 답을 알려면 별의 중심부에서 일어나는 핵융합 반응을 직접 들여다봐야 하는데, 다들 알다시피 이것은 이룰 수 없는 꿈이다. 태양을 아무리 열

◆ 당시 베테는 태양 중심부의 온도를 잘못 계산하여, 태양에너지의 근원을 CNO 순환으로 설명할 수 있다고 믿었다.[10]

심히 관측해도(물론 적절한 도구를 사용해야 한다. 맨눈으로 직접 봤다간 큰일 난다!) 밝게 빛나는 표면만 보일 뿐, 중심부에는 영원히 도달할 수 없을 것 같다.

처음에는 그랬다. 그러나 물리학자들은 수십 년 전에 드디어 태양의 표면을 걷어내고 중심부를 들여다보는 데 성공했다. 이탈리아의 로마에서 자동차로 몇 시간 거리에 있는 첩첩산중 속에서, 한 무리의 물리학자들이 태양 중심에서 날아온 전령을 감지하는 거대한 입자탐지기를 만든 것이다. 이들의 목표는 1930년대 말에 최초로 제기된 핵반응이론이 태양에너지의 근원임을 완벽하게 증명하는 것이었다.

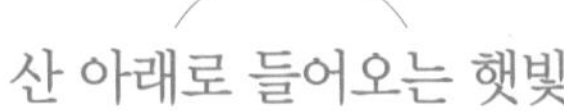

산 아래로 들어오는 햇빛

숨이 막힐 정도로 무더운 8월의 어느 날, 나는 이탈리아의 작은 마을 아세르지Assergi 근처에서 A24번 고속도로를 빠져나와 그랑사소산맥Gran Sasso mountains으로 이어지는 경사로를 달리고 있었다. 그날 로마행 비행기를 타기 위해 새벽 3시에 일어나서 그랬는지, 정신이 살짝 혼미해지면서 습관적으로 좌측차선으로 접어들었다가 맞은편에서 달려오는 차와 거의 정면충돌을 할 뻔했다(저자는 영국인이다: 옮긴이). 놀란 운전자에게 손을 흔들어 사과하고 커브 길을 돌아 나오니, 이탈리아 경찰차 여러 대가 시야에 들어왔다.

경찰관들은 세계 최대의 지하 실험시설인 그랑사소 국립연구소Laboratori Nazionali del Gran Sasso, LNGS의 입구에 모여 있었다. 나는 방금 전에 저지른 실수를 행여 누가 보았을까 초조해하며 경찰들 사이를 조심스럽게 비집고 지나갔다. 다행히도 나를 체포하려는 경찰은 없었지만, 위안보다 다른 걱정이 앞섰다. 지하에서 대체 무슨 일이 있었길래 한 부대의 경찰이 외딴 연구소까지 출동했을까? 최근에 이 연구소가 법적 문제에 휘말려서 일부 연구를 중단해야 할 위기에 처했다는 소식은 신문에서 읽은 적이 있는데, 이 정도로 심각한 줄은 몰랐다. 나는 다음 커브 길을 돌아 눈에 보이지 않는 곳에 렌터카를 주차하고 보안검색대에 신분증을 제시한 후, 오늘 연구소를 안내해 주기로 약속한 물리학자 알도 이아니Aldo Ianni를 만나게 해달라고 요청했다.

사실 그날은 내가 세계 최대의 태양관측소를 견학하기로 이미 약속한 날이었다. 산속 지하 1.5km 밑에 뚫어놓은 동굴은 태양을 관측하는 데 그다지 적절한 장소가 아니지만, 그랑사소 국립연구소는 평범한 천문대와 근본적으로 다르다. 이곳의 주요 관측장비는 태양을 직접 바라보거나 라디오파를 탐지하는 망원경이 아니라, 태양에서 날아온 뉴트리노를 감지하는 입자감지기이다.

뉴트리노는 전하가 없고 질량도 거의 0에 가까워서, 감지하기가 가장 어려운 입자로 정평이 나 있다. 대부분의 입자감지기는 입자의 전하가 감지기의 물질과 전자기력을 주고받을 때 나타나는 섬광이나 전류를 토대로 입자의 존재 여부를 판단한다. 그러나 중성입자(전기전하가 없는 입자)는 전자기력을 교환하지 않기 때문에 감지하기가 매우 어렵다. 제임스 채드윅은 오랜 세월 동안 좌절과 실패를 반복하다가 거의 10년 만에 뉴트리노의 흔적을 간신히 찾을 수 있었다. 중성자도 전하가 없지만 강한 핵력을 통해 상호작용을 교환하기 때문에, 다른 원자핵과 충돌시키면 그 존재를 어렵지 않게 확인할 수 있다. 그러나 뉴트리노는 강한 핵력에도 아무런 반응을 하지 않는다. 이들이 일상적인 물질과 교환하는 상호작용이란 양자영역을 지배하는 세 번째 힘인 "약한 핵력weak nuclear force(약력)" 뿐이다. 이름에서 알 수 있듯이 약력은 아주 약한 힘이다. 그래서 뉴트리노가 원자와 충돌하여 경로가 바뀌거나 부산물이 생성될 가능성은 거의 없다고 봐도 무방하다.

뉴트리노는 감지하기 어려운 유령 입자임과 동시에, 태양 내부에서 일어나는 일을 우리에게 알려주는 완벽한 전령이기도 하다. 태양의 중심부에서는 격렬한 핵융합 반응이 끊임없이 일어나면서 엄청난 양의 광자(빛의 입자)와 뉴트리노가 생성되고 있다. 그러나 안타깝게도 광자는 관측을 해봐야 별 도움이 되지 않는다. 중심부에서 생성된 광자가 지구의 망원경에 도달하려면 태양 내부를 헤집고 나와서 우주 공간으로 탈출해야 하는데, 도중에 마주치는 양성자와 전자들이 광자의 경로를 심하게 방해하기 때문에, 중심에서 출발하여 표면에 도달할 때까지 무려 수만 년이 걸린다. 태양을 탈출한 광자는 약 8분 20초면 지구에 도달하지만, 그 광자는 이미 수만 년 전에 생성된 것이어서 핵반응과 관련된 모든 정보는 이미 아득한 옛날에 사라진 상태이다. 그러나 우주 최강의 관통력을 자랑하는 뉴트리노는 태양 내부에서 철통방어를 펼치는 양성자와 전자를 가뿐하게 제치고 날아간다. 뉴트리노의 입장에서 볼 때 거대한 태양은 사실 없는 거나 마찬가지여서, 2초 남짓한 시간이면 태양을 탈출할 수 있다(태양의 반지름은 약 70만 km이므로 초속 30만 km로 달리면 2.3초 만에 주파할 수 있다: 옮긴이).

지금 이 한 문장을 읽는 시간 동안 약 2,000조 개의 뉴트리노가 당신의 몸을 통과하고 있다. 다행히도 약한 핵력은 너무나도 약한 힘이어서, 당신 몸속의 원자는 뉴트리노가 지나갔다는 사실조차 알지 못한다. 원자가 모를 정도니 감각기관은 말할 것도 없다. 그러나 이들 중 단 몇 개라도 감지할 수만 있다면, 태양 내부의 핵반응과 관련된 매우 유용한 정보를 얻을 수 있다.

내가 새벽잠을 설쳐가며 이탈리아로 날아간 것은 바로 이 관측 현장을 직접 눈으로 보고 싶었기 때문이다. 그랑사소 국립연구소에는 산 밑에 파놓은 땅굴 속에 액체 탄화수소를 담은 거대한 탱크가 설치되어 있다. 사람들은 이것을 '보렉시노Borexino'라 부른다. 현장에서 뉴트리노를 감지하기란 상상을 초월할 정도로 어렵지만, 이론적인 배경은 어린 학생도 이해할 수 있을 정도로 쉽다. 매초마다 탱크를 통과하는 수조 개의 뉴트리노 중 극히 일부는 전자와 충돌하여 주변 액체에 에너지를 공급한다. 이 현상은 짧은 섬광으로 나타나는데, 탱크 주변을 에워싼 감지기가 섬광을 포착하면 "방금 탱크 안에서 뉴트리노가 감지되었다"는 신호를 날린다. 보렉시노와 더불어 사는 물리학자들은 이런 식으로 중성미자의 개수와 에너지를 측정하면서, 태양에서 일어나는 핵융합 반응을 실시간으로 모니터링하고 있다.

차를 주차시키고 뙤약볕 아래서 몇 분을 기다렸더니, 차를 몰고 나타난 알도가 나에게 인사를 건네왔다. 그는 "이탈리아의 재무장관이 오늘 예고도 없이 연구소를 방문하는 바람에 경호를 위해 급하게 경찰이 동원되었다"며 나에게 양해를 구했다. 우리는 다시 차를 타고 한동안 A24번 고속도로를 달리다가 산을 관통하는 10km짜리 터널로 접어들었다. 알도는 운전을 하면서 그랑사소 국립연구소의 연혁을 설명해주었는데, 터널 공사가 한창 진행되던 1970년대에 처음으로 제안된 후 1987년에 세 개의 실험동이 완공되었다고 한다. 나도 알도에게 방문 목적을 설명했지만, 그는 뉴트리노와 사과파이 사이의 관계를 이해하지 못해 약간 어리둥절한 표정을 지었다. 알고 보니 칼 세이건은 이탈리아에서 전혀 유명 인사가 아니었다.

터널 위쪽은 두께가 1km가 넘는 거대한 백운암층으로 덮여 있다. 이 암석층이 없었다면 보렉시노 실험은 애초부터 불가능했을 것이다. 지구는 우주 저편에서 날아온 고에너지 입자에게 끊임없이 폭격당하고 있다. 이들이 대기와 충돌하면 전하를 띤 입자가 무더기로 생성되는데, 그중 상당수가 지표면에 도달한다. 그랑사소산맥이 없었다면 드물게 일어나는 뉴트리노의 상호작용은 이 하전입자들에게 파묻혀 전혀 감지되지 않았을 것이다. 다행히도 거대한 산이 대부분의 하전입자를 흡수해 주기 때문에, 태양에서 날아온 뉴트리노는 보렉시노 감지기까지 일사천리로 도달한다.

몇 분 후 자동차는 터널을 빠져나와 연구소 직원이 아니면 도저히 찾을 수 없을 것 같은 샛길로 접어들었고, 얼마 후 지하 연구소 입구가 시야에 들어왔다. 알도가 차에서 내려 인터컴을 통해 신분을 확인했더니 거대한 철문이 요란한 소리를 내며 서서히 열렸다. 차마 내색하진 않았지만 「007 영화」에 등장하는 악당 소굴로 들어가는 기분이었다.

측면 터널 입구에 차를 주차시키고 내렸더니 차갑고 습한 공기와 함께 지하동굴 특유의 광물 냄새가 진하게 풍겨왔고, 보안검사 통로를 지날 때에는 이끼로 덮인 터널 벽에서 물이 뚝뚝 떨어지고 있었다. 출입명부에 서명하고 파란색 안전모를 쓴 후 또 다른 곡선 터널을 한참 걸어갔더니, C동의 관문인 엄청나게 높고 두꺼운 철문이 나타났다. 바로 이곳에 폭 20m, 높이 18m에 길이가 100m짜리 콘크리트제 저장용 탱크 보렉시노가 설치되어 있다. 안으로 들어가니 낮은 기계음 사이로 귀뚜라미가 짝을 찾는 듯한 고음이 규칙적으로 들려왔는데, 알도는 그것이 진공펌프가 돌아가는 소리라며 신경 쓰지 말라고 했다.

눈앞에는 몇 층 건물 높이는 족히 되어 보이는 거대한 원통형 탱크 두 개가 우뚝 서 있는데, 그래봐야 보렉시노와 연결된 복잡한 배관시스템의 일부일 뿐이었다. 계단을 따라 보렉시노의 꼭대기로 올라가는 동안 알도가 설명을 이어갔다. "이곳의 연구원들에게 가장 골치 아픈 문제는 자연적으로 발생한 배경복사background radiation입니다." 우리가 걷는 땅과 우리를 둘러싼 물체들은 물론이고 심지어 우리가 숨 쉬는 공기에도 우라늄, 라돈, 14-탄소 등 다양한 방사성물질이 섞여 있어서 알파입자와 전자, 그리고 감마선이 끊임없이 방출되고 있다. 다행히도 배경복사의 양이 매우 적어서 인체에는 무해하지만, 보렉시노처럼 예민한 감지장치에는 치명적인 오류를 유발할 수 있다.

보렉시노는 덩치가 어마어마하게 크다. 그러나 뉴트리노와 일상적 물질 사이의 상호작용이 지극히 미약하여, 하루에 감지되는 뉴트리노는 수십 개에 불과하다. 그런데 배경복사의 흔적이 뉴트리노가 남기는 흔적보다 훨씬 강하기 때문에, 알도와 그의 동료들은 배경복사가 보렉시노에 침투하는 것을 막기 위해 거의 사투를 벌이고 있다. 탱크와 파이프로 복잡하게 연결된 거대한 네트워크의 역할은 보렉시노 안에 담긴 다양한 액체를 한시도 쉬지 않고 꾸준히 정화淨化하는 것이다. 일련의 정화과정을 거쳐 방사능 오염물질이 말끔하게 제거된 액체만이 실험에 투입될 수 있다. 보렉시노의 모든 부품은 방사능을 최소화하기 위해 엄선된 재료만 사용하였으며, 특별한 공정을 통해 제작되었다. 간단히 말해서 보렉시노는 "지구에서 방사선 방출량이 가장 적은 물체"이다.

강철 지지대를 올라 보렉시노의 꼭대기에 오르니 바로 그곳에 제어실이 있었다. 알도는 그곳의 연구원들과 대화를 나눴는데, 무슨 말인지 전혀 알아듣지 못했지만(나의 이태리어 실력은 카페에서 커피를 간신히 주문하는 정도이다) 분위기가 심상치 않았다. 대화를 끝낸 알도는 나에게 다가와 상황을 설명해 주었다. "냉각장치가 고장 나서 데이터를 읽을 수가 없다는군요. 저 친구들, 당분간 고생 좀 할 겁니다." 그들의 일은 지극히 드물게 일어나는 사건을 관측하는 것이어서, 매 순간마다 시간과의 전쟁을 치르고 있었다.

몇 달 전, 그러니까 2018년 말에 보렉시노 연구팀은 양성자-양성자 연쇄반응(태양에너지의 99%가 이 반응을 통해 생성된다)에서 방출된 뉴트리노를 주제로 논문을 발표했다. 양성자-양성자 연쇄반응이 일어나면 수소가 서서히 헬륨으로 변하는데, 이 과정에서 부산물로 생성된 뉴트리노의 에너지를 관측하면 이들이 핵융합 반응의 어떤 단계에서 방출되었는지를 알 수 있다. 보렉시노의 과학자들은 지난 20년 동안 태양에서 날아온 뉴트리노를 한시도 쉬지 않고 관측하여, 1938년에 한스 베테와 찰스 크리치필드가 예측했던 핵융합 반응이 실제로 태양 중심부에서 일어나고 있음을 확인했다.

그러나 아직도 한 가지 수수께끼가 남아 있다. 탄소가 양성자를 서서히 삼키다가 헬륨 원자핵을 내뱉는 CNO 순환이 바로 그것이다. 이 두 번째 핵융합에서 생성된 에너지는 태양에너지의 1%밖에 안 되기 때문에 관측하기가 매우 어렵지만, 일단 관측되기만 하면 엄청난 보상이 뒤따른다. 알도와 그의 동료들이 CNO 주기에서 생성된 뉴트리노를 발견한다면, 과학의 가장 오래된 미스터리인 "별이 빛나는 이유"가 드디어 베일을 벗게 될 것이다. 게다가 CNO 순환은 질량이 태양의 1.2배 이상인 별(대부분의 별이 여기에 속한다)의 주 에너지원이므로, 우주에서 에너지가 생성되는 현장을 실시간으로 볼 수 있다. 이 얼마나 대단한 업적인가!

그러나 안타깝게도 2019년 초에 보렉시노는 의외의 난관에 직면했다. 과학이 아니라 관련 법규에 발목을 잡힌 것이다. 자세한 사연은 2002년까지 거슬러 올라간다. 그해 여름에 누군가의 실수로 감지기에 사용된 액체 탄화수소의 일부가 지하수로 스며드는 사고가 발생했다. 이 일을 계기로 실험실의 안전기준이 크게 강화되어 모든 연구원들은 비슷한 사고가 두 번 다시 일어나지 않을 것이라고 확신했지만, 지역사회의 불안감을 잠재우는 것은 전혀 다른 문제였다. 그 후로 10년이 넘도록 계속된 환경운동가들의 반대 시위는 내가 그랑사소 국립연구소를 방문하기 직전에 최고조에 도달하여 연구소 고위관리자 3명이 환경단체에 의해 고발당했고, 보렉시노 연구원들에게는 "기존의 연구만 진행하고 새로운 연구에 착수하지 말라"는 법원 명령이 떨어졌다. 그러나 가장 큰 타격은 앞으로 2년 안에 연구소 가동을 중단해야 한다는 것이었다.

그래서 연구원들은 지금 시간과 치열한 전쟁을 벌이는 중이다. 과연 앞으로 2년 안에 CNO 순환에서 생성된 뉴트리노를 관측할 수 있을까? 가능성을 조금이라도 높이려면 보렉시노로 유입되는 배경복사를 무조건 최소로 줄여야 한다.

동굴 바닥에서 몇 m 위에 설치된 지지대를 통해 실험실 뒤쪽으로 이동하는 동안 기계 소리가 점점 커지더니, 마침내 높이 17m, 지름 18m짜리 거대한 돔형 탱크를 은색 단열재로 에워싼 보렉시노가 코앞에 모습을 드러냈다. 전체적인 형태는 19세기 SF소설에 등장하는 외계 우주선을 닮았지만, 모든 재질과 부품은 단연 최첨단이다. 알도는 원형으로 연결된 파란색 파이프가 CNO 뉴트리노의 포착 가능성을 높이기 위해 최근에 추가된 장치라고 했다.

1990년대에 보렉시노 프로젝트가 처음 제안되었을 때, CNO 순환에서 생성된 뉴트리노를 관측할 수 있다고 믿는 사람은 아무도 없었다. 뉴트리노의 신호가 너무 약하고, 배경방사선(배경복사)은 너무 강했기 때문이다. 그러나 연구원들은 최근 들어 연구실 주변의 자연

환경이 뉴트리노 감지에 매우 유리하다는 사실을 깨달았다.

연구실은 바위산에 에워싸여 있어서, 보렉시노가 놓인 동굴의 바닥 온도는 1년 내내 8℃에서 크게 벗어나지 않는다. 탱크 위 17m 지점의 평균기온보다 낮다. 뜨거운 것은 위로 올라가고 차가운 것은 아래로 내려오므로, 보렉시노의 내부에 담긴 액체는 거의 완벽한 정지 상태를 유지한다. 나일론 재질로 덮여 있는 보렉시노의 구형 내벽은 완벽한 차단막이 아니어서 약간의 방사선이 스며들어 오는데, 액체가 출렁이지 않으면 방사선이 섞이지 않기 때문에 그만큼 순수한 상태를 유지할 수 있다. 새로 추가한 단열재와 파란색 파이프(수도관)는 온도를 일정하게 유지하기 위한 장치이다. 온도의 변화폭이 작으면 내부에 담긴 액체의 움직임이 줄어들어서 뉴트리노를 검출할 확률이 조금이라도 높아지기 때문이다.

우리는 계단을 내려와 탑처럼 서 있는 감지기의 아래쪽으로 다가갔다. 그곳은 지금까지 내가 본 가장 이상한 천문관측소였다. 거대한 산 밑에 설치된 모든 장비들은 태양의 중심부에서 날아온 전령을 포획하기 위해 오늘도 끈기 있게 기다리고 있다. 나는 견학을 마치고 차를 세워놓은 곳으로 돌아가면서 알도에게 물었다. "보렉시노가 가동을 중단하기 전에 CNO 순환을 관측할 수 있을까요?" 그는 나를 곁눈으로 바라보며 말했다. "글쎄요… 제가 보기엔 금년 말쯤에 좋은 소식이 들려올 겁니다."

나는 그랑사소 국립연구소를 방문하기 2주 전에 "보렉시노의 아버지"로 불리는 이탈리아의 물리학자 지안파울로 벨리니Gianpaolo Bellini와 스카이프Scype(인터넷 전화: 옮긴이)로 대화를 나눈 적이 있다. 그는 이미 은퇴한 80대의 노과학자지만, 1990년대 초에 상상했던 실험이 성공하기를 누구보다 간절히 바라고 있었다. CNO 순환에서 생성된 뉴트리노가 발견된다면, 긴 세월 동안 연구소를 짓고 운영해 온 모든 사람들에게 더할 나위 없이 커다란 보상이 될 것이다. 현재 보렉시노의 역할을 대신할 만한 장비는 세계 어디에도 존재하지 않는다. 따라서 앞으로 2년 후에 보렉시노가 가동을 멈추면 CNO 순환은 영원한 수수께끼로 남을 것이다.

그날 저녁 호텔로 돌아온 나는 산등성이로 지는 해를 구경하러 차를 타고 나갈까 생각하다가, 피곤한 몸이 맥주와 피자를 더 원하는 것 같아 그만두었다. 당신이 일몰을 한 번이라도 본 적이 있다면, 굳이 다시 볼 필요는 없다. 그리고 햇빛과 달리 뉴트리노는 해가 질 때도 아무런 방해 없이 지구에 도달한다. 아니, "도달한다"보다 "관통한다"는 말이 더 정확하다. 나는 호텔 방 테라스에 앉아 맥주를 마시며 상상에 잠겼다. 태양의 중심에서 생성된 수많은 뉴트리노 중 겨우 "수조 개"가 아주 짧은 시간 동안 내 몸을 관통한 후, 지구를 뚫고 우주 반대편으로 날아간다. 그들이 지구 근처를 지나는 찰나의 순간에 존재를 확인하기란 결코 쉬운 일이 아니다. 과연 보렉시노는 주어진 시간 안에 임무를 완수할 수 있을까?

6장

별

키플링표 사과파이를 화학원소로 분해하기 위해 부모님 댁으로 가는 기차를 탄 지도 벌써 몇 달이 지났다. 그때 사용했던 시험관은 입구가 밀봉된 채 지금도 내 책상 위에 놓여 있다. 기이하고 추상적인 입자물리학의 세계로 아무리 깊이 들어간다 해도, 결국 우리가 추구하는 것은 일상적인 물체의 기원이 아니던가? 내가 시험관을 보관하는 것은 이 사실을 잊지 않으려는 일종의 몸부림이라 할 수 있다. 물론 그냥 바라만 봐도 재미있긴 하다.

그중에서도 사과파이를 태우고 남은 탄소 덩어리가 제일 맘에 든다. 딱딱하고, 들쭉날쭉하고, 새까맣고, 부분적으로 빛을 반사하는 모습이 볼수록 매력적이다. 탄소는 모든 원소들 중에서 압도적인 카리스마를 자랑한다. 숯에서 다이아몬드에 이르기까지 다양한 형태로 존재하는 탄소는 원소계의 데이비드 보위**David Bowie**(영국의 가수 겸 배우. 변화무쌍한 캐릭터로 1960~1980년대 대중문화에 큰 영향을 미쳤음: 옮긴이)로 부족함이 없다. 그러나 탄소의 진정한 특징은 생명의 기본단위라는 점이다. 사과나무에서 키플링**Mr. Kipling** 본인에 이르기까지♦, 살아 있는 모든 생명체는 탄소를 골격으로 한 분자로 이루어져 있다.

새까맣게 탄 사과파이에 들어 있는 탄소 원자는 까마득한 옛날에 만들어진 것이다. 파이뿐만 아니라 우주에 존재하는 모든 탄소 원자는 생명체나 지구보다 나이가 많은 건 물론이고, 태양이 최초의 빛을 발하기 한참 전에 머나먼 우주 저편에서 만들어졌다. 여기서 질문 하나—구체적으로 어디란 말인가?

우리는 사과파이를 이루는 원소의 제조법을 찾아 이제 막 첫발을 내디딘 상태이다. 지난 100여 년에 걸쳐 천문학자와 물리학자들이 열심히 연구해 온 덕분에, 지금 우리는 태양과 같은 별들이 수십억 년 동안 "수소를 재료 삼아 헬륨을 생산해 온" 거대한 오븐임을 알게 되었다. 별이 수소에서 헬륨을 만들 수 있다면, 더 무거운 원소도 만들 수 있을 것이다. 탄소 원자핵은 6개의 양성자와 6개의 중성자로 이루어져 있으므로, 헬륨 원자핵 세 개를 융합하면 쉽게 만들어질 것 같다.

실제로 한스 베테는 1939년에 별이 빛나는 이유를 논문으로 발표할 때 바로 이 가설을 제안했다(이것을 삼중알파과정**triple-alpha process**이라 한다). 그러나 그는 얼마 가지 않아 아서 에딩턴이 수소의 핵융합으로 헬륨이 만들어진다는 이론을 구축할 때 직면했던 것과 똑같은 문제에 직면했다—탄소를 만들기에는 별의 온도가 충분히 높지 않았던

♦ 알고 보니 키플링 씨Mr. Kipling는 존재한 적이 없는 사람이었다. 오즈의 마법사Wizard of Oz나 로널드 맥도널드Ronald McDonald처럼 브랜드를 홍보하기 위해 1960년대에 광고 담당자가 만들어낸 가공의 인물이다. 그러나 그 광고 담당자는 분명히 탄소에 기반을 둔 인간일 것이므로, 딱히 틀린 말은 아니라고 본다.

것이다. 5장에서 보았듯이, 양성자 두 개가 융합되려면 둘 사이에 작용하는 엄청난 전기적 척력을 극복해야 한다. 이 문제는 가모프와 후테르만스, 그리고 앳킨슨의 손을 거치면서 말끔하게 해결되었다. 양성자가 원자핵을 에워싼 성벽의 꼭대기를 넘지 않고 중간에서 관통하면(즉, 양자터널효과가 일어나면) 충분히 높지 않은 온도에서도 핵융합이 일어날 수 있다.

그러나 헬륨 원자핵 세 개를 하나로 융합시키는 것은 수소 두 개를 융합시키는 것보다 훨씬 어려운 과제이다. 헬륨핵의 전하는 +2이므로 세 개의 헬륨핵 사이에 작용하는 전기적 척력은 양성자 두 개가 서로 밀어내는 힘보다 훨씬 강하다. 한스 베테는 약간의 계산을 수행하여 헬륨 융합에 필요한 온도가 수억, 또는 수십억 ℃라는 결론에 도달했는데, 이는 실제 별의 내부 온도와는 비교가 안 될 정도로 높은 값이었다.

간단히 말해서, 무거운 원소를 만들기에는 별의 중심부 온도가 너무 낮다는 뜻이다. 그렇다면 무거운 원소들은 대체 어디서 만들어졌다는 말인가? 1948년에 조지 가모프와 그의 제자인 랠프 앨퍼**Ralph Alpher**는 이 문제를 파고들다가 과감한 해결책을 떠올렸다. 헬륨보다 무거운 원소들이 별의 내부에서 만들어지지 않았다면, 이들이 만들어질 정도로 뜨거운 장소는 우주 전체를 통틀어 단 한 곳밖에 없다. 시간이 처음 흐르기 시작했을 때 존재했던 태초의 불덩이가 바로 그것이다.

1920년대에 일단의 천문학자들이 우주가 팽창하고 있다는 놀라운 사실을 알아낸 후로, "우주는 거대한 폭발에서 시작되었다"는 빅뱅이 유력한 과학적 창조이론으로 떠올랐다. 우주가 처음 탄생한 후 계속 팽창해 왔다는 가정하에 시간을 거꾸로 되돌리면, 우주가 점점 작아지다가 모든 것이 하나의 점 안에 압축되어 있는 시점에 도달하게 된다.

가모프와 앨퍼의 이론에 의하면 지금으로부터 수십억 년 전에 우주는 상상할 수 없을 정도로 작은 공간에 집중되어 있었으며, 그 내부는 엄청나게 뜨거운 중성자 기체로 가득 차 있었다. 그런데 무언가 알 수 없는 이유로 이 작은 공간에서 대폭발이 일어나 빠르게 팽창하기 시작했고, 부피가 커질수록 온도가 내려가면서 중성자들이 서로 충돌-융합하여 수소를 비롯한 원소들이 만들어졌다.

그러나 이 가설에는 치명적인 오류가 있다. 자연에는 질량이 5인 원소가 존재하지 않는다. 즉, 질량이 4인 헬륨에 도달하면 더 무거운 원소를 만들 수 없다는 뜻이다. 헬륨에 또 다른 중성자를 추가하면(질량=5) 원자핵이 매우 불안정해져서, 약 10억×1조분의 1초 만에 분해된다. 또 하나의 중성자가 침투하여 질량=6인 원소로 변신하기에는 턱없이 짧은 시간이다. "질량=5"라는 장벽을 뛰어넘는 한 가지 방법은 헬륨 두 개가 충돌하여 질량=8인 핵을 만드는 것인데, 이것도 수명이 1만×1조분의 1초에 불과하여 질량=9로 이어지기에는 역부족이다.

결국 가모프와 앨퍼의 가설은 틀린 것으로 판명되었지만, 우주에는 분명히 탄소, 산소, 철, 우라늄과 같은 무거운 원소들이 존재한다. 이들은 대체 어디에서 만들어졌을까?

가모프와 앨퍼가 미국에서 이것 때문에 한창 골머리를 앓고 있을 때, 영국의 젊은 물리학자 프레드 호일**Fred Hoyle**도 같은 문제를 공략하고 있었다.

탄소 조리법

프레드 호일은 20세기에 가장 큰 영향력을 발휘하면서 가장 많은 논쟁을 일으킨 천문학자였다. 잉글랜드 북부 요크셔Yorkshire에서 가난한 양모상의 아들로 태어난 그는 어린 시절에 툭하면 학교를 빼먹으며 허송세월을 하다가, 어느 날 동네 도서관에서 과학책 한 권을 빌려 읽고 완전히 다른 사람이 되었다. 그 책은 아서 에딩턴이 집필한 『별과 원자Stars and Atoms』였는데, 이 두 가지 주제는 향후 호일의 삶을 지배하게 된다. 그는 고교 시절 한 선생님의 헌신적인 노력 덕분에 케임브리지대학교에 장학생으로 입학했으며, 몇 년 후 진학한 대학원에서는 우연히도 "우리가 아는 한 우주에서 가장 위대한 양자물리학자"인 폴 디랙Paul Dirac의 제자가 되었다. 연구는 타의 추종을 불허했지만 지도교수로서는 별 열정이 없었던 디랙은 1930년대 중반에 호일을 불러 앉혀놓고 그의 인생을 바꿀 조언을 해주었다. "물리학의 전성기는 끝났다네. 양자혁명은 일단락되었고, 또 다른 혁명이 일어나려면 한참 기다려야겠지. 과학사에 이름을 남기는 게 자네의 목적이라면, 전공을 다른 분야로 바꾸는 게 좋을 걸세." 그때부터 프레드 호일이 관심을 둔 대상은 다름 아닌 '별'이었다.

그 후 호일은 다양한 분야에서 활동하며 "상습적인 반대론자", 또는 "다른 과학자를 깔아뭉개는 독설가"로 유명세를 떨쳤다. 그는 BBC 텔레비전의 인기 시리즈 〈안드로메다은하의 AA for Andromeda〉의 대본을 쓸 정도로 SF 소설에도 탁월한 재능을 보였지만, 역시 최고의 특기는 다른 사람의 이론을 깔아뭉개는 것이었다—"빅뱅은 틀린 이론이 아니라 아예 사이비 이론이다. 빅뱅이 일어난 원인 자체를 모르는데, 그 뒤에 일어난 사건을 백날 논의해 봐야 무슨 소용이 있겠는가?" 그래서 지금도 호일은 빅뱅이론을 가장 극렬하게 반대했던 사람으로 기억되고 있다.♦

호일의 입이 다소 거칠고 공격적인 것은 사실이지만, 그는 분명히 뛰어난 과학자였다. 사실 그가 자신의 분야에서 성공할 수 있었던 것도 전통적인 사고방식에 쉽게 순응하지 않는 반골 기질 덕분이었다. 그는 종종 주변 사람들에게 "따분한 진실보다 흥미로운 오류가 낫다"고 주장하곤 했는데,[1] 화학원소의 기원을 설명하는 이론은 그에게 "흥미로우면서도 옳은 이론"이었다.

1944년 말에 호일은 레이더 기술 관련 회의에 참석하기 위해 전쟁 중인 영국을 떠나 미국으로 건너갔다. 회의가 끝난 후, 그는 캘리포니아에 있는 윌슨산천문대**Mount Wilson Observatory**를 방문했다가 리프트를 타고 패서디나**Pasadena**로 이동하여 당대 최고의 천문학자인 월터 바데**Walter Baade**를 만났다. 두 사람은 화학원소의 기원에 관하여 다양한 의견을 나누었고, 얼마 후 대화의 주제는 우주에서 가장 많은 에너지를 방출하는 '초신성**supernovae**'으로 옮겨갔다. 초신성이 폭발하면 은하에 있는 모든 별(수천억 개)을 합한 것보다 훨씬 강렬한 에너지가 방출된다(초신성은 적색거성**赤色巨星, red giant**이나 백색왜성**白色矮星, white dwarf**처럼 특정한 상태로 유지되는 별이 아니라, "마지막 진화단계를 거친 후 최종적으로 폭발하는 별"을 의미한다. 즉, 초신성이라는 용어 자체에 '폭발'이라는

♦ '빅뱅'이라는 용어를 처음 사용한 사람도 프레드 호일이다. 그는 1949년에 BBC 라디오 인터뷰에서 이 단어를 처음으로 언급했는데, 청취자 중에는 빅뱅이론을 병적으로 싫어했던 그가 경멸의 뜻으로 만든 용어라고 생각하는 사람도 있었다. 이에 대해서 호일은 "이론에 담긴 내용을 좀 더 실감 나게 부각시키기 위해 생각해 낸 용어일 뿐"이라고 변명했지만 이 말을 믿는 사람은 거의 없다.

뜻이 이미 담겨 있다. 지구에서 아주 멀리 떨어진 별은 폭발해야 비로소 별처럼 보이기 때문에 '~성星'이라는 이름이 붙은 것이다: 옮긴이). 그 무렵에는 초신성의 에너지원을 아무도 모르고 있었지만, 호일은 몬트리올로 돌아가는 비행기를 기다리던 중 우연히 옛 동료 모리스 프라이스Maurice Pryce를 만나 대화를 나누다가 그럴듯한 아이디어를 떠올렸다.

영국의 물리학자인 프라이스는 1944년 초에 호일이 잠시 몸담았던 포츠머스 레이더연구소Portsmouth radar establishment에서 근무하다가 어느 날 갑자기 사라져서 주변 사람들이 궁금해하던 참이었다. 프라이스와 그의 동료들이 몬트리올에서 진행했던 연구는 극비사항으로 분류되었는데, 호일은 초크강Chalk River 근처에 핵물리학자들이 모여드는 것을 보고 상황을 대충 짐작할 수 있었다. 그렇다. 그들은 미국을 위해 핵폭탄을 만들고 있었다.

호일은 프라이스와 대화를 나누다가 핵폭탄 제작팀이 직면한 문제의 실마리를 찾았다. 그들의 목표는 플루토늄 동위원소 ^{239}Pu를 이용한 핵폭탄을 만드는 것이었는데, 강력한 폭발을 일으키려면 핵분열이 연쇄적으로 일어나야 하고, 이를 위해서는 구형球形 플루토늄 핵을 안쪽으로 부수는 방법(즉, 내파內破시키는 방법)을 알아야 했다(원자폭탄은 핵융합이 아니라 핵분열을 이용한 무기이다: 옮긴이). 플루토늄 핵이 빠른 속도로 내파되면 핵반응이 봇물 터지듯 연쇄적으로 일어나서 막대한 폭발력을 발휘하게 된다.◆◆

영국으로 돌아온 호일은 이와 비슷한 과정이 초신성 내부에서 일어날 가능성을 타진해 보았다. 별의 에너지원은 수소이므로, 세월

◆◆ 플루토늄 내파형 폭탄은 1945년 7월 16일에 뉴멕시코주의 사막에서 실험발파에 성공했으며, 또 하나의 플루토늄 폭탄은 같은 해 8월 9일 일본의 나가사키長崎에 투하되어 3만 9,000~8만 명의 사망자를 냈다.

이 흘러 중심부가 모두 헬륨으로 바뀌면 같은 방법으로는 더 이상 에너지를 생산할 수 없게 된다. 별이 이 단계에 이르면 팽창력의 근원인 열이 공급되지 않아서 자체 중력에 의해 안으로 붕괴되기 시작하고, 엄청난 중력에너지에 의해 중심부가 대책 없이 뜨거워지다가 결국 상상을 초월하는 폭발을 일으킨다—이것이 바로 초신성이다. 이 사실을 알아낸 호일은 1년 동안 관련 계산을 수행한 끝에 "자체 중력으로 붕괴되는 별의 내부 온도는 원리적으로 40억 ℃까지 올라갈 수 있다"고 결론지었다. 천문학자들이 상상했던 최고온도보다 무려 100배나 큰 값이다. 그렇다면 혹시 별은 헬륨뿐만 아니라 모든 원소를 제조하는 "우주 조리기"가 아닐까?

1945년에 제2차 세계대전이 끝난 후, 전쟁 관련 임무에서 해방된 호일은 케임브리지로 돌아와 본연의 천문학 연구를 재개했다. 그는 붕괴하는 별에서 원소가 만들어지는 과정을 이론적으로 정리해 놓았지만, 세부사항은 아직 해결되지 않은 상태였다. 헬륨에서 더 무거운 원소가 만들어지는 과정을 규명하지 못하면 가모프와 앨퍼처럼 실패할 수밖에 없는 운명이었다.

호일은 한스 베테가 1939년에 제안했던 삼중알파과정으로 돌아가서 세 개의 헬륨핵이 결합하여 탄소-12 ^{12}C로 변하는 융합 반응을 집중적으로 연구하기 시작했다. 과거에 베테가 이 과정을 떠올렸다가 포기한 이유는 (1) 당시 알려진 별의 내부보다 훨씬 높은 온도가 필요했고, (2) 헬륨 원자핵 3개가 동시에 충돌할 확률이 너무 낮았기 때문이다.

첫 번째 난관을 성공적으로 극복한 호일은 두 번째 난관도 넘을 수 있다고 굳게 믿었다. 헬륨핵 3개가 동시에 충돌하는 대신 2개가 먼저 충돌하여 베릴륨-8 ^{8}Be(양성자 4개와 중성자 4개)이 된 후, 세 번째 헬륨핵과 충돌하여 탄소-12가 만들어지는 건 아닐까? 잠깐, 앞에서 질량이 8인 원자핵은 지극히 불안정하다고 말하지 않았던가? 그렇다. 베릴륨-8이 만들어졌다 해도, 1만×1조분의 1초 안에 다시 두 개의 헬륨핵으로 분해된다. 그러나 호일은 이것이 해결 불가능한 문제가 아님을 깨달았다. 별의 온도와 밀도가 적절하면 헬륨끼리 충돌하는 횟수가 엄청나게 많아서, 탄소-12로 자랄 수 있는 베릴륨-8의 개수가 일정 수준으로 유지될 수도 있다. 즉, 베릴륨-8의 생성과 붕괴가 적정 수준에서 균형을 이루면, (개개의 핵의 수명이 엄청나게 짧다 해도) 매 순간 일정한 개수의 베릴륨-8 핵이 존재할 수 있다는 뜻이다.

그렇다면 핵심 질문은 다음과 같다—별의 내부에는 제3의 헬륨과 충돌하여 탄소-12가 만들어질 정도로 충분한 양의 베릴륨-8이 존재할 것인가? 1949년에 호일은 이 문제를 박사과정 학생 중 한 명에게 연구과제로 내주었다. 그가 기대했던 결과가 나오면 오직 핵융합 반응만으로 주기율표의 무거운 원소를 만드는 길이 열리게 된다.

그러나 이 중요한 문제를 학생에게 맡긴 것은 별로 좋은 생각이 아니었다. 계산이 2/3쯤 진행되었을 때, 과도한 계산에 지친 학생이 포기를 선언한 것이다. 나도 박사과정에 진학한 후 거의 3년 동안 실패와 좌절을 맛보면서 방황하던 시절이 있었기에(학교를 때려치우고 친구와 함께 빵집을 열 생각도 했었다), 그 학생의 심정이 이해가 가고도 남는다. 게다가 "학생이 포기한 연구를 지도교수가 계속하려면 그 학생이 자퇴를 해야 한다"는 케임브리지대학교의 오랜 전통 때문에, 호일이 직접 나서서 계산을 마무리할 수도 없었다.

호일에게 별로 좋은 소식은 아니었지만, 수천 km 떨어진 캘리포니아에서 한스 베테도 박사후과정 중인 젊은 연구원 에드 샐피터**Ed Salpeter**에게 이와 비슷한 연구과제를 맡긴 상태였다. 샐피터는 업스테이트 뉴욕Upstate New York(뉴욕주에서 대도시권을 제외한 지역: 옮긴이)에 있는 코넬대학교Cornell Univ.로부터 안식년을 얻어 1951년 여름을 캘리포니아 공과대학Caltech, 칼텍의 켈로그 복사연구소Kellogg Radiation Lab에서 오하이오주 출신의 건장하고 외향적인 물리학자 윌리 파울러Willy Fowler와 함께 보냈다. 파울러는 입자가속기로 태양과 별의 내부에서 일어나는 핵반응을 재현하여 천체물리학 실험의 대가로 알려진 사람이고, 샐피터는 간절한 마음으로 데이터를 찾아 헤매는 이론물리학자일 뿐이었다. 당시 그에게 가장 필요한 정보는 헬륨-8의 정확한 에너지였으니, 샐피터가 파울러를 만난 것은 최고의 행운이었다.

파울러의 연구팀은 샐피터에게 필요한 데이터를 이미 확보해놓은 상태였다. 이들은 제2차 세계대전이 끝난 직후에 양성자가속기를 이용하여 베릴륨-9의 핵에서 아주 짧은 시간 동안 베릴륨-8을 만드는 데 성공했다. 베릴륨-8의 불안정한 핵은 즉시 두 개의 헬륨핵으로 분해되었는데, 이들의 에너지를 더하여 베릴륨-8의 정확한 에너지를 산출해 보니 삼중알파과정을 촉진하기에 충분할 정도로 큰 값이었다. 게다가 샐피터는 탄소-12의 융합 반응이 이전에 알려진 것보다 훨씬 낮은 온도에서도 일어날 수 있음을 알아냈다. 탄소-12 융합에 필요한 온도는 수십억 ℃가 아니라 수억 ℃로 충분했던 것이다.

케임브리지의 호일은 헬륨 핵융합에 관한 샐피터의 논문을 읽고 책상을 내리치며 분통을 터뜨렸다. 다른 이유도 아니고 케임브리지의 낡은 전통 때문에 선수를 놓쳤으니 그럴 만도 했다. 그러나 호일은 좌절하지 않고 절치부심하며 다음 기회를 노렸다.

1952년 말에 호일은 칼텍으로부터 다가올 봄학기 강의를 의뢰받았다. 전쟁 후유증에 시달리는 영국에서 벗어나 남부 캘리포니아의 따듯한 햇살을 쪼이는 것은 그에게 꽤나 매력적인 제안이었다. 게다가 호일은 1944년에 미국을 방문했을 때에도 매우 좋은 인상을 받았었다. 칼텍의 제안을 흔쾌히 수락한 호일은 강의를 준비하다가 샐피터의 반응이론에서 심각한 오류를 발견하게 된다.

일단 별의 내부에서 탄소-12가 생성되기만 하면, 곧바로 다른 헬륨핵과 충돌하여 산소-16이 만들어진다. 이것 자체로는 그다지 큰 문제가 아니지만(산소는 우주의 중요한 구성성분이다), 반응이 너무 빠르게 일어나서 생명체의 형성에 반드시 필요한 탄소가 남아나지 않는다는 것이 문제였다. 어쨌거나 우주에는 호일 같은 탄소기반 생명체가 분명히 존재하고 있으므로, 탄소가 모두 소모되는 것을 막아주는 다른 과정이 존재해야 한다.

이 순간만을 학수고대해 왔던 호일은 기발하면서도 환상적인 답을 떠올렸다. "탄소-12가 별의 내부에서 생성되려면 아주 특별한 성질을 갖고 있어야 한다"고 가정한 것이다.

원자핵 속의 양성자와 중성자는 핵 주변을 선회하는 전자처럼 몇 개의 특정한 에너지를 갖는 상태에만 존재할 수 있다. 이것을 '에너지준위energy level'라 한다. 원자핵을 호텔에, 양성자와 중성자를 투숙객에 비유하면 에너지준위는 호텔의 층과 비슷한 개념이다. 원자핵이 가장 낮은 에너지 상태에 있을 때 양성자와 중성자는 호텔의 1층부터 채워나가고, 1층에 더 이상 빈방이 없으면 2층을 채워나가기 시작한다. 그런데 핵에 감마선 같은 에너지를 투입하면 양성자와 중성자는 들뜬상태가 되어 위층으로 이동한다. 마치 호텔 로비에 불이 나서 아래층에 머물던 투숙객들이 높은 층으로 급히 대피하는 것과 비슷한 상황이다. 현실 세계의 호텔과 다른 점은 이들이 높은 층으로 재배치되는 방법이 양성자-중성자 사이에 작용하는 힘과 양자역학의 법칙에 따라 결정된다는 것이다.

호일이 떠올린 아이디어는 다음과 같다—"탄소-12 원자핵이 놓일 수 있는 들뜬상태 중에 베릴륨-8과 헬륨핵이 충돌할 때 가장 흔하게 나타나는 에너지와 같은 에너지준위가 존재한다면 탄소-12의 생성 속도가 아주 빨라져서, 이들 중 상당수가 산소-16으로 바뀌어도 우주에는 충분히 많은 탄소-12가 남을 수 있다." 이 아이디어에 기초하여 호일이 계산한 "특별한 상태"의 에너지는 약 7.65MeV였다.♦

호일은 칼텍에 도착했을 때 자신이 계산한 탄소의 에너지준위를 파울러에게 말하려고 했으나, 호일을 환영하는 칵테일파티 석상에서 파울러가 대화를 피하는 바람에 다른 교수들과 잡담을 나누는 것으로 만족해야 했다. 다음 날, 호일은 예고도 없이 파울러의 연구실로 찾아가 단도직입적으로 말했다. "지금 당신네 팀이 하는 연구를 당장 중단하고, 입자가속기를 돌려서 제가 계산한 들뜬상태 에너지가 맞는지 확인해 주세요!"[2]

당연히 파울러는 매우 회의적인 반응을 보였다. 조그만 체구에 억양까지 이상한 낯선 영국인이 최고의 핵물리학자도 포기한 원자핵 에너지준위를 예측할 수 있다며 큰소리치고 있으니, 그저 황당할 뿐이었다. 파울러에게 호일은 핵물리학에 대해 아무것도 모르면서 말도 안 되는 주장만 늘어놓는 이방인에 불과했다. 게다가 파울러는 자신이 측정한 탄소-12의 에너지준위 중에서 호일이 말하는 값과 일치하는 준위가 존재하지 않는다는 것을 이미 확인한 상태였다. 그러나 반격을 당하고도 눈 하나 깜박이지 않던 호일은 칼텍에서 박사후과정 중인 워드 웨일링Ward Whaling을 찾아가 "분명히 가치가 있는 일이니

♦ 1MeV, 즉 100만 eV는 100만 볼트(V)의 전압에서 전자 한 개가 갖는 에너지에 해당한다.

제발 한 번만 실험을 해달라"고 애원했다.

일단 훼일링을 설득하는 데에는 성공했지만, 결코 간단한 실험이 아니었다. 핵반응을 유도하는 기술적 문제는 차치하고, 무게가 몇 톤이나 되는 분광기를 좁은 복도에 설치하는 것도 엄청난 과제였다. 훼일링은 바닥에 수백 개의 테니스공을 깔고 그 위에 분광기를 얹은 채 밀기로 했는데, 분광기가 지나갈 때마다 뒤에 있는 테니스공을 앞으로 옮기기 위해 한 무리의 대학원생이 동원되었다. 켈로그 연구소의 어두운 반지하실에서 수많은 사람들이 이 난리를 치르는 동안, 호일은 전선과 케이블이 거미줄처럼 얽힌 기계장치 틈에서 모든 과정을 걱정스러운 눈으로 바라보았다. 훗날 그는 이 일을 회고하며 "당시 내 심정은 자신이 유죄인지 무죄인지 확신이 없는 상태에서 법정에 끌려 나온 피고 같았다"고 했다.[3]

가시방석에 앉은 듯한 호일의 죄책감에도 불구하고, 실험은 며칠이 지나도록 별 진전이 없었다.[4] 원하는 결과를 얻지 못하면 애꿎은 학생들만 고생시킨 바보가 될 판이었다. 그런데 실험을 시작한 지 2주째 되던 날, 훼일링이 기쁜 소식을 전해왔다. 탄소-12의 들뜬상태 에너지가 호일이 예견했던 바로 그 값에서 관측되었다는 것이다! 호일과 훼일링은 기쁨과 함께 충격에 휩싸였고, 호일의 능력과 끈기에 감탄한 파울러는 다음 해에 케임브리지에서 공동연구를 수행하자고 제안했다.

호일은 개선장군처럼 영국으로 돌아왔다. 몇 달 후 훼일링이 연구결과를 논문으로 발표했는데, 놀랍게도 실험 기간 내내 손에 먼지 한 톨 묻히지 않은 호일을 제1 저자로 등재했다(다른 사람 같았으면 당연히 실험을 직접 실행한 본인을 제1 저자로 내세웠을 것이다). 호일은 나름대로 실험결과를 분석하다가 자칫하면 우주에 생명체가 탄생하지 못할 수도 있었음을 깨닫고 깊은 경외감에 빠졌다. 생명의 기반인 탄소-12 외에 산소-16에도 이와 비슷한 에너지준위(7.19MeV)가 존재한다면, 별의 내부에서 어렵게 만들어진 탄소-12는 순식간에 산소로 변했을 것이다.[5] 그런데 산소-16 핵의 특성을 분석해 보니, 천만다행으로 그 값은 7.19MeV를 아슬아슬하게 벗어난 7.12MeV였다. 이와 마찬가지로 베릴륨-8이 두 개의 헬륨핵으로 분해되지 않고 안정적인 상태를 유지했다면, 별이 헬륨을 너무 빠르게 소모하여 탄소를 비롯한 무거운 원소가 만들어지기 전에 폭발했을 것이다.

우주에 생명체가 존재하게 된 것은 정말로 아슬아슬한 균형의 결과였다. 베릴륨, 탄소, 산소의 상태가 조금만 달랐다면, 탄소에 기초한 생명체는 우주에 존재하지 않았을 것이다. 위대한 우주 수선공이 원자핵의 특성을 미묘하게 조절하여 별의 내부에서 일부 원소가 생산되도록 만들었고, 그 후 수십억 년 사이에 일련의 우연한 사건이 적재적소에서 발생하여 걷고, 말하고, 생각하는 원자 집합체가 만들어졌다. 마치 핵물리학 전체가 오직 생명의 탄생을 위해 미세조정된 듯한 느낌마저 든다.

이런 이야기는 일부 독자들에게 다소 불편하게 들릴 수도 있다. 물리학자와 신학자들도 불편하긴 마찬가지다. "생명체에게 유리한 쪽으로 미세조정된 자연"은 현대물리학이 낳은 커다란 논쟁거리 중 하나이다. 우주의 모든 변수는 생명체에게 유리한 쪽으로 세팅되어 있고, 그 이유를 추적하다 보면 창조주나 다중우주**multiverse**, 또는 거대 시뮬레이션 같은 비과학적 생각에 빠지기 쉽다.

골치 아픈 문제는 잠시 뒤로 미루고, "무無에서 사과파이 만들기"라는 원래의 과제에 집중해 보자. 마침내 우리는 차고실험에서 얻은 두 가지 주요성분(탄소와 산소)의 제조법을 손에 넣었다.

탄소 제조법: 삼중알파과정

1단계: 별의 깊숙한 내부에서 두 개의 헬륨핵을 충돌시켜 고도로 불안정한 베릴륨-8핵을 만든다.

2단계: 그 후 1만×1조분의 1초 안에 또 다른 헬륨핵을 베릴륨-8 쪽으로 발사하고, 만사가 잘 풀리기를 기원한다.

3단계: 운이 좋으면 헬륨핵이 베릴륨-8핵과 융합한 후 자발적으로 붕괴되어 탄소-12핵이 만들어진다.

4단계: 이제 다시 행운을 빌어야 할 시간이다. 들뜬상태에 있는 탄소-12핵은 세 개의 헬륨핵으로 분해되지만, 운이 아주 좋으면 두 줄기의 감마선을 방출하면서 안정한 상태의 탄소-12핵으로 변신할 수도 있다.

이 조리법을 사용하면 질량이 4인 헬륨으로 5와 8을 뛰어넘어 질량이 12인 탄소를 만들 수 있다. 이전에는 건너뛸 수 없을 것 같았던 넓은 틈을 극복하고, 탄소에서 우라늄에 이르는 무거운 원소를 만드는 길이 열린 것이다. 산소-16을 만드는 과정은 놀라울 정도로 간단하다.

산소 제조법: 알파과정

1단계: 갓 조리된 탄소-12핵에 헬륨-4핵을 충돌시킨다.

2단계: 짜잔, 산소-16이 만들어졌다(게다가 결다리 에너지가 감마선의 형태로 생성된다)!

위에 언급한 두 가지 조리법을 활용하면 사과파이의 두 가지 주성분인 탄소와 산소를 만들 수 있다. 물론 반응이 진행되는 장소와 세세한 중간과정은 아직 모르는 상태이다. 호일은 수소가 고갈된 별의 내부에서 탄소와 산소가 만들어질 것으로 예측했다. 자세한 사항은 아직 알 수 없지만, 이런 반응은 매우 복잡하고 극적이면서 더할 나위 없이 아름다울 것이다.

우리가 알고 있는 화학원소들은 모두 별의 내부에서 만들어졌을까? 이것도 아직은 확실치 않다. 전 세계의 천문학자들은 우주 깊은 곳에서 이 세상의 구성성분이 만들어지는 '우주 화덕'을 찾기 위해 지금도 고군분투하고 있다.

별의 일생

새크라멘토산맥Sacramento Mountains의 노두露頭, outcrop(광맥이나 암석층이 겉으로 드러난 부분: 옮긴이)에는 소나무와 전나무 사이로 새하얀 돔형의 아파치포인트천문대Apache Point Observatory가 외롭게 서 있다. 이곳에서 서쪽으로 뻗은 능선은 울창한 숲을 지나 1마일 아래의 툴라로사분지Tularosa Basin와 화이트샌즈국립공원White Sands National Park의 석고사막gypsum dunes까지 이어진다. 19세기 중반까지만 해도 이곳은 전설적인 '서부Old West'로서 아파치 부족의 거주지였으나, 뒤늦게 이주해 온 미국인 목장주들이 소를 너무 많이 풀어놓는 바람에 황량한 사막으로 변했다. 뉴멕시코주의 남쪽에 위치한 이곳은 오늘날 미군의 사격장으로 사용되고 있으며, 북서쪽 산 너머는 1945년에 최초의 실험용 원자폭탄이 발파된 곳이기도 하다.

아파치포인트천문대의 망원경은 "지구로부터 멀리 떨어져 있으면서 강력한 핵융합을 일으키는 별"을 관측하기 위해 특별히 제작된

도구이다. 이곳의 천문학자들은 우리은하Milky Way, 은하수의 역사와 화학원소의 기원을 규명하기 위해 은하수에 속한 수십만 개의 별을 집중적으로 관측하고 있다.

나는 앨라모고도Alamogordo에 잡은 숙소에서 차를 타고 동쪽으로 달렸다. 드넓은 사막을 건너 산기슭에 도달하니 클라우드크로프트Cloudcroft의 아기자기한 마을이 눈에 들어왔고, 그 위로 펼쳐진 커다란 침엽수림을 한동안 올랐더니 아파치포인트천문대로 가는 길이 비로소 모습을 드러냈다. 천문대로 가는 도중 "야간 운전을 자제해 달라"는 경고문구가 눈길을 끈다. 안전을 위해서가 아니라, 자동차의 전조등이 천문관측을 방해하기 때문이다. 오래전부터 천문대 직원들은 도시의 조명과 자동차 전조등을 줄이기 위해 마을 사람들과 치열한 신경전을 벌여왔다.

1층짜리 제어동에 도착했을 때, 내 시계는 정오를 가리키고 있었다. 오늘은 아파치포인트천문대의 천문학자 캐런 키네무치Karen Kinemuchi를 만나기로 약속한 날이다. 그녀는 바쁜 스케줄에도 불구하고 천문대 야간견학을 시켜달라는 나의 부탁을 흔쾌히 들어주었다. 차를 세워놓고 주변을 두리번거리다가 사람 목소리가 들려오는 쪽으로 가보니, 산비탈에 위태롭게 매달려 있는 직경 2.5m짜리 슬론 천체망원경Sloan Telescope의 지지대 위에서 키네무치와 그녀의 동료들이 바쁘게 움직이고 있었다.

그녀는 환한 미소로 나와 악수를 나눈 후, 산안드레아스산맥San Andreas Mountains까지 이어지는 환상적인 경치를 보여주었다. 내가 보기에도 그토록 주변 경관이 좋은 직장은 찾기 힘들 것 같았다. 나는 한동안 숨 막히도록 아름다운 경치에 푹 빠졌다가, 영국인답게 날씨 이야기로 대화를 풀어나가기 시작했다. 일기예보와 달리 남서쪽 하늘에 구름이 조금씩 드리우고 있었는데, 캐런은 별로 신경 쓰지 않는 것 같았다. 이곳의 관측 도구는 가시광선 대신 적외선으로 하늘을 관측하는 적외선 망원경이기 때문에, 얇은 구름층은 그다지 심각한 방해가 되지 않는다. 키네무치를 따라 관제실로 들어가니, 역시 적외선 관측소답게 커다란 스크린에 레이더 지도가 떠 있었다.

나의 아파치포인트천문대 방문계획은 몇 주 전 다른 천문학자와 스카이프를 통해 나눈 대화에서 시작되었다. 오하이오주립대학교Ohaio State Univ.의 제니퍼 존슨Jennifer Johnson은 슬론 천체망원경에서 보내온 데이터를 분석하여 90여 종의 원소들이 생성된 과정을 추적하는 열성적인 천문학자인데, 그녀가 들려준 이야기는 내 관심을 끌기에 충분했다. 1950년대에 에드 샐피터와 프레드 호일, 그리고 워드 훼일링이 일부 원소의 조리법을 알아낸 후로, 이 분야는 지금도 활발하게 연구되고 있다.

존슨과 대화를 나눈 후, 나는 오하이오주 콜럼버스Columbus에 있는 그녀의 연구실을 직접 찾아갔다. 예상했던 대로 연구실의 책상은 천문학 관련 논문과 잡지로 완전히 덮여 있었다. 존슨은 최신 버전의 화학원소 생성이론을 나에게 열심히 설명해 주었는데, 아직 해결되지 않은 내용이 언급될 때마다 목소리 톤이 갑자기 높아지곤 했다. "별의 핵합성stellar nucleosynthesis(별의 내부에서 원자핵이 만들어지는 과정)"으로 알려진 그녀의 연구주제는 호일이 칼텍을 방문했던 1953년에 본격적으로 시작된 분야이다. 그 해에 호일은 칼텍에서 탄소의 기원을 밝히는 마술 같은 실험에 성공했고, 핵물리학자이자 켈로그 복사연구소의 소장이었던 윌리 파울러는 여기에 깊은 감명을 받아 다음 해를 케임브리지에서 보냈다. 이곳에서 호일과 파울러는 마거릿 버비지Margaret Burbidge, 제프리 버비지Geoffrey Burbidge 부부와 함께 환상의

4인조를 구성하여 역사에 길이 남을 업적을 이룩하게 된다.

1957년에 4인조는 천체물리학을 통틀어 가장 중요한 논문 중 하나로 꼽히는 「별의 원소 합성Synthesis of the Elements in Stars」을 발표했다. 속칭 「B^2FH」(B^2은 버비지 부부, F는 파울러, H는 호일의 첫 글자이다)로 알려진 이 논문에는 다양한 "항성 오븐"에서 거의 모든 원소를 제조하는 핵반응 네트워크가 상세히 서술되어 있다. 항성 오븐이 부엌용 오븐과 다른 점은 조리과정 자체에서 에너지를 공급받는다는 것이다. 그리고 별의 질량과 구성성분은 탄생(응축되는 구름)에서 장엄한 죽음에 이르기까지, 별의 일생을 전적으로 좌우한다.

B^2FH 이론에 의하면, 모든 화학원소는 하나의 지정된 정소에서 만들어지지 않는다. 우주에는 다양한 항성 용광로가 존재하며, 이들 덕분에 성간공간에는 다양한 원소들이 널려 있다. 우리의 태양처럼 작은 별은 바깥층부터 벗겨지면서 서서히 죽어가고, 거성巨星, giant star은 초신성 폭발을 일으키면서 장렬한 최후를 맞이한다. 그리고 백색왜성白色矮星, white dwarf도 인근 항성으로부터 기체를 너무 많이 빨아들이면 격렬한 폭발을 일으킬 수 있다.

제니퍼가 하는 일은 이렇게 다양한 과정을 순차적으로 결합하여, 모든 화학원소의 기원을 하나의 완전한 그림으로 완성하는 것이다. 지금 그녀의 연구실 벽에는 각 원소의 기원을 다양한 색상으로 표현한 총천연색 주기율표가 걸려 있다.[6] 이 그림을 보면 우리 몸을 이루는 개개의 원소들이 어떤 과정을 거쳐 진화해 왔으며, 서로 어떤 관계에 있는지 한눈에 알 수 있다.

항성물리학stellar physics의 핵심으로 들어가기 전에, 우리가 별에 대하여 알고 있는 사실들을 정리해 보자. 1835년에 프랑스의 철학자 오귀스트 콩트Auguste Comte는 "인간은 별의 구성성분을 절대로 알 수 없을 것"이라고 단언했다.[7] 요즘은 대상이 무엇이건 "절대로 알 수 없다"고 큰소리쳤다간 나중에 낭패를 보기 십상이지만, 별까지의 거리가 엄청나게 멀다는 점을 감안할 때 19세기에는 그다지 무리한 주장이 아니었다. 과학이 아무리 발달해도 별까지 가서 연구용 샘플을 가져올 수는 없지 않은가(태양 다음으로 가까운 별은 프록시마 센타우리proxima centauri로서, 지구와의 거리는 약 4조 2,000억 km이다. 지구와 태양 사이의 거리의 2만 8,000배쯤 된다: 옮긴이). 그러나 콩트가 불가지론을 주장하고 불과 수십 년 만에 '분광학spectroscopy'이라는 새로운 분야가 등장하여 콩트를 매우 난처하게 만들었다.

분광학은 개개의 화학원소들이 독특한 색상의 빛(또는 독특한 진동수를 갖는 빛)을 흡수하거나 방출한다는 사실에 기초한 분야이다. 독자들도 고등학교 시절 화학 시간에 금속을 분젠버너에 태우다가 천연색 불꽃이 튀는 광경을 본 적이 있을 것이다. 예를 들어 스트론튬strontium, Sr은 심홍색, 구리copper, Cu는 선명한 녹색 빛을 방출한다. 불꽃놀이용 화약이 터질 때 나타나는 화려한 빛도 같은 원리에서 발생한 것이다. 한 원소가 흡수하거나 방출하는 빛의 진동수(색상)는 그 원소만이 갖는 고유한 특징이다. 즉, 빛의 진동수는 원소의 지문인 셈이다. 이 관계를 이용하면 분젠불꽃과 불꽃놀이, 그리고 멀리 떨어진 별의 구성성분을 알아낼 수 있다.♦

♦ 각 원소마다 흡수/방출하는 빛의 진동수가 다른 것은 원소의 양자적 구조가 다르기 때문이다. 3장에서 말한 바와 같이 전자는 원자핵을 중심으로 "양자화된 에너지준위"에 대응되는 궤도를 돌고 있으며, 에너지준위의 값은 원소마다 다르다. 특정 궤도를 돌던 전자가 다른 궤도로 점프하면 광자를 흡수하거나 방출하는데, 이 광자의 에너지는 두 준위(점프 전과 점프 후)의 에너지 차이와 같다. 즉, 전자가 더 높은 준위로 점프하려면 광자를 흡수해야 하고, 낮은 에너지로 떨어질 때에는 자발적으로 광자를 방출한다. 그런데 광자의 에너지는 진동수에 비례하기 때문에(높은 진동수 = 큰 에너지), 전자가 한 궤도에서 다른 궤도로 점프하면 두 궤도의 에너지 차이에 해당하는 광자가 흡수되거나 방출되는 것이다.

햇빛이 프리즘을 통과하면서 생긴 스펙트럼을 자세히 관찰하면(현미경으로 봐야 한다) 무지개 띠 곳곳에 검은 줄이 나 있는 것을 볼 수 있다. 이 검은 줄은 "태양 표면에서 방출된 빛 중 태양의 대기에 섞여 있는 화학원소에 흡수되어 지구에 도달하지 못한 빛"에 해당한다. 17세기 초에 망원경이 발명되면서 천문학에 일대 혁명이 불어닥친 것처럼, 19세기에 등장한 분광학은 우주에 대한 이해를 몇 단계 높이면서 천체물리학astrophysics이라는 새로운 분야를 탄생시켰다.

아파치포인트의 슬론 천체망원경은 분광학을 이용하여 별빛에 담긴 암호를 해독하고, 구성성분을 알아내는 최상의 도구이다. 그날 태양이 산안드레아스산맥 너머로 사라질 무렵, 캐런은 망원경 지지대 아래에 있는 작은 방으로 나를 안내했다. 이곳은 아파치포인트 은하 진화실험실Apache Point Galaxy Evolution Experiment로서, 천문대 사람들은 간단하게 'APOGEE'라고 부른다. APOGEE는 광섬유 케이블을 통해 망원경과 직접 연결되어 있기 때문에, 멀리 떨어져 있는 콜럼버스의 제니퍼 존슨 같은 천문학자들도 수천 개의 별에서 날아온 빛을 실시간으로 분석할 수 있다.

망원경이 보내온 데이터와 지역 기상도, 망원경의 현재 성능을 알려주는 그래프 등으로 에워싸인 제어실에서 캐런은 야간 작업에 필요한 업무를 자세히 설명해 주었다. 슬론 천체망원경을 관리하는 사람은 단 두 명인데, 이들은 각각 '온난관측자warm observer'와 '한랭관측자cold observer'로 불린다. 온난관측자의 임무는 망원경의 초점을 관측목표인 별과 은하에 정확하게 맞추고, 항상 최고성능을 발휘하도록 관리하는 것이다. 이 모든 일은 난방이 작동하는 실내에서 진행되기 때문에 별로 어렵지 않다. 그러나 한랭관측자는 작업환경이 완전 딴판이다. 그는 하루에도 몇 번씩 냉기가 감도는 어두운 골방으로 내려가 망원경 바닥에 연결된 150kg짜리 카트리지를 교체해야 한다. 여기에는 별의 지도 역할을 하는 금속디스크가 들어 있는데, 표적 별의 위치에 해당하는 곳에 구멍을 뚫어 광섬유 케이블을 연결해 놓았다. 이 케이블이 APOGEE의 각종 장치와 연결되어 관측데이터를 전송받는 식이다.

오늘 밤 캐런은 다행히도 온난관측자 역할을 맡았다. 그러나 아무리 실내라 해도 야간 작업은 결코 쉬운 일이 아니다. 그녀는 아침 7시가 되어서야 간신히 잠자리에 들었고, 오후 1시에 일어나 다가올 야간업무 준비에 들어갔다. 야간 작업이 개시될 때까지 시간이 좀 남은 것 같은데도, 한번 깨어난 캐런은 다시 잠들지 않고 자신의 일에만 열중했다. 이제 11월 말이니 겨울이 오면 야간 작업은 더 길어지고, 날씨는 더 추워질 것이다.

나는 밖으로 나와 망원경 쪽으로 걸어가면서 캐런에게 길고 복잡한 질문을 하다가 곧바로 숨이 막혀 얼굴이 파래졌다. "이곳은 해발 3,000m예요. 공기가 해수면의 25%밖에 안 되니까 말은 되도록 짧게 하는 게 좋아요." 맞는 말이다. 이곳에서는 걸을 수 있고 말을 할 수도 있지만, 둘을 동시에 하는 것은 별로 좋은 생각이 아니었다.

태양이 산 아래로 넘어가니 날씨가 제법 추워졌다. 다행히 아까 낮에 보였던 구름은 어느새 사라지고, 푸른색 하늘을 배경으로 작은 구름 조각들이 주황-분홍색 빛을 산란시키고 있었다. 청명하게 맑은 밤은 천문대 연구원에게 최고로 좋은 날이다.

망원경의 기초점검이 끝나고 드디어 돔을 여는 시간이 다가왔다. 심상치 않게 생긴 커다란 버튼을 누르니 요란한 사이렌 소리가 울려 퍼지면서 망원경을 덮고 있는 커다란 흰색 구조물이 뒤로 미끄러지기 시작했고, 이와 동시에 망원경이 레일을 타고 이동하다가 넓은

받침대 끝에 멈춰섰다. 땅 위의 풍경과 하늘 사이에 우뚝 선 망원경은 그 자체로 장관이었다. 잠시 후 망원경의 거대한 몸통이 하늘을 향해 서서히 움직였고, 어느 순간 하늘의 대부분을 가리고 있던 돔형 지붕이 마치 꽃봉오리가 피는 것처럼 열리기 시작했다.

나는 그 장엄한 광경에 완전히 압도되었다. 끝없이 펼쳐진 풍경 위로 주황-분홍-푸른색에 걸친 하늘이 비단처럼 덮여 있고, 금성과 목성은 다이아몬드 같은 빛을 발하며 지평선으로 넘어간 태양을 쫓고 있었다. 그리고 그 아래에는 차갑고 희미한 공기에 노출된 망원경이 어두운 하늘을 말없이 응시하고 있었다. 천문학이 이토록 낭만적인 학문이었던가? 넋을 잃은 사람처럼 하늘을 응시하고 있는데, 옆에 있던 캐런이 한마디 거들었다. "정말 굉장하죠? 저는 이 장면을 수도 없이 봐왔지만, 볼 때마다 마술 같다니까요."

캐런은 첫 번째 관측을 준비해야 한다며 통제실로 돌아갔고, 나는 일몰을 마저 감상하기 위해 밖으로 나왔다. 날이 어두워지면서 저마다 과거와 미래의 이야기를 간직한 별들이 하나둘씩 모습을 드러내기 시작하더니, 어느새 그 넓은 하늘이 별과 은하로 초만원을 이루었다. 인간의 기준에서 볼 때 별의 수명은 상상할 수 없을 정도로 길지만, 대부분의 변화는 엄청 느리게 진행되기 때문에 감지하기가 쉽지 않다. 그러나 다행히도 우리은하(은하수)에는 관측 가능한 별이 수억 개나 있어서, 갓 태어난 별과 젊은 별, 그리고 죽어가는 별을 각 단계마다 관측할 수 있다.

별의 일생은 그 안에서 일어나는 핵융합 반응에 의해 좌우된다. 우리의 태양을 예로 들어보자. 앞에서도 말했지만 태양은 수소를 융합하여 헬륨을 만들고 있으며, 이 과정은 앞으로 50억 년 동안 계속될 전망이다. 50억 년이면 꽤 긴 시간이지만, 무한대하고는 거리가 멀다. 즉, 태양의 수명은 영원하지 않다. 수소를 원료 삼아 핵반응을 계속하면 태양의 중심부에는 헬륨이라는 부산물이 타고 남은 재처럼 쌓이게 된다. 그리고 태양은 엄청나게 크지만 무한히 크지는 않기 때문에, 언젠가는 수소가 모두 고갈될 것이다. 바로 이때부터 흥미로운 사건이 일어나기 시작한다.

내부의 열원이 사라졌으므로 태양의 중심부는 자체 중력에 의해 안으로 수축되면서 온도가 올라가고, 주성분이 헬륨인 중심부의 주변에서 수소가 얇은 층을 이루며 타오를 것이다. 그 결과 주변의 기체가 엄청난 비율로 팽창하다가 서서히 온도가 내려가면서 붉은빛을 방출하게 된다. 이런 별을 적색거성이라 한다. 즉, 우리의 태양은 앞으로 50억 년이 지나면 적색거성이 될 예정이다.

지구의 생명체에게는 별로 좋은 소식이 아니다. 태양의 몸집이 점점 커지다가 지구를 삼킬 것이기 때문이다.[♦]

한편, 태양의 중심부에서는 헬륨의 온도가 점점 높아지다가 1억 ℃에 도달하면 샐피터와 호일이 예견했던 삼중알파과정이 가동되어 헬륨이 탄소로 변하기 시작한다.[8] 이때 중심부에서 엄청난 섬광이 발생하는데, 그 에너지는 과거에 태양이 2억 년에 걸쳐 방출한 에너지가 단 몇 분 사이에 방출될 정도로 막대하다.

태양이 "중심부에서 헬륨을 태우고, 그 주변에서 수소를 태우는 단계"에 도달하면 크기가 1/50로 줄어든다(현재 크기의 10배에 해당함). 이때가 되면 중심부에서 헬륨이 융합하여 탄소가 만들어지고, 이들

♦ 태양이 지구를 삼키기 훨씬 전에, 이미 지구의 환경은 큰 타격을 입을 것이다. 태양은 나이가 들수록 덩치가 작아지면서 뜨거워지는데, 10억 년 후에는 지구의 바다가 모두 증발할 정도로 뜨겁게 타오를 것이다. 이 시기에 대책을 세우지 못한다면, 50억 년 후에 찾아올 재앙은 걱정할 필요도 없다.

중 일부는 또 다른 헬륨을 포획하여 산소가 된다. 사과파이의 두 가지 핵심 성분이 별 안에서 만들어지는 셈이다.

그러나 이 단계는 별의 수명에 비해 그다지 오래 지속되지 않는다. 여기서 1억 년이 더 지나면 헬륨도 바닥나서 중심부가 다시 중력에 의해 수축되고, 헬륨과 수소는 바깥층에서 계속 타들어 간다. 이때 서로 인접한 층이 경계면에서 섞이면 탄소의 일부가 수소와 융합하여 질소^{N}가 만들어질 수도 있다(질소도 우리에게 반드시 필요한 원소이다).

이제 죽음을 코앞에 둔 태양은 마지막으로 일련의 경련을 일으키면서 바깥층에 있는 기체를 우주 공간으로 날려버린다. 은하의 성간공간에 탄소와 질소가 널려 있는 것은 지난 긴 세월 동안 수많은 별들이 이런 식으로 죽어갔기 때문이다. 마지막 대기까지 모두 날아가면 주로 탄소와 산소로 이루어진 뜨거운 고밀도의 중심부만 남게 되는데, 이것을 백색왜성이라 한다.

이것으로 태양의 파란만장한 일생은 마침표를 찍는다. 마지막 핵반응이 종료되면 남는 것은 지구만 한 크기의 잔해뿐이다. 이 잔해는 태양의 대기에서 남은 구름에 둘러싸여 있는데, 구름 자체가 하얀 빛을 발하기 때문에 "하얀색을 띤 작은 별(백색왜성)"이라 불리게 되었다. 백색왜성은 자체 중력에 의해 수축되어 밀도가 엄청나게 높지만(각설탕만 한 샘플의 무게가 무려 1톤이나 된다![9]), 무한정 압축되지는 않는다. 양자역학의 법칙이 같은 시간 같은 장소에 두 개 이상의 원자가 놓이는 것을 방지하고 있기 때문이다(이것을 배타원리**exclusion principle**라 한다: 옮긴이).

이 모든 것은 APOGEE 같은 관측도구와 분광학 덕분에 세상에 알려지게 되었다. 태양과 같은 별의 표면에서 방출된 빛은 중심부의 핵반응과 관련된 정보를 담고 있으며, 핵융합에서 생성된 원소의 일부가 대류를 타고 표면으로 올라오면 별의 과거뿐만 아니라 미래까지 예측할 수 있다. 그러나 천문학자들은 오랜 전통을 자랑하는 광학 망원경(레이더나 적외선이 아닌 가시광선을 관측하는 망원경)을 통해서도 많은 정보를 얻고 있다.

그날 밤, 나는 달도 없는 하늘에서 압도적 존재감을 뽐내는 은하수를 멍하니 바라보다가 아파치포인트에서 가장 큰 장비를 이용하여 하늘을 관측하는 엄청난 행운을 누렸다. 슬론 천체망원경이 있는 관측소에서 조금만 걸어가면 직경 3.5m짜리 ARC 망원경을 보유한 타워관측소가 있다. 평소에는 인터넷으로 원격 제어되기 때문에 망원경을 직접 들여다볼 일이 거의 없는데(이 망원경에 포착된 영상은 세계 어디서나 볼 수 있다), 오늘 밤에는 버지니아대학교 박사과정 학생들의 현지 견학을 위해 접안렌즈eyepiece(망원경에서 눈으로 들여다보는 부분에 설치된 렌즈: 옮긴이)를 부착해 두었다는 것이다. 캐런은 쥐 죽은 듯 조용한 제어실에서 자료를 정리하다가 나를 바라보며 말했다. "저는 여기 있을 테니 견학팀을 따라가서 직접 관측을 해보세요. 평생 잊지 못할 경험이 될 거예요."

어둡고 추운 타워관측소에 도착하니 조명이라곤 하늘에서 비추는 별빛뿐이었다. ARC 천체망원경 관측자인 캔디스 그레이Candace Gray가 거대한 기계를 컴퓨터로 조종하고 있었는데, 관측할 별을 고른 후 버튼을 누르자 갑자기 건물 전체가 서서히 돌아가기 시작했다. 건물이 돌아가니 천정에 뚫린 틈새로 보이는 별들도 돌아가고, 망원경은 마치 전함의 대포가 움직이듯 컴퓨터가 지정한 위치를 정확하게 겨누었다.

캔디스는 학생들의 호기심을 돋우기 위해 힌트를 주었다. "오늘

관측할 천체는 열한 번째 의사Eleventh Doctor(영국 BBC TV의 인기 SF 드라마 〈닥터 후Doctor Who〉의 에피소드 소제목: 옮긴이)와 관련되어 있어요. 무엇일까요?" 어수선하던 장내가 갑자기 쥐 죽은 듯 조용해졌다. 역시 미국의 20대 학생들은 〈닥터 후〉의 팬이 아니었던 모양이다. 나는 침묵을 깨고 자랑스럽게 소리쳤다. "그야 당연히 맷 스미스Matt Smith죠. 그런데 그 친구랑 별이랑 무슨 상관… 아하, 나비넥타이Bow ties!" ('열한 번째 의사'라는 에피소드에서 맷 스미스라는 젊은 의사가 정장에 나비넥타이를 매고 춤추는 모습이 시청자들에게 큰 인기를 끌었음: 옮긴이)

학생들은 한 명씩 망원경을 들여다보며 감탄사를 내뱉었다. 내 차례가 되었을 때 접안렌즈에 눈을 갖다 대니 처음에는 초점이 맞지 않아 뿌옇게 보였지만, 잠시 후 태양과 비슷한 별의 잔해인 '행성상성운planetary nebula'의 모습이 선명하게 드러났다.♦

중심에는 밝은 빛을 발하는 백색왜성이 자리 잡고 있고, 두 줄기로 뻗어 나온 발광성 기체가 중심부를 에워싸고 있었다. 약간의 상상력을 발휘하면 조금 이상하게 묶인 나비넥타이처럼 보이기도 한다. 그래서 이 천체는 "나비넥타이 성운Bow Tie Nebula"으로 알려져 있다(한국어 명칭은 '나비성운'이다: 옮긴이). 나는 한동안 몸이 얼어붙은 듯 꼼짝도 할 수 없었다. 죽은 별을 직접 본 것은 그때가 처음이었기 때문이다. 게다가 그 성운은 우리 주변에 있는 대부분의 탄소가 만들어진 곳이 아니던가!

그렇다면 산소는 어떻게 만들어졌을까? 실제로 태양과 비슷한 별은 수명을 다하기 직전에 산소를 만들어내지만, 행성상성운planetary

♦ '행성상성운'은 18세기 말의 천문학자들이 이 천체를 "죽어가는 행성"으로 잘못 판단하여 붙인 이름이다. 잘못된 이름은 수정되어야 마땅한데, 무슨 영문인지 지금도 이 이름이 계속 통용되고 있다. 아무튼 행성상성운은 행성과 아무런 관계도 없다!

nebula을 분광학적으로 분석해 보면 대부분의 물질이 백색왜성에 갇혀서 넓은 우주공간으로 탈출할 수 없다는 결론에 도달한다. 제니퍼 존슨의 총천연색 주기율표에 의하면, 사과파이에 함유된 산소의 기원은 백색왜성이 아닌 다른 곳에서 찾아야 한다.

관측을 마치고 밖으로 나오니 어느새 중천으로 떠오른 달 때문에 은하수가 시야에서 사라졌고, 가장 밝은 별들만 외롭게 빛나고 있었다. 동쪽 하늘에는 새로운 별자리가 모습을 드러냈는데, 가운데 있는 세 개의 별Orion's belt(오리온의 허리띠) 덕분에 오리온자리임을 금방 알아볼 수 있었다. 그리스 신화에 등장하는 오리온은 물 위를 걷고, 술에 취해 공주들을 희롱하고, 지구에 사는 동물들의 생명을 위협하는 등 온갖 속임수와 만행을 일삼는 한량이었다. 이에 격분한 대지의 여신 가이아(또는 헤라)는 오리온을 죽이기 위해 거대한 전갈을 보냈고, 오리온은 전갈과 사투를 벌이다가 죽었다. 이를 가엾게 여긴 제우스가 오리온과 전갈을 하늘의 별자리로 만들어주었는데, 이들은 서로 앙숙이어서 동시에 하늘에 뜨지 않는다(전갈자리는 오리온자리가 서쪽 하늘로 질 때쯤 동쪽 하늘에서 떠오른다). 어쨌거나 오리온자리를 응시하며 상상력을 있는 대로 쥐어짜면 사냥꾼처럼 보이는 것 같기도 하다.

오리온의 허리띠에서 왼쪽 어깨로 넘어가면 유난히 밝게 빛나는 붉은 별이 시야에 들어온다. 이 별이 그 유명한 베텔게우스Betelgeuse인데, 천문학자들 사이에는 "괴물 같은 적색 초거성red supergiant"으로 알려져 있다. 우리 태양계의 중심에 베텔게우스를 갖다 놓는다면 거대한 기체 구름이 지구와 화성을 집어삼키고 목성까지 위협할 것이다. 베텔게우스는 수명이 거의 끝나가는 황혼기의 별로서, 50억 년 후 태양의 초대형 버전에 해당한다. 이 별이 최후의 순간을 맞이하면 그야말로 범우주적 장관이 펼쳐질 것이다.

다른 조건이 모두 똑같을 때, 별의 일생은 질량에 의해 좌우된다. 질량이 클수록 중심부가 더욱 강하게 수축되고, 중심부가 수축될수록 온도는 더욱 높아진다. 앞서 말한 대로 온도가 높으면 원자핵의 이동속도가 빨라져서, 전기적 척력을 이기고 자기들끼리 융합하기가 그만큼 쉬워진다. 다시 말해서, 무거운 별이 가벼운 별보다 핵연료를 빠르게 소모한다는 뜻이다. "두 배로 밝은 별은 수명이 절반으로 줄어든다"는 속담처럼 말이다. 우리의 태양은 비교적 가벼운 축에 속하여, 탄생 후 100억 년이 지나면 수소 원료가 바닥난다. 그러나 베텔게우스의 질량은 태양의 10~20배나 되기 때문에, 태어난 지 800만 년밖에 안 된 '아기별'임에도 불구하고 이미 상당량의 수소를 소모한 상태이다. 이런 식으로 가다 보면 머지않아 수소가 바닥나서 적색 초거성이 될 것이다.

확실하진 않지만, 최고 천문학자들의 계산에 의하면 베텔게우스가 적색 초거성이 된 후 헬륨이 모두 소진되어 탄소와 산소만 남을 때까지는 100만 년이 더 소요될 것으로 예상된다. 태양 같으면 여기서 일생이 끝나겠지만, 슈퍼헤비급 베텔게우스의 경우에는 흥미로운 사건이 아직 남아 있다.

헬륨이 바닥나면 탄소와 산소로 이루어진 중심부가 자체 중력으로 수축되면서 온도가 5억 ℃까지 올라간다. 이렇게 높은 온도에서는 탄소 원자핵의 속도가 상상을 초월할 정도로 빠르기 때문에 막강한 전기적 척력을 극복하고 서로 융합하여 네온Ne, 마그네슘Mg, 나트륨Na, 산소O 등 무거운 원소들이 만들어진다.

탄소핵이 융합하는 단계는 1,000년쯤 계속된다. 천문학적 관점에서 보면 찰나에 가깝다. 탄소마저 고갈되면 별의 중심부는 또다시 중력 때문에 압축되고 온도가 상승하여 네온의 핵융합이 시작되고, 산소 핵융합이 그 뒤를 잇는다. 이 짧은 기간 동안 별은 중심에서 외부로 갈수록 점점 더 무거워지는 층을 이루게 된다. 한마디로 "열핵 양파"가 되는 것이다. 마지막 단계에 이르면 별의 중심온도는 무려 30억 ℃에 도달하여 실리콘 핵융합으로 철과 니켈이 만들어지는데, 이 과정은 (지구 시간으로) 단 하루밖에 지속되지 않는다.

별의 중심부가 철과 니켈로 바뀌면 모든 게임은 종료된다. 철과 니켈은 주기율표에서 가장 안정적인 원소이며, 이들을 융합하여 더 무거운 원소를 만들려면 별도의 에너지가 투입되어야 한다(그전까지만 해도 에너지는 핵융합의 부산물이었다: 옮긴이). 간단히 말해서, 핵융합 원료가 완전히 바닥난 것이다. 중력에 대항할 만한 열에너지가 더 이상 생산되지 않으니 중심부는 대책 없이 안으로 붕괴되기 시작한다.

붕괴가 계속될수록 밀도는 더욱 높아지고, 별의 중심부는 완전한 망각의 세계로 빠져든다. 그러나 중력은 죽어가는 별이라고 해서 사정을 봐주지 않는다. 결국 별의 중심부는 원자핵 사이에 아무런 틈이 없을 정도로 압축되어, 밀도가 원자핵 자체의 밀도와 같아진다. 그런데 양성자와 중성자는 원자핵 속에 함께 있을 때보다 더 가까워지는 것을 매우 싫어하기 때문에 어느 한계 이상 가까워지면 강한 핵력이 중력과 경합을 벌이고, 그 여파로 엄청난 충격파가 발생하여 별 전체에 걸쳐 안에서 바깥쪽으로 균열이 생긴다. 이와 동시에 전자와 양성자가 결합하여 중성자로 변신할 때 부산물로 생성된 다량의 뉴트리노가 강력한 파동을 일으켜 안으로 수축되던 별을 바깥쪽으로 폭발시킨다.

지금까지 언급된 내용을 두 단어로 줄인 것이 바로 우주 최대의 사건인 '초신성 폭발'이다. 별이 산산이 부서지면 은하에 속한 수천억 개의 별을 모두 합한 것보다 많은 에너지가 우주 공간으로 방출된다.

앞으로 수백만 년 후 베텔게우스가 초신성 폭발을 일으키면 보름달보다 밝게 빛나서 대낮에도 훤히 보일 것이다.♦

다행히도 베텔게우스는 지구로부터 거의 6,000조 km나 떨어져 있어서 심각한 피해는 없겠지만, 보기 드문 우주적 쇼임은 분명하다. 이와 동시에 오리온은 왼쪽 어깨를 잃어버릴 텐데, 생전에 저지른 악행을 생각하면 그 정도는 감수해야 할 것이다.

초신성은 생명체에게 반드시 필요한 원소를 만드는 데 핵심적인 역할을 한다. 사과파이에 들어 있는 산소, 나트륨(소듐), 마그네슘, 철 등은 수십억 년 전에 거성巨星이 최후를 맞이할 때 만들어진 것이다. 이들이 장렬한 최후를 맞이한 덕분에 무거운 원소들이 우주공간에 흩어졌고, 별의 잔해와 원소가 섞여서 우리의 태양과 행성이 탄생했다. 과학을 시적으로 서술하는 데 일가견이 있었던 칼 세이건은 이것을 다음과 같이 표현했다—"DNA를 구성하는 질소와 치아에 섞여 있는 칼슘, 피에 함유된 철, 그리고 사과파이에 들어 있는 탄소는 아득한 옛날에 붕괴되는 별의 내부에서 만들어졌다. 그러므로 우리는 별의 직계후손이다."

지금까지 언급한 내용의 대부분은 1957년에 발표한 「B^2FH」 논문에 수록되어 있다. 그러나 화학원소의 기원은 아직도 완전하게 규명되지 않은 상태이다. 제니퍼는 나와 스카이프로 대화를 나눌 때 이런 말을 했다—"나트륨은 완전히 재앙, 그 자체예요. 누구를 탓해야 할지 모르겠어요." 이론가들은 나트륨이 초신성에서 만들어졌다고 생각해 왔다. 그런데 문제는 초신성에서 마그네슘과 나트륨이 함께 만

♦ 내가 아파치포인트를 방문한 직후인 2019~2020년 겨울에 베텔게우스가 한동안 희미해진 적이 있다. 이때 아마추어 천문가들 사이에서는 "이제 곧 초신성이 폭발한다"는 소문이 널리 퍼졌는데, 결국은 먼지에 가려서 광도가 낮아진 것으로 판명되었다.

들어져야 한다는 점이다. 두 원소가 동시에 만들어졌다면 은하 전반에 걸쳐 분포량이 비슷해야 한다. 그러나 제니퍼와 그녀의 동료들은 은하를 이 잡듯이 뒤진 끝에 두 원소의 분포가 예상과 다르다는 것을 알아냈다. 이는 곧 현존하는 나트륨의 일부가 다른 곳에서 만들어졌음을 시사한다.

원소기원이론의 가장 극적인 변화는 불과 몇 년 전에 일어났다. 2017년 8월 17일에 LIGO 공동연구LIGO collaboration(워싱턴주와 루이지애나주에 있는 두 관측소의 공동프로젝트. 이들은 3,000km 떨어져 있다)에서 두 개의 중성자별이 충돌하면서 발생한 중력파를 감지한 것이다.◆◆

우선 이 문장에 등장하는 생소한 용어부터 정리해 보자. 중력파gravitational wave란 무엇인가? 나중에 다시 설명하겠지만 너무도 중요한 개념이어서 미리 알아두는 게 좋을 것 같다. 간단히 말해서, 중력파는 질량이 큰 물체들이 서로 충돌할 때 "시공간에 생기는 파문"이다.

중성자별neutron star은 초신성 폭발 후 남은 잔해일 것으로 추정되는 천체이다. 죽어가는 별의 질량이 태양의 8~29배이면 엄청난 중력에 의해 중심부의 전자가 원자핵으로 유입되어 양성자가 중성자로 변하다가, 최종적으로 어마어마하게 큰 원자핵이 된다(별 전체가 중성자로 똘똘 뭉쳐 있으므로 원자핵이라 불러도 무방할 것 같다). 초신성이 모든 잔해를 주변 공간에 흩뿌리고 나면 직경이 20km 남짓하면서 질량은 태양의 1~2배나 되는 초고밀도의 중성자별이 남는다. 백색왜성도 밀도가 높지만, 중성자별에서 취한 샘플 반 컵의 무게는 에베레스트산의 무게와 맞먹는다.

◆◆ LIGO는 Laser Interferometer Gravitational-Wave Observatory(레이저 간섭계를 이용한 중력파 관측소)의 약자이다.

두 개의 중성자별이 가까운 거리에서 생성되면 서로 상대방의 중력에 끌리다가 정면으로 충돌하여 주변 시공간에 격렬한 중력파를 만들어낼 수도 있다. 이 신호가 LIGO에 처음으로 도달하자 전 세계의 천체망원경은 일제히 중력파의 진원지를 향해 돌아갔고, 그곳에서 날아온 빛을 분광학적으로 분석한 결과 금과 우라늄을 비롯한 다량의 무거운 원소들이 그 일대에서 생성된 것으로 확인되었다. 한 연구팀의 계산에 의하면, 이 충돌로 인해 지구의 30배에 달하는 금이 만들어졌다고 한다. 당장 일론 머스크Elon Musk에게 전화를 걸어서 우주선에 태워달라고 사정하고 싶다면, 다시 한번 생각해 보기 바란다. 문제의 충돌이 일어난 지점은 지구로부터 1억 3,000만 광년이나 떨어져 있어서, 죽기 전에 금을 수집하는 것은 원리적으로 불가능하다.

지난 수십 년 동안 천문학자들은 무거운 원소들이 초신성 폭발에서 생성되었다고 믿어왔다. 그러나 제니퍼 존슨과 그녀의 동료들은 무거운 원소의 상당 부분이 "중성자별 충돌"이라는 극단적 사건의 부산물일 것으로 추정하고 있다. 평범한 보석에 박혀 있는 금 조각이 한때 중성자별의 일부였다고 생각하니, 엄청난 스케일의 만감이 교차한다(사과파이에는 금이 들어 있지 않지만, 식용 금박을 얹어서 보기 좋게 만들 수는 있다).

캐런은 아파치포인트에서 슬론 천체망원경과 APOGEE의 각종 장비들이 제대로 작동하는지 일일이 확인하면서 업무에 열중했다. 망원경에 충분한 양의 빛이 도달하면 한랭관측자인 빅터Victor는 조그만 손전등을 들고 차가운 냉방으로 터덜터덜 걸어 들어가 150kg짜리 카트리지를 교체했다. 나는 새벽 1시까지 버티다가 근처에 있는 수면실에서 몇 시간 동안 눈을 붙인 후 새벽 5시에 일어났다.

캐런은 한 손에 찻잔을 든 채 게슴츠레한 눈으로 나에게 인사를 건넸다. 얼굴에는 피곤한 기색이 역력했지만, 그날 야간 작업이 만족스러웠는지 시종일관 옅은 미소를 띠고 있었다.

"일은 잘 마무리되었나요?"

"네, 기상 조건도 완벽했고 슬론도 말을 아주 잘 들었어요."

캐런의 야간 작업 덕분에 앞으로 몇 시간 후면 "슬론 디지털 전천 탐사Sloan Digital Sky Survey" 프로젝트에 참여한 전 세계 수백 명의 과학자들이 새로운 데이터를 분석하게 될 것이다.

요즘 제니퍼와 그녀의 동료들은 우주에서 가장 오래된 별을 찾고 있다. 우주가 처음 탄생한 후 시간이 흐를수록 성간공간에는 무거운 원소들(천문학자들이 '금속'이라 부르는 원소. 헬륨보다 무거운 원소의 통칭)이 점점 많아졌고, 그 결과 젊은 별은 금속이 많은 반면 늙은 별은 금속이 거의 없는 양극화 현상이 나타나기 시작했다. 그러므로 APOGEE를 이용하여 별의 대기에 함유된 원소를 분석하면 별의 나이를 추정할 수 있다. 제니퍼의 꿈은 "최초의 별이 빛을 발하기 전의 오염되지 않은 기체"로부터 형성된 별을 찾는 것이다.

이런 별은 우주에 남아 있는 가장 오래된 유물로서 75%는 수소, 25%는 헬륨으로 이루어져 있을 것으로 예상된다. 그러나 여기에는 아직 해결되지 않은 의문이 남아 있다. 지난 130억 년에 걸쳐 여러 세대의 별들이 탄생과 죽음을 반복하는 동안, 전체 물질 중 무거운 원소로 변환된 것은 2%에 불과하다. 그런데 모든 물질이 가장 단순한 원소인 수소에서 시작되었다면, 초기의 헬륨은 어디서 온 것인가? 1950년대에 프레드 호일과 그의 동료들도 이 질문의 답을 찾지 못했다.

밖으로 나오니 날씨는 매우 추웠지만, 동쪽에 펼쳐진 나무 능선 사이로 희미한 햇빛이 새어 나오고 있었다. 캐런과 나는 마지막 목표물을 향해 조준된 슬론 천체망원경을 향해 조용히 걸어갔다. 나는 잠시 망설이다가 망원경의 덮개를 덮는 그녀를 향해 조금 바보 같은 질문을 던졌다. "머나먼 타향, 그것도 인적 없는 산속에서 매일 야간 작업을 하는 게 힘들지 않으신가요?" 그녀는 몸을 돌리더니 눈앞에 펼쳐진 풍경을 손가락으로 가리켰다. 툴라로사 분지 너머 앨라모고도의 조명이 아침 공기 속에서 희미하게 반짝였고, 산안드레아스산맥 꼭대기에는 이제 막 떠오르는 태양의 첫 번째 햇살이 찬란하게 빛나고 있었다.

"이것 때문이에요. 너무나 아름답잖아요."

7
장

궁극의 우주요리사

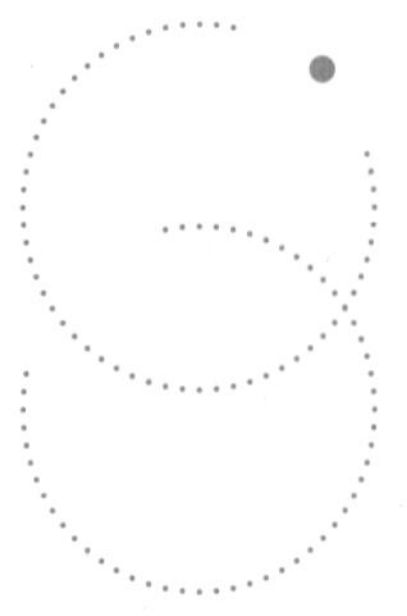

우리 몸을 구성하는 원자는 수십억 년 전에 별의 내부에서 만들어졌다.

이것은 모든 과학을 통틀어 가장 시적詩的인 개념일 것이다. 원소의 기원을 설명하는 이론은 우리의 평범하고 단조로운 삶을 방대한 우주와 연결해 주기 때문이다. 인간을 포함한 세상 만물은 별의 일생과 밀접하게 관련되어 있다(물론 사과파이도 포함된다). "인간 = 별의 후손"이라는 아이디어는 예술가와 작가, 그리고 음악가들의 상상력을 자극하여 많은 작품을 탄생시켰다. 1969년에 가수 조니 미첼Joni Mitchell은 이 아이디어를 그녀의 반사회적 대표곡인 "우드스톡Woodstock"에 접목하여, 자연으로 회귀하고 싶은 젊은 세대의 열망을 솔직담백하게 표현했다.

우리는 별의 먼지라네 (십억 년 전의 탄소)

[We are stardust (billion year old carbon)]

우리는 황금이라네 (악마와의 흥정에 넘어간)

[We are Golden (caught in the devil's bargin)]

이제 우리는 돌아가야 하네

(And we've got to get ourselves)

우리가 태어났던 자연으로

(Back to the garden)

물론 이 모든 것은 또 다른 질문을 야기한다—별을 구성하는 재료들은 어디서 왔는가? 부분적인 답은 알려져 있다. 상당수의 별들은 먼저 수명을 다한 "이전 세대의 별"로부터 만들어졌다. 별이 죽으면서 우주공간으로 흩어진 먼지와 기체가 다시 뭉쳐서 새로운 별이 탄생한 것이다. 그러나 과거로 거슬러 가다 보면 이런 식의 설명이 더 이상 통하지 않는 시점에 도달하게 된다.

우주에는 아직도 다량의 산소가 존재한다. 왜 그럴까? 그 이유는 둘 중 하나이다. (1) 우주의 나이는 무한대이고, 별이 수소를 무거운 원소로 바꾸는 과정도 끊임없이 계속되어 왔다. 그렇다면 별이 소모한 수소를 보충하기 위해 어디선가 수소가 만들어져야 한다. (2) 우주의 나이는 유한하며, 별은 과거의 어느 특정한 시점부터 만들어지기 시작했다. 아마 수십억 년은 족히 되었겠지만, 무한히 먼 옛날은 아니다.

그러므로 별의 기원을 따지다 보면 과학 역사상 가장 심오한 질문에 어쩔 수 없이 직면하게 된다—"우주에는 시작이라는 것이 있었는가?"

조니 미첼이 별의 먼지를 노래하던 1960년대 말은 우주의 기원에 대한 해묵은 논쟁이 거의 마무리된 시기이기도 하다. 논쟁의 한쪽 진영은 우주의 나이가 무한대라고 믿는 사람들로서, "하늘에서는 역동적인 사건이 벌어지고 있지만 거시적 규모에서 볼 때 우주는 궁극적으로 변하지 않으며, 시작도 끝도 없이 영원하다"고 주장했다. 이것을 정상우주正常宇宙, steady state universe라 하는데, 선두 주자는 별의 핵합성이론에 큰 업적을 남긴 프레드 호일이었다.

그 반대 진영에는 우주가 수십억 년 전에 거대한 폭발과 함께 탄생했다는 빅뱅이론 추종자들이 있었다. 이들은 초고밀도로 응축된 작은 점이 폭발하면서 시간과 공간, 그리고 모든 만물이 탄생했다고 주장했다.

호일은 빅뱅이론을 병적으로 싫어했다. 원인을 절대 알 수 없는 창조설은 과학이 아니라고 생각했기 때문이다. 또한 그는 자타가 공인하는 무신론자였기에, 빅뱅이론이 기독교의 창조설을 연상시키는 것도 비위에 걸렸을 것이다. 아닌 게 아니라 빅뱅이론이 제기된 후로 우주의 시작과 관련된 온갖 신화와 비과학적 논리가 난무하기 시작했다.

그러나 이제 곧 보게 되겠지만, 빅뱅이론과 정상상태이론에는 어떤 형태로든 "창조의 순간"이 포함되어 있다. 빅뱅이론은 우주가 한 순간에 창조되었다고 주장하는 반면, 정상상태이론은 아주 짧은 창조의 순간이 무한히 반복된다고 주장한다. 즉, 물질을 이루는 개개의 입자들이 모든 시간과 공간에 걸쳐 끊임없이 창조되고 있다는 것이다.

독자들은 이 논쟁에서 어느 쪽이 이겼는지 익히 알고 있으리라 믿는다. 〈빅뱅이론〉이라는 시트콤은 있는데, 〈정상상태이론〉이라는 시트콤은 없지 않은가? 빅뱅이론을 최후의 승리로 이끌었던 천문학상의 발견은 물질의 기원을 추적하는 우리의 여정에 핵심적인 역할을 한다. 화학원소에 관한 이야기는 여기서 마무리하고, 지금부터는 물질의 구조를 더욱 깊이 파고들 것이다. 이제 곧 알게 되겠지만, 만물을 창조한 우주의 오븐은 단 하나뿐이었다.

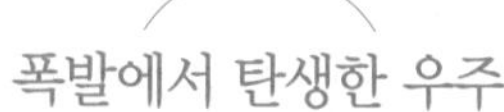

폭발에서 탄생한 우주

몇 년 전, 나는 호주의 멜버른Melbourne에서 열린 입자물리학 학술회의에 참석한 적이 있다. 참석자들끼리는 대놓고 말하지 않았지만, 사실 그 학회는 제사보다 젯밥에 초점이 맞춰진 행사였다. 학회가 열린 장소는 서퍼들의 메카이자 그레이트 오션 로드Great Ocens Road(깎아지른 듯한 석회암 절벽과 길게 뻗은 백사장, 그리고 열대우림지를 동서로 가로지르는 240km짜리 아스팔트 도로)의 관문인 해변 휴양지 토키Torquay였는데, 가본 사람은 알겠지만 그다지 학구열을 자극하는 동네는 아니다. 나는 학회가 개최되기 일주일 전에 미리 도착하여 며칠 동안 차를 타고 해변을 돌아다니면서 아름다운 풍경을 마음껏 감상했다.

그러던 어느 날, 나는 "오리너구리 투어"라는 관광행렬에 끼어 제법 멀리 떨어진 호수까지 구경을 나섰는데, 오리너구리들이 일당을 올려달라며 파업을 벌였는지 단 한 마리도 보지 못했다. 나는 잔뜩 실망한 채 아폴로베이Apollo Bay에 있는 숙소로 돌아오다가 목적지를 몇 km 남겨두고 잠시 차를 세웠다. 밤하늘과 해변 풍경이 도저히 그냥 지나칠 수 없을 정도로 아름다웠기 때문이다.

바로 그때, 정말로 놀라운 일이 벌어졌다. 전조등을 끄고 차 밖으로 나와 하늘을 올려다본 순간, 말로 형언할 수 없는 감동이 밀려온 것이다. 내 머리 위에는 은하수가 하늘을 가로지르고 있었는데, 수많은 별들이 찬란한 빛을 발하는 그 모습은 도저히 이 세상 풍경이라 할 수 없을 정도로 아름다웠다. 감당할 수 없는 장관에 갑자기 현기증을 느낀 나는 거의 쓰러질 뻔하다가 차의 지붕에 손을 얹고 간신히 균형을 유지했다.

나는 긴 세월 동안 대도시 근처에 살아오면서 은하수를 제대로 본 적이 거의 없었기에 그저 천문학적 관측 대상으로만 생각해 왔다. 그러나 달도 없던 그날 밤, 하늘을 완전히 압도하면서 존재감을 유감없이 발휘하던 은하수는 평생 잊을 수 없을 것이다. 은하의 중심부는 그레이트 리프트Great Rift(은하 뒷자락에 연기처럼 매달린 분자먼지의 띠)로 에워싸여 있고, 한쪽 끝에는 대마젤란은하Great Gagellanic Cloud와 소마젤란은하Small Magellanic Cloud가 은하수 주변을 선회하고 있다. 런던의 밤하늘은 검은 배경에 별 몇 개를 박아놓은 2차원 평면처럼 보였는데, 이곳의 하늘은 너무도 화려하고 세밀해서 거대한 3차원 입체영화를 보는 기분이었다.

경외감과 기쁨, 그리고 두려움이 섞인 복잡한 감정을 그토록 생생하게 느껴보긴 정말이지 생전 처음이었다. 그 순간, 내 머릿속에는 더글러스 애덤스Douglas Adams의 SF소설 『은하수를 여행하는 히치하이커를 위한 안내서The Hitchhiker's Guide to the Galaxy』에 등장하는 고문기계 "모든 관점 볼텍스Total Perspective Vortex"가 떠올랐다. 이 기계 안에 들어간 사람 앞에는 방대한 우주 지도가 펼쳐지는데, 그중 한 곳에는 깨알 같은 점 하나에 "현 위치You are here"라는 작은 글씨가 적혀 있다. 이 광경을 본 사람은 자신이 얼마나 미미한 존재인지를 깨닫고 괴로워한다는 이야기다.

1920년대만 해도 천문학자들은 은하수가 우주의 전부라고 생각했다. 어둠이 지배하는 적막한 공간에 홀로 외롭게 떠 있는 별들의 섬—이것이 바로 우리가 사는 세상이었다. 그러나 밤하늘에서 나선

모양으로 소용돌이치는 성운이 발견될 때마다 격렬한 논쟁이 벌어지곤 했다. 그것은 우리은하에 속한 먼지구름인가? 아니면 우주공간을 표류하는 또 다른 은하인가? 안타깝게도 답을 아는 사람은 아무도 없었다. 천체까지의 거리를 알아낼 방법이 없었기 때문이다. 이 문제를 해결하는 데 선구적 역할을 한 사람은 미국의 여성 천문학자 헨리에타 스완 리비트Henrietta Swan Leavitt였다.

1904년에 리비트는 소마젤란은하에서 시간에 따라 밝기가 변하는 여러 개의 희미한 별(변광성variable star)을 발견했다. 그 후로 몇 년 동안 그녀는 수백 개의 변광성을 발견했고, 1912년에는 변광성의 '밝기'와 '밝기가 변하는 주기' 사이에 밀접한 관계가 있음을 알아냈다. 변광성이 밝을수록 주기가 길게 나타난 것이다.

"리비트의 법칙Leavitt's law"으로 알려진 이 법칙 덕분에 천문학자들은 은하수 바깥에 있는 천체까지의 거리를 처음으로 알게 되었다. 변광성이 반짝이는 주기를 알면 절대 밝기absolute brightness(모든 별이 같은 거리에 있다는 가정하에 산출한 밝기)를 알 수 있고, 이 값을 겉보기 밝기apparent brightness(지구에서 측정한 밝기. 절대 밝기가 같아도 가까울수록 더 밝게 보인다)와 비교하면 변광성까지의 거리를 알 수 있다.

1923년, 미국의 천문학자 에드윈 허블Edwin Hubble이 밤하늘에서 가장 큰 나선은하인 안드로메다Andromeda를 발견했다. 그런데 여기에 리비트의 법칙을 적용했더니, 안드로메다까지의 거리가 무려 100만 광년이라는 놀라운 결과가 얻어졌다.♦

그전까지만 해도 천문학자들은 우주의 크기를 1,000광년 내외

♦ 현재 알려진 안드로메다은하까지의 거리는 약 250만 광년이다. 1광년light year은 초속 30만 km로 달리는 빛이 1년 동안 가는 거리로서, 약 9조 4,600억 km이다. 태양과 지구 사이의 거리(약 1억 5,000만 km)의 6만 배가 넘는다.

로 알고 있었는데, 하룻밤 사이에 거의 1,000배 가까이 커진 것이다.

그 후로 단 몇 년 사이에 사람들이 생각하는 우주는 가히 혁명적인 변화를 겪게 된다. 나선모양을 한 성운은 은하수 안에 있는 먼지구름이 아니라, 수십억 개의 별을 거느리면서 은하수로부터 한참 떨어진 곳에 존재하는 또 다른 은하였다. 이 정도만 해도 엄청난 변화인데, 정말 중요한 변화가 다음 순서를 기다리고 있었다.

1910년대 초, 애리조나주의 로웰천문대Lowell Observatory에 베스토 슬라이퍼Vesto Slipher라는 천문학자가 있었다. 언뜻 들으면 〈스타워즈Star Wars〉의 등장인물을 연상시키지만, 엄연한 실존 인물이다. 슬라이퍼는 안드로메다성운(당시에는 은하인 줄 몰랐음)이 지구를 향해 초속 300km의 속도로 다가온다는 사실을 발견하고 끔찍한 상상에 사로잡혔다. 혹시 다른 은하들도 일제히 지구를 행해 돌진해 오는 거 아닐까? 걱정스러운 마음으로 다른 은하의 이동속도를 확인해 보니, 다행히도 안드로메다를 제외한 대부분의 은하들은 초속 1,000km가 넘는 엄청난 속도로 지구로부터 멀어지고 있었다. 처음에 슬라이퍼는 은하수가 성운들에 대하여 상대운동을 하고 있다고 생각했지만, 성운까지의 거리를 몰랐기 때문에 확실한 결론을 내리지 못했다.

그로부터 약 10년 후, 리비트의 법칙으로 무장한 허블은 슬라이퍼가 남긴 수수께끼에 도전장을 내밀었다. 그는 캘리포니아의 윌슨산천문대에서 직경 100인치짜리 천체망원경으로 24개 은하에 속한 변광성까지의 거리를 산출한 후, 슬라이퍼가 계산했던 각 은하의 이동속도와 비교하다가 흥미로운 패턴을 발견했다. 지구에서 가장 가까운 안드로메다은하를 제외한 모든 은하들이 지구로부터 멀어지고 있고, 멀리 있는 은하일수록 멀어지는 속도가 빠르게 나타난 것이다. 허블은 1929년에 연구결과를 발표했지만, "우주 전체가 지구로부터 멀어지고 있다"는 파격적인 주장은 적당히 피해 갔다.

그러나 분위기를 파악한 일부 천문학자들은 허블의 결과에 의문을 제기했다. 지구가 무슨 우주적 따돌림이라도 당한단 말인가? 허블은 1931년까지 관측을 계속하여 100만 광년 이상 떨어진 은하의 데이터까지 수집했는데, 산더미처럼 쌓인 데이터를 아무리 분석해 봐도 결과는 항상 마찬가지였다. 모든 은하들이 일제히 약속이라도 한 듯 지구로부터 멀어지고 있었던 것이다. 더욱 특이한 것은 은하의 속도와 거리 사이에 명확한 비례관계가 성립했다는 점이다. 즉, 지구와의 거리가 두 배인 은하는 멀어지는 속도도 두 배로 빨랐다. 이 결과를 어떻게 해석해야 할까? 고무줄의 한쪽 끝을 고정시킨 채 반대쪽 끝을 잡아당기면 당연히 늘어난다. 그런데 고무줄에 일정한 간격으로 미리 눈금을 매겨놓고 잡아당기면 고정점에서 멀리 떨어진 눈금일수록 이동속도가 빠르다. 즉, 멀리 떨어진 지점일수록 늘어나는 속도가 빠르다. 그러므로 별까지의 거리가 멀수록 빠르게 도망간다는 것은 우주 전체가 모든 방향으로 고무줄처럼 늘어나고 있다(또는 팽창하고 있다)는 것을 의미한다. 그러나 당시 아인슈타인을 비롯한 대부분의 물리학자들은 우주가 정적인 상태(변하지 않는 상태)를 영원히 유지한다고 굳게 믿고 있었다. 우주가 팽창한다는 주장을 받아들이면 우주에 '시작'이 있었음을 인정해야 하는데, 이것은 다수의 물리학자와 천문학자들에게 별로 달갑지 않은 가설이었다. 우주의 시작을 논하다 보면 종교의 창조설과 어떻게든 엮일 수밖에 없기 때문이다.

이런 분위기에서 우주팽창설을 적극적으로 수용한 사람이 있었으니, 그가 바로 벨기에의 물리학자이자 가톨릭 사제인 조르주 르메트르Georges Lemaître였다. 그는 우주팽창설을 수용했을 뿐만 아니라, 한 걸음 더 나아가 "우주가 점점 커지고 있다면 과거로 거슬러 갈수록 작아질 것이고, 결국에는 모든 만물이 하나의 점으로 뭉치는 시점이 존재할 것"이라고 주장했다. 우주를 구성하는 모든 물질이 똘똘 뭉쳐 있는 초고밀도의 작은 점—르메트르는 이것을 원시원자primeval atom라 불렀다.

방사선에서 영감을 떠올린 르메트르는 원시원자를 일종의 원자핵으로 간주했다. 핵은 핵인데, 우주 전체의 무게와 맞먹을 정도로 엄청나게 무거운 핵이다. 르메트르의 가설에 의하면 우주는 원시원자핵이 갑자기 폭발하여 별만 한 크기의 원자로 산산이 흩어지면서 시작되었고, 시간이 흐를수록 이들이 점점 더 작은 조각으로 분해되어 지금과 같은 상태에 도달했다.

그러나 우리에게 익숙한 폭발과 달리 르메트르의 원시원자는 "이미 존재하는 공간 속에서" 폭발한 것이 아니라, 공간 자체가 폭발한 것이다. 폭발이 일어나기 전에는 모든 공간이 원시원자 안에 구겨져 있다가 폭발과 함께 팽창하기 시작했다. 즉, 르메트르가 말하는 폭발에는 '폭발의 중심'이라는 개념이 아예 존재하지 않는다. 태초의 폭발은 특정한 중심에서 시작되어 주변으로 퍼져나간 것이 아니라, 우주의 모든 곳에서 동시에 일어났다. 다시 말해서 우주의 모든 것이 원시원자 안에 들어 있었고, 원시원자는 모든 곳에 존재했다는 뜻이다. 대부분의 은하들은 우리로부터 멀어지고 있지만, 사실 이들은 공간에 대하여 움직이는 것이 아니다. 은하가 멀어지는 것처럼 보이는 이유는 공간 자체가 고무풍선처럼 팽창하고 있기 때문이다. 단, 팽창하는 우주는 풍선의 내부가 아니라 표면에 해당한다(풍선의 내부는 중심이 있지만, 풍선의 표면에는 중심이 없다: 옮긴이). 팽창하며 점점 커지는 풍선 표면의 임의의 점에서 보면 주변의 모든 점들이 자신으로부터 멀어지는 것처럼 보이듯이, 공간이 팽창하기 때문에 모든 천체가 우리로부터 도망가는 것처럼 보이는 것이다.

르메트르는 우주폭발설 덕분에 유명해졌지만, 당대의 과학자들은 그의 이론을 달갑게 여기지 않았다. "창조의 순간"이라는 개념이 창조주의 존재를 인정하는 듯한 인상을 주었기 때문이다. 한때 르메트르의 스승이었던 아서 에딩턴은 "불쾌한 이론"이라며 노골적으로 불만을 드러냈고,[1] 아인슈타인도 "르메트르의 수학 실력은 인정하지만, 물리적 식견은 형편없는 수준"이라며 깎아내렸다. 그러나 훗날 아인슈타인은 정상상태 우주론을 포기한 후 르메트르의 이론을 가리켜 "지금까지 들어본 것 중 가장 아름답고 만족스러운 창조이론"이라고 극찬했다.[2]

문제는 르메트르의 이론이 우주의 진화를 설명하는 여러 이론 중 하나에 불과했다는 점이다. 1930년대에 학계에 알려진 모든 우주 모형들은 예외 없이 일반상대성이론general theory of relativity에 기초하고 있었다. 이것은 아인슈타인이 낳은 희대의 걸작으로 시간과 공간, 그리고 중력의 특성을 수학적으로 우아하고 완벽하게 서술한 이론이다. 일반상대성이론에는 우주 전체의 크기와 형태, 그리고 진화 과정을 서술하는 하나의 방정식이 존재한다. 이 방정식에 우주의 질량 분포를 대입하면 방금 말한 우주의 특성(크기, 형태, 진화)을 알 수 있다. 이런 막강한 장점 덕분에 일반상대성이론은 우주를 탐구하는 최고의 이론으로 자리 잡았으며, 국지적인 천문학을 넘어 우주를 광역적으로 연구하는 '우주론cosmology'이라는 분야까지 탄생시켰다. 그러나 우주 전체의 질량 분포 현황을 정확하게 알 길이 없었기에 어떤 분포를 가정하느냐에 따라 각기 다른 우주가 얻어졌고, 르메트르의 우주모형도 이들 중 하나였다. 그는 우주가 팽창하는 이유를 성공적으로 설명했지만, 문제는 굳이 '창조의 순간'을 내세우지 않고서도 동일한 결과를 낳는 이론이 존재한다는 것이었다.

일견 고결하게까지 보이는 우주론적 논쟁은 아인슈타인과 르메트르, 그리고 에딩턴 같은 일반상대성이론 추종자들의 전유물이었다. 그러나 1930년대 후반부터 핵물리학자들은 천문학 연구보다 원소의 기원을 추적하려는 목적으로 르메트르의 우주폭발설에 관심을 갖기 시작했다. 그 무렵 과학자들은 별의 내부가 무거운 원소를 만들어낼 만큼 뜨겁지 않다고 생각했으나 충분히 뜨거운 장소가 하나 있긴 있었으니, 그곳은 바로 우주 자체를 탄생시킨 궁극의 열핵 오븐이었다.

빛 속에서 태어난 헬륨

빅뱅은 어느 한 사람의 머리에서 탄생한 것이 아니라, 여러 사람들의 손을 거쳐가며 서서히 완성된 이론이다. 그래도 굳이 "가장 큰 공헌을 한 사람"을 꼽는다면, 우크라이나 태생의 물리학자 조지 가모프가 가장 유력할 것이다.

원래 가모프는 우주창조이론을 탐구할 생각이 전혀 없었다. 1928년 여름에 프리츠 후테르만스와 열띤 토론을 벌이며 원소의 기원을 추적하다가 우연히 빅뱅에 도달한 것뿐이다. 사실 가모프는 우주를 연구하는 데 필요한 기본 지식을 제대로 갖춘 사람이었다. 그는 젊은 시절에 페트로그라드에서 알렉산드르 프리드만Alexander Friedmann에게 일반상대성이론을 배웠는데, 그는 아인슈타인의 이론을 이용하여 우주팽창설을 최초로 증명한 러시아 최고의 물리학자였다.

1939년에 한스 베테가 "별의 내부는 헬륨보다 무거운 원소를 융합할 만큼 뜨겁지 않다"고 주장했을 때, 가모프는 다른 가능성을 고려하고 있었다. 우주가 팽창하고 있다면, 초창기의 우주는 엄청나게 뜨거워서 그 조건을 만족할 수도 있다고 생각한 것이다. 주변의 동료들과 달리 가모프는 제2차 세계대전이 한창 진행될 때 미국의 원자폭탄 개발 프로젝트(맨해튼 프로젝트)에 차출되지 않았다. 미국 정부가 러시아 출신 과학자를 의도적으로 배제했을 수도 있고, 마티니 몇 잔만 마시면 사납게 날뛰는 성격 때문일 수도 있다(이런 기질은 기밀 유지에 적합하지 않다). 어쨌거나 가모프는 다른 동료들이 원자폭탄에 매달리고 있을 때 느긋하게 생각을 정리하여, 전쟁이 끝날 무렵에 이론의 골격을 완성할 수 있었다.

가모프의 빅뱅은 엄청나게 작은 고밀도 우주에서 출발한다. 이 안에는 차갑고 걸쭉한 중성자들이 1cm³ 당 1톤(1,000kg)씩 들어 있다. 이 상태에서 폭발이 일어났고, 우주는 프리드만과 르메트르의 방정식에 따라 1초당 거의 10배씩 커졌다. 공간이 팽창하면서 중성자들이 융합하여(가모프의 표현에 의하면 "응고되어") 중성자로 이루어진 더 큰 핵이 만들어졌는데, 이들 중 일부 중성자가 양성자로 붕괴되면서 중성자만 존재했던 핵이 양성자와 중성자의 혼합 핵으로 변환되어 우리에게 친숙한 화학원소가 탄생했다.

가모프는 태초에 일어난 단 한 번의 초대형 폭발로 모든 화학원소의 기원을 설명한다는 야심 찬 계획을 세우고 있었다. 그의 이론이 옳다면 우리 주변에 존재하는 각 원소의 분포량을 이론적으로 재현할 수 있어야 한다. 그런데 여기에는 약간의 문제가 있다. 이론적인 계산은 가모프가 한다 치고, 원소의 실제 분포량을 무슨 수로 알아낸다는 말인가? 이 문제를 해결한 사람은 스위스계 노르웨이 지질학자 빅터 골드슈미트Victor Goldschmit였다. 그는 제2차 세계대전이 발발하기 전에 바위와 운석, 그리고 별빛 스펙트럼을 광범위하게 대조-분석하여 원소의 분포도를 작성했다. 우주와 원소의 역사를 망라한 보물 창고가 완성된 것이다. 가모프의 이론으로 골드슈미트의 데이터가 재현된다면, 가모프는 최후의 승자로 등극할 수 있었다.

그러나 상황은 매끄럽게 흘러가지 않았다. 가모프가 환상적인 아이디어를 제안한 것은 분명한 사실이지만, 세세한 계산을 몸소 수행할 정도로 열정적이지 않다는 게 문제였다. 결국 그는 빅뱅이론과 관련된 모든 자료를 박사과정 학생인 랠프 앨퍼에게 넘겨주었다. 당시 앨퍼는 다른 분야를 1년 넘게 연구하고 있었는데, 자신의 연구주제와 동일한 논문이 이미 다른 학술지에 게재되었음을 뒤늦게 발견하고 가모프의 제안을 받아들였다.♦ 당시 가모프는 연구에 열중할 처지가 아니었기에, 앨퍼는 비교적 마음이 편한 상태에서 계산을 수행할 수 있었다.

앨퍼는 박사과정 재학 중에 주당 40시간씩 존스홉킨스 응용물리학연구소 **Johns Hopkins Applied Physics Lab**에서 국방 관련 연구를 수행했고, 조지워싱턴대학교에서 일과를 마친 후 어렵게 짬을 내서 가모프의 계산을 수행했다. 학생 신분인데도 주업은 국방연구원이고, 논문 계산은 부업이었던 셈이다. 두 사람은 가모프의 단골집인 리틀 비엔나 레스토랑에서 간간이 만나 연구 진척 상황을 논의하곤 했는데, 일보다는 마티니 원 샷을 연발하며 큰 소리로 떠드는 시간이 더 많았다고 한다.[3] 얼마 후 앨퍼는 존스홉킨스 연구소의 동료인 로버트 허먼 **Robert Herman**과 "맨정신 토론"을 나누기 시작했고, 앨퍼와 가모프의 이론에 흥미를 느낀 허먼은 공동연구자가 되기로 마음먹었다.

♦ 1년 치 연구가 헛고생이었음을 깨달은 앨퍼는 화를 참지 못하고 연구 노트를 갈가리 찢어서 화장실 변기에 던져버렸다.

앨퍼는 미국의 핵물리학자 도널드 휴즈Donald Hughes가 다양한 원소에 중성자를 발사하여 얻은 실험데이터를 접하고 쾌재를 불렀다. 휴즈는 원자로(핵반응기)의 극단적인 환경 속에서 물질이 어떻게 변하는지 확인하기 위해 여러 가지 원소에 중성자를 발사하여 가능한 한 많은 데이터를 수집했는데, 그 자료의 가치를 앨퍼가 알아본 것이다. 휴즈의 실험데이터는 앨퍼가 찾던 바로 그것이었다.

앨퍼는 휴즈의 중성자 데이터와 골드슈미트의 원소분포도를 비교하다가 뚜렷한 패턴을 발견했다. 중성자를 쉽게 먹어 치우는 원소일수록 분포량이 작고, 그렇지 않은 원소는 분포량이 많았던 것이다. 그 이유는 조금만 생각해 보면 알 수 있다. 중성자를 좋아하는 원소는 가모프의 빅뱅이 일어나는 동안 무거운 원소로 변환되어 상대적으로 소량만 남고, 그렇지 않은 원소는 처음 생성된 후 자신의 정체성을 그대로 유지하여 지금까지 많이 남아 있는 것이다. 결정적인 증거는 아니었지만, 이 정도면 가모프의 이론이 옳다는 심증을 갖기에 충분했다.

1948년에 앨퍼가 박사학위 논문을 완성하는 동안, 허먼은 "우주 초기에 중성자 수프는 차가웠다"는 가모프의 가정이 틀렸음을 깨달았다. 초기우주를 가득 메운 것은 중성자가 아니라 빛이었고, 강렬한 빛 때문에 온도가 너무 높아서 처음 몇 분 사이에 만들어진 원소들은 고에너지 광자와 충돌하여 산산이 분해되었을 것이다. 허먼은 이 점을 고려하여 새로운 우주모형을 제안했다. 그의 모형에 의하면 우주의 원소 조리실은 우주팽창이 약 5분 동안 계속되어 온도가 10억 도까지 내려갔을 때 비로소 가동되기 시작했다.

그러나 중성자는 양성자와 전자, 그리고 (반)뉴트리노로 붕괴되기 전까지 온전한 형태로 존재하는 시간이 평균 15분밖에 안 되기 때문에, 최초의 5분이 지난 후에는 대부분의 중성자가 붕괴된다. 그러므로 최초의 핵반응은 양성자와 중성자가 뭉쳐서 수소의 동위원소인 중수소를 만드는 쪽으로 진행되었을 것이다. 일단 중수소가 생성되면 또 다른 양성자나 중성자를 흡수하여 삼중수소tritium(양성자 1개와 중성자 2개로 이루어진 수소의 동위원소)나 헬륨-3(양성자 2개와 중성자 1개로 이루어진 헬륨의 동위원소)가 만들어지고, 후속 핵융합을 통해 헬륨-4를 비롯한 무거운 원소가 연이어 만들어질 수 있다. 앨퍼는 자신이 계산한 원소의 양이 골드슈미트의 데이터와 상당 부분 일치하는 것을 확인하고 뛸 듯이 기뻐했다.

앨퍼와 가모프는 계산 결과를 정리하여 1948년 봄에 논문으로 발표했다. 학계의 반응은 어땠을까? 간단히 말해서 "완전 대박"이었다. 과학 관련 기사가 신문 1면에 실리는 것은 결코 흔한 일이 아닌데 《워싱턴포스트Washington Post》는 "5분 만에 시작된 세상"이라는 기사를 헤드라인으로 내보냈고, 이 소식은 삽시간에 전국으로 퍼져나갔다. 가모프는 기자와 인터뷰하는 자리에서 본인 특유의 어법을 발휘하여 논문의 핵심을 다음과 같이 요약했다—"우주에 존재하는 모든 화학원소는 오리고기와 감자를 굽는 것보다 훨씬 짧은 시간 안에 만들어졌습니다."[4]

미디어에 노출된 기사 중에는 핵융합을 유발한 창조적 폭발(빅뱅)과 문명을 파괴하는 원자폭탄을 비교하는 내용도 있었다. 앨퍼는 종교와 관련된 언급을 가능한 한 자제했지만, 그의 우편함은 "나를 위해 기도해 달라"는 기독교인의 편지로 가득 차곤 했다(우주창조설을 과학적으로 증명한 앨퍼를 새로운 시대의 선지자로 생각했기 때문이다: 옮긴이). 앨퍼가 박사학위 논문을 심사받던 날에는 우주창조이론을 직접 듣기 위해 무려 300명의 군중이 조지워싱턴대학교로 몰려들었다.

그 후 몇 년 동안 앨퍼와 허먼은 빅뱅을 더욱 정교한 과학이론으로 다듬어나갔다. 그러나 이들의 야심 찬 빅뱅 프로젝트는 "우주의 나이"라는 커다란 난관에 직면하게 된다. 우주론학자들이 허블의 우주팽창속도를 역으로 적용하여 빅뱅이 일어난 시점을 추정한 결과, 약 20억 년 전이라는 답이 얻어졌다. 그런데 방사능 연대측정으로 알아낸 지구의 나이는 40억 년이 넘는다. 지구는 우주의 일부임이 분명한데, 어떻게 지구의 나이가 우주보다 많을 수 있다는 말인가?

이건 보통 심각한 문제가 아니다. 자칫하면 빅뱅이라는 개념이 통째로 폐기될 수도 있다. 그러나 가모프는 조금도 흔들리지 않고 원인을 추적하다가 1949년에 놀라운 사실을 발견했다. 허블이 사용했던 우주방정식을 조금만 수정하면 우주의 나이를 원하는 대로 늘일 수 있었던 것이다. 그러나 아인슈타인을 비롯한 다수의 물리학자들은 야바위를 연상케 하는 가모프의 처방전에 심한 거부반응을 보였다.

이뿐만이 아니다. 앨퍼-가모프-허먼 이론에는 더 큰 문제가 있었는데, 당시 항성학자들도 바로 이 문제 때문에 골머리를 앓고 있었다. 주기율표에는 질량이 5이거나 8인 원자핵이 왜 존재하지 않는 것일까? 이것 때문에 빅뱅의 원소 생산공정은 헬륨-4에서 더 이상 진도를 나가지 못한다. 중성자를 추가하거나 헬륨핵 두 개를 융합해도 아무 소용이 없다. 앨퍼와 허먼, 그리고 엔리코 페르미Enrico Fermi를 비롯한 이탈리아의 물리학자들도 질량 간극을 극복하기 위해 다양한 시도를 해보았지만 하나같이 실패로 끝났다.

빅뱅이론이 절체절명의 위기에 처했을 때, 반대파의 리더 격이었던 프레드 호일이 나서서 결정타를 날렸다. 그는 대서양 건너편의 연구 동료 허먼 본디Hermann Bondi, 토머스 골드Thomas Gold와 함께 정상상태 우주론을 개발하고 있었다. 그들이 생각하는 우주는 별이 태어나고 죽는 와중에도 "항상 그 자리에 있었고 앞으로도 영원히 그 자리에 있는 불변의 우주"였다.

여기에도 문제가 없는 것은 아니다. 우주가 팽창하고 있는데도, 어떻게 항상 똑같아 보일 수 있는가? 이 문제의 해결책으로 골드가 제시한 것이 바로 "물질의 자발적 창조이론spontaneous creation of matter"이다. 그는 우주가 팽창하여 은하들 사이의 거리가 아무리 멀어져도, 원자가 끊임없이 생성되어 빈자리를 메운다고 주장했다. 새로 생겨난 원자들이 뭉쳐서 새로운 별과 은하가 되고, 낡은 원자는 붕괴되어 우주가 영원히 같은 모습을 유지한다는 것이다.

언뜻 듣기에는 말도 안 되는 헛소리 같다. 무無에서 원자가 무한정 생겨난다면, 에너지보존법칙은 어떻게 되는가? 에너지는 원래 보존되는 양이 아니었다는 말인가? 그러나 호일은 에너지보존법칙을 거스르지 않으면서 자신의 이론을 방어하는 데 성공했다. 그의 계산에 의하면, "100년에 한 번씩 엠파이어 스테이트 빌딩만 한 부피당 원자 한 개만 생성되면 된다."[5]

가모프와 그의 동료들이 빅뱅에서 무거운 원소가 생성되는 방법을 찾기 위해 고군분투하는 동안 호일과 파울러, 그리고 버비지 부부는 정상상태 우주론을 발표하여 학계로부터 커다란 호응을 얻었다. 이것이 바로 앞에서 언급했던 「B^2FH」 논문이다. 이 한 방의 펀치로 빅뱅이론은 한순간에 존재 이유를 상실하고 말았다. 빅뱅이 없어도 무거운 원소는 얼마든지 만들어질 수 있으며, 별과 은하도 자신의 길을 스스로 찾아갈 수 있다. 빅뱅이여, 그동안 엉터리 논리를 밀어붙이느라 고생 많았다. 안녕!

잠깐, 잠깐… 아직 끝나지 않았다. 정상상태 우주론이 한창 주가를 올리는 동안, 하늘에서 몰락의 징조가 조금씩 나타나기 시작했다. 관측장비의 발달과 함께 방정식으로 계산된 우주의 나이가 점점 많아지더니, 1958년에는 지구의 나이(지구에서 가장 오래된 암석의 나이)보다 훨씬 많은 130억 년까지 도달한 것이다. 게다가 깊은 우주에서 날아온 X-선과 라디오파가 정상상태 우주론의 기본원리를 심각하게 위협하여, 열성적인 지지자들이 하나둘씩 등을 돌리기 시작했다.

「B^2FH」 논문이 발표되었을 때, 이상하게도 사람들이 간과한 문제가 있다. 바로 헬륨이다. 우주 대부분은 수소와 헬륨으로 이루어져 있다. 좀 더 정확하게 말해서 우주에 존재하는 원소의 75%는 수소이고, 25%는 헬륨이다(소숫점 아래에서 반올림한 값이다. 즉, 헬륨보다 무거운 원소는 전체의 1% 미만이라는 뜻이다: 옮긴이). 뼈에 들어 있는 탄소와 호흡에 필요한 산소, 피에 함유된 철, 요리에 사용되는 식용 금박 등 무거운 원소들은 아주 소량만 존재할 뿐이다. 수소와 헬륨을 케이크의 몸체에 비유하면, 나머지 원소들은 그 위에 맛보기로 뿌린 설탕 가루쯤 된다. 그러나 별은 헬륨을 포함한 모든 원소를 한꺼번에 만들기 때문에, 유독 헬륨만 많고 그 외의 원소가 적은 이유를 설명하기가 쉽지 않다. 모든 물질이 수소에서 시작되었다고 가정하면, 대부분의 헬륨은 다른 곳에서 만들어졌다고 생각하는 수밖에 없다. 대체 어디일까?

정상상태 우주론을 하늘 같이 믿었던 호일은 이 문제를 피해 가기 위해 거대한 "검은 별black star"을 가정했다. 우주에는 태양의 수천 배, 또는 수백만 배 무거우면서 거대한 가스구름에 가려 보이지 않는 검은 별이 존재한다는 것이다. 이런 슈퍼헤비급 별이 폭발하고 남은 잔해는 중력이 어마어마하게 커서 중심부의 온도가 수백억 도에 달할 것이므로(일종의 '미니 빅뱅'이라 할 수 있다), 다량의 수소가 헬륨으로 변할 수 있다. 그러나 안타깝게도 이런 괴물이 존재한다는 증거는 어디에서도 찾을 수 없었기에, 정상상태를 지지하던 사람들조차 "죽어가는 이론을 되살리려는 최후의 몸부림"으로 취급했다.

빅뱅도 무거운 원소의 벽에 부딪혀 고전하고 있었지만, 다량의 헬륨을 만드는 데에는 아무런 문제가 없었다. 중요한 것은 이론에서 예측된 헬륨의 양이다. 빅뱅은 얼마나 많은 헬륨을 만들 수 있으며, 그 양은 현재 관측된 양과 얼마나 정확하게 일치하는가?

이 질문에 답하려면 우주의 역사에서 모든 공간이 뜨거운 플라즈마와 입자로 가득 차 있던 처음 몇 분으로 되돌아가야 한다. 현재 우리의 우주는 물질(기체, 먼지, 별, 암흑물질♦ 등)이 지배하고 있지만, 탄생 직후 몇 분 동안 우주를 지배한 것은 물질이 아닌 빛이었다. 이 시기의 우주는 "빛으로 이루어져 있다"고 해도 무방하다. 우리 주변의 모든 물질을 구성하는 물질입자(양성자, 중성자, 전자)는 격동하는 광자의 바다에서 이리저리 쓸려 다니는 거품에 불과했다.

이 "태초의 빛"은 처음 몇 분 동안 광자 한 개가 원자핵을 산산이 분해할 정도로 강력했기 때문에, 원자핵이 형성되기란 거의 불가능했다. 어쩌다가 운 좋게 양성자와 중성자가 결합하여 중수소핵이 되었다 해도, 순식간에 고에너지 광자에게 얻어맞아 분해되었다. 그러나 처음 몇 분 동안 우주는 엄청난 속도로 팽창했고, 부피가 증가함에 따라 온도는 빠르게 식어갔다. 팽창이 시작되고 약 3분이 지난 후에는 우주 오븐의 온도가 수십억 도까지 내려가서 광자는 더 이상 중수소핵을 분해할 수 없게 되었으며, 바로 이때부터 중수소의 양이 급증하면서 우주 조리실이 본격적으로 가동되기 시작했다.

그 후로 약 1분 동안 핵반응이 폭발적으로 일어나면서 중수소가 삼중수소로, 삼중수소는 헬륨-3으로, 그리고 헬륨-3은 헬륨-4

♦ 암흑물질dark matter이 무엇인지 모르겠다며 걱정할 필요는 전혀 없다. 사실은 물리학자들도 모르면서 이름만 붙여놓은 것뿐이다. 굳이 이런 물질을 도입한 이유는 나중에 설명할 것이다.

로 변했고, 다시 100초가 지나는 동안 중성자가 소진되어 핵융합이 거의 종료되었다. 그 후로 한동안 몇 가지 핵융합은 간헐적으로 진행되었지만, 빅뱅이 일어나고 약 20분이 지난 후에는 우주 오븐이 너무 많이 식어서 열핵반응은 완전히 막을 내렸다. 바로 이 시점에서 우주에 존재하는 헬륨의 양이 결정된 것이다.

그렇다면 그 양은 얼마나 되는가? 놀랍게도 답은 핵융합이 시작되던 순간 "양성자 한 개당 중성자의 개수"에 의해 결정된다. 거의 모든 중성자가 헬륨으로 변환되고 헬륨은 양성자 2개와 중성자 2개로 이루어져 있으므로, 이 간단한 비율로부터 헬륨의 양을 산출할 수 있다. 또한 중성자의 수는 최초의 순간에 발생한 사건의 특성에 따라 달라진다.

빅뱅 후 처음 1초 동안 원시 불덩이 속 입자들은 엄청난 에너지를 갖고 있었으며, 양성자와 중성자는 고에너지 입자와 끊임없이 충돌하면서 서로 상대방으로 바뀌고 있었다. 그런데 처음에는 양성자가 중성자로 바뀌는 사건과 중성자가 양성자로 바뀌는 사건이 거의 같은 빈도로 일어났다. 즉, 초창기의 우주는 평등한 세상이었던 셈이다.

그러나 우주가 식어가면서 양성자와 중성자의 미세한 질량 차이 때문에(중성자 > 양성자) 균형이 무너지기 시작했다. 가벼운 양성자가 무거운 중성자로 변하려면 그 반대의 경우보다 많은 에너지가 필요하다. 그래서 양성자→중성자 변환은 중성자→양성자 변환보다 드물게 일어났고, 이로 인해 우주에는 양성자가 중성자보다 많아졌다. 처음 1초가 지났을 무렵, 양성자가 중성자로 바뀌기에는 우주의 온도가 너무 낮았기 때문에 중성자의 수가 동결되었는데, 이때 양성자와 중성자의 비율은 약 6:1이었다.

이제 핵융합이 일어날 정도로 온도가 내려가려면 몇 분 더 기다려야 한다. 그러나 이 시간 동안 또 다른 요인이 작용하여 방금 계산한 비율에 약간의 변화가 초래되었다. 앞서 말한 대로 홀로 고립된 중성자는 안정한 입자가 아니어서 평균 15분 만에 양성자와 전자, 그리고 반뉴트리노로 붕괴된다("평균적으로" 그렇다는 뜻이다. 중성자는 단 몇 초 만에 붕괴될 수도 있고, 며칠 동안 멀쩡할 수도 있다. 다만 확률이 낮을 뿐이다: 옮긴이). 그 결과 빅뱅 후 2분이 지났을 때 중성자의 일부가 스스로 양성자로 변환되어 양성자와 중성자의 비율이 7:1까지 벌어졌고, 바로 이런 상태에서 핵융합 용광로가 가동되기 시작했다.

그 후 1분 남짓한 시간 동안 모든 중성자는 양성자 2개와 중성자 2개로 이루어진 헬륨-4로 융합되었다. 그렇다면 양성자는 얼마나 남았을까? 처음에 양성자와 중성자의 비율이 7 : 1이었으므로, 만일 양성자 14개와 중성자 2개에서 출발했다면 헬륨 1개가 만들어지고 양성자 12개가 남을 것이다. 즉, 헬륨핵과 양성자의 비율은 1 : 12이다. 그런데 헬륨은 양성자보다 4배 무거우므로, 질량 비율로 따지면 헬륨 : 양성자 = 4 : 12가 된다. 다시 말해서, 빅뱅이론에 의하면 우주는 25%의 헬륨과 75%의 수소(융합에 참여하지 않은 양성자)로 출발했다는 뜻이다. 이것은 현재 관측된 원소의 양과 정확하게 일치한다!

약간의 수학으로 독자들을 성가시게 한 점, 깊이 사과하는 바이다. 그러나 최종결과가 너무나 깔끔하지 않은가. 빅뱅이론은 천문학자들이 우주에서 발견한 수소와 헬륨의 분포량을 정확하게 예측했다. 프레드 호일도 1964년에 젊은 동료 로저 테일러**Roger Taylor**와 함께 쓴 논문에서 이와 동일한 결론에 도달했다. 테일러는 이것이 빅뱅의 증거라고 생각했지만, 고집으로 똘똘 뭉친 호일은 끝까지 '검은 별'에 집착하면서 정상상태이론을 포기하지 않았다.

빅뱅이론과 정상상태이론 사이에 벌어진 세기적 전쟁은 1960

년대 중반에 거의 마무리 단계로 접어들게 된다.

패색이 짙어진 정상상태이론에 결정타를 날린 사람은 미국의 전파천문학자 아노 펜지어스Arno Penzias와 로버트 윌슨Robert Wilson이었다. 두 사람은 1965년에 하늘의 모든 방향에서 날아온 희미한 마이크로파microwave를 발견하여 1978년에 노벨상을 받았다. 이게 뭐 그리 대단한 발견이기에 그런 큰 상까지 받았을까? 미국 뉴저지New Jersey에 있는 벨 연구소Bell Labs의 연구원이었던 펜지어스와 윌슨은 커다란 전파망원경(대형 안테나)를 이용하여 은하수에서 날아온 전파radio wave를 분석하고 있었다. 그런데 관측하는 내내 희미한 마이크로파 잡음noise(여기서는 소리가 아니라 "수신하려는 전파와 진동수가 다른 희미한 신호"를 의미한다: 옮긴이)이 계속 발생했고, 망원경을 아무리 닦고, 조이고, 돌려도 잡음은 사라지지 않았다. 달갑지 않은 방해꾼 때문에 더 이상 관측을 할 수 없게 된 그들은 만사 제쳐두고 잡음의 출처를 추적하면서 꼬박 1년을 보냈다.

두 사람은 잡음의 후보 목록을 작성한 후 확인 실험을 통해 하나씩 지워나갔다. 그것은 외계인이 보낸 신호도 아니었고, 로우어 베이Lower Bay 건너편 뉴욕시에서 날아온 라디오방송도 아니었다. 신기한 것은 망원경이 가리키는 방향에 상관없이 잡음의 크기가 항상 똑같았다는 점이다. 펜지어스와 윌슨은 전파망원경에 묻은 비둘기의 배설물까지 닦아가며(연구 노트에는 점잖게 "백색 유전물질white dielectric material"이라고 적어 놓았다) 온갖 고생을 한 후에야, 자신이 엄청난 발견을 이루어냈다는 사실을 깨달았다. 망원경에 잡힌 희미한 마이크로파는 우주 창조의 순간에 방출된 찬란한 빛의 잔광殘光이었던 것이다.

당시 대부분의 사람들은 잊고 있었지만, 1948년에 앨퍼와 허먼은 "빅뱅이 정말로 일어났다면, 창조의 순간에 우주 전역을 비췄던 엄청난 빛이 지금도 남아 있을 것"이라고 예견했었다. 빅뱅 후 38만 년이 지난 시점에는 우주의 온도가 충분히 낮아져서, 음전하를 띤 전자가 양전하를 띤 핵과 결합하여 처음으로 중성원자가 만들어졌을 것으로 추정된다. 이 역사적인 순간이 오기 전에는 원시 불덩이 속에서 제멋대로 돌아다니는 하전입자들 때문에 광자가 먼 길을 이동할 수 없었다(광자가 멀리 못 간다는 것은 우주공간이 불투명했다는 뜻이다: 옮긴이). 그러나 최초의 중성원자가 생성된 후로 우주는 뜨거운 플라즈마 욕탕에서 수소와 헬륨으로 가득 찬 투명한 공간으로 변했고, 광자는 방해꾼이 사라진 공간에서 마음대로 이동할 수 있게 되었다.

이 빛은 지금도 우주공간을 열심히 달리고 있다. 그런데 그 사이에 공간이 계속 팽창했기 때문에, 초기에 온도가 약 3,000K였던 단파장 가시광선이 지금은 2.7K가 조금 넘는 희미한 마이크로파로 변했다. 그렇다. 펜지어스와 윌슨이 잡음이라고 생각했던 신호의 정체는 빅뱅의 순간에 방출된 빛의 잔해였다. 마이크로파의 강도가 모든 방향에서 똑같았던 이유는 빅뱅이 우주의 "모든 곳"에서 동시에 일어났기 때문이다. 다시 말해서, 우주 만물은 과거 한때 불구덩이 속에 갇혀 있었다.

천문학자들은 빅뱅의 잔광을 "마이크로파 우주배경복사**cosmic microwave background radiation**"라 부른다. 이것은 우주가 빅뱅에서 탄생했음을 입증하는 마지막 퍼즐 조각이었다. 만일 누군가가 나에게 과학 역사상 최고의 발견이 무엇이냐고 묻는다면, 나는 주저 없이 우주배경복사를 꼽을 것이다. 얼마 전까지만 해도 사람들은 은하수가 우주의 전부라고 믿었는데, 불과 수십 년 만에 우주가 138억 년 전에 거대한 폭발로 탄생한 후 계속 팽창해 왔음을 알아냈고, 우주에서 날아온 마이크로파가 바로 그 폭발의 잔해라는 사실까지 알아냈다. 세간에는 펜지어스와 윌슨을 "뒷걸음질 치다가 보석을 밟은 행운아"라고 말하는 사람도 있지만, 내가 보기에 그들이 노벨상을 받은 것은 당연한 수순이었다. 앞으로도 우주배경복사는 "신중하고 주도면밀한 실험이 위대한 발견으로 이어진" 대표적 사례로 남을 것이다. 러시아 출신의 SF작가 아이작 아시모프Isaac Asimov는 생전에 이런 말을 한 적이 있다—"과학자가 중요한 발견을 했을 때 '유레카!Eureka(알았다!)'를 외치는 건 너무 평범하다. 진짜 위대한 발견을 한 사람은 이렇게 말한다. '가만있자… 이거 제법 흥미로운데?'"[6]

가모프와 앨퍼, 그리고 허먼은 매우 큰 충격을 받았다. 우주배경복사를 먼저 예견했는데도 인정을 받지 못했으니, 속마음이 꽤나 씁쓸했을 것이다. 펜지어스와 윌슨이 마이크로파 배경복사를 발견했을 때, 그 중요성을 최초로 간파한 사람은 프린스턴 고등과학연구원의 물리학자 로버트 디키Robert Dicke와 짐 피블스Jim Peebles였다. 그러나 이들은 관련 논문을 집필하면서도 가모프와 앨퍼, 그리고 허먼이 거의 20년 전에 똑같은 내용을 예측했다는 사실을 전혀 모르고 있었다. 조지 가모프와 프레드 호일은 화학원소와 우주의 기원을 밝히는 데 많은 공헌을 했음에도 불구하고 끝까지 노벨상을 받지 못했다. 아마도 가모프는 진지함과 담을 쌓은 특유의 성격과 요란한 주벽酒癖이 부정적인 요인으로 작용했을 것이다. 호일은 논쟁 상대를 무자비하게 깎아내리는 호전적 성격도 문제였지만, 말년에 "독감은 외계에서 날아온 병균 때문"이라거나 "시조새의 화석은 가짜"라는 등 종종 상식에서 벗어난 주장을 펼치는 바람에 동료들 사이에서도 기피 대상 1호로 꼽혔다.

노벨상을 받았건 못 받았건 간에, 가모프와 호일이 화학원소의 기원을 밝히는 데 핵심적 역할을 한 것만은 분명한 사실이다. 아이러니한 것은 두 사람 모두 옳은 주장과 틀린 주장을 동시에 펼쳤다는 점이다. 호일은 모든 원소가 별의 내부에서 만들어졌다고 주장했고 가모프는 빅뱅의 불구덩이 속에서 생성되었다고 믿었지만, 정확한 답은 "별의 내부와 빅뱅의 불구덩이 모두"였다. 우리의 우주는 빅뱅에서 탄생했으며, 그 와중에 씨앗처럼 공간에 뿌려진 수소와 헬륨이 최초의 별로 자라났다.♦ 그리고 사과파이의 탄소에서 지구 중심부의 열원熱源인 우라늄에 이르는 다양한 원소들이 별의 내부에서 융합되었다. 인간을 포함한 모든 만물은 이 놀라운 사건의 산물이다. 정말로 그렇다. 우리는 빅뱅과 별의 후손이다.

이로써 우주 조리법을 찾는 우리의 여정은 중요한 전환점을 맞이했다. 일단 우리는 사과파이를 태우는 단순 무식한 실험에서 결과물로 얻어진 화학원소들의 기원을 알아냈다. 탄소는 태양과 같은 별의 내부에서 만들어졌고, 산소는 초신성이 폭발할 때 우주공간으로 흩어졌으며, 별은 빅뱅의 잔해로 남은 수소와 헬륨으로부터 생성되었다. 그러나 사과파이의 구성성분 중 아직 그 기원이 밝혀지지 않은 것이 하나 있다. 모든 물질의 원재료인 수소가 바로 그것이다.

어떤 면에서 보면 우리는 수소의 기원을 이미 알고 있다. 최초의 수소는 빅뱅이 일어나고 약 38만 년이 지난 후에 양성자와 전자가 전기력으로 결합하면서 생성되었다. 방금 내가 "수소의 기원을 모른다"고 말한 것은 "전자와 양성자가 어디서 왔는지"를 모른다는 뜻이었다. 이 질문에 답하려면 화학원소의 세계를 떠나 신비하기 그지없는 입자의 세계로 들어가야 한다. 이는 곧 우주 역사의 "처음 1초 이내"로 되돌아간다는 뜻이기도 하다.

♦ 소량이긴 하지만, 세 번째 원소인 리튬도 있었다.

8
장

양성자 조리법

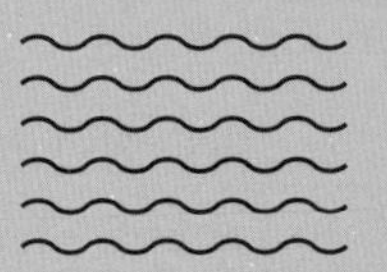

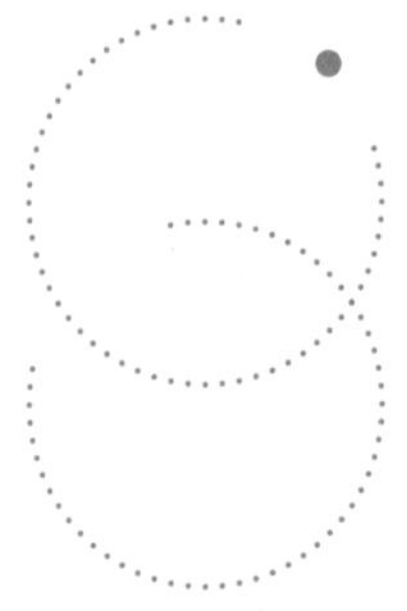

내가 대형강입자충돌기LHC의 데이터를 처음 접한 것은 2010년 4월의 어느 금요일 아침이었다. 그날 나는 새로 지은 캐번디시 연구소에의 책상 앞에 앉아 있던 것으로 기억한다. 이 연구소는 원래 도심에 있었는데, 날로 커지는 연구 규모를 감당하지 못하여 1970년대에 케임브리지 외곽의 넓은 들판에 볼품없는 콘크리트 건물을 짓고 이사했다.

나는 창문도 없는 연구실을 다른 대학원생 두 명과 함께 쓰고 있었다. 그중 한 명은 이탈리아 출신 학생이었는데, 틈날 때마다 영국의 배관시설에 대해 불평을 늘어놓으며 자신의 신세를 한탄하곤 했다. "더운물하고 찬물이 각기 다른 수도꼭지에서 나오니까 정말 불편해. 영국인들은 왜 겸용 꼭지를 안 쓰는 거야?" "세수할 때마다 얼굴이 얼어붙지 않으면 데이고… 대체 이런 데서 어떻게 살라는 거야?" 나머지 한 명은 박사과정 졸업을 앞둔 여학생이었는데, 성격이 다소 냉소적이고 까칠해서 그녀가 스코틀랜드식 블랙 유머를 던질 때마다 무슨 후환이 닥칠지 몰라 잔뜩 긴장하곤 했다.

그때 나는 CERN(유럽 원자핵 공동연구소)에서 강입자충돌기LHC의 첫 가동에 필요한 준비작업을 하느라 겨울을 다 보내고 케임브리지로 갓 돌아온 상태였다. 사실, 지난 몇 주일 동안 한시도 마음을 놓을 수가 없었다. 통제실에서 문제가 생겼다며 나를 찾으면 어떻게 하지? 나도 아무런 대책이 없는데… 다행히도 LHC는 예정일에 맞춰 가동되었고, 나는 LHCb 감지기 안에서 첫 번째 양성자가 성공적으로 충돌하는 것을 확인한 후 곧바로 제네바를 떠났다. 그 후 케임브리지의 창문 없는 연구소에서 수도꼭지 타령에 시달리고 있을 때, CERN의 상사가 보낸 이메일이 실험데이터와 함께 도착한 것이다.

충돌 데이터에서 연구대상 입자와 관련된 내용을 걸러내는 알고리즘은 이미 완성되어 있었다. 이제 시작 단추를 누르고 기다리기만 하면 된다. 데이터는 3월 30일에 첫 번째 충돌실험이 실행된 후로 꾸준히 축적되었고, 충돌이 한 번 일어날 때마다 아원자세계의 비밀이 담긴 정보가 무더기로 쏟아져 나왔다.

요즘은 LHCb의 데이터를 처리하는 데 몇 주가 소요되지만, 초창기에는 충돌이 자주 일어나지 않았기 때문에 알고리즘을 돌려서 결과가 나올 때까지 1시간이면 충분했다. 나는 데이터 파일을 열고 황급히 핵심 그래프를 찾아보았다. 우리의 준비상태에 점수를 매겨줄 감독관이 바로 그 그래프였기 때문이다.

질량 스펙트럼을 더블클릭하니 배경잡음 사이로 선명한 피크가 나타났다. 우리가 찾던 입자가 감지되었음이 분명하다. 정말 짜릿한 순간이었다. 그 전까지 컴퓨터 시뮬레이션만 줄기차게 돌렸는데, 지금 내 눈앞에 있는 모니터에 *"당신이 찾던 입자는 현실 세계에 존재합*

니다"라는 확실한 증거가 떠 있지 않은가. 게다가 그것은 과학 역사상 가장 야심 찬 프로젝트의 산물이었다. 수십 년에 걸쳐 설계하고 건설한 도시만 한 크기의 입자충돌기와, 전 세계에서 모인 700여 명의 과학자들이 밤을 새워가며 조립한 입자감지기와, 모든 데이터를 저장하고 처리하고 배포하는 세계적 규모의 컴퓨터 네트워크와, (마지막으로) 내가 작성한 작은 알고리즘이 복잡다단하게 결합되어, 그 거대한 장비가 제대로 작동한 것이다!

나는 문제의 그래프가 첨부된 이메일을 나의 지도교수이자 케임브리지팀의 리더인 발 깁슨Val Gibson에게 보냈다. 그래프에 나타난 피크는 우리가 맡은 감지기의 중심에서 일어난 충돌사건에서 D-중간자D-meson(양성자보다 두 배 무거운 희귀한 중간자)가 생성되었음을 보여주는 확실한 증거였다. 이 입자는 70년대에도 발견된 적이 있으니 그다지 획기적인 발견은 아니다. 그러나 D-중간자 덕분에 우리는 무언가 새로운 현상이 포착되기를 기대하며 다양한 연구를 수행할 수 있게 되었다. 그것이 기존의 입자물리학으로 설명되면 좋은 일이고, 설명되지 않으면 더욱 좋다.

D-중간자는 수명이 5,000억분의 1초밖에 안 되기 때문에 분명히 일상적인 입자는 아니다. 이들은 LHC에서 두 개의 양성자가 엄청난 운동에너지로 충돌하여 새로운 물질로 변할 때 생성되는데, 그 외에도 수백 종의 입자들이 번쩍이는 섬광과 함께 무더기로 쏟아져 나온다. 그중에는 양성자, 중성자, 전자처럼 우리에게 친숙한 입자도 있지만 파이온pion, 케이온kaon, 람다lambda, 델타delta, 에타eta, 프라임primes, 로rho, 시그마sigma, 프시psi, 업실론upsilon, 크시xi, 오메가omega 등등… 이름부터 생소한 입자들이 대부분이다. 그래서 충돌실험은 "그리스 알파벳 수프"가 들어 있는 캔에 다이너마이트를 꽂고

심지에 불을 당기는 것과 비슷하다.

이 모든 입자의 정체는 무엇이며, 어디서 온 것일까? 그 해답은 사과파이의 궁극적 조리법을 찾는 우리의 여정과 밀접하게 관련되어 있다. 사실 우리 몸을 구성하는 양성자와 중성자는 1930년대부터 하나둘씩 발견되어 온 대규모 입자 집단의 극히 일부에 불과하다. 이들이 처음 발견되었을 때에는 골치 아픈 논쟁만 일으켰을 뿐, 결코 반가운 존재가 아니었다. 그러나 입자 목록이 길어지면서 뚜렷한 패턴이 드러났고, 물질의 가장 궁극적인 구조가 조금씩 베일을 벗기 시작했다. 모든 만사가 그렇듯이 하부 구조에 대한 이해가 깊어질수록 근원에 가까워지는 법이다. 입자의 특성을 깊이 파고들다 보면, 우주의 기본재료인 양성자의 궁극적 기원이 밝혀질지도 모른다.

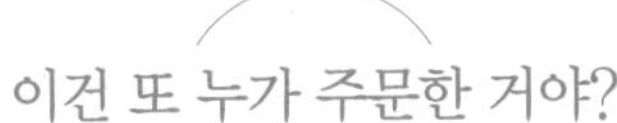

이건 또 누가 주문한 거야?

캐번디시에 있는 나의 연구실에서 모퉁이를 돌면 복도 한쪽 구석에 줄지어 서 있는 목재 캐비닛이 시야에 들어온다. 온갖 폐품들로 가득 차 있어서 언뜻 보기에는 할아버지의 헛간을 연상시키지만, 사실 이 캐비닛은 입자물리학의 명예의 전당이라 할만한 보물 중의 보물이다. 여기에는 J.J. 톰슨이 전자를 발견할 때 사용했던 음극선과 채드윅이 중성자를 발견할 때 사용했던 낡은 황동관, 그리고 최초의 입자가속기에 장착된 커다란 전구 등이 보관되어 있다. 물건 몇 개를 걷어내면 한쪽 구석에 황동과 유리로 만든 낡은 상자가 눈에 뜨인다. 별로 특별한 구석이 없어서 처음 보는 사람은 무심코 지나치기 쉬운데, 이것이 바로 입자물리학의 혁명을 불러온 최초의 안개상자cloud chamber이다.

이름에서 알 수 있듯이 안개상자는 인공 안개(구름)를 만들어내는 도구이다. 이 장치를 발명한 스코틀랜드의 물리학자 찰스 윌슨Charles Wilson은 스코틀랜드의 최고봉 벤네비스산Ben Nevis에 올랐다가 드라마틱한 대기현상을 목격하고 안개상자라는 아이디어를 떠올렸다고 한다. 그는 공기 중에 떠다니는 먼지 알갱이에 수증기가 들러붙어서 구름이 형성된다는 가설을 증명하기 위해, 불순물이 거의 없는 깨끗한 수증기를 만들어서 안이 들여다보이는 상자에 가득 채워 넣었다. 그의 가설이 옳다면 상자에는 구름이 생기지 않아야 한다. 그러나 잠시 후 상자를 조사해 보니, 마치 제트여객기가 남긴 비행운처럼 작은 물방울들이 사방팔방으로 나열되어 있었다(1895년에는 비행기가 없었으므로 이런 상상을 떠올리진 않았을 것이다).

그렇다. 윌슨은 본인도 모르는 사이에 개개의 아원자 입자를 눈으로 관찰할 수 있는 도구를 발명했다. 상자에 남은 자국은 그 안에서 움직이는 하전입자가 기체 분자 속의 전자와 충돌하면서 만들어진 양이온과 음이온의 흔적이었다. 이 이온들이 수증기의 물 분자를 끌어당기면서 눈에 보일 만큼 큰 물방울로 자라났고, 이런 물방울이 하전입자가 지나간 길을 따라 나열되어 또렷한 궤적으로 가시화된 것이다.

덕분에 물리학자들은 역사상 처음으로 원자와 입자의 세계를 들여다보는 '창문'을 갖게 되었다. 비밀에 싸여 있던 미시세계를 직접 보는 것은 물론이고, 원한다면 사진도 찍을 수 있게 된 것이다. 어니스트 러더퍼드는 안개상자를 가리켜 "과학 역사상 가장 경이롭고 독창적인 관측도구"라고 했다.[1] 그 후 안개상자는 20세기 전반에 걸쳐 입자물리학의 가장 중요한 관측도구로 자리 잡았으며, 훗날 노벨상으로 이어진 세 건의 발견에서 핵심적 역할을 하게 된다(찰스 윌슨도 안개상자를 발명한 공로로 1927년에 노벨 물리학상을 받았다: 옮긴이).

안개상자를 이용한 사진 촬영의 대가는 단연 미국의 물리학자 칼 앤더슨Carl Anderson이었다. 그는 1930년대의 대부분을 안개상자로 우주선宇宙線, cosmic ray(우주에서 지구로 쏟아지는 고에너지 입자들) 사진을 찍으면서 보냈는데, 특히 1932년에 양전자positron(전자의 반입자. 모든 물리적 특성은 전자와 동일하고, 전하의 부호만 반대임)를 선명한 사진으로 포착하여 전 세계 물리학자들을 열광하게 만들었다.

사실 양전자가 발견된 것은 그다지 놀라운 일이 아니었다. 1929년에 영국의 물리학자 폴 디랙이 양전자의 존재를 이미 예견했기 때문이다. 그러나 1936년에 앤더슨은 연구 동료인 세스 네더마이어Seth Neddermeyer와 함께 또 다른 입자를 발견하여 입자물리학의 판도를 완전히 뒤바꿔 놓았다. 두 사람은 1년 전에 "우주선을 선명하게 찍으려면 조금이라도 하늘에 가까이 다가가야 한다"는 생각으로 패서디나의 칼텍 연구소 근처에서 구입한 중고 트레일러 짐칸에 안개상자를 싣고 콜로라도 스프링스Colorao Springs에 있는 파이크스산Pikes peak으로 향했다. 이들은 산 중턱에 있는 합숙소에 짐을 푼 후, 다시 4,300m 정상에 올라 화강암 바닥에 안개상자를 설치하고 매일 밤마다 우주선 사진을 찍었다(촬영 기간 내내 숙소에서 정상까지 매일 등산과 하산을 반복한 셈이다. 당시 엔더슨은 30살, 네더마이어는 28살이었다). 높은 고도에서 몇 개월에 걸친 촬영을 끝내고 패서디나로 돌아온 앤더슨과 네더마이어는 안개상자로 찍은 사진을 현상한 후 본격적인 분석에 들어갔다. 두 청년의 열정에 우주가 보답이라도 했는지, 사진에는 수십 개의 입자들이 강력한 자기장 속에서 그린 우아한 궤적이 선명하게 나타나 있었다. 그런데 궤적을 하나씩 분석하던 중 거동 방식이 완전히 다른 이상한 입자가 눈에 띄었다.

문제의 입자는 깃털처럼 가벼운 전자도 아니고, 무겁고 굼뜬 양성자도 아니었다. 대충 계산을 해보니 이 입자의 질량은 전자와 양성자의 중간쯤 되는 것 같았다(전자의 200배~양성자의 1/10 사이. 양성자의 질량은 전자의 약 1,800배이다). 그래서 앤더슨과 네더마이어는 그리스어로 '중간'이라는 뜻의 'mosos'에 입자를 뜻하는 접미사 '~on'을 붙여서 '메소트론 mesotron'으로 명명했고, 이 이름은 훗날 '뮤온 muon'으로 개명되었다.

뮤온은 원자의 구성요소처럼 보이지 않았다(우주선에서만 발견된다). 그렇다면 이런 입자는 왜 존재하는 것일까? 처음에 이 입자는 일본의 이론물리학자 유카와 히데키湯川秀樹가 예측했던 "양성자와 중성자가 결합하는 매개 입자"와 여러 면에서 일치하는 것 같았다. 양성자는 양전하를 띠고 있으므로 여러 개의 양성자가 원자핵처럼 작은 공간에 갇히면, 자기들끼리 엄청나게 강한 전기적 척력을 발휘하여 안정한 상태를 유지할 수 없다. 원자핵이 결합상태를 유지하려면 양성자와 중성자들 사이에 전기력보다 훨씬 강한 인력이 작용하여 이들을 단단하게 묶어두는 수밖에 없다. 이것이 바로 앞에서 언급했던 강한 핵력(강력 strong nuclear force)이다. 그런데 한 가지 문제는 두 개의 양성자(또는 양성자와 중성자, 또는 두 개의 중성자)가 거의 닿을 정도로 가까이 가지 않으면 강력이 전혀 작용하지 않는 것처럼 보인다는 점이었다. 둘 사이의 거리가 1,000조분의 1m 이상 멀어지면 강력은 온데간데없이 사라진다.

강력은 왜 이토록 가까운 거리에서만 작용하는 것일까? 유카와는 양성자와 중성자가 마치 캐치볼을 하듯 "무거운 입자"를 서로 주고받으면서 핵력을 교환한다고 제안했다. 여기서 중요한 것은 입자가 무겁다는 점이다. 입자의 질량이 크면 먼 거리를 이동할 수 없기 때문에♦ 핵력의 작용범위가 짧은 것이다. 유카와는 양성자와 중성자, 그리고 원자핵이 서로 충돌하고 튕겨 나가는 패턴을 분석한 끝에, 핵력을 매개하는 입자의 질량을 약 100MeV로 추정했다(전자의 질량은 0.5MeV, 양성자의 질량은 938MeV이다).

처음에는 엔더슨과 네더마이어가 유카와의 "무거운 입자"를 발견한 것처럼 보였다(질량도 거의 일치했다). 이 소식이 알려지자 전 세계 물리학자들은 드디어 핵력의 비밀이 풀렸다며 흥분을 감추지 못했으나, 얼마 후 문제점이 속속 드러나기 시작했다. 무엇보다도, 앤더슨과 네더마이어가 발견한 입자는 금속판을 투과하는 능력이 너무 뛰어났다. 강력을 매개하는 입자라면 원자핵과 거의 광적으로 상호작용을 하다가 일정 거리 이상 멀어지면 갑자기 멈추기 때문에 두꺼운 금속을 관통할 수 없다. 그런데 안개상자로 관측된 입자는 한계치보다 훨씬 두꺼운 금속판도 가볍게 통과했고, 수명도 유카와가 예측한 입자보다 훨씬 길었다.

물리학자들은 이 문제가 완전히 해결될 때까지 10년을 더 기다려야 했다. 1947년에 브리스톨대학교**University of Bristol**의 물리학자 세실 파월**Cecil Powell**과 그의 동료들은 완전히 다른 방법(사진건판을 우주선에 노출시키는 방법)으로 새로운 입자를 발견하여 'π-중간자π-meson'로 명명했는데(이 입자는 오늘날 '파이온'으로 불리고 있다), 이것이 바로 유카와가 예견했던 강력의 매개 입자였던 것이다! 처음에 발견된 파이온은 양전하와 음전하 두 가지였으나 몇 년 후에 전하를 띠지 않은 중성 버전이 발견되어 π^+, π^- π^0라는 이름으로 입자 목록에

♦ 근본적인 이유는 양자역학의 기본원리 중 하나인 베르너 하이젠베르크Werner Heisenberg의 불확정성원리uncertainty principle 때문이다. 이 원리는 지금 논의 중인 내용과 별 관계가 없기 때문에, 나중에 따로 다룰 예정이다.

등록되었으며, 유카와와 파월은 이 공로를 인정받아 각각 1949년과 1950년에 노벨상을 받았다.

이 무렵부터 물질의 구성성분에 대한 더욱 큰 그림이 조금씩 모습을 드러내기 시작했다. 전자는 양성자와 중성자로 이루어진 원자핵 주변을 선회하고, 양성자와 중성자는 세 가지 유형의 파이온을 격렬하게 교환하면서 원자핵이라는 좁디좁은 감방에 갇혀 있다. 사과파이를 구성하는 입자 목록에 파이온이라는 새 식구가 추가된 것이다. 그렇다면 엔더슨과 네더마이어가 발견한 뮤온은 어떻게 되는가? "전자의 무겁고 불안정한 버전" 같긴 한데, 이들은 자연에서 무슨 역할을 하는가? 지금까지 발견된 입자들은 각자 나름대로 분명한 역할이 있었다. 전자와 양성자, 중성자는 물질을 구성하고, 뉴트리노는 양성자와 중성자가 서로 상대방으로 변신하는 데 일조하고, 파이온은 강력을 매개한다. 그렇다면 뮤온은 무슨 사명을 띠고 이 세상에 태어났는가? 답을 아는 사람은 아무도 없었고, 물리학자들은 마치 주문하지도 않은 피자가 집에 배달된 것처럼 당혹스러웠다. 미국의 물리학자 이지도어 라비Isidor Rabi는 정체불명의 뮤온 때문에 혼란스러워진 입자물리학계의 상황을 다음과 같이 짧은 문장으로 요약했다—"이건 또 누가 주문한 거야?Who ordered that?"[2]

파이온이 발견된 후, 새로운 입자들이 끈에 엮인 굴비처럼 줄줄이 발견되기 시작했다. 같은 해에 맨체스터 대학교의 조지 로체스터George Rochester와 클리포드 버틀러Clifford Butler는 안개상자 속에서 V자 모양으로 갈라진 궤적을 발견했다. 그것은 전자보다 100배쯤 무거운 새로운 입자가 붕괴한 흔적으로 추정되었는데, 처음에는 궤적의 형태를 따라 'V-입자'로 불리다가 훗날 '케이온'으로 개명되었다. 그리고 얼마 지나지 않아 물리학자들은 시도 때도 없이 발견되는 입자의 홍수에 파묻히게 된다.

이 많은 입자들은 대체 왜 존재하는 것일까? 물리학계 전체가 큰 혼란에 빠졌다. 심지어 "과거에는 새로운 입자를 발견한 사람에게 노벨상을 주었지만, 지금은 1만 달러의 벌금을 물려야 한다"는 말이 나돌 정도였다.[3] 원래 물리학은 몇 개의 단순한 원리와 법칙만으로 만물의 특성과 거동 방식을 설명하는 우아한 학문이었는데, 연일 쏟아지는 입자들 때문에 수많은 종들이 서식하고 번식하는 입자동물원처럼 변해갔다. 자연의 심오한 원리를 파헤치던 사람들이 졸지에 기나긴 입자 목록과 발견된 날짜를 외워야 하는 처지에 놓였으니, 자괴감이 들 법도 했다. 이탈리아의 위대한 물리학자 엔리코 페르미는 입자의 이름을 묻는 한 학생의 질문에 이렇게 답했다—"이봐 젊은이, 내가 그 많은 이름을 외울 능력이 있다면 진작에 생물학자가 되었을 걸세!"[4] (질문을 던진 학생은 1988년에 노벨상을 받은 레온 레더만**Leon Lederman**이었다: 옮긴이)

그렇다고 물리학을 포기할 수도 없으니, 물리학자들은 우글대는 입자 무리에 어떻게든 질서를 부여해야 했다. 실마리가 아예 없는 것은 아니다. 새로 발견된 입자들은 뮤온을 제외하고 강력을 행사한다는 공통점이 있다. 그래서 물리학자들은 강력과 무관한 입자들(전자, 뮤온, 광자)과 구별하기 위해, 강력을 교환하는 입자를 '강입자**hadron**'라는 입자족族으로 분류했다. 그리고 강입자는 전자와 양성자 사이의 질량을 갖는 '중간자**meson**(메손)'와 양성자보다 무거운 '바리온**baryon**(중입자)'으로 세분된다.

입자의 기본적 특성과 양자수**quantum number**를 이용하면 강입자를 더욱 세밀하게 분류할 수 있다. 대표적 항목이 바로 전기전하인데, 양성자의 전하는 +1이고 로체스터와 버틀러가 발견한 케이온의 전하는 0이다. 또 다른 분류항목으로는 입자의 각운동량angular momentum, 또는 스핀spin이 있다. 흔히 '운동량momentum'이라고 하면 직선을 따라 움직이는 물체의 운동량, 즉 '선운동량linear momentum'을 의미하고, 회전하는 물체가 갖는 운동량은 각운동량이라 한다(운동량은 물체의 질량에 속도를 곱한 값이다: 옮긴이). 양자역학적 스핀은 반정수의 정수배, 즉 0, 1/2, 1, 3/2, 2, 5/2… 와 같은 값만 가질 수 있다. 물리학자들은 입자의 스핀을 알아내기 위해 특별히 많은 노력을 기울였는데, 처음에는 모든 중간자의 스핀이 0이고 모든 바리온의 스핀은 1/2인 것처럼 보였지만, 얼마 후 스핀이 1인 중간자와 스핀이 3/2인 바리온도 발견되었다.

1950년대에 이르자, 물리학자들은 안개상자를 설치해 놓고 우주에서 떨어지는 입자를 하염없이 기다리는 소극적 실험에서 벗어나 '입자가속기particle accelerator'에 관심을 갖기 시작했다. 입자가속기로 전자나 양성자를 빠른 속도로 가속시켜서 적절한 표적에 발사하면 운동에너지가 새로운 입자로 변환된다. 다시 말해서 안개상자는 "이미 존재하는 입자만"을 관측할 수 있지만, 입자가속기는 "그곳에 없던 입자를 만들어낼 수 있다." 1953년, 뉴욕 롱아일랜드의 브룩헤이븐 연구소Brookhaven National Laboratory에서 10억 볼트의 장벽을 처음으로 넘어선 고리형 입자가속기 코스모트론Cosmotron이 첫 가동에 들어갔다. 여러 개의 강력한 자석으로 에워싸인 고리 안에 양성자를 주입하면 자기장의 영향을 받아 원운동을 하게 되는데, 한 바퀴 돌 때마다 추가에너지를 주입하면(이 에너지는 전기장을 통해 전달된다: 옮긴이) 원궤적의 반지름이 커지면서 속도가 점점 빨라진다. 이런 과정을 거쳐 양성자가 충분한 속도에 도달했을 때 표적을 향해 발사하면, 우주선에서나 볼 수 있었던 진기한 입자를 만들어낼 수 있다.

코스모트론은 입자가 보유한 또 다른 속성을 발견하는 데 핵심적 역할을 했다. 목록에 등재된 입자 중에는 수명(처음 생성된 후 다른 입자로 붕괴될 때까지 걸리는 평균 시간: 옮긴이)이 예상보다 훨씬 길면서 항상 쌍으로 생성되는 입자들이 있다. 1953년에 이론물리학자 니시지마 가즈히코西島和彦와 머리 겔만Murray Gell-Mann은 "일부 입자의 수명이 비정상적으로 긴 이유는 이들이 '기묘도奇妙度, strangeness'라는 양자적 특성을 갖고 있기 때문"이라고 제안했다(두 사람은 독립적으로 연구를 수행했음에도 불구하고 기묘하게도 동일한 결론에 도달했다. 거동이 하도 이상해서 '기묘도'라는 이름으로 불렸는데, 기묘하게도 이 용어는 지금까지 사용되고 있다). 코스모트론은 에너지 출력이 매우 컸기 때문에, 우주선에서 발견된 희한한 입자뿐만 아니라 한 번도 발견된 적 없는 새로운 중간자까지 발견하는 등, 한동안 20세기 중반의 입자물리학을 이끌었다.

그러나 코스모트론이 위력을 발휘할 수 있었던 진짜 이유는 새로운 입자감지기의 도움을 받았기 때문이다. 그 덕분에 물리학자들은 수시로 붕괴되는 입자의 홍수 속에서 새로운 입자를 매의 눈처럼 정확하게 골라낼 수 있었다. 새로운 감지기의 작동원리는 기존의 안개상자와 동일했지만, 수증기 대신 액체 상태의 수소나 프레온, 또는 프로판으로 채워져 있었다. 이 액체는 끓는점(비등점)보다 조금 낮은 온도를 유지하다가, 상자 안으로 입자가 주입되는 순간 갑자기 압력이 낮아지면서 전하를 띤 입자가 지나간 길에 작은 기체 거품을 만든다. 이와 동시에 상자 안으로 밝은 섬광을 비추면 거품에 반사된 빛이 아름다운 궤적을 드러내고, 이 장면을 상자 모서리 근처에 뚫어놓은 구멍을 통해 카메라로 찍으면 멋진 사진이 완성된다.

막강한 에너지와 최신형 안개상자로 무장한 코스모트론은 경쟁자들을 따돌리고 최고의 가속기로 군림했다. 그러나 뒤처진 경쟁자들은 최고가 되기 위해 기술과 자본을 있는 대로 끌어모았고, 이 때부터 군비경쟁을 방불케 하는 '가속기 경쟁'이 본격적으로 시작되었다. 그로부터 얼마 지나지 않아 더욱 크고 강력한 입자가속기가 미래지향적인 이름을 달고 속속 등장했는데, 대표적인 사례가 바로 '베타트론 Betatron'이다. 버클리의 샌프란시스코만 근처에 설치된 이 가속기는 1930년대에 처음으로 가동된 후 꾸준한 업그레이드를 거쳐 코스모트론을 제치고 출력을 6.2GeV까지 올리는데 성공했으며,◆ 1955년에 반양성자 antiproton(양성자의 반입자)를 발견하는 쾌거를 올렸다. 한편, 자본주의의 물량 공세에 뒤지기 싫었던 소비에트연방(현재의 러시아)은 모스크바 인근의 두브나 Dubna에 '싱크로파소트론 Synchrophasotron'이라는 10GeV짜리 입자가속기를 건설하여 경쟁자를 가뿐하게 앞질렀다. 이에 질세라 유럽의 CERN에서는 1959년에 28GeV짜리 '양성자 싱크로트론 Proton Synchrotron'을 건설하여 세계 최고 타이틀을 가져왔으나, 1961년에 미국 브룩헤이븐에 건설된 AGS Alternating Gradient Synchrotron에게 1위 자리를 내주었다.

고에너지 물리학분야의 치열한 경쟁 속에서 새로운 입자가 홍수처럼 쏟아져 나왔고, 야심 찬 입자물리학자들이 노다지를 찾는 광부처럼 입자가속기로 모여들면서 가속기를 보유한 연구단지는 제법 규모가 큰 신흥도시로 성장했다. 입자 목록은 하루가 다르게 길어졌지만, 처음에는 무관하게 보였던 입자들이 조금씩 통합되면서 저변에 깔린 질서가 서서히 모습을 드러내기 시작했다. 그러나 큰 줄기는 여전히 보이지 않고, 작은 파편들 사이의 관계도 복잡다단한 실험데이

◆ 1GeV는 10억 전자볼트(eV)로서, 10억 볼트의 전압으로 가속된 전자 한 개의 운동에너지에 해당한다.

터에 가려 명쾌하게 드러나지 않았다. 혼잡한 관계 속에서 보석 같은 대칭symmetry을 찾아내려면 비범한 통찰력과 상상력이 반드시 필요했는데, 이 모든 것을 갖추고 알맞은 시기에 등장한 사람이 바로 머리 겔만이었다.

동물원에서 탈출하다

머리 겔만은 1929년에 미국 맨해튼에서 오스트리아-헝가리 제국 출신 유대인 이민자의 아들로 태어나 1930~1940년대를 그곳에서 보냈다. 그의 형 벤Ben은 머리가 세 살 때부터 과자봉지에 인쇄된 글자를 이용하여 동생에게 읽는 법을 가르쳤고, 함께 새와 포유류를 관찰하거나 곤충을 채집하면서 자연 친화적인 습성을 심어주었다.[5] 어린 시절 벤과 머리 형제는 흥미로운 동물과 식물을 관찰할 수 있는 청정지역을 찾아 뉴욕시 전체를 앞마당처럼 누비고 다녔다. 소년 겔만은 생물의 다양한 종들이 진화 나무evolutionary tree라는 하나의 큰 줄기를 통해 서로 연결된다는 사실에 커다란 흥미를 느꼈다고 한다.

1960년에 이미 세계 최고의 이론물리학자가 된 겔만은 입자동물원의 미스터리를 해결해 줄 영감 어린 아이디어를 떠올렸다. 겉모습이 완전히 다른 생물을 과科와 종種 등으로 분류하는 생물학자처럼, 겔만은 이미 알려진 강입자를 스핀=0인 중간자와 스핀=1/2인 바리온으로 나누고, 더 깊은 곳에서 각 입자들 사이의 연관성을 추적하기 시작했다. 양성자와 중성자는 질량이 같으면서 전하가 다른 '쌍'처럼 보였고, 둘 다 스핀이 1/2이므로 바리온에 속하는 것이 분명했다. 그 다음으로 전하가 +, 0, -인 파이온(π-중간자)이 있고, 스핀=0이면서 두 가지 전하(+, -)로 존재하는 중간자 케이온이 있다.

겔만은 입자분류게임을 하면서 겉으로 드러난 목록의 깊은 저변에 심오한 대칭이 존재한다는 것을 점점 더 확신하게 되었다. 그는 눈에 보이는 패턴을 수학적으로 서술하기 위해 최근까지 별로 주목받지 못했던 수학 분야인 군론群論, **group theory**으로 눈길을 돌렸다.

군론의 기능 중 하나는 대칭을 수학적으로 서술하는 것이다. 대칭이란 간단히 말해서 "대상에 변화를 가한 후에도 변하지 않고 그대로 남아 있는 성질"을 의미한다. 예를 들어 정육면체는 면에 수직한 축을 중심으로 회전시켜도 모양이 변하지 않고, 돌릴 수 있는 축도 여러 개가 있다. 즉, 모양을 바꾸지 않고 회전시키는 방법이 매우 많다. 그래서 정육면체는 대칭성이 높은 도형에 속한다. 이런 경우 각 회전변환으로 이루어진 집합은 수학적 군群, **group**을 이루며, 이 군은 "정육면체의 외형을 바꾸지 않고 회전시키는 방법의 집합"에 해당한다.

겔만은 강입자와 씨름을 벌이다가 이들이 SU(3)이라는 추상적인 군과 연결되어 있음을 간파했다. 이 내용을 쉬운 언어로 풀어서 쓰고 싶은데, 안타깝게도 수학을 언급하지 않고서는 설명할 방법이 없다. 중요한 것은 겔만이 SU(3)이라는 대칭군을 이용하여 강입자를 스핀, 전하, 기묘도에 따라 격자 위에 6각형 모양으로 깔끔하게 배열했다는 것이다(입자 6개는 6각형의 꼭짓점에, 2개는 중앙에 위치한다).

겔만이 강입자를 이런 식으로 배열한 것은 100년 전에 드미트리 멘델레예프가 화학원소를 주기율표에 배열한 것과 매우 비슷하다. 멘델레예프가 자신이 생각한 규칙에 따라 원소를 배열한 후 빈칸에 해당하는 원소가 아직 발견되지 않았음을 예견한 것처럼, 겔만도 비슷한 방식으로 새로운 강입자의 존재를 예견했다. 겔만의 SU(3) 대칭군에는 스핀 = 0인 중간자 8개와 스핀 = 1/2인 바리온 8개가 필요했는데, 그때까지 발견된 스핀 = 0인 중간자는 7개뿐이었다.

겔만은 이 결과를 1961년에 논문으로 발표했다. 그런데 거의 같은 시기에 런던 임페리얼 칼리지Imperial College의 물리학자 유발 네에만Yuval Ne'eman이 똑같은 아이디어를 발표하여 겔만을 놀라게 했다. 사실 두 사람은 체급이 완전히 달랐다. 네에만은 최근에 이스라엘에서 군 복무를 마치고 물리학계에 갓 데뷔한 신출내기였고, 겔만은 짤막한 논문 한 편으로 주류학자들의 이목을 끌 수 있는 최고의 물리학자였다.

평소 박학다식한 식견을 자랑하기 좋아했던 겔만은 서양인에게 생소한 고대불교의 가르침을 차용하여 자신의 이론에 '팔정도八正道, Eightfold Way(열반에 이르는 8가지 수행법)'라는 이름을 붙였다. 그로부터 몇 달 후, 8번째 중간자인 '에타-중간자eta-meson'가 버클리 연구팀에 의해 발견되자, 물리학자들은 감탄사를 내뱉으며 뒤에서 수근거렸다—"저 친구, 저러다가 아예 강입자 세상으로 열반하는 거 아냐?"

그러나 진짜 결정타는 더 무거운 입자들이 무더기로 발견되면서 찾아왔다. 겔만의 팔정도 이론에 의하면 스핀 = 0인 중간자와 스핀 = 1/2인 바리온으로 이루어진 팔중항octet 외에, 스핀 = 3/2인 10개의 바리온(십중항)도 존재해야 하는데, 이 입자들을 "전기전하와 기묘도를 축으로 갖는 격자"에 배열하면 피라미드 모양이 만들어진다. 겔만과 네에만이 논문을 발표했을 때, 이론에서 예측된 10개의 바리온 중 실제로 발견된 것은 피라미드의 바닥에 해당하는 기묘도 = 0인 4개의 델타delta, Δ 바리온뿐이었다. 그 후 1962년 7월에 CERN에서 개최된 입자물리학회에서 입자 사냥꾼으로 이름을 날리던 물리학자들이 "기묘도 = -1인 3개의 시그마-스타Sigma-star, Σ* 바리온과 기묘도 = -2인 두 개의 크사이-스타Xi-star, Ξ* 바리온의 존재를 입증하는 확실한 증거가 발견되었다"고 발표했다.

청중석에 앉아 있던 겔만과 네에만은 이 5개의 입자들이 피라미드의 다음 두 층에 들어간다는 것을 금방 알아차렸다. 그러나 발표가 끝나자마자 먼저 자리에서 벌떡 일어나 큰 소리로 외친 사람은 겔만이었다—"그렇다면 제가 예견한 10개의 바리온 중 단 한 개가 남았습니다. 피라미드의 마지막 꼭대기를 장식할 그 바리온은 기묘도가 −3이어야 합니다. 저는 이 입자에 '오메가Omega, Ω'라는 이름을 미리 붙여두었습니다!" 이때 네에만도 발언권을 달라며 손을 들었지만, 구석진 곳에 앉아 있어서 눈에 띄지 못했다. 그는 자신의 생각을 마치 대변인처럼 똑같이 설파하는 겔만의 당당한 모습을 조용히 지켜보는 수밖에 없었다.

오전 발표가 끝난 후 브룩헤이븐에서 온 두 명의 젊은 물리학자 니콜라스 사미오스Nicholas Samios와 잭 라이트너Jack Leitner가 겔만과 함께 식사를 하다가 오메가입자에 대해 묻자, 겔만은 펜을 꺼내 들고 오메가입자가 발견될 가능성이 있는 붕괴반응의 개요도를 냅킨 위에 휘갈겼다. 얼마 후 브룩헤이븐으로 돌아온 두 사람은 너덜거리는 냅킨을 연구소 소장에게 보여주면서 끈질기게 설득하여, 당시 세계 최대의 입자가속기였던 AGS를 "오메가입자 사냥용"으로 사용해도 좋다는 허락을 받아냈다. 브룩헤이븐의 연구팀은 AGS와 거품상자(안개상자를 업그레이드한 입자감지기)를 실험목적에 맞게 세팅하는 데 1년 이상을 소비한 후, 크리스마스 직전에 데이터를 수집하기 시작하여 다음 해까지 강행군을 이어갔다. 사미오스는 거품상자에서 찍은 수만 장의 사진을 일일이 분석하다가 여러 개의 낯선 입자들이 하나의 점에서 갈라져 나오는 영상을 포착했고, 그 진원지는 어느 모로 보나 오메가입자임이 분명했다.

오메가입자가 발견되면서 겔만의 팔정도는 강입자의 특성과 거동을 서술하는 '정도正道'로 자리 잡았고, 1964년에는 "아원자물리학에 거대한 혁명의 바람이 몰아칠 것"이라는 소문이 돌기 시작했다. 물리학자들을 그토록 괴롭혀 왔던 입자동물원이 드디어 이해 가능한 범주 안에 들어온 것이다.

그렇다고 해서 모든 궁금증이 풀린 건 아니었다. "좋다. 강입자의 세계에 팔정도 같은 질서가 존재한다는 것은 인정한다. 그런데 그 질서는 대체 무엇을 의미하는가?" 앞에서 보았듯이 멘델레예프의 주기율표에 나타난 패턴은 "원자는 궁극의 입자가 아니라 내부 구조가 존재한다"는 강력한 증거였고, 이로부터 개개의 화학원소들이 갖고 있는 고유한 특성을 설명할 수 있었다. 그렇다면 겔만의 팔정도이론도 이와 비슷한 실마리를 줄 것인가? 양성자와 중성자를 포함한 모든 강입자들은 더 작은 입자들로 이루어진 복합체인가?

반드시 그렇다는 보장은 없다. 당시 강입자를 연구하던 대부분의 물리학자들은 "내부 구조가 없는 기본 입자"와 "더 작은 입자로 이루어진 복합입자"를 굳이 구별하지 않았다. 심지어 미국의 이론물리학자 제프리 츄Geoffrey Chew는 "어떤 입자도 다른 입자보다 근본적이지 않다"는 '핵 민주주의nuclear democracy'를 제안했다. 그의 주장에 의하면 모든 강입자는 다른 강입자로 이루어진 혼합물이다.

사람들은 직관에 전혀 부합되지 않는 이 이론을 '구두끈모형bootstrap model'이라 불렀다. 몸을 앞으로 구부려서 자기 구두끈을 위로 잡아당기면 몸이 위로 들어 올려질까? 턱도 없는 생각이다. 그런데 강입자는 자기 자신을 교묘하게 잡아당기면서 존재한다고 하니, 이런 모순적인 이름이 붙게 된 것이다. 구두끈모형을 수용한 물리학자들은 "스스로를 잡아당겨서 존재할 수 있는 강입자의 집합"이 단 하나 뿐이기를 바랐다. 그래야 외부의 도움 없이 기존의 입자 체계를 설명할 수 있는 경제적인 이론을 구축할 수 있기 때문이다. 많은 물리학자들은 겔만의 팔정도이론이 구두끈모형에서 유래된 심오한 결과이며, 머지않아 모든 것이 분명하게 밝혀지리라고 믿었다.

그러나 구두끈모형만이 유일한 해결책은 아니었다. 머리 겔만은 몇 년 전부터 "강입자가 더 작은 입자로 이루어져 있다고 가정하면, 내가 발견한 대칭의 기원을 설명할 수 있을지도 모른다"고 생각해왔다. 그러나 이 아이디어는 미학적으로 우월한 구두끈모형과 양립할 수 없었고, 당시 겔만은 다른 문제를 해결하느라 바빴기 때문에 우선순위에서 밀려났다. 게다가 강입자를 구성하는 "더 작은 입자"의 전하는 전자의 1/3이거나 2/3이어야 했는데, 전하가 분수인 입자는 그때까지 단 한 번도 발견된 적이 없었다.

1963년 3월의 어느 날, 겔만이 컬럼비아대학교의 구내식당에서 동료들과 잡담을 나누고 있는데, 강입자의 구성성분을 연구하던 로버트 서버Robert Serber가 갑자기 끼어들어 강입자에 대한 자신의 의견을 열심히 늘어놓았다. 겔만은 말도 안 된다며 일축해 버리고 자리를 떴지만, 서버의 아이디어는 저녁이 될 때까지 겔만의 머릿속에서 맴돌고 있었다. 분수전하를 가진 초소형 입자가 강입자 내부에 갇혀서 영원히 밖으로 나오지 못한다면, 그 나름대로 타당한 가설이 아닌가? 만일 이것이 사실이라면, 강입자에 내부 구조가 있다 해도 핵 민주주의와 구두끈모형은 그대로 유지될 수 있었다.

뛰어난 작명가로도 유명했던 겔만은 그 감지되지 않는 작은 입자를 '코크qwork'라고 불렀는데, 사실 이것은 루이스 캐럴Lewis Carroll(『이상한 나라의 앨리스』의 저자)의 소설에 나오는 것처럼 즉흥적으로 만들어낸 엉터리 단어였다. 그로부터 몇 달 후, 겔만은 난해하기로 유명한 제임스 조이스James Joyce 소설 『피네간의 경야Finnegans Wake(경야經夜는 "밤을 새운다"는 뜻임: 옮긴이)』를 읽다가 "머스터 마크에게 세 개의 쿼크를!Three quarks for Muster Mark!"이라는 문장에 눈길이 꽂혔다. 물론 아무런 의미도 없는 작가의 말장난에 불과했지만, 겔만에게는 작은 입자에게 문학적 유산을 부여할 절호의 기회였다. 그 입자는 온통 신비로 에워싸인 존재였기에, 의미가 모호한 이름이 오히려 잘 어울린다고 생각했을 것이다. 어쨌거나 이런 과정을 거쳐 '코크qwork'는 '쿼크quark'로 대치되었다.

겔만은 쿼크가 '위up'와 '아래down', 그리고 '야릇한strange'이라는 세 종류로 존재하면 강입자의 대칭을 설명할 수 있다고 결론지었다. 단, 위쿼크up quark의 전하는 +2/3이고, 아래쿼크down quark와 야릇한 쿼크strange quark의 전하는 −1/3이어야 한다. 이 세 가지 쿼크(그리고 이들의 반입자)를 잘 조합하면, 실험실에서 발견된 모든 강입자의 특성을 설명할 수 있다. 파이온이나 케이온 같은 중간자는 쿼크와 반쿼크antiquark가 결합한 입자이고, 바리온은 세 개의 쿼크로 되어 있다. 물론 우리에게 가장 중요한 것은 양성자와 중성자이다. 양성자는 2개의 위쿼크와 1개의 아래쿼크로 이루어져 있고(uud), 중성자는 두 개의 아래쿼크와 한 개의 위쿼크로 이루어져 있다(udd).

한편, 수천 km 떨어진 CERN에서는 러시아 출신의 박사후과정 연구원 조지 츠바이크George Zweig가 겔만과 비슷한 아이디어를 개발하고 있었다. 그는 겔만과 의견을 나눈 적이 한 번도 없었지만, "전하가 각각 +2/3, −1/3, −1/3인 세 개의 기본 입자를 도입하면 팔정도의 대칭을 설명할 수 있다"는 결론에 도달했다. 다만 그는 작명에 별 관심이 없고 『피네간의 경야』도 읽지 않았기에, 새로 도입한 입자를 쿼크가 아닌 '에이스ace'라고 불렀다.

겔만과 츠바이크의 아이디어는 거의 동일했지만, 대칭의 의미를 해석하는 방식은 큰 차이를 보였다. 겔만이 생각했던 쿼크는 물리적 실체가 아니라, 편의를 위해 도입한 수학적 객체일 뿐이었다. 간단히 말해서, "강입자의 진정한 구성요소 = 수학적 대칭"이라고 생각한 것이다. 겔만의 쿼크는 근본적 대칭을 파악하는 수단일 뿐, 현실 세계에 존재하는 입자가 아니었다.

반면에 츠바이크는 쿼크(에이스)가 양성자나 중성자, 또는 전자처럼 실존하는 입자일 수도 있다고 생각했다. 그러나 당시는 "기이하지만 우아한" 구두끈모형이 한창 유행하던 시기였기에, 신출내기 물리학자의 가설에는 아무도 관심을 갖지 않았다. 사람들은 강입자가 더 작은 입자로 이루어져 있다는 것이 단순하고 유치한 발상이라고 생각했으며, 겔만은 츠바이크의 에이스를 "콘크리트 벽돌 모형"이라며 의도적으로 깎아내렸다.[6] 두 사람의 논문이 받은 대접도 확연하게 차이가 난다. 겔만의 쿼크이론은 세계적으로 유명한 학술지에 아무런 문제 없이 게재된 반면, 츠바이크의 논문은 여러 학술지 심사위원들의 혹평을 받아가며 전전긍긍하다가 결국 학술지에 실리지 못하고 CERN의 실험실에서 프리프린트**preprint**(정식으로 출판되기 전에 간단한 인쇄물 형태로 제작하여 지인들에게 돌리는 가假논문: 옮긴이)로 배포되었을 뿐이다.

대부분의 이론물리학자들은 쿼크 가설을 심각하게 받아들이지 않았지만, 실험물리학자의 입장에서 볼 때 쿼크는 정말로 놓치기 아까운 기회였다. 만일 쿼크가 정말로 존재한다면, 그것을 최초로 발견한 영웅이 될 수 있기 때문이다. 그래서 실험물리학자들은 예전에 찍은 수만 장의 거품상자 사진을 이 잡듯이 뒤져가며 분수전하를 갖는 입자의 흔적을 찾기 시작했고, CERN과 브룩헤이븐에서는 강입자에서 홀로 떨어져 나온 쿼크를 찾기 위해 새로운 실험계획을 수립했다. 고지대에서 우주선만 관측해 온 완고한 물리학자들도 하늘에서 쏟아지는 입자 소나기 속에서 혹시 쿼크가 섞여 있지 않을까 기대하며 두 눈을 부릅뜨고 사진을 분석했다.

그러나 쿼크는 어디에서도 발견되지 않았다. 1966년까지 전 세계적으로 20건의 실험이 실행되었지만 아무런 소득도 올리지 못했고, 겔만은 런던 왕립학회에서 "이제는 쿼크가 존재하지 않는다는 것을 현실로 받아들여야 한다"고 역설했다.[7]

충격적인 소식은 전혀 예상치 못한 곳에서 날아왔다. 그 무렵 노던 캘리포니아Nothern California의 스탠퍼드대학교Stanford Univ.에서는 세계에서 제일 크고 비싼 선형가속기linear accelerator가 완공을 앞두고 있었다. 스탠퍼드 캠퍼스의 구불구불한 공원을 가로질러 280번 주간고속도로 밑을 통과하는 길이 3.2km의 스탠퍼드 선형가속기는 극도로 효율적인 '입자 대포'로서, 전자를 20GeV까지 가속시킬 수 있다. 거대한 규모와 1억 달러의 건설비용에 걸맞게 '몬스터the Monster(괴물)'라는 별명으로 불리는 이 가속기는 계획을 수립하고, 설계하고, 미국 의회의 승인을 얻어 자금을 조달하고, 최고의 공학자들을 동원하여 건설할 때까지 10년이 넘는 세월이 소요되었다.

대부분의 물리학자들이 CERN과 브룩헤이븐의 고에너지 양성자가속기만을 바라보던 그 시대에, 몬스터는 조금 이상한 괴물 취급을 받았다. 양성자 빔을 원형으로 휘어지게 만들어서 한 바퀴 돌 때마다 에너지를 투입하여 가속시키는 기존의 가속기와 달리, 몬스터는 3.2km짜리 직선 튜브 안에서♦ 전자를 직선 방향으로 가속시켜 끝에

♦ 당시 스탠퍼드 선형가속기는 세계에서 "가장 직선에 가까운" 건축물이었다.

있는 표적을 강력한 에너지로 때리도록 설계되었다. 충돌 후 전자가 사방으로 흩어지면 그 옆에 탑처럼 우뚝 솟아 있는 분광기가 전자의 속도와 방향 및 에너지를 측정한다.

실제로 몬스터는 양성자를 전례 없이 세밀하게 관찰할 수 있는 초대형 현미경이었다. 전자빔의 에너지가 클수록 탐색 가능한 거리가 촘촘해지기 때문에, 그만큼 자세한 정보를 얻을 수 있다. 고에너지 입자가 짧은 간격을 탐사할 수 있는 것은 양자역학의 파동-입자 이중성 때문이다. 전자 같은 입자를 적절한 실험장비로 관측하면 파동만이 만들 수 있는 간섭무늬를 볼 수 있다. 전자(또는 임의의 입자)의 파장은 입자의 운동량에 의해 결정된다. 좀 더 자세히 말하면 입자의 속도가 빠를수록 파장이 짧아진다.

스탠퍼드 몬스터가 1966년에 처음 가동되었을 때, 전자는 광속(빛의 속도)의 99.99999997%까지 가속되었으며, 파장은 약 6×10^{-17}m(100만×1조분의 60m)였다. 양성자와 중성자의 직경은 약 10^{-15}m이므로, 몬스터가 만들어낸 전자빔은 이보다 훨씬 작은 입자도 판별할 수 있었다.

1960년대 중반에 이론물리학자들은 양성자를 "내부 구조가 없는 흐릿한 구형 물체" 정도로 취급했다. 그래서 스탠퍼드의 물리학자들은 몬스터에서 생성된 초고에너지 전자로 양성자를 때리면 대부분의 전자가 경로에 방해를 받지 않고 똑바로 나아갈 것으로 생각했다. 어디선가 들어본 말 같지 않은가?

20세기 초에 물리학자들은 원자를 "물렁물렁한 푸딩" 쯤으로 생각했다. 그런데 어니스트 러더퍼드가 알파입자를 금 원자에 쏘았을 때 일부가 뒤로 튕겨 나왔고, 이로 인해 원자에 대한 개념이 송두리째 바뀌게 되었다. 원자는 푸딩 덩어리가 아니라, 전자와 원자핵 등 복잡한 내부 구조를 가진 복합체였던 것이다.

역사는 반복된다고 했던가, 스탠퍼드에서도 아주 비슷한 일이 일어났다. 러더퍼드는 몬스터 같은 엄청난 가속기를 상상조차 못 했겠지만, 사실 몬스터 실험은 1908년에 러더퍼드가 금박에 알파입자를 쏜 것과 원리적으로 동일한 실험이었다. 원자핵이 발견된 후에도 근 60년 동안 물리학자들은 여전히 "입자를 표적에 충돌시켜서 산란되는 패턴을 분석하는" 러더퍼드식 실험을 반복해 왔다.

맨체스터에 러더퍼드가 있었다면, 스탠퍼드에는 리처드 테일러Richard Taylor가 있었다. 성격도 거친 편이었지만 무엇보다도 목소리가 하도 커서, 그가 한번 지나가면 연구실 복도에 한동안 그의 목소리가 메아리쳤다고 한다. 그는 1966년에 첫 번째 전자산란실험을 끝낸 후 스탠퍼드-MIT(매사추세츠 공과대학) 공동연구팀장이 되어 양성자를 깊이 파고들다가 1967년에 무언가 이상한 일이 벌어지고 있음을 간파했다. 전자가 양성자를 통과할 때 잃어버리는 에너지의 양이 예상보다 훨씬 많았던 것이다.

처음에는 잡음효과 때문이라고 생각했다. 그러나 1968년 초에 연구팀은 과도한 에너지 손실이 "실제로 존재하는 그 무엇" 때문에 일어나는 현상임을 인정하지 않을 수 없게 되었다. 그 옛날 러더퍼드를 놀라게 했던 알파입자처럼, 양성자와 충돌한 전자는 예상보다 훨씬 큰 각도로 산란되고 있었다. 양성자가 말랑말랑한 전하 덩어리라면 도저히 있을 수 없는 일이다. 유일한 해결책은 전자가 양성자 *내부*에 있는 엄청나게 작은 무언가에 부딪혀 큰 각도로 튕겨 나갔다고 해석하는 것뿐이었다. 하긴, 그 외에 어떤 생각을 할 수 있겠는가?

이 거대한 선형가속기는 모든 이들의 예상을 깨고 물질의 가장 작은 구성요소를 들여다봄으로써, 진실을 덮고 있는 또 하나의 베일을 벗기는 데 성공했다. 구두끈모형 같은 매력적인 이론을 제치고, 구식 원자론에 입각한 정통이론이 다시 한 번 승리를 거둔 것처럼 보였다. 입자동물원에서 양성자와 중성자를 포함한 모든 강입자들은 더 작은 입자들로 구성된 복합체일 가능성이 다분했다.

그러나 스탠퍼드-MIT 연구팀은 다른 물리학자들을 설득하는 데 많은 어려움을 겪었다. 전자산란실험의 결과가 구두끈모형에 부합되지 않았으니, 학계의 관심을 끌기가 쉽지 않았을 것이다. 스탠퍼드의 몬스터가 양성자의 구성요소를 "보았다"는 것을 인정받을 때까지는 몇 년을 더 기다려야 했다. 그사이에 추가실험과 보강된 이론, 그리고 카리스마 넘치는 과학전도사 리처드 파인만의 열성적인 지지가 없었다면, 몬스터의 업적은 서랍 속에 묻혔을지도 모른다.

1973년, CERN의 초대형 거품상자 가가멜Gargamelle이 드디어 결정적인 증거를 잡았다. 양성자 안에 있는 "점 같은 물체"에 튕겨서 빠르게 날아가는 뉴트리노가 포착된 것이다. 물리학자들은 가가멜과 몬스터의 데이터를 주도면밀하게 비교한 끝에, 양성자 안에서 그와 같은 입자의 흔적을 세 개나 발견했다. 게다가 이 입자는 겔만과 츠바이크의 예측대로 분수전하를 가진 것처럼 보였다. 이로써 쿼크는 최초 제안자 겔만의 반론에도 불구하고 실존하는 입자로 떠올랐고, 회의적이었던 물리학자들도 조금씩 반응을 보이기 시작했다.

그러나 한 가지 문제가 여전히 발목을 잡고 있었다. 쿼크를 직접 봤다는 사람이 어디에도 없는 것이다. 아무리 강력한 입자가속기를 동원해도 강입자 감옥에서 쿼크를 해방시키기 못했으며, 쿼크가 존재한다는 증거라곤 강입자와 부딪힌 후 튕겨 나온 입자들뿐이었다. 아무래도 쿼크는 강입자 내부에 영원히 갇혀 있는 것 같았다.

왜 그럴까? 자유롭게 혼자 돌아다니는 쿼크는 왜 한 번도 발견되지 않는 걸까? 그 이유는 강입자 안에서 쿼크를 결합시키는 힘과 관련된 것으로 밝혀졌다. 흔히 강력强力, strong force으로 알려진 이 힘은 항상 인력引力으로 작용하며, 지금까지 발견된 힘 중에서 가장 강하다. 원자핵 안에서 양성자와 중성자를 단단히 묶어 놓는 강한 핵력은 그보다 훨씬 강한 강력의 메아리였다(저자는 '강력'과 '강한 핵력'을 구별하여 말하고 있지만, 사실 두 용어는 같은 뜻이다. 양성자와 중성자 사이의 상호작용도 쿼크의 상호작용으로 설명되기 때문이다: 옮긴이). 강력을 이기고 양성자나 중성자 내부에 갇힌 쿼크를 해방시키려면 가장 뜨거운 별보다 더 높은 온도(수조 ℃)에 도달해야 한다.

이런 무지막지한 온도는 빅뱅이 일어나고 100만분의 1초가 지난 시점부터 지금까지, 우주 어디에도 존재한 적이 없다. 최초의 양성자와 중성자는 빅뱅 후 100만분의 1초 안에 태어났다. 그러므로 물질의 궁극적인 기원을 밝히려면 온도가 수조 ℃에 달했던 탄생 직후의 우주를 탐사해야 한다. 그런데 놀랍게도 뉴욕시 중심부에서 몇 km 떨어진 곳에 가면 이 무지막지한 온도를 일상적으로 접할 수 있다.

1조 ℃짜리 수프

미국은 자유로운 나라이자 자유의 수호자이고, 개인사에 국가가 간섭하지 않고, 개인이 권총뿐만 아니라 지대공 미사일을 갖고 있어도 개의치 않는 나라라고 누가 그랬던가? 죄다 헛소리다. 내 경험에 의하면 미국은 "개인사에 가장 참견을 많이 하는 국가"이다. 브룩헤이븐 국립연구소를 방문하기 위해 겪었던 일련의 사건들을 생각하면 지금도 머리가 어지럽다. 제일 먼저 나는 수십 장의 지원서를 작성하여 온라인으로 제출했고, 연구소의 깐깐한 관리자와 장문의 이메일을 여러 차례 주고받으며 방문 목적을 더 이상 말할 게 없을 정도로 시시콜콜하게 설명했다. 참, 앞으로 미국에 갈 일이 있는 사람은 입국심사관이 여권에 입국 도장을 또렷하게 찍었는지 꼭 확인하기 바란다. 내 여권에는 도장이 희미하게 찍히는 바람에 자칫하면 연구소에 못 들어갈 뻔했다. 아무튼 나는 입국심사대에서 경비원처럼 차려입은 사람에게 붙잡혀 쏟아지는 질문에 답하느라 비지땀을 흘렸다. 내가 미국에 온 것은 모 국립연구소를 방문하여 그곳의 과학자들과 "미국의 안보를 해칠 염려가 절대로 없는" 대화를 나누기 위함이며, 스파이 활동을 할 생각은 손톱만큼도 없으며, 모든 일정이 끝나면 뒤도 안 돌아보고 미국을 떠날 것이며, 기타 등등… 게다가 나는 말을 하는 동안 내 입에서 '핵nuclear'이라는 단어가 튀어나오지 않도록 각별한 주의를 기울여야 했다. CERN에서는 만사 귀찮다는 듯 무심한 표정으로 앉아 있는 경비원에게 테스코 클럽카드Tesco Clubcard(영국의 할인마트용 적립카드: 옮긴이)만 보여줘도 무사통과인데,♦ 미국의 연구소는 군사기지가 무색할 정도로 보안이 철통같았다.

우여곡절 끝에 공항을 빠져나온 나는 곧바로 차를 타고 브룩헤이븐으로 이동했는데, 여기서도 시련은 끝나지 않았다. 연구소 길목에 있는 검문소에 들어가 여권을 제시했더니, 책상 앞에 앉은 여직원이 의심쩍은 표정으로 나를 노려보는 것이 아닌가. 희미하게 찍힌 입국 도장이 문제가 된 것이다. 나는 세상에서 가장 어색한 미소를 지으며 기어들어 가는 목소리로 말했다. "그게 말이죠… 입국심사대의 잉

♦ 이 글을 읽고 CERN에 무단침입하고 싶어졌다면 다시 한번 생각해 보기 바란다. 보안이 허술하다는 지적을 하도 많이 받아서, 최근에 조금 강화되었다.

크가 거의 떨어졌었나 봅니다…" 그녀는 혀를 몇 번 차고는 인상을 잔뜩 찌푸린 채 컴퓨터 자판을 두드리다가, 화면에서 무엇을 보았는지 갑자기 환한 표정으로 말했다. "브룩헤이븐에 오신 것을 환영합니다!"

브룩헤이븐 국립연구소는 입자물리학 분야에서 길고도 화려한 역사를 갖고 있다. 이 연구소는 1947년에 미군 훈련캠프를 개조하여 운용되기 시작했는데, 처음에는 핵반응을 유도하는 원자로로 사용되다가 1953년에 최초로 10억 eV(1GeV)의 벽을 넘은 입자가속기 코스모트론을 건설하여 입자물리학을 이끌었으며, 1960년에 AGS **Alternating Gradient Synchrotron**가 완공된 후로는 "세계 최대의 입자가속기"라는 타이틀을 10년 동안 보유했다.

1974년에 AGS는 전 세계 입자물리학자들을 열광의 도가니 속으로 몰아넣었다. 사무엘 팅**Samuel Ting**을 필두로 한 연구팀이 양성자 질량의 세 배가 조금 넘는 3.1GeV 근처에서 입자의 존재를 암시하는 피크를 발견한 것이다. 지금도 물리학자들은 이 사건을 "11월 혁명**November Revolution**"이라 부르고 있다. 한편, 4,000km 떨어진 캘리포니아에서 스탠퍼드 몬스터를 주무르던 버튼 리히터**Burton Richter**와 그의 동료들도 정확하게 같은 지점에서 피크를 발견했다. 두 연구팀은 실험결과를 11월 11일에 발표했고, 문제의 피크는 새로운 종류의 쿼크(맵시쿼크**charm quark**)로 이루어진 새로운 강입자로 판명되었다.♦ [입자의 이름을 한글로 표기할 때에는 원어 발음 그대로 쓰는 것이 바람직하다. top quark를 굳이 '꼭대기쿼크'로 번역한다고 해서 의미가 더 가깝게 와닿지 않기 때문이다. 게다가 쿼크 앞에 붙은 접두어(up, down, charm, top, bottom)를 모두

♦ 지금까지 알려진 쿼크는 모두 6가지이다. 위쿼크up quark와 맵시쿼크charm quark, 그리고 꼭대기쿼크top quark의 전하는 (전자의 전하를 −1이라고 했을 때) +2/3이고, 아래쿼크down quark와 야릇한 쿼크strange quark, 바닥쿼크bottom quark의 전하는 −1/3이다.

명사로 번역해 놓고(위, 아래, 맵시, 꼭대기, 바닥), 유독 strange quark만 '야릇한'이라는 형용사로 쓰는 바람에 통일성이 사라져 버렸다(띄어쓰기에도 문제가 생긴다). 관련 책임자들이 표기법을 그렇게 정해놓았으니 따르는 수밖에 없지만, 이런 것은 하루속히 수정되어야 한다고 생각한다: 옮긴이]

이 발견으로 인해 쿼크에 대한 의구심은 완전히 사라졌고, 입자물리학은 새로운 국면으로 접어들었다. AGS는 현재 RHIC**Relativistic Heavi Ion Collider**(상대론적 중이온 충돌기)라는 더욱 크고 강력한 원자분쇄기로 개조되어 중요한 역할을 수행하고 있다. 내가 공항과 검문소에서 그 고생을 해가며 브룩헤이븐을 찾은 것은 바로 이 기계를 보기 위해서였다.

RHIC의 과학자들이 하는 일을 이해하려면, 양성자와 중성자를 구성하는 쿼크에 대해 좀 더 자세히 알아둘 필요가 있다. 1970년대 초에 쿼크가 실존하는 입자로 인정되자, 물리학자들은 쿼크를 강입자 속에 묶어두는 신비한 힘(강력)을 본격적으로 파고들기 시작했다.

1973년부터 겔만과 네에만이 '팔정도'로 입자를 분류할 때 사용했던 SU(3) 대칭군에 기초하여 강력을 설명하는 이론이 대두되기 시작했다. 특이한 것은 대칭이라는 것이 단순히 입자를 분류하는 수단이 아니라, 강력 자체를 설명하는 원리로 부각되었다는 점이다.

양성자와 전자가 반대 부호의 전기전하를 갖고 있어서 전자기력을 통해 서로 잡아당기는 것처럼, 쿼크도 강력에 해당하는 전하를 갖고 있어서 강력을 통해 서로 잡아당기고 있다. 그러나 전자기력의 전하는 단 한 종류인 반면(부호는 +일 수도 있고 −일 수도 있지만, '전기전하'라는 종류 자체는 한 가지뿐이다) SU(3) 대칭군으로 서술되는 강력에는 세 종류의 전하가 존재하며, 각 전하는 +와 −의 두 가지 버전이 있다. 겔만은 특유의 작명 솜씨를 또다시 발휘하여, 강력을 유발하는 세 종류의 전하를 '색色, color'으로 명명했다. 물론 여기서 말하는 색은 눈에 보이는 색상과 완전히 무관한 개념이다. 쿼크의 색은 입자가 강력을 느끼는 방식을 구별하기 위해 편의상 붙인 이름일 뿐, 실제 색과는 아무런 관련도 없다. 처음에 겔만은 세 가지 색을 적赤, red, 백白, white, 청靑, blue으로 골랐으나, 요즘 물리학자들은 빛의 삼원색인 적, 녹綠, green 청을 사용하고 있다(이것을 쿼크의 색전하color charge라 한다: 옮긴이).

쿼크는 적, 녹, 청색 전하를 띠고 있고, 반쿼크antiquark(쿼크의 반입자)는 반적anti-red, 반녹anti-green, 반청anti-blue색 전하를 갖는다. 또한 전기전하와 마찬가지로 같은 색끼리는 밀어내고 반대색끼리는 끌어당기는 성질이 있다. 따라서 두 개의 적색쿼크는 서로 밀어내고, 녹색쿼크와 반녹색쿼크는 서로 잡아당긴다. 강력이 전자기력보다 복잡한 이유 중 하나는 각기 다른 색상끼리도 서로 잡아당기기 때문이다. 예를 들어 적색 위쿼크와 녹색 위쿼크, 그리고 청색 아래쿼크는 서로 강하게 끌어당기면서 하나의 양성자를 형성한다. 그리고 모든 강입자(쿼크로 이루어진 입자)는 항상 무색無色, colorless이어서, 하나의 색이 반대 색과 결합하여 중간자가 되거나, 세 가지 색이 모두 결합하여 바리온이 된다(빛의 삼원색인 적, 녹, 청을 모두 더하면 흰색이 되므로, 모든 강입자가 무색이라는 원칙에 어느 정도 부합된다. 물리학자들이 적-백-청보다 적-녹-청 세트를 선호하는 이유가 바로 이것이다: 옮긴이). 힘의 원천인 전하를 색으로 표현한 덕분에, 강력을 서술하는 이론은 "양자색역학quantum chromodynamics, QCD"이라는 폼나는 이름으로 불리게 되었다.

QCD에 의하면, 쿼크가 세 종류의 색전하를 통해 힘을 주고받는 것은 '글루온gluon'이라는 매개 입자를 교환하기 때문이다. 쿼크를 단단하게 결합시킨다는 의미에서 '접착제glue'라는 단어에 입자를 의미하는 접미사인 '~on'을 붙인 것이다. 글루온은 전자기력을 매개하는 광자와 비슷한 점이 많다. 둘 다 질량은 없고 스핀은 1이다. 그러나 강력의 기초인 SU(3) 대칭군의 수학적 특성 때문에 글루온은 총 8종류가 존재하며, 광자는 전하가 없는 반면 글루온은 색전하를 띠고 있다. 지금까지 홀로 돌아다니는 쿼크가 한 번도 발견되지 않은 것은 바로 이 색전하 때문이다.

그 이유를 좀 더 자세히 알아보자. 광자는 양성자나 전자처럼 전기전하를 띤 입자하고만 직접적으로 상호작용을 교환한다. 광자는 전기적으로 중성이기 때문에 두 개의 광자가 정면충돌을 해도 가벼운 악수조차 나누지 않고 무심하게 지나친다. 마치 어두운 밤에 서로의 존재를 모르는 채 지나치는 두 척의 배를 연상시킨다.

그러나 글루온의 경우는 사정이 다르다. 모든 글루온은 색전하와 반색전하를 갖고 있으면서 색전하를 가진 입자에게 끌려가기 때문에, 글루온끼리도 상호작용을 하고 있다. 이는 곧 두 개의 쿼크 사이에 작용하는 강력과 양성자와 전자 사이에 작용하는 전자기력이 완전히 다르다는 것을 의미한다.

이제 솔로-쿼크가 발견되지 않는 이유를 이해할 수 있는 단계에 거의 도달했다. 몇 걸음만 더 가면 된다. 수소 원자의 내부처럼 양성자와 전자가 약간의 거리를 두고 떨어져 있다고 가정해 보자. 둘 사이에 전자기력이 교환되는 과정을 개념적으로 이해하는 한 가지 방법은 양성자와 전자가 모든 방향으로 광자를 방출한다고 상상하는 것이다.♦

이 장면을 시각화한다면 1980년대에 유행했던 디스코볼**disco ball**(모든 방향으로 빛을 내뿜는 구형 조명기구: 옮긴이)과 비슷할 것이다. 양성자와 전자는 가까운 거리에 있으므로 전자가 방출한 광자의 상당수는 양성자 쪽으로 끌려가서 흡수되고, 그 반대도 마찬가지다. 전기

전하를 띤 두 개의 입자는 이런 식으로 광자를 교환하면서 인력(또는 척력)을 행사한다.

이제 누군가가 전자와 양성자를 손으로 잡아서 둘 사이의 거리를 벌려놓기 시작했다고 가정해 보자. 거리가 멀어질수록 한쪽에서 방출된 광자들 중 상대방에게 흡수되는 양은 줄어들고, 그 결과로 전자와 양성자 사이에 작용하는 인력은 점점 약해질 것이다. 처음에는 간격을 벌리는 데 약간 힘이 들겠지만, 간격이 크게 벌어질수록 점점 쉬워지다가 결국 두 입자는 아무런 힘도 받지 않는 자유입자가 된다.

이와 비슷한 논리를 쿼크에 적용해 보자. 두 개의 쿼크는 광자 대신 글루온을 모든 방향으로 방출하고 있다. 그중 상대 쿼크 쪽으로 방출된 글루온은 상대 쿼크에게 끌려가 흡수되면서 양성자와 전자의 경우처럼 인력을 창출한다. 그러나 글루온은 무려 세 종류의 색전하를 운반하고 있기 때문에, 여기서부터 전자기력과 다른 점이 드러나기 시작한다. 글루온이 교환되다 보면 쿼크 사이의 공간에는 과도한 색전하가 존재하게 된다. 두 개의 쿼크가 3개의 적, 녹, 청색 튜브로 연결되어 있고, 이 튜브를 통해 글루온이 교환된다고 상상해 보자. 이 '색튜브'는 근처에 있는 다른 글루온을 잡아당겨서 쿼크 사이의 공간으로 끌어들인다. 그 결과 튜브는 더욱 조밀해지고 색이 강렬해지다가, 결국은 하나의 쿼크에서 방출된 모든 글루온이 상대방 쿼크에

◆ 여기서 조심할 것이 하나 있다. 이 사례에서 입자가 방출한 광자는 진짜 광자가 아니다. 전구에서 방출된 광자는 눈에 보이는 진짜 입자real particle지만, 전하를 띤 입자들이 교환하는 광자는 가상입자virtual particle이다. 가상입자는 힘이 전달되는 과정을 상상하기 위해 도입한 도구일 뿐이어서, 원리적으로 감지가 불가능하다. 솔직히 말해서 나는 가상입자가 특별히 유용한 개념이라고 생각하지 않지만(이보다는 "양자장quantum field"이라는 개념을 이용한 설명이 훨씬 와닿는다. 자세한 내용은 나중에 다룰 것이다), 지금과 같은 비유에서는 전체적인 그림을 파악하는 데 어느 정도 도움이 된다.

게 흡수되는 상태에 도달한다. 두 개의 쿼크 사이에 막강한 다색결합이 형성된 것이다.

이제 누군가가 다가와서 두 쿼크를 강제로 멀리 떼어놓는다고 가정해 보자. 쿼크를 양손으로 잡고 (물론 엄청나게 힘들겠지만) 세게 잡아당겼더니 간격이 서서히 벌어지기 시작한다. 그러나 모든 글루온은 여전히 튜브 안에 집중되어 있기 때문에, 간격이 멀어져도 들어가는 힘은 줄어들지 않는다. 전자기력의 경우에는 두 입자 사이의 간격이 멀어질수록 더 멀어지게 만들기가 쉬웠는데, 강력은 전혀 그렇지 않다. 오히려 글루온이 오가는 튜브가 고무줄처럼 늘어나면서 더욱 많은 에너지가 저장된다. 자, 지금부터가 재미있는 부분이다. 글루온 튜브에 저장된 에너지가 쿼크-반쿼크 쌍의 에너지와 같아지면 드디어 튜브가 끊어진다. 과도한 장력이 가해졌을 때 고무줄이 끊어지는 것과 같다. 그러나 그 결과로 나타나는 것은 두 개의 고립된 쿼크가 아니다. 글루온 튜브에 저장된 에너지가 새로운 쿼크와 반쿼크로 변하여 기존의 쿼크(또는 반쿼크)와 결합하면서 두 개의 쿼크-반쿼크 쌍이 만들어지는 것이다(에너지가 입자로 변할 때는 아인슈타인의 질량-에너지 변환방정식 $E=mc^2$을 따른다)!

혼자 돌아다니는 쿼크(자유 쿼크)가 발견되지 않는 것은 바로 이런 이유 때문이다. 강입자에서 쿼크 하나를 골라 강하게 잡아당기면 단일쿼크로 분리되지 않고 마술사가 옷소매에서 손수건을 꺼내듯 강입자의 사슬이 줄줄이 만들어진다. 여기서 계속 잡아당기면 사슬이 길어지기만 할 뿐, 쿼크는 절대 낱개로 분리되지 않는다. 대형강입자충돌기LHC에서 양성자 두 개가 정면으로 충돌한 경우에도 쿼크가 생성되는 대신 수십 종의 강입자들이 제트줄기처럼 뿜어져 나온다. 이 모든 입자들은 처음 충돌할 때 투입된 에너지가 쿼크를 떼어놓으면서 생성된 것이다.

자유쿼크가 발견되지 않는 이유는 이런 식의 논리로 설명된다. 그러나 1973년에 이론물리학자 데이비드 그로스David Gross와 프랭크 윌첵Frank Wilczek, 그리고 데이비드 폴리처David Politzer는 강력과 관련하여 놀라운 사실을 발견했다. 강입자가 아주 강한 에너지로 충돌하면, 강력의 바이스vise(죔쇠) 역할을 하는 부분이 느슨해진다는 사실을 수학적인 계산만으로 알아낸 것이다. 이는 곧 에너지가 아주 크면 강력의 세기가 약해져서 강입자가 "자유쿼크와 글루온으로 이루어진 과열된 기체 상태"로 존재한다는 뜻이다. 이것을 '쿼크-글루온 플라즈마quark-gluon plasma'라 한다.

과열된 쿼크-글루온 플라즈마 속에서는 초고온, 초고밀도 상태에서 쿼크와 글루온이 강입자의 경계를 벗어나 자유롭게 움직이고 있다. 1970년대 중반의 기술로는 이 정도의 초고온, 초고밀도 상태를 실험실에서 재현할 수 없었다. 사실 우주의 역사를 통틀어 쿼크-글루온 플라즈마가 존재할 정도로 극단적 환경이 조성되었던 시기는 "빅뱅 후 100만분의 1초 이내" 뿐이었다.

이 시기에는 우주의 온도와 밀도가 너무 높아서 강입자가 형성될 수 없었으며, 모든 공간이 쿼크와 글루온으로 가득 찬 채 펄펄 끓고 있었다. 그러나 우주가 빠른 속도로 팽창함에 따라 온도도 빠르게 내려갔고, 약 100만분의 1초가 지난 후에는 우주가 충분히 식어서 쿼크와 글루온이 결합하여 양성자와 중성자를 만들어내기 시작했다. 그러므로 지구에 사는 물리학자가 물질의 궁극적인 기원을 이해하려면 타임머신을 타고 빅뱅이 일어났던 시점으로 돌아가거나, 실험실에서 쿼크-글루온 플라즈마를 만들어내는 수밖에 없다. 둘 다 엄청나게 어려운데, 아무래도 후자가 좀 더 만만해 보인다.

RHIC의 핵심 장비인 둘레 4km짜리 고리형 충돌기는 롱아일랜드Long Island의 부드러운 모래흙 바로 아래에 묻혀 있다. RHIC의 작동원리는 기존의 충돌기와 크게 다르지 않다. 진행 방향이 반대인 두 가닥의 입자빔을 완만한 6각형 모양의 고리 안으로 발사하면 강력한 자기장의 영향을 받아 하나는 시계 방향으로, 다른 하나는 반시계 방향으로 원운동을 하게 된다. 입자빔이 고리를 반 바퀴 돌 때마다 진행 방향으로 고전압의 전기장을 걸어주면 입자의 속도가 점점 빨라지면서 회전반지름이 커진다. 이런 식으로 한동안 원운동을 하다가 입자의 속도가 원하는 값에 도달하면 자기장을 조절하여 두 입자빔의 궤적이 일치하게 만들어서 정면충돌을 유도하고, 이때 쏟아져 나온 입자를 대형 감지기로 포착하여 필요한 데이터를 추출한다.

RHIC가 특별한 이유는 특별한 입자를 발사체로 사용하기 때문이다. Relativistic Heavy Ion Collider라는 이름에서 알 수 있듯이, RHIC의 주목적은 알루미늄, 구리, 우라늄, 그리고 가장 매력적인 금의 무거운 이온(원자가 전자의 일부를 잃어버리거나 포획하여 전하를 띤 상태: 옮긴이)을 충돌시키는 것이다.♦ 이들의 원자핵은 수백 개의 양성자와 중성자가 뭉쳐 있기 때문에, 한번 충돌하면 순간적으로 초고밀도 상태가 조성되어 쿼크-글루온 플라즈마가 만들어질 수 있다.

내가 브룩헤이븐을 방문한 것은 헬렌 케인스Helen Caines와 장부수Zhangbu Xu를 만나기 위해서였다. 두 사람은 RHIC의 두 감지기 중 하나인 STAR♦♦의 공동책임자로서, 연구소의 대변인과 같은 존재이다. 우리는 브룩헤이븐 연구소 입구 근처에 있는 널찍한 접견소에서

♦ 여기 사용되는 이온은 전자의 일부가 제거된 양(+)이온이다.

♦♦ STAR는 Solenoidal Tracker at RHIC의 약자이다.

커피를 마시며 대화를 나누었다. 연구동과 사무실을 포함한 연구단지의 총면적은 21km²에 달하고 울창한 숲이 그 주변을 담처럼 에워싸고 있어서, 먼 거리에서 보면 영화에 나오는 요새를 연상시킨다.

하루치 카페인을 몸속에 주입하며 왁자지껄 떠드는 연구원들 사이에서, 헬렌과 장부는 지난 20년 동안 우주에서 가장 극단적인 물질을 연구하면서 겪어온 파란만장한 이야기를 들려주었다. 헬렌은 버밍햄대학교Univ. of Birmingham의 박사과정 학생 때 이 분야를 처음 접한 후, 1996년에 대서양을 건너 이곳에서 연구원 생활을 시작했다고 한다. 1990년대 말에 쿼크-글루온 플라즈마에 관심을 가진 물리학자에게 브룩헤이븐은 최상의 연구소였다. RHIC가 처음 가동되고 몇 년이 지났을 때 젊은 물리학자 헬렌은 미국에 도착하자마자 STAR 공동연구 프로젝트에 합류했고, 비슷한 시기에 장부는 모국인 중국에서 물리학을 공부한 후 미국 유학길에 올라 예일대학교Yale Univ.의 박사과정에 진학했다. RHIC가 데이터를 수집하기 시작하던 무렵, 두 명의 젊은 물리학자는 쿼크-글루온 플라즈마 연구를 이끌 완벽한 준비가 되어 있었다.

그러나 연구팀이 실험을 시작하기 직전에, 근거 없는 이상한 기사가 신문에 실리면서 모든 일정이 중단되었다. 하와이에 거주하는 월터 와그너Walter L. Wagner라는 사람이 "RHIC에서 고에너지 입자 충돌실험을 강행하면 세상이 파괴된다"고 주장했는데, 물리학에 무지한 기자가 이것을 아무런 여과 없이 1면 기사로 내보낸 것이다. 와그너는 "입자충돌기가 가동되면 초소형 블랙홀이 생성되어 지구를 집어삼키거나, 새로운 형태의 '이상물질strange matter'이 만들어져서 지구 전체를 무형의 덩어리로 바꿔놓을 것"이라고 주장했다. 가장 흥미로운 부분은 "엉뚱한 물리법칙이 적용되는 거품우주가 생성되어 빛의 속도로 팽창하면 지구뿐만 아니라 우주 전체가 파괴될 것"이라는 주장이었다.

물론 물리학자들은 이런 일이 절대로 일어나지 않는다는 것을 잘 알고 있었지만, 국립연구소는 국민의 세금으로 운영되는 곳이어서 여론의 추이를 대놓고 무시할 수도 없었다. 이론물리학자 프랭크 윌첵은 나름대로 사태를 수습하기 위해 와그너의 주장을 일일이 반박하는 인터뷰를 했다가 오히려 언론의 역풍을 맞았고, 결국 브룩헤이븐 연구소 측은 새로운 충돌기가 절대로 종말을 초래하지 않는다는 장문의 보고서를 제출해야 했다.♦ 그 후 한동안 잠잠해지는가 싶더니, 와그너가 또다시 나서서 충돌기의 가동을 기필코 막겠다며 뉴욕과 샌프란시스코를 상대로 이중소송을 제기했다. 이런 소란에도 불구하고 브룩헤이븐은 2000년 6월 12일에 첫 번째 금 원자핵을 충돌시키는 데 성공했고, 예상대로 세상은 멸망하지 않았다.

데이터가 모이기 시작한 실험 초기 단계에 일부 이론물리학자들은 STAR를 비롯하여 당시 가동 중이던 세 개의 감지기에서 쿼크-글루온 플라즈마가 생성되었다고 주장했다. 그러나 현장에서 실험을 책임지고 있는 헬렌과 장부는 훨씬 더 신중한 자세를 유지해야 했다.

쿼크-글루온 플라즈마를 연구하는 사람에게 가장 큰 문제는 그 특성을 직접 관측할 방법이 없다는 것이다. 두 개의 금 원자핵이 RHIC 안에서 충돌하여 생성된 "과열된 불덩어리"는 1조×10조분의

♦ 우주선에 실려 지구로 떨어지는 입자들 중에는 RHIC보다 에너지가 훨씬 큰 입자도 많이 있다. 이런 입자들이 지난 수십억 년 동안 지구와 달(심지어 달에는 대기도 없다)을 비롯한 모든 천체에 맹렬한 폭격을 가했는데도 아직 멀쩡한 것을 보면, 입자충돌기에 의한 종말론은 애초부터 말도 안 되는 난센스였다. RHIC에서 세상을 파괴하는 블랙홀이나 이상물질, 또는 거품우주가 만들어진다면, 이런 것들은 이미 까마득한 옛날에 만들어져서 우주를 파괴했을 것이고, 우리는 존재하지도 않았을 것이다.

1초라는 짧은 시간 동안 존재하다가, 팽창과 냉각을 동시에 겪으면서 폭발하는 수천 개의 강입자가 되어 거의 광속에 가까운 속도로 날아가다가 감지기에 포착된다.

STAR에 감지되는 것은 바로 이 입자들이다. 실험자는 이들을 분석하여 쿼크-글루온 플라즈마의 생성 여부를 판단할 수밖에 없다. 다행히도 RHIC의 물리학자들은 시간이 지날수록 점점 더 확신을 갖게 되었다. 감지기에 포착된 수천 개의 입자들이 마치 평원을 달리는 누**gnu** 떼처럼 하나의 충돌지점에서 튀어나온 것이 거의 확실했기 때문이다. 이는 곧 모든 입자들이 하나의 물질 덩어리에서 생성되었음을 의미한다. 또한 각 충돌사건에서 생성된 제트줄기의 수가 예상보다 훨씬 적었는데, 이것은 쿼크가 걸쭉한 쿼크-글루온 플라즈마 수프 속을 헤쳐 나가느라 속도가 느려져서, 강입자의 운동에너지로 변환되는 데 방해를 받았기 때문이다.

RHIC의 물리학자들은 거의 5년 동안 사투를 벌이다가 드디어 2005년에 원하던 결과를 얻어냈다. 빅뱅 초기 이후로 한 번도 존재한 적 없는 상태를 인위적으로 만들어내는 데 성공한 것이다. 이때 생성된 쿼크-글루온 플라즈마의 온도는 약 2조 ℃였고(태양의 중심부보다 13만 배쯤 더 뜨겁다), 밀도는 약 10억 톤/cm^{3}이었다.

가장 놀라운 것은 생성된 물질의 부피가 예상과 완전히 달랐다는 점이다. 그것은 쿼크와 글루온으로 이루어진 기체라기보다 액체에 가까웠으며, 평범한 액체가 아니라 거의 완벽한 유동체**perfect fluid**(마찰이나 점성 없이 자유롭게 흐르는 유체: 옮긴이)처럼 보였다. 빅뱅 후 처음 100만분의 1초 동안, 우주는 불덩어리가 아닌 최소 1조 ℃짜리 수프로 가득 차 있었던 것이다.

커피를 마신 후 장부는 연구실로 돌아갔고, 헬렌은 나에게

STAR를 직접 보여주겠다고 나섰다. 본부로 가는 길에 헬렌의 동료인 리주안 루안Lijuan Ruan을 만났는데, 그녀도 장부처럼 중국에서 태어나 대학을 졸업한 후 브룩헤이븐으로 이주하여 2002년에 대학원에 진학한 수재이다. 그 후로 리주안은 실험의 모든 부분에 깊이 관여해 왔지만, "손이 더러워지는 직업"을 특히 좋아한다고 했다. 나는 그녀가 하는 말에서 감지기에 대한 애정과 자부심을 또렷하게 느낄 수 있었다—"실험이 전체적으로 어떻게 진행될지는 모든 부품을 손으로 직접 만져봐야 알 수 있답니다."

STAR 감지기는 캠퍼스 맞은편에 있었기에 우리는 헬렌의 차를 타고 가기로 했다. 역시 입자물리학 연구소답게, 도중에 톰슨로Thomson Road와 러더퍼드로Rutherford Road라는 표지판이 눈에 들어왔다. 헬렌의 차가 처음 정차한 곳은 벙커처럼 어두컴컴한 제어실이었는데, 안으로 들어가니 고색창연한 구식 모니터에 실험의 현황과 효율이 다양한 그래픽으로 떠 있었다. 현대식 장비가 즐비한 강입자충돌기LHC와 비교하면 거의 유적지 수준이다. 실험을 개시한 지 30년이 되었다는 말에 고개를 끄덕였지만, 내가 보기엔 컴퓨터도 실험의 역사 못지않게 오래된 것 같았다.

우리는 통제실 한쪽으로 나 있는 통로를 지나 두툼한 콘크리트 벽으로 에워싸인 격납고로 들어갔다. 당연히 홍채 검사를 통한 신원 확인이나 최소한 방사능 검사라도 할 줄 알았는데, 아무런 절차도 없이 무사통과였다(RHIC가 가동되지 않는 한, 이곳의 방사능 수치는 안전기준을 절대 초과하지 않는다고 했다). 헬렌의 뒤를 따라 무작정 걷다 보니, 어느새 우리는 거대한 STAR 감지기의 바로 아래 서 있었다.

3층 건물만 한 크기에 무게가 1,200톤에 달하는 STAR를 처음 대면하는 순간, 나는 완전히 압도되었다. 입자감지기를 처음 보는 것도 아닌데 STAR는 확실히 특별한 구석이 있다. 맥주 통처럼 생긴 몸체는 대부분이 커다란 자석이어서 충돌지점으로부터 날아온 입자의 궤적을 휘어지게 만들고, 관측자는 이 데이터에 기초하여 입자의 운동량을 측정한다. 자석 내부에 설치된 정교한 'STAR 추적 시스템STAR tracking system'은 쿼크-글루온 플라즈마 덩어리가 팽창-냉각되면서 방출한 하전입자 수천 개의 궤적을 재구성해 주는 장치이다. 마침 그날은 STAR의 입구가 열려 있어서 감지기의 중심부를 들여다볼 수 있었는데, LED 전구들이 총천연색으로 반짝이는 모습은 마치 SF 영화의 한 장면 같았다.

이동식 크레인 위에 서서 감지기의 빛나는 중심부를 멍하니 바라보는 동안, 헬렌과 리주안이 RHIC와 STAR의 차기 실험계획을 설명해 주었다. 이제 쿼크-글루온 플라즈마를 언제든지 만들 수 있게 되었으니, 연구팀은 우주의 운명을 좌우한 역사적 순간에 한 발 더 다가선 셈이다. 물론 그것은 물질의 근원을 찾는 우리의 여정에서 가장 중요한 순간이기도 하다. 빅뱅 후 약 1/1000초가 지났을 때, 우주의 온도는 쿼크-글루온 플라즈마가 최초의 양성자와 중성자로 변할 만큼 충분히 식었다. 물리학자들은 이런 현상을 "상전이相轉移, phase transition"라 부른다. 액체가 얼어붙어서 고체얼음이 되는 것과 비슷하다. 이들이 계획 중인 차기 실험은 RHIC로 충돌에너지를 조절하여 원하는 온도의 쿼크-글루온 플라즈마를 만들어내는 것이다. 플라즈마의 온도는 이온의 충돌에너지가 클수록 높아진다.

헬렌의 목표는 이온의 충돌에너지를 다양한 값으로 스캔하여 쿼크-글루온 플라즈마가 강입자로 "얼어붙는" 순간을 포착하는 것이다. 이 과정(빅뱅에서 양성자와 중성자가 조리된 과정)이 밝혀지면, 최초의 원소가 생성된 과정도 더욱 깊이 이해할 수 있을 것이다.

20세기 후반에 전 세계 입자물리학을 선도했던 RHIC는 이제 미국에서 유일한 충돌기로 남아 있다. 지난 몇 년 동안 RHIC의 연구원들은 STAR와 PHENIX♦가 정부의 지원을 계속 받을 수 있을지 반신반의하면서 불안한 나날을 보냈다. 2000년대만 해도 RHIC는 쿼크-글루온 플라즈마를 연구하는 유일한 도구였으나, 2010년에 CERN의 강입자충돌기[LHC]가 중이온을 이용한 ALICE 프로젝트에 착수하면서♦♦ 경쟁 국면으로 돌입했고, 2012년에 LHC는 납이온을 충돌시켜 5조 5,000억 ℃의 쿼크-글루온 플라즈마를 만들어냄으로써 RHIC가 기록한 최고온도를 갱신했다.

규모로 따지면 RHIC는 LHC의 상대가 될 수 없지만, 유럽의 경쟁자들이 따라갈 수 없는 몇 가지 장점을 갖고 있다. 그중에서 가장 눈에 띄는 것은 에너지를 낮은 값으로 세팅하기가 훨씬 쉽다는 점이다. 그래서 RHIC는 쿼크-글루온 플라즈마가 강입자로 변하는 순간을 포착할 수 있는 유일한 충돌기로 부각되고 있다. 게다가 마지막 남은 충돌기를 지키려는 미국 정부의 의지도 꽤 굳건해 보인다. 이런 고무적인 분위기에서 약간의 운이 따라준다면 헬렌, 장부, 리주안을 비롯한 RHIC의 연구원들은 머지않아 양성자의 궁극적 조리법을 알아낼 수 있을 것이다.

♦ PHENIX는 브룩헤이븐에서 계획한 또 하나의 실험 프로젝트로서, Pioneering High Energy Nuclear Interaction eXperiment의 약자이다.

♦♦ ALICE는 A Large Ion Collider Experiment의 약자이다. 입자물리학자들이 만든 약자 중에서 드물게 "실험의 취지가 제대로 반영된" 사례에 속한다.

9
장

입자란 진정 무엇인가?

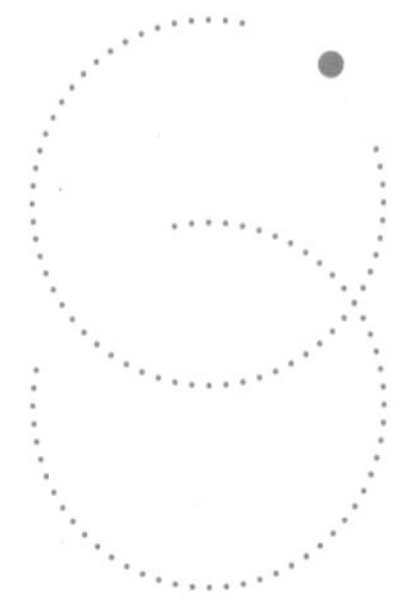

이로써 사과파이의 구성성분 목록이 줄어들었다. 그냥 줄어든 정도가 아니라, 엄청나게 짧아졌다. 처음에는 긴 원소 목록(산소, 탄소, 수소, 나트륨, 질소, 인, 칼슘, 염소, 철 등등…)에서 출발했는데, 지금은 전자와 위쿼크, 그리고 아래쿼크 세 개로 축약되었다. 하지만 이들이 결합하려면 전자기력과 강력이 필요하고 이 힘들이 제대로 작용하려면 매개 입자가 필요하므로, 기본 입자 목록은 광자와 글루온을 포함해서 모두 5개이다. 사과파이를 비롯한 모든 물질이 단 5종류의 입자로 이루어져 있다니. 이 정도면 상당히 경제적인 편이다.

쿼크와 전자는 입자particle이다. 아마도 독자들은 '입자'라고 하면 구슬처럼 생긴 작은 구형球形 물체를 떠올릴 것이다. 그동안 물질의 구조를 깊이 파고 들어가면서, 이런 이미지는 우리에게 꽤 많은 도움이 되었다. 입자들이 서로 결합하여 원자핵과 원자를 만들 때, 이들의 거동 방식은 정말로 작은 구슬을 닮았다. 강입자충돌기LHC에서 정면 충돌이 일어난 후 사방으로 흩어진 입자는 미세한microscopic♦ 총알처럼 날아와 감지기에 포착된다. 물리학자들은 이 과정을 그림으로 표현할 때에도 작은 당구공을 그려 넣곤 한다(이런 그림은 주로 일반 대중들을 위한 홍보용으로 배포된다. 실제로는 생성된 입자가 너무 많아서 눈으로 식별하기가 불가능하다).

"구슬처럼 생긴 입자"의 개념은 기나긴 역사를 갖고 있다. 1800년대 초에 존 달톤은 구형 원자에 기초한 원자 이론을 구축했고, 고대 그리스의 철학자 데모크리토스Democritus와 레우키포스Leucippus는 모든 물질이 "눈에 보이지 않지만 단단하고 입자처럼 생긴" 알갱이로 이루어져 있다고 주장했다. 그러나 현대적 개념의 입자는 달톤이나 고대 철학자들이 상상했던 것과 완전 딴판이다. '입자'라는 용어는 빙산과 비슷해서, 사람들이 흔히 떠올리는 이미지는 물 위에 떠 있는 작은 부분에 불과하고, 지난 수십 년 동안 이론과 실험을 통해 밝혀진 복잡다단한 특성과 개념은 수면 아래에 숨어 있다. 심지어 입자물리학자들조차도 평소에는 '입자'라는 용어의 진정한 의미를 망각할 때가 있다. 나 역시 하루 일과가 끝난 후 입자를 상상할 때에는 동그란 구슬을 떠올리곤 한다. 물론 대부분의 경우에는 입자를 구슬로 간주해도 별문제가 없다. 그러나 입자는 결코 작은 구슬이 아니다.

입자를 구슬로 간주하면 현대 입자물리학이 우여곡절을 겪으면서 어렵게 알아낸 자연의 아름다움과 복잡성, 기이함 등을 모두 놓치게 된다. 이런 것은 입자의 정체를 깊이 숙고할 때 비로소 그 모습을

♦ 이것도 단어를 오용誤用한 사례 중 하나이다. 원래 "micro~"는 "100만분의 1(10^{-6})"이라는 뜻인데, 양성자의 크기는 10^{-15}m밖에 안 된다. 그러므로 이 문장에서 "microscopic"은 "femtoscopic"으로 바뀌어야 한다[펨토femto는 "1,000조분의 1(10^{-15})"이라는 뜻이다: 옮긴이].

드러내기 때문이다. 입자를 깊이 파고들다 보면, 자연의 기본 구성요소는 결코 입자가 아니라는 의외의 사실에 직면하게 된다. 정말로 그렇다. 가장 근본적인 단계로 들어가면 자연은 일상생활에서 한 번도 겪어본 적 없는 낯설고 기이한 요소들로 이루어져 있다. 이 요소들은 가장 뛰어난 물리학자들도 제대로 이해하지 못했지만, 지금으로선 우주의 진정한 구성성분으로 인정할 수밖에 없는 상황이다.

탄생과 소멸

몇 년 전 나는 런던 과학박물관에서 개최된 작은 전시회에 참석하여, "우주 탐험"이 주류를 이루는 전시장 한쪽 구석에 몇 가지 물건을 전시해 놓고 관람객을 맞이한 적이 있다. 박물관을 찾은 아이들은 전시물 사이를 이리저리 뛰어다니면서 흥미로운 물건이 눈에 뜨일 때마다 비명을 질러댔지만, 내가 전시한 서류뭉치(논문)에 관심을 보이는 관객은 거의 없었다. 그것은 폴 디랙의 박사학위 논문 원본으로, 표지에는 삐뚤삐뚤한 손글씨로 "양자역학Quantum Mechanics"이라고 적혀 있다. 박사학위 논문 치고는 정말 어마어마한 제목이다.◆◆

폴 디랙은 20세기 최고의 이론물리학자 중 한 사람이다. 굳이 순위를 매긴다면 아인슈타인의 뒤를 이어 2위로 올려도 전혀 어색하지 않다. 독일의 이론물리학자 베르너 하이젠베르크가 처음으로 양자이론의 역학적 기초를 세웠을 때, 디랙은 그의 논문을 읽고 단 3개월

◆◆ 나의 박사학위 논문 제목은 "LHCb 실험에서 측정한 Bs0~K+K-의 수명A Measurement of the Bs0 to K+K- lifetime at the LHCb Experiment"이었다. 디랙과 나, 둘 중 누가 더 중요한 논문을 썼는지 단번에 감이 오지 않는가?

만에 기본 아이디어를 재구성하고 확장하여 훨씬 우아한 수학 이론으로 재탄생시켰다. 그것도 23살이라는 젊은 나이에! 디랙 같은 사람이 옆에 있으면 어깨를 펴기가 쉽지 않을 것 같다. 내가 이룬 업적이 얼마나 보잘것없는지를 수시로 깨닫게 해주는 사람이기 때문이다.

세상 사람들은 물리학자를 다소 이상한 인간으로 생각하는 경향이 있는데, 디랙은 그중에서도 아주 유별난 축에 속했다. 물리학자를 접해본 사람은 알겠지만, 이 바닥은 경쟁이 치열하기로 유명하다. 그 무리 속에서 뒤처지지 않으려면 무조건 많이 보고, 많이 듣고, 많이 떠들어야 한다. 그런데 디랙은 말수가 너무 적어서 가까운 동료들조차 그가 무슨 생각을 하고 있는지 갈피를 잡지 못했다고 한다. 오죽하면 "1디랙 = 1시간당 단어 1개만 발설하는 대화 빈도"라는 신종 단위까지 생겨났을까. 디랙은 다른 행성에서 온 외계인처럼 일반인들의 취미생활을 전혀 이해하지 못했다. 그에게 시詩는 "절대 이해할 수 없는 언어의 유희"였고, 특히 춤과는 평생 동안 담을 쌓고 살았다. 디랙과 하이젠베르크가 일본에서 열린 학회에 참석했을 때, 둘 사이에 오갔던 대화를 여기 소개한다.

> 디랙: 자넨 이 먼 곳까지 와서 왜 춤만 추고 있나?
>
> 하이젠베르크: 난 학회보다 매력적인 여자들이랑 춤추는 게 훨씬 좋아.
>
> 디랙: (자리에 앉아 몇 분 동안 깊은 생각에 잠긴 후) 그런데, 춤을 추기도 전에 저 여자들이 매력적이라는 걸 어떻게 알았지?[1]

일상사에는 누구보다 서툰 디랙이었지만, 가장 작은 구성요소의 거동을 이해하는 데에는 그를 따를 사람이 없었다. 현대 입자물리학의 기초는 그가 20대 초중반에 혼자서 닦아놓은 것이다. 디랙이 물리학계에 입문하여 제일 먼저 관심을 가진 문제는 광자가 생성될 때 일어나는 일련의 사건을 설명하는 것이었다.

광자는 끊임없이 생겨나면서, 끊임없이 소멸되고 있다. 전등의 스위치를 켜거나 스마트폰 화면에 손가락을 갖다 댈 때마다 당신은 수십억×수십억 개의 광자를 만들어내고 있으며, 이들은 누군가의 눈에 닿거나, 벽에 부딪히거나, 다른 무언가에 닿는 즉시 소멸된다(운이 좋아서 반사된 광자도 결국 다른 방해물을 만나 소멸된다). 원자 내부에서 궤도운동을 하는 전자가 높은 에너지준위에서 낮은 준위로 떨어질 때에도 광자가 생성되며, 이 광자는 두 준위의 에너지 차이에 해당하는 에너지를 갖고 있다. 그런데 광자가 생성될 때 실제로 어떤 일이 벌어지는가?

이 질문에 답하려면 양자이론이 대두되기 전에 전자기장electromagnetic field의 개념이 처음으로 확립되었던 19세기로 되돌아가야 한다. 물리학에 장場, field의 개념을 처음으로 도입한 사람은 영국의 물리학자 마이클 패러데이Michael Faraday였다. 그는 몇 년 동안 왕립연구소의 지하실험실에 거의 살다시피 하면서 전선과 자석, 발전기 등으로 수많은 실험을 수행하여 전자기 유도법칙을 발견하는 등 고전 전자기학 분야에 불멸의 업적을 남겼다. 또한 그는 이 과정에서 전기력과 자기력이 눈에 보이지 않는 물리적 실체인 전기장과 자기장을 통해 전달된다고 확신하게 되었다.

의례적으로 말하면 장場은 공간의 모든 점에서 특별한 값을 갖는 수학적 객체로서 다분히 추상적인 개념이지만, 실제로는 수학적 추상성을 훨씬 뛰어넘는 유용한 존재이다. 양손에 막대자석을 하나씩 쥐고 같은 극(예를 들어 N극)끼리 가까워지도록 강제로 이동시키면 손에 강한 척력이 느껴진다. 이 상태에서 자석을 이리저리 움직이면 둘 사이에 적용하는 척력의 크기와 방향도 달라진다. 눈에 보이지는 않지만, 밀어내는 힘의 가장자리가 느껴지는 것 같다. 두 자석을 아주 가까이 가져가면 밀어내는 힘이 아주 강해지지만, 아무리 자세히 들여다봐도 둘 사이에는 아무것도 없다. 그저 텅 빈 공간만이 존재할 뿐이다. 그러나 당신의 손에는 여전히 무언가의 존재가 느껴진다. 이것이 바로 자기장磁氣場, magnetic field이다. 당신은 그 존재를 분명히 느꼈으므로, 자기장이 추상적 개념이 아닌 현실임을 인정하지 않을 수 없을 것이다.

패러데이는 자기장을 눈으로 보는 방법을 알아냈다. 왁스를 입힌 종이에 적당량의 쇳가루를 뿌려서 자석 위에 올려놓으면, 쇳가루들이 자기장의 방향을 따라 정렬하면서 아름다운 형태가 드러난다. 또는 런던의 앨버말가Albemarle Street에 있는 왕립과학연구소를 방문하여 문서관리자에게 부탁하면(될 수 있으면 공손하게!) 패러데이가 장을 관찰하면서 손수 그린 그림을 볼 수 있다. 가난한 대장장이 견습생의 아들로 태어난 패러데이는 정규교육을 거의 받지 못했기 때문에, 수학적인 사고思考보다 무엇이든 시각화視覺化하는 것을 좋아했다. 전기장과 자기장도 이런 성향의 산물일 것이다. 그는 양전하에서 나와 음전하로 들어가는[또는 자석의 북극(N)에서 나와 남극(S)으로 들어가는] 역선力線, line of force을 이용하여 전기장과 자기장을 눈으로 볼 수 있는 실체로 표현했다. 독자들도 학창 시절에 과학 교과서에서 이런 그림을 본 적이 있을 것이다. 나는 확실하게 기억난다. 밧줄의 한쪽 끝을 퉁기면 줄의 파동이 앞으로 퍼져나가는 것처럼, 패러데이는 역선도 "자석이나 전하가 움직일 때 함께 움직이거나 진동하는 물리적 실체"라고 생각했다.

전자기 현상에 대한 패러데이의 직관적 이해를 수학적 언어로 재구성한 사람은 스코틀랜드의 물리학자 제임스 클러크 맥스웰이었다. 이 과정에서 그는 전기장과 자기장이 서로 얽힌 채 춤을 추면서 파동의 형태로 공간을 가로질러 나아간다는 사실을 알아냈고, 이 파동의 운동을 서술하는 방정식까지 유도했다. 그런데 방정식으로부터 파동의 속도를 계산해 보니, 놀랍게도 이미 알려진 빛의 속도와 정확하게 일치하는 것이 아닌가! 우연의 일치가 아니라면, 빛은 전기장과 자기장을 통일한 전자기장의 파동(전자기파)임이 분명했다.

19세기 중반에 맥스웰이 구축한 "빛의 전자기이론"은 디랙이 20대의 젊은 물리학자로 한창 주가를 올리던 1920년대에 무선통신과 라디오방송 분야에서 엄청난 성공을 거두고 있었다. 그러나 패러데이와 맥스웰의 전자기장은 연속적인 양이었고, 양자이론에 의하면 빛은 '광자'라는 입자의 집합체였기에, 둘을 조화롭게 연결하는 것이 중요한 현안으로 떠올랐다. "빛 = 전자기파"라는 고전 전자기학과 "빛 = 광자"라는 양자이론이 드디어 외나무다리에서 만난 것이다.

디랙은 1926년에 그 유명한 박사학위 논문을 탈고한 후 코펜하겐에 있는 닐스 보어 연구소Niels Bohr Institute에 6개월 동안 머물면서 연구를 수행한 적이 있는데, 바로 이 시기에 빛의 파동성과 입자성을 연결하는 중요한 아이디어를 떠올렸다. 개방적이고 세련된 성격의 보어는 편안한 분위기에서 활발한 토론을 권장한 반면, 혼자 있기를 좋아하는 디랙은 하루 종일 도서관 구석 자리에 앉아 책을 읽거나 해가 진 후 도시 주변을 거닐곤 했다. 어쩌다 토론에 참석해도 디랙은 꿔다 놓은 보릿자루처럼 아무 말 없이 듣기만 했고, 참다못한 누군가가 질문을 해도 돌아오는 대답은 "네" 아니면 "아니요" 뿐이었다. 복장 터지는 보어와 동료들의 모습이 눈에 보이는 듯하다.

어느 날부터 디랙은 연구실 도서관에 홀로 앉아 "광자 만들기"라는 골치 아픈 문제를 깊이 파고들기 시작했다. 디랙은 양자혁명을 주도한 핵심 인물이니, 아마도 독자들은 그가 광자에서 출발하여 전자기파를 구축하는 쪽으로 논리를 전개했다고 생각할 것이다. 물 분자가 모여서 파도가 된다는 식으로 말이다. 그러나 디랙은 그 반대로 광자가 아닌 전자기파를 가장 근본적인 요소로 간주했다. 즉, 광자가 모여서 전자기파가 되는 것이 아니라, 광자가 전자기파로 이루어져 있다고 생각한 것이다. 그의 이론에 의하면 광자는 우리 주변에 항상 존재하는 전자기장에서 "잠깐 동안 나타났다가 사라지는 작고 불연속적인 잔물결"에 불과했다.

방금 디랙은 전혀 어울릴 것 같지 않은 패러데이의 전자기장과 아인슈타인의 광자를 교묘하게 조합하여 "양자장quantum field"이라는 새로운 물리적 객체를 만들어낸 것이다. 여러 면에서 양자장은 패러데이의 고전 전자기장과 매우 비슷하다. 둘 다 눈에 보이지 않으면서 공간을 가득 채우고 있으며, 전기력과 자기력을 전달하고, 적절한 방식으로 흔들면 빛의 형태로 장을 가로지르는 파동을 만들어낼 수 있다. 그러나 디랙의 양자장과 고전 전자기장 사이에는 결정적인 차이가 있다. 고전 전자기장에서는 파동을 임의의 크기로 만들 수 있지만, 양자장에서는 파동의 최소 크기가 정해져 있어서, 이보다 작은 파동을 만들 수 없다는 것이다. 우리는 이 최소 단위를 '광자'라고 부른다.

이것을 좀 더 정확하게 이해하기 위해, 우리의 친구 앨리스Alice와 밥Bob에게 도움을 청해보자.♦ 두 사람은 몇 m 거리를 두고 마주 서서 번지점프에 사용되는 굵은 고무줄('번지줄'이라 하자)의 양 끝을 손으로 잡고 있다. 번지줄은 항상 팽팽하게 당겨진 상태라고 가정하자(앞으로 나는 3차원 전자기장을 1차원 번지줄에 비유할 참이다. 정확성을 기하려면 번지줄도 3차원 물체로 확장해야겠지만, 그랬다간 비유가 본론보다 훨씬 복잡해질 것 같아 그냥 1차원 줄로 밀고 나가기로 한다). 이제 앨리스가 번지줄을 쥐고 있는 손을 1초당 3번씩 위아래로 흔들면, 1초당 3개의 굴곡이 생겨서 밥을 향해 나아갈 것이다(밥은 손을 흔들지 않고 가만히 서 있다). 그런데 이들이 쥐고 있는 줄은 고전적인 '번지줄'이므로, 앨리스는 위아래로 흔드는 폭을 조절하여 자신이 원하는 크기의 파동을 만들 수 있다. 예를 들어 손을 작게 흔들면 높이가 5cm인 파동이 만들어지고, 있는 대로 크게 흔들면 거의 자신의 키만 한 파동이 만들어진다. 즉, 앨리스는 5~200cm 사이에 있는 어떤 파동도 마음대로 만들 수 있다. 고전적인 전자기장에서 빛이 생성되는 방식도 이와 비슷하다. 앨리스의 손을 전자와 같은 하전입자로 대치하면 된다.

이제 앨리스와 밥이 쥐고 있는 줄을 양자 번지줄로 바꿔보자(이런 줄은 존재하지 않지만, 따지지 말고 그냥 넘어가자). 이 줄은 양자역학의 법칙을 따르기 때문에 직관에서 한참 벗어난 의외의 현상이 나타난다. 가장 큰 변화는 앨리스가 자신이 원하는 크기의 파동을 마음대로 만들 수 없다는 것이다. 그녀가 손을 1초당 3번씩 5cm 폭으로 흔들어도 양자 번지줄은 아무런 변화가 없다. 깜짝 놀란 앨리스가 손을 조금 더 크게 흔들었지만 6cm, 7cm, 8cm짜리 파동은 여전히 만들어지지 않았다. 그러다가 줄을 10cm 폭으로 흔들었더니, 갑자기 파동이 생성되어 밥을 향해 나아간다. 한동안 변화가 없어서 지루해하던 밥은 갑자기 나타난 파동에 깜짝 놀랐다. 아무래도 양자 번지줄은 자신

♦ 앨리스Alice와 밥Bob은 물리학 원리를 설명할 때 자주 등장하는 캐릭터이다. 두 사람은 1978년에 론 리베스트Ron Rivest, 아디 샤미르Adi Shamir, 레너드 애들먼Leonard Adleman이 발표한 암호학 관련 논문을 통해 처음으로 과학계에 데뷔했다.

이 만들 수 있는 파동의 최소진폭에 한계가 있는 것 같다. 고전 전자기장에서 만들어진 가장 작은 파동을 '광자photon'라고 했으므로, 양자 번지줄에서 만들어진 가장 작은 파동에 이름을 붙인다면 '번지온bungeon' 쯤 될 것이다.

이 희한한 규칙은 양자장에도 비슷하게 적용된다. 특정한 진동수의 빛에너지를 전자기장에 투입하고자 할 때, 우리는 에너지 투입량을 마음대로 조절할 수 없다. 즉, 에너지는 작은 '덩어리'의 단위로 존재한다. 전자기장에서는 0개나 1개, 2개, 또는 1,000조 개의 광자가 잔물결을 일으킬 수 있지만, '1/2개의 광자'나 '10/3개의 광자'는 존재하지 않는다. 다시 말해서, 에너지가 항상 광자의 정수배로 존재하는 것이다. 좀 더 유식하게 표현하면 "전자기장은 양자화되어 있다quantized."

디랙은 "생성연산자creation operator"와 "소멸연산자annihilation opearteo"라는 추상적인 수학 연산자를 도입하여 광자가 탄생하고 소멸되는 과정을 서술했다. 이름에서 알 수 있듯이 생성연산자는 전자기장에 광자 한 개를 만들어내고, 소멸연산자는 광자 한 개를 제거한다. 디랙은 이 연산자를 이용하여 특정한 환경에서 원자가 광자를 흡수하거나 방출하는 확률을 계산했고, 그 답은 10년 전에 아인슈타인이 임시변통으로 얻었던 답과 완벽하게 일치했다.

디랙의 양자장이론은 대성공을 거두었다. 물리학자들은 그가 아인슈타인을 뛰어넘었을 뿐만 아니라, '파동-입자 이중성'이라는 골치 아픈 문제까지 해결했다고 생각했다.◆ 이제 광자는 파동과 입자

◆ 사실은 그렇지 않았다. 파동-입자 이중성은 지금도 물리학 최고의 미스터리로 남아 있다.

사이를 오락가락하는 카멜레온이 아니라, 양자장의 진동으로 이해하면 그만이었다.

그러나 디랙의 이론은 이야기의 절반에 불과했다. 광자가 전자기장에 생긴 잔물결이라면, 다른 물질입자는 어떻게 되는가? 전자와 양성자는 광자와 근본부터 다른 별종입자인가? 물론 이들도 파동-입자 이중성을 갖고 있지만 만들어낼 수도, 파괴할 수도 없다. 수시로 탄생했다가 소멸되는 광자와 달리, 전자와 양성자는 영원히 존재하는 것 같았다.

물질입자의 탄생과 죽음을 이해하려면 20세기 초에 등장한 또 하나의 위대한 이론인 특수상대성이론의 세계로 들어가야 한다. 양자역학이 원자와 입자의 법칙을 뒤엎은 것처럼, 특수상대성이론은 시간과 공간의 개념을 재정의한 후 직관에서 한참 벗어난 결론을 도출했다. 이 이론에 의하면, 당신이 아무리 빠르게 움직여도 당신 눈에 보이는 물리법칙(특히 빛의 속도)은 절대 달라지지 않는다. 특수상대성이론을 수용하려면 모든 사람들이 동의하는 시간과 공간의 보편적 정의를 완전히 포기해야 한다. 시간과 공간은 그 척도가 언제 어디서나 변하지 않는 절대적 개념이 아니라, 관측자의 운동상태에 따라 달라지는 상대적 개념이다. 시공간의 다른 두 지점에서 일어난 두 사건 사이의 시간 간격과 공간상의 거리는 이들에 대한 관측자의 상대속도에 따라 달라진다(구체적인 이유는 지금 우리가 다루는 주제와 다소 거리가 있으므로 생략한다).

1920년대의 양자역학은 특수상대성이론에 부합되지 않았다. 상대방에 대해 움직이고 있는 두 관측자가 얻은 양자역학의 법칙이 서로 달랐기 때문이다. 간단히 말해서, 양자역학이 아직 불완전했다는 뜻이다. 그러나 양자역학과 특수상대성이론을 하나로 합치는 것은 결코 만만한 과제가 아니었다.

1926년 여름, 이 문제를 해결해 줄 방정식을 찾았다고 믿는 물리학자가 6명쯤 있었다. 발견자인 오스카 클라인Oskar Klein과 월터 고든Walter Gordon의 이름을 따서 '클라인-고든 방정식Klein-Gordon equation'으로 명명된 이 방정식은 광속에 가까운 속도로 움직이는 전자의 양자적 거동 방식을 특수상대성이론에 위배되지 않는 논리로 설명하는 것처럼 보였다. 특히 클라인-고든 방정식에는 특수상대성이론의 가장 유명한 결과인 질량-에너지 상호관계($E=mc^2$)가 전자의 질량-에너지 항에 포함되어 있다.

닐스 보어는 이것으로 전자의 거동을 상대론적으로 서술하는 문제가 해결되었다고 생각했지만, 디랙은 그의 의견에 동의하지 않았다. 일상적인 양자역학에서 파동함수는 특정 위치에서 입자가 발견될 확률로 해석되는데, 클라인-고든 방정식의 파동함수는 그렇지 않았기 때문이다.

디랙은 중세풍 분위기가 창연한 괴팅겐대학교에서 양자 삼총사로 불리는 막스 보른, 베르너 하이젠베르크, 파스쿠알 요르단Pacual Jordan과 함께 몇 달을 보낸 후, 1927년 가을에 케임브리지로 돌아와 본격적인 연구에 착수했다. 이 무렵 '학생'이라는 꼬리표를 떼어내고 세인트 존스 칼리지St. John's College의 어엿한 교수가 된 그는 캠강River Cam(잉글랜드 동부에 있는 그레이트우즈강River Great Ouse의 지류: 옮긴이)이 내려다보이는 캠퍼스에 자신만의 연구실을 갖게 되었다. 항상 그랬듯이 그는 아침부터 저녁까지 책상 앞에 홀로 앉아 대수방정식을 써 내려갔고, 일요일에는 케임브리지 교외를 산책하거나 나무에 오르곤 했다. 특이한 점은 연구를 할 때나 나무에 오를 때나, 항상 스리피스 정장(상의, 조끼, 바지를 갖춘 양복세트: 옮긴이) 차림이었다는 것이다.

아인슈타인이 상대성이론을 구축한 방식으로는 전자에 대한 상대론적 운동방정식을 유도할 수 없다는 것을 누구보다 잘 알고 있었던 디랙은 물리학자들이 자주 사용하는 "경험에 기초한 추측"으로 문제를 공략했다. 다행히도 그에게는 전자의 운동방정식이 반드시 만족해야 할 세 가지 가이드라인이 있었다. 첫째, 새로운 방정식은 상대성이론과 모순되지 않아야 한다. 즉, 방정식의 형태와 전자의 질량-에너지는 관측자의 운동상태와 상관없이 항상 동일해야 한다. 둘째, 전자의 속도가 광속보다 훨씬 느린 경우, 새로 유도한 방정식은 기존의 양자역학 방정식과 같아져야 한다. 셋째, 전자의 파동함수가 확률로 해석되려면, 방정식은 시공간에서 '1차 방정식'이 되어야 한다. 다시 말해서, 시간(t)과 공간(x, y, z)은 방정식에서 제곱의 형태가 아니라(즉, 2차 방정식이 아니라) 있는 그대로 등장해야 한다는 뜻이다(클라인-고든 방정식은 2차 방정식이었다).

몇 달 동안 수많은 시행착오를 거친 후, 마침내 디랙은 매우 그럴듯해 보이는 후보를 찾아냈다. 이 방정식은 상대성이론과 양자역학을 모두 반영했을 뿐만 아니라, 전자가 팽이처럼 자전하면서 갖게 된 특성까지 자연스럽게 설명해 주었다(이 특성을 스핀**spin**이라고 하는데, 지금까지도 미스터리로 남아 있다).♦ 또한 이 방정식은 "스핀이 위를 향하는 전자"와 "스핀이 아래로 향하는 전자"라는 두 개의 해를 갖고 있었다. 양자역학과 특수상대성이론을 통일하는 과정에서 전자의 스핀이 기적처럼 등장한 것이다. 만일 그때까지 전자의 스핀이 발견되지 않았다면, 디랙의 방정식은 "스핀의 존재를 예견한 방정식"으로 역사에 남

♦ 전자를 포함한 모든 물질입자는 1/2의 스핀을 갖고 있으며 위(+1/2)와 아래(−1/2), 두 가지 값을 가질 수 있다.

았을 것이다.

디랙은 자신이 옳은 길로 가고 있음을 확신했다. 그것은 이론 물리학 역사상 가장 위대한 방정식이자, 비할 데 없이 아름다운 방정식이기도 했다. 수학적 아름다움은 정의하기가 매우 까다롭지만, 대부분의 수학자들은 척 보는 순간 느낀다. 구조공학에 예민한 사람들이 매끄럽게 빠진 범선을 바라보며 아름다움을 느끼는 것과 비슷하다. 디랙의 방정식은 빽빽한 잡초를 단칼에 잘라내는 명검처럼, 최고로 난해한 여러 개의 문제들을 군더더기 없이 깔끔하게 해결했다. 일부 이론물리학자들은 단순하고 우아하면서 최강의 위력을 발휘하는 디랙의 방정식을 접하고 "이토록 완벽한 방정식은 옳을 수밖에 없다"며 극찬을 아끼지 않았다. 일반인을 위한 교양과학서에서는 용납되지 않는 일이지만, 야단맞을 각오를 하고 디랙의 방정식을 여기 소개한다.

$$(i\gamma^{\mu}\partial_{\mu} - m)\Psi = 0$$

정말 멋지지 않은가? 수학기호가 조금 부담되긴 하겠지만, 이 정도면 독자들도 단순함과 아름다움을 어렴풋이나마 느낄 수 있을 것이다.◆◆ 보다시피 방정식의 구성요소는 달랑 세 개뿐이다. $i\gamma^{\mu}\partial_{\mu}$는 시간과 공간 속에서 전자가 변하는 방식을 서술하는 부분이고, m은 전자의 질량이며, Ψ는 전자의 파동함수(특정 정소나 특정한 상태에서 전자가 발견될 확률을 말해주는 수학적 양)이다. 전자의 모든 과거와 미래는

◆◆ 사실 디랙이 발표했던 방정식은 이것보다 조금 길다. 여기 적은 방정식은 간략한 표기법을 사용하여 줄여놓은 것이다. 그러나 방정식에 담긴 물리적 의미는 완전히 동일하다.

이렇게 간단한 방정식 하나로 완벽하게 서술된다.

디랙은 이토록 아름답고 완벽한 방정식을 유도해 놓고도 혹시 실험결과와 일치하지 않을까 걱정되어, 거의 한 달이 넘도록 침묵을 지켰다. 약간의 계산을 거치면 이미 실험으로 확인된 수소 원자의 에너지준위와 일치하는지 확인할 수 있었는데, 실망스러운 결과가 나올까 봐 손을 놓고 있었던 것이다. 그러나 결국 디랙은 계산을 수행할 수밖에 없었고, 결과는 정말로 아름답게 일치했다. 게다가 디랙의 이론은 기존의 양자역학보다 훨씬 정확한 것으로 드러났다.

디랙의 방정식이 1928년에 논문으로 발표되었을 때, 그와 경쟁하던 유럽의 물리학자들은 놀라움과 실망이 뒤섞인 복잡한 반응을 보였다. 거의 똑같은 주제를 연구해 왔던 독일의 물리학자 파스쿠알 요르단은 완전히 의기소침해졌고, 하이젠베르크는 디랙의 논문을 극찬하며 "그 영국인은 너무 똑똑하기 때문에, 그와 경쟁하는 건 무의미한 짓"이라고 했다.

그러나 디랙의 머릿속에는 찜찜한 구석이 남아 있었다. 자신이 유도한 방정식에 무언가 심각한 오류가 있다고 생각했기 때문이다. 그의 방정식에는 총 4개의 해가 존재했는데, 처음 2개는 스핀이 업up(↑)인 전자와 다운down(↓)인 전자에 해당하여 별문제가 없었지만, 남은 두 개는 "음의 에너지negative energy를 가진 전자"라는 듣도 보도 못한 입자에 대응되어 디랙의 심기를 괴롭히고 있었다.

"음에너지 전자"는 "연못에 떠서 헤엄치는 −3마리의 오리"만큼이나 이상한 개념이다. 처음에 디랙은 이상한 해를 카펫 밑으로 쓸어 넣고 모른 척 덮어두려고 했지만, 이것도 결코 쉬운 일이 아니었다. 음의 에너지 상태가 존재한다면, 양의 에너지를 가진 일상적인 입자들은 당구공이 포켓 안으로 떨어지듯 그 상태로 떨어질 수 있어야 한다.

그런데 문제는 음에너지 상태로 떨어지는 전자를 본 사람이 아무도 없다는 것이다. 어렵게 유도한 방정식을 포기할 수 없었던 디랙은 모든 가능성을 철저하게 타진한 후, 물리학의 역사를 바꿀 과감한 해결책을 제시했다—"음에너지 상태로 떨어지는 전자가 한 번도 발견되지 않은 이유는 음에너지 상태가 이미 다른 전자로 가득 차 있기 때문이다!" 전자가 양에너지에서 음에너지 상태로 점프를 시도해도, 그곳에 이미 다른 전자가 자리를 잡고 있어서 들어가지 못한다는 것이다. 마치 당구공이 특정 포켓으로 들어가려고 하는데, 그곳에 이미 다른 당구공이 자리를 차지하고 있어서 도로 튀어나오는 것과 비슷한 상황이다.

이는 곧 우주 전체가 "음에너지 전자로 이루어진 무한히 넓은 바다"로 가득 차 있음을 의미한다. 그런데 우리는 왜 여태껏 그 존재를 알아채지 못했을까? 평생 동안 무수히 많은 전자들 속을 헤집고 다니다 보면, 음에너지 전자와 적어도 한 번쯤은 마주쳐야 하지 않을까? 디랙은 그렇지 않다고 주장했다. 음에너지 전자들이 전체 공간에 걸쳐 고르게 분포되어 있으면, 일종의 배경처럼 인식되어 겉으로 드러나지 않을 수도 있다는 것이다.

그러나 "음에너지 전자의 바다"만으로는 디랙의 찜찜한 마음을 걷어낼 수 없었다. 예를 들어 광자 한 개가 음에너지 전자와 충돌하여 그곳에 있던 전자를 양에너지 상태로 퍼 올리면 어떻게 될까? 물속에 잠겨 있던 물체가 갑자기 수면 위로 튀어 오르듯이, 아무것도 없는 공간에서 갑자기 전자 한 개가 나타난 것처럼 보일 것이다. 그리고 음에너지 바다에는 전자 모양의 구멍이 생겨서 완벽했던 균형이 깨질 것이다. 그러나 디랙은 이것이 무한히 큰 음에너지 바다에 생긴 구멍이라기보다. 그 구멍 자체가 양에너지를 갖는 전자처럼 거동한다는 사실을 깨달았다. 단, 이 전자는 전하의 부호가 일상적인 전자와 반대여야 한다. "양전하를 띤 전자"라는 뜻이다.

그러나 그때까지 실행된 그 어떤 실험에서도 모든 전자는 한결같이 음전하를 띠고 있었고, 양전하를 띤 전자가 발견된 적은 단 한 번도 없었다. 처음에 디랙은 양전하를 띤 구멍이 양성자라고 생각했다. 여러분도 짐작하겠지만, 그 구멍은 음에너지 전자가 탈출하면서 생긴 것이므로 질량이 전자와 비슷할 것이다. 그런데 양성자의 질량은 전자의 2,000배에 가깝다. 게다가 음에너지 바다에 난 구멍이 정말로 양성자라면, 전자가 그곳으로 떨어졌을 때 전자와 양성자가 모두 사라지면서 우주에 존재하는 모든 원자들이 순식간에 파괴되어야 한다.

이러한 일련의 문제점과 동료들의 우려에도 불구하고, 방정식에 대한 디랙의 신념은 요지부동이었다. 음에너지 상태를 설명하려는 모든 시도가 실패로 돌아간 후, 디랙은 1931년에 다음과 같은 폭탄선언을 날렸다—"자연에는 양전하를 띤 전자가 반드시 존재해야 한다!"

실험적 증거가 전무한 상태에서 어떻게 이토록 자신만만할 수 있었을까? 그 후에 일어난 일련의 사건들은 정말이지 온몸에 소름이 돋을 정도로 짜릿하다. 1년 후인 1932년, 수천 km 떨어진 캘리포니아에서 젊은 물리학자 칼 앤더슨이 하늘에서 떨어지는 우주선을 연구하다가 안개상자 사진에서 양전하를 띤 전자의 흔적을 발견했다. 그리고 앤더슨이 이 결과를 발표한 직후에 캐번디시의 물리학자 패트릭 블래킷Patrick Blackett과 주세페 오키알리니Giuseppe Occihialini는 우주선이 안개상자 속의 원자와 충돌할 때 일상적인 전자와 함께 생성된 다량의 "양전하를 띤 전자"를 발견했다. 디랙은 어니스트 러더퍼드가 여전히 소장으로 재직 중인 캐번디시 연구소를 수시로 방문했는데, 어느 날 블래킷이 찍은 사진을 접하고 실험데이터와 방정식의 해를 비교해 보았다. 그리고 얼마 후, 실험에서 발견된 입자가 바로 자신이 예견한 입자임을 확신하게 된다.

앞에서도 말했지만, 예고 없이 발견된 입자는 별로 달갑지 않다. 오죽하면 누가 주문했냐고 투덜대기까지 했을까. 그러나 이론에서 예견된 입자가 나중에 발견되는 것은 전혀 다른 이야기다. 나는 이것을 '기적'이라는 단어로 표현하고 싶다. 디랙은 순수한 사고思考만으로 한 번도 발견된 적 없는 새로운 물질의 존재를 예견했다. 양자역학과 특수상대성이론을 결합하는 과정에서, 일상적인 물질의 거울에 비친 상象인 '반물질antimatter'의 세계로 가는 길이 활짝 열린 것이다. 지금 우리는 모든 물질입자마다 "모든 물리적 특성이 같으면서 전하의 부호만 반대인" 짝이 존재한다는 사실을 잘 알고 있다. 디랙이 예견했던 "양전하를 띤 전자"는 오늘날 '양전자positron', 또는 '반전자antielectron'라는 이름으로 불린다(임의의 입자와 모든 것이 같으면서 전하의 부호만 반대인 입자를 반입자antiparticle라 한다: 옮긴이). 그 외에 양성자의 반입자인 반양성자antiproton와 뉴트리노의 반입자인 반뉴트리노antineutrino, 뮤온의 반입자인 반뮤온antimuon, 그리고 쿼크의 반입자인 반쿼크antiquark도 있다. 디랙이 이토록 환상적인 입자(물질)의 존재를 이론적으로 예견한 것은 과학이 거둔 위대한 승리로 역사에 길이 남을 것이다.

반물질이 발견되면서 "물질은 영원하다"는 믿음도 맥없이 허물어졌다. 입자-반입자 쌍이 생성될 정도의 강한 에너지로 두 입자를 충돌시키면 새로운 물질입자가 생성되기 때문이다. 그 반대 과정도 일어날 수 있다. 한 입자가 자유롭게 돌아다니다가 운수 사납게 자신의 반입자 짝을 만나면, 강렬한 섬광(복사)을 방출하면서 무無로 사라진다.

여기서 한 가지 의문이 생긴다. 물질과 반물질이 수시로 생성되고 파괴되는 것이라면, 우리 눈에 보이는 우주는 왜 일상적인 물질로만 이루어져 있는가? 이 골치 아픈 문제는 나중에 다시 언급될 것이므로, 지금은 그냥 넘어가기로 하자.

디랙이 남긴 업적 중에는 세월이 흐르면서 수정된 부분도 있다. "반입자=음에너지 바다에 생긴 구멍"이라는 해석이 바로 그것이다. 디랙의 논문이 발표되고 몇 년이 지난 후, 물리학자들은 전자와 양전자를 광자와 비슷한 방식으로 설명하면(즉, 양자장의 진동으로 설명하면) 디랙의 바다가 필요가 없다는 것을 깨달았다. 장과 입자, 빛과 물질의 경계가 사라진 것이다.

오늘날 물리학자들은 입자를 이런 식으로 간주하고 있다. 지금까지 언급된 모든 입자들은 각기 자신만의 양자장에 대응된다. 광자는 전자기장electromagnetic field에 생긴 잔물결이고, 전자와 양전자는 '전자장electron field'에 생긴 잔물결이며, 위쿼크는 '위쿼크장up quark field'이라는 양자장에 생긴 잔물결이다. 강입자충돌기LHC에서 두 개의 양성자가 정면으로 충돌하면 일련의 양자장에 '자연의 종'이 울리면서 잔물결의 홍수가 양자 교향곡처럼 사방으로 퍼져나가고, 실험자는 감지기에 도달한 잔물결로부터 교향곡의 악보를 재구성하여 악기의 종류를 알아내는 식이다. 우리는 이 잔물결을 입자로 해석하고 있지만, 실제로 우리가 본 것은 순간적으로 일어난 양자장의 동요이다.

사실, 입자 같은 것은 애초부터 존재하지 않는다고 생각할 수도 있다. 우리가 아는 한, 우주의 진정한 구성요소는 입자가 아닌 양자장이다. 보이지 않고, 맛볼 수 없고, 만질 수도 없는 유체 같은 물질이 가장 작은 원자에서 가장 먼 우주에 이르기까지 모든 공간을 가득 채우고 있다. 물질의 진정한 구성요소는 화학원소도, 원자도, 전자도, 쿼크도 아닌 양자장이다. 그러므로 우리는 만질 수 없는 양자장을 끊임없이 휘젓고 다니면서 걷고, 말하고, 생각하는 "자기영속적 교란 덩어리"인 셈이다.

물론 속사정은 이렇게 단순하지 않다. 전자가 전자장의 잔물결이라는 것은 매우 그럴듯하면서 깔끔한 생각이지만 전체 이야기의 절반에 불과하다. 사실은 전자처럼 단순한 물체도 전자장뿐만 아니라 모든 양자장의 잔물결이 복잡다단하게 섞인 결과물이다. 이것은 양자장이론의 계산을 극도로 어렵게 만들 뿐만 아니라, 양자역학이나 특수상대성이론이 아닌 다른 방법으로 자연을 탐구할 기회를 제공한다. 일부 물리학자들은 전자를 매우 정교하게 들여다보면서 전자와 양자장에 대해 우리가 몰랐던 사실을 조금씩 밝혀내고 있는데, 이 실험이 진행되는 곳은 번잡하기로 유명한 런던 중심가의 지하이다.

전자에게 옷을 입히다

런던 중심부에 자리한 임페리얼 칼리지Imperial College의 너저분한 지하실에서는 강입자충돌기LHC 운용비의 1/1,000 가격으로 거의 동일한 효과를 내는 실험이 진행되고 있다. 숨 막힐 듯한 교통체증과 수천 명의 관광객들로 북적대는 사우스켄싱턴 박물관museum of South Kensington에서 지하로 몇 m만 내려가면 소립자 분야에서 역사상 가장 정교한 측정을 실행 중인 소수의 물리학자들을 만날 수 있다.

이들의 임무는 전자의 모습을 측정하는 것이다. 방금 전에 모든 입자가 양자장의 잔물결이라고 해놓고 이제 와서 외형外形 운운하는 것이 조금 이상하게 들리겠지만, 일단 눈 감고 넘어가 주기 바란다.

정말로 놀라운 것은 임페리얼 칼리지의 연구팀이 전자의 외형을 환상적인 정밀도로 측정하여, 한 번도 본 적 없는 양자장의 특성을 밝히고 있다는 점이다. 이 실험이 계획대로 진행된다면, LHC로도 만들 수 없는 무거운 입자를 발견할 수도 있다.

작디작은 전자의 외형을 파악하는 것이 거대한 입자와 무슨 상관이란 말인가? 이제 곧 알게 되겠지만 모든 것은 "입자는 양자장에 일어난 잔물결"이라는 사실로 귀결되며, 이로부터 전자의 특성에 관한 극적인 결과가 얻어진다. 임페리얼의 물리학자들이 하는 일을 이해하려면, 전자의 진정한 실체에 대해 좀 더 진지하게 생각해 볼 필요가 있다. 다소 역설적으로 들리겠지만, 가장 좋은 방법은 양자장이론이 텅 빈 공간, 또는 진공vacuum에 대하여 무엇을 말해주는지 살펴보는 것이다.

공간의 작은 영역을 취하여, 그 안에 들어 있는 모든 원자와 입자, 그리고 길 잃은 광자와 뉴트리노까지 몽땅 제거했다고 가정해 보자. 자, 이제 무엇이 남았을까? 입자가 하나도 없으면 답은 무無이다. 아무것도 없다. 그러나 양자장이론에 의하면 애써 입자를 걸어낸 텅 빈 공간도 엄청나게 시끌벅적하다. 그곳은 양자장으로 가득 차 있기 때문이다. 성능 좋은 펌프로 빨아들여서 입자를 하나도 남김없이 제거할 수는 있지만, 잔주름이 진 장은 텅 빈 공간에도 항상 존재한다. 입자물리학의 최신 이론인 표준모형에는 전자장, 뉴트리노장, 쿼크장, 전자기장, 글루온장 등 수십 개의 장이 포함되어 있다. 총 개수는 세는 방식에 따라 조금씩 다른데, 일단 25개라고 하자. 이 장들은 모든 공간에 퍼져 있으며, 심지어 진공 중에도 존재한다. "빈 공간"은 사실 빈 공간이 전혀 아니었던 것이다.

이제 전자장에 약간의 에너지를 투입하여 양자화된 작은 물결,

즉 전자 한 개가 생성되었다고 가정해 보자. 전자는 전하를 띠고 있으므로 진공을 채우고 있는 모든 양자장에 직접적인 영향을 미친다. 이런 경우 예측할 수 있는 가장 분명한 변화는 전자의 전하가 주변 전자기장을 왜곡시킨다는 것이다. 그 결과 전자에 가까운 곳은 전자기장이 강해지고, 멀수록 점점 약해지다가 거의 0으로 사라진다. 그런데 원리적으로 전자기장에는 에너지가 포함되어 있으므로, 전자를 생각할 때에는 전자장에 생긴 잔주름과 전자기장에 생긴 왜곡을 모두 고려해야 한다.

이것이 전부가 아니다. 전자기장은 전자기력을 전달하는 주체이므로, 전하를 띤 주변의 모든 양자장과 "연결되어 있다." 이는 곧 전자가 전기장을 왜곡시키면 쿼크장을 포함한 다른 장들(전하를 띤 장들)도 연달아 왜곡된다는 것을 의미한다. 그런데 쿼크는 색**color**이라는 특성을 통해 글루온장(강력장)과 상호작용을 교환하고 있으므로, 쿼크장이 변하면 글루온장도 변할 수밖에 없다. 게다가 전자기장이 변하면 일종의 피드백 효과처럼 처음에 형성되었던 전자장이 변하고… 이런 식으로 계속된다. 결론적으로 말하면 전자는 단순히 전자장의 잔물결이 아니라, 전자장의 잔물결에 지금까지 발견된 모든 양자장의 왜곡이 더해진 결과라는 것이다. 그러므로 우리에게 관측되는 전자는 맨전자**bare electron**(주변의 영향이 모두 제거된 가장 원초적인 모습의 전자: 옮긴이)가 양자장으로 정교하게 짜여진 옷을 입고 있는 상태이다.

모든 입자들은 이처럼 양자장으로 만든 옷을 입고 있기 때문에, 양자장이론에서 예견된 가장 간단한 과정조차 계산이 매우 어렵고 복잡하다. 그러나 바로 이것 덕분에 물리학자들은 아직 한 번도 본 적 없는 양자장의 영향을 연구할 수 있다. 다음 장에서 보게 되겠지만, 양자장의 종류는 앞서 언급한 25개보다 많을 수도 있다. 그 대표적 사례가 바로 암흑물질이다. 천문학자와 우주론학자들에 의하면, 신비에 싸인 암흑물질의 총량은 당신과 나를 포함하여 모든 별과 은하를 구성하는 일상적인 물질보다 5배나 많다. 대부분의 학자들은 암흑물질을 입자로 간주하고 있는데, 만일 이것이 사실이라면 진공 중에는 암흑물질 입자에 의해 잔주름이 생기는 양자장도 포함되어있을 것이다.

강입자충돌기LHC로 암흑물질 입자를 연구하려면 무조건 출력을 높이는 수밖에 없다. 즉, 두 줄기 양성자 빔의 충돌에너지가 암흑물질장의 진동을 만들어낼 정도로 강력해야 한다. 암흑물질의 질량이 얼마인지는 알 수 없지만, 운이 좋아서 LHC의 출력이 암흑물질장에 주름을 만들 수 있는 수준에 도달한다면(또는 암흑물질 입자의 질량에 도달한다면), 충돌의 여파로 튀어나온 암흑물질 입자의 흔적을 발견할 수 있을 것이다. 그러나 암흑물질 입자의 질량이 LHC의 최대 출력보다 크면, 아무리 애를 써도 이런 방법으로는 암흑물질의 정체를 규명할 수 없다. 질량이 얼마인지도 모르면서 무작정 출력을 높이는 것은 총 예산이 얼마인지도 모르면서 돈을 무작정 쏟아붓는 것과 마찬가지다. 무슨 대안이 없을까?

다행히도 다른 방법이 있다. 양자장이 입자에게 옷을 입히는 방법을 알면 된다. 암흑물질의 양자장이 존재하고, 이것이 표준모형의 다른 양자장 중 적어도 한 개 이상과 상호작용을 교환한다면, 전자가 입고 있는 양자장 옷에는 암흑물질 양자장이 기여한 부분도 분명히 있을 것이다. 이 옷을 여러 종의 '양자장 실'로 짠 직물이라고 생각하면, 전자가 입고 있는 옷에는 암흑물질 양자장으로 짠 실 몇 가닥이 섞여 있다. 실험에서 관측되는 것은 "맨전자+옷"이므로, 전자를 최대한 정밀하게 측정하면 양자역학적 야회복에 섞인 "새로운 양자장의 실 가닥"을 가려낼 수 있다.

이것이 바로 임페리얼 칼리지의 연구팀이 하는 일이다. 나는 LHC가 첫 가동에 들어간 직후인 2011년에 이 연구팀의 존재를 알게 되었는데, 처음에는 불가능한 프로젝트라고 생각했다. 런던 중심부의 조그만 지하실험실에서 수십억 유로도 아닌 수백만 유로의 푼돈(?)으로, 세계 최대 연구소의 물리학자 수천 명이 그토록 찾으려고 애쓰는 바로 그 양자장을 정교하게 걷어내겠다니, 이 얼마나 황당하면서도 야무진 꿈인가! 나는 사우스켄싱턴 지하에 있다는 그 기적의 실험실을 꼭 한번 보고 싶었다.

그 후로 호시탐탐 기회를 엿보던 끝에, 드디어 임페리얼 칼리지의 블래킷 연구소Blackett Laboratory를 방문할 기회가 찾아왔다. 연구실 입구에 도착했을 때 나를 맞이한 사람은 지난 몇 년 동안 이 실험에 참여해 온 젊은 연구원 이자벨 레이비Isabel Rabey와 시드 라이트Sid Wright였다. 이자벨은 이곳에서 박사과정을 마친 후 뮌헨에 있는 막스 플랑크 연구소Max Planck Institute에서 일하다가 다시 모교로 돌아왔고, 시드는 이자벨이 떠나던 무렵에 합류한 신참 연구원이었다. "저는 LHC의 물리학자로서, 우리와 경쟁 관계에 있는 이 실험실을 꼭 한번 방문하고 싶었습니다." 그러자 이자벨이 웃으며 말했다. "경쟁 관계라고요? 보고 나서 실망하지나 마세요."

메아리가 울리는 계단을 따라 몇 층을 내려가니 곧바로 연구실이 나타났다. 어라? 생각했던 것보다 너무 좁다. 런던의 평범한 아파트에 딸린 거실만 하다. 과거에 입자물리학과 천문학 분야에 연구비를 지원하는 정부기관의 간부가 이곳을 방문했을 때에도 손바닥만 한 실험실을 보고 크게 놀랐다고 한다. 이자벨은 그날을 회상하며 말했다—"그 사람들은 이렇게 생각하는 것 같았어요. '연구실을 좀 더 크게 확장하면 연구비를 지원해 드리죠. 이게 뭡니까? 지금 장난하십니까?'"

나는 실험의 모든 과정을 자세히 보기 위해 실험실 벽과 두꺼운 차폐막 사이를 이리저리 돌아다녀야 했다. 차폐막이 없으면 출처 모를 자기장이 침투해서 정교한 측정을 망친다고 한다. 우리가 서 있는 곳 오른쪽에는 실험데이터를 읽고 모니터링하는 오실로스코프를 비롯하여 각종 전기장치들이 빼곡하게 들어서 있고, 왼쪽에는 초록색 레이저로 빛나는 광학장비들이 커다란 테이블 위에 놓여 있다. 중앙에 있는 것은 실험에서 핵심기능을 하는 장비라고 하는데, 속사정에 무지한 내 눈에는 금속제 쓰레기통처럼 보였다.

언젠가 CERN을 방문한 기자에게 강입자충돌기LHC를 보여줬더니, "영화 〈스타게이트Stargate〉에 등장하는 대형 포털 같다"고 한 적이 있다. LHC를 처음 보는 사람은 그 규모와 복잡한 구조에 압도되곤 한다. 그러나 블래킷 연구소의 실험장비는 영화 〈백 투 더 퓨처Back to the Future〉에 나오는 타임머신용 자동차 드로리안DeLorean에 가까워서, 덜컹거리며 돌아가지만 엄청나게 효율적이다.

이자벨과 시드는 나에게 실험원리를 설명해 주었는데, 당혹스럽게도 거의 절반은 알아듣지 못했다. 원자물리학과 분자물리학에 대한 나의 지식 중 상당 부분이 나도 모르는 사이에 증발해 버린 모양이다. 나는 전자의 외형을 관측하는 데 사용되는 전기장 및 자기장 발생장치와 복잡한 레이저시스템을 이해하기 위해 무진 애를 썼다.

제일 먼저 알아야 할 것은 "전자의 외형"이라는 용어의 의미이다. 실제로 이 실험에서 측정하는 것은 전자의 전하분포상태를 나타내는 "전기쌍극자모멘트electric dipole moment, EDM"로서, EDM=0이면 전자의 전하가 완벽하게 대칭적인 구球의 형태로 분포되어 있다는 뜻이며, EDM≠0이면 전자가 시가담배처럼 길쭉하게 생겨서 한쪽 끝은 양전하가 더 많고 반대쪽 끝은 음전하가 더 많다는 뜻이다. 다른 값을 마다하고 굳이 EDM을 측정하는 이유는 전자 주변의 진공에 깔린 양자장에 따라 매우 민감하게 변하기 때문이다. 이미 알려진 양자장만을 고려하여 전자의 EDM을 계산하면 10^{-38}e cm라는 값이 얻어진다(e cm는 전기쌍극자모멘트의 단위로서 e는 전자의 전하이고 cm는 센티미터인데, 자세한 의미는 몰라도 된다. 여기서 중요한 것은 10^{-38}이 엄청나게 작은 값이라는 점이다). 이것은 너무나도 작은 값이어서, 우리가 알고 있는 양자장 외에 새로운 양자장이 존재하지 않는다면 현재 우리가 상상할 수 있는 모든 실험에서 전자는 거의 완벽한 구형으로 나타나야 한다.

그러나 암흑물질을 비롯하여 다른 신비한 특성을 설명하는 이론들은 새로운 양자장을 가정하고 있으므로 전자의 전하분포가 구형에서 벗어나 시가형 담배에 가까운 형태가 되고, 이론에 따라서는 EDM이 1조 배까지 커지기도 한다(그래봐야 EDM = 10^{-26}밖에 안 된다: 옮긴이). EDM이 이 정도로 커져서 임페리얼 칼리지 실험장비의 관측가능범위에 들어오면, 새로운 양자장이 존재한다는 강력한 증거를 발견한 것이나 다름없다. 둘레 27km짜리 입자충돌기**LHC** 없이 거둔 성과치고는 가히 환상적이다.

새로운 양자장 때문에 전자의 EDM이 아무리 커져도 여전히 엄청나게 작은 값이다. 이런 값을 관측하려면 아주 독창적이고 정밀한 계획을 세워야 한다. 임페리얼의 실험팀은 전자를 직접 관측하는 대신 희귀금속 이터븀**ytterbium, Yb**과 불소기체의 혼합물인 이터븀플로라이드**ytterbium fluoride, YbF_3**를 관측하고 있다. YbF_3가 전자의 EDM에 따라 매우 민감하게 반응하기 때문이다. YbF_3의 최외곽전자(원자핵으로부터 가장 멀리 떨어진 궤도를 도는 전자: 옮긴이)는 전자의 스핀이 업**up**이거나 다운down인 두 가지 에너지준위 중 하나에 놓일 수 있는데, 각 준위의 에너지값은 EDM에 따라 서로 반대 방향으로 이동한다. 즉, 최외곽전자의 EDM이 크면 둘 중 한 준위의 에너지가 커지고, 다른 준위의 에너지는 작아진다. 그러므로 두 준위의 에너지 차이를 측정하면 전자의 EDM을 간접적으로 알 수 있다. YbF_3의 에너지준위는 원자와 분자의 경계를 날아다니는 전자의 EDM 자체보다 100만 배쯤 예민하게 변한다. 다시 말해서, YbF_3는 EDM을 확대해서 보여주는 일종의 돋보기인 셈이다.

YbF_3는 상태가 매우 불안정하기 때문에 실험을 하는 동안 계속 만들어내야 한다. 꽤 많은 비용이 들어가는 공정이다. 연구실에서 "드르르르…" 하는 굉음이 끊임없이 들려오길래 소리 나는 쪽을 바라보니 레이저가 이터븀 금속을 1초당 25번씩 때리고 있었다. 이 과정에서 기화된 이터븀을 불소(플로린) 기체에 주입하면 YbF_3 분자로 이루어진 기체 구름이 만들어진다. 여기에 레이저와 라디오파, 그리고 마이크로파를 적절한 비율로 발사하면 YbF_3 분자들이 스핀-업과 스핀-다운 에너지준위에 놓이게 되고, 이들은 곧바로 전기장이 걸려 있는 금속제 원통(앞에서 쓰레기통처럼 보였던 물건)으로 이동한다.

업/다운 에너지준위는 전기장에 의해 서로 반대 방향으로 이동하는데, 전자의 EDM이 클수록 이동하는 정도가 크다(두 에너지준위 사이의 간격이 멀어진다는 뜻이다). 그 후 YbF_3 분자가 원통 위쪽을 통해 밖으로 빠져나오면 레이저를 이용하여 에너지준위의 이동량을 측정한다. 이런 식으로 몇 달 동안 데이터를 수집하면 전자의 EDM을 계산할 수 있다.

말로 설명하긴 쉽지만 실제로는 보통 어려운 실험이 아니다. 기기들이 워낙 예민해서 외부요인에 영향을 받기 쉬운데, 가장 큰 방해

요인은 출처 불명의 자기장이다. 몇 년 전에는 두 층 위에서 다른 연구팀이 사용하는 대형 자석 때문에 실험데이터가 엉망으로 나오는 바람에 EDM 실험의 창시자이자 책임자인 에드 힌즈Ed Hinds 교수가 노발대발하여 그 연구팀을 더 높은 층으로 쫓아 보낸 적도 있다. 심지어 런던 지하철이 근처를 지나갈 때에도 자기장이 영향을 받는다고 한다.◆

에드 힌즈가 이끄는 임페리얼 실험팀은 2011년에 첫 번째 결과를 발표했는데, 이때 얻은 결과에 의하면 전자는 10^{-27}e cm의 오차범위 안에서 구형球形인 것으로 나타났다. 전자를 태양계 크기로 확장시켰을 때, 완벽한 구형에서 벗어난 정도가 머리카락 한 올 굵기밖에 안 된다는 뜻이다!

입자물리학자들에게는 실망스러운 소식이겠지만 전자는 거의 완벽한 구형이었고, 새로운 양자장이 존재할 가능성도 거의 0으로 수렴했다. 나와 내 동료들이 LHC에서 그토록 찾아 헤맸던 양자장이 "없다"는 쪽으로 기운 것이다. 그러나 측정 자체는 정말 대단한 업적이었다. 정교함으로 따지면 단연 세계 1위였고, 원자가 아닌 분자의 EDM을 측정한 것도 이때가 처음이었다. 그 무렵에 실행된 다른 실험들은 대부분 전자 한 개를 대상으로 삼았으며, 임페리얼 실험팀의 경쟁자들은 상대적으로 복잡한 분자를 측정하면서 시간을 낭비하고 있었다. 요즘 대다수의 실험팀은 분자의 EDM 확대 능력을 십분 활용하는 임페리얼 팀의 방법을 따라가는 추세이다.

미국 하버드대학교와 예일대학교의 공동실험팀이 추진 중인 ACME 실험은 임페리얼의 측정을 뛰어넘어 EDM을 100배 더 정확

◆ 물론 가장 유력한 용의자는 피카딜리 노선Piccadilly line이다.

하게 측정했고, 콜로라도의 두 번째 실험팀도 거의 이 수준에 도달했다. 임페리얼 팀은 이들을 따라잡기 위해 새로운 비밀무기를 개발 중인데, 기본원리는 내가 CERN에서 했던 실험의 업그레이드 버전에 해당한다. 그곳에 도착했을 때 시드가 말했다. "이건 당신이 CERN에서 봤던 장비랑 비슷할 거예요." 눈앞에는 스테인리스로 만든 커다란 튜브가 조명을 받아 반짝이고 있었다. 머지않아 이 튜브는 연구실 전체로 확장될 예정이라고 한다. 튜브가 길수록 분자가 전기장 안에 머무는 시간이 길어지기 때문에 에너지준위 사이의 간격이 더 넓게 벌어져서 실험의 감도가 높아진다. 이 장비가 가동되면 LHC가 만들어낸 것보다 훨씬 무거운 입자의 양자장을 탐색하여, 자연의 기본성분을 더 많이 알아낼 수 있을 것이다.

우리는 사과파이를 태우는 실험에서 출발하여 지금까지 꽤 먼 길을 걸어왔다. 처음에는 검은 탄소 덩어리와 기름진 액체, 그리고 매캐한 연기 등 손으로 만지거나 맛볼 수 있는 물질에서 시작했지만, 지금은 보이지 않으면서 모든 곳에 퍼져 있는 양자장을 찾는 수준에 도달했다. 견고해 보이는 세상은 알고 보니 마술사의 트릭이었다. 고대인들이 생각했던 "더 이상 분할할 수 없는 원자"란 애초부터 존재하지 않았다. 데모크리토스의 지혜로운 생각은 오랜 세월 동안 사람들을 매료시켰지만, 결국은 틀린 것으로 드러났다. 가장 깊은 단계에서 자연은 불연속이 아니라 연속적인 존재였다. 앞에서 나는 자연의 구성성분을 논할 때 "빌딩 블록building block"이라는 단어를 자주 사용했는데, 실제로 그런 것은 존재하지 않는다(그동안 '빌딩 블록'을 '구성성분'으로 번역한 것이 마음에 걸린다. 빌딩 블록이라는 단어에는 '불연속'이라는 의미가 들어 있기 때문이다. 독자들의 양해를 구한다: 옮긴이). 충분히 가까운 거리에서 들여다보면 물질의 불연속성은 사라진다. 우리가 알고 있던 입자는 사실 입자가 아니라, 우주의 모든 곳을 가득 채우고 있는 양자장의 교란이었다. 모든 물체(사과파이, 인간, 별 등)는 이러한 진동이 모여서 탄생한 거시적 집합체이며, 이들이 함께 움직이면서 견고함과 영속성이라는 환영을 만들어내고 있다. 게다가 세상에는 단 하나의 전자장과 하나의 업쿼크장, 그리고 하나의 다운쿼크장이 존재하고 있으므로, 당신과 나는 서로 연결되어 있다. 우리 몸을 이루는 모든 원자들은 동일한 우주의 바다에서 일어난 잔물결이기에, 우리는 모든 피조물과 하나인 셈이다.◆

이 장의 서두에서 나는 사과파이의 구성성분이 전자와 위쿼크, 그리고 아래쿼크라고 했다. 양자장이론에 의하면 이 세 종류의 입자들은 세 종류의 양자장이 진동하면서 나타난 결과이다. 그러나 방금 보았듯이 이것도 사실을 지나치게 단순화시킨 설명이다. 전자는 단순히 전자장의 잔물결이 아니라, 지금까지 발견된 모든 양자장들의 왜곡이 복잡하게 얽혀서 나타난 결과이다. 원자핵 속의 양성자와 중성자를 구성하는 위쿼크와 아래쿼크도 마찬가지다. 그러므로 사과파이의 구성성분을 완전히 이해하려면 불안정한 입자나, 상호작용이 너무 약해서 원자를 구성하지 못하는 입자의 양자장까지 알아야 한다.

지금까지 알려진 양자장의 최선이론은 표준모형이다. 인간의 사고력이 이루어낸 최고의 업적치고는 이름이 좀 썰렁하지만, 바뀔 가능성이 거의 없으므로 익숙해지는 편이 정신 건강에 좋다. 여기에는 전자와 쿼크, 뉴트리노, 글루온 등 수많은 스타가 등장한다. 그러나

◆ 에볼라 바이러스와 개의 배설물, 그리고 피어스 모건Piers Morgan(영국의 기자, 방송인. 자극적인 방송과 발언으로 많은 사람들의 지탄을 받았음: 옮긴이)처럼 별로 유쾌하지 않은 존재들과도 하나이다.

표준모형에는 지난 몇 년 사이에 발견된 핵심 요소가 하나 있다. 그것은 사과파이의 마지막 구성성분이자, 새로운 문제가 담긴 판도라의 상자이기도 하다.

10
장

최후의 구성성분

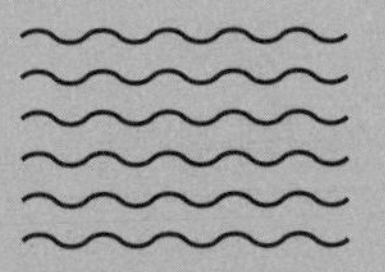

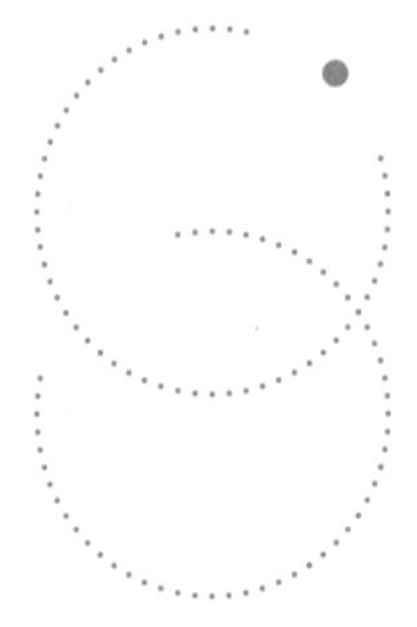

내가 CERN을 처음 방문한 것은 2007년 7월의 어느 화창한 여름날이었다. 당시 나는 물리학을 향한 열정을 불태우던 21세의 풋풋한 학부생이자 긴 머리를 어깨까지 늘어뜨린 철부지였다. 그해 여름, 유럽 전역에서 모여든 100여 명의 학생들은 몇 주 동안 CERN에 머물면서 첨단 입자물리학에 흠뻑 빠져들었다.

그전까지만 해도 나는 CERN이라는 곳이 영화 〈프로메테우스Prometheus〉에 나올 법한 미래지향적 과학자들이 땅속에 모여서 초대형 첨단기계를 이용하여 자연의 진리를 탐구하는 곳이라고 생각했다(SF 영화의 영향이 크다!). 그런데 막상 가보니 연구실 곳곳에 페인트가 벗겨져 있고 골판지 지붕으로 물이 새는 등, 허름하고 소박한 1960년대 대학 캠퍼스를 연상케 했다.

나뿐만 아니라 CERN을 처음 방문한 대부분의 사람들은 파리

증후군Paris syndrome(책과 영화에서 보았던 파리의 이미지를 상상하고 방문했다가 지저분하고, 시끄럽고, 불친절한 분위기에 실망하는 현상)과 비슷한 문화 충격을 받곤 한다. 파리증후군은 극심한 망상증과 현기증, 그리고 환각 증세를 유발하는 반면, CERN증후군은 막연한 실망감만 안겨준다는 점이 그나마 다행이라면 다행이다.

공상과학 같은 분위기는 없었지만, 방문 시기는 더할 나위 없이 적절했다. 30년에 걸친 계획과 자금조달, 그리고 복잡한 건설과정을 거쳐 탄생한 대형강입자충돌기LHC가 첫 가동을 한 달쯤 앞두고 있었기 때문이다. LHC에서 충돌과 함께 발생한 입자들이 대성당과 비슷한 크기의 입자 감지에 도달하면, 이곳의 연구원들은 복잡한 데이터를 분석하여 새로운 입자를 찾아낸다. CERN에는 이런 입자감지기가 총 네 곳에 건설되어 있는데, 나는 그중 하나인 CMS 실험실에서 그 해 여름을 보낼 예정이었다.

나의 임무는 CMS의 하위시스템 중 하나에 배속되어 데이터 수집을 돕는 것이었는데, 학교에서 컴퓨터 코딩을 배운 적이 전혀 없었기에 눈이 돌아갈 정도로 복잡한 컴퓨터 프로그램을 멍하니 바라보며 대부분의 시간을 보냈다.♦ 설상가상으로 나를 감독해야 할 연구원이 처음 2주 동안 다른 곳에 파견되어 있었으니, 내가 얼마나 황당하고 외로운 나날을 보냈는지 짐작이 갈 것이다.

다행히도 2주 후부터 모든 것이 달라졌다. 어느 날 오후, 나를 포함한 동료 학생들은 미니버스를 타고 27km짜리 LHC 링을 가로질러 CMS 실험현장을 방문했다. 버스는 평화로운 프랑스 농장을 지나

♦ 학교 실험시간에 배운 것이라곤 경사면에 공을 굴려서 중력의 크기를 알아내는 정도였다. 17세기 대학교에서는 꽤 첨단 실험이었겠지만, 당시는 21세기였다!

담으로 에워싸인 건물 앞에 멈춰섰고, 우리는 차에서 내리자마자 눈이 휘둥그레졌다. 그곳에는 감지기의 극히 일부가 빙산의 일각처럼 땅 위로 올라와 있었는데, 그 일부라는 것이 거의 3층 건물 크기였다. 그 안에서 엘리베이터를 타고 단추를 눌렀더니 덜컹대는 소리와 함께 아래로 내려가기 시작했다. 정확하게 가늠해 보진 않았지만, 족히 100m는 내려간 것 같다.

엘리베이터의 문이 열리는 순간, 드디어 내가 상상했던 공상과학의 세계가 펼쳐졌다. 가장 인상적인 것은 통로에서 제일 먼 곳에 설치된 거대한 물체였는데, 알고 보니 실험의 마무리 단계에서 아래로 내려 제자리에 밀어 넣는 엔드캡endcap이었다. 형태를 설명하고 싶은데, 워낙 희한하게 생겨서 적절한 비유가 떠오르지 않는다. 아무리 봐도 외계인이 만든 물건 같았다. 내가 할 수 있는 설명이란 "높이 15m에 폭 15m짜리 12각형 디스크를 닮았다"는 것뿐이다. 크기는 대략 2층 버스 세 대를 수직으로 쌓은 것과 비슷하고, 붉은색 표면에는 푸른색 전선이 어지럽게 감겨 있었다. 중심부에는 검은색과 은색으로 도장된 거대한 원통형 물체가 돌출되어 있는데, 언뜻 보면 외계인이 타는 자동차의 휠캡처럼 생겼다.

이 거대한 감지기가 한 달 뒤에 가동된다고 생각하니, 모든 것이 실감 나게 다가왔다. 그 밑에 서 있으면 세계 최대 규모의 실험을 준비해 온 수십 년의 세월이 결코 가볍게 느껴지지 않는다. 모든 부품은 전 세계 연구소에서 심혈을 기울여 연구하고, 설계하고, 제작되어 CERN으로 배달되었고, 여기서 다시 엄밀한 테스트를 거친 후 조립된 것이다.

그러나 진짜배기는 따로 있었다. 감지기의 극히 일부를 몇 분 동안 둘러본 후 엘리베이터를 타고 '본부'로 내려가니, 거의 완성된 실험현장이 한눈에 들어왔다. CMS는 Compact Muon Solenoid의 약자인데, compact("조밀하다" 또는 "밀집되어 있다"는 뜻: 옮긴이)라는 단어가 무색할 정도로 큰 덩치를 자랑한다.♦ 감지기는 옆으로 누워 있는 원통 모양으로 높이 15m에 길이가 22m이고, 무게는 무려 1만 2,500톤이나 된다. 여기 들어간 철재로 에펠탑 두 개를 지을 수 있다.

LHC의 거대한 고리형 원통 속에서 양성자가 충돌하면 양파 껍질처럼 동심원 형태로 배열된 1차 감지기에 수많은 입자들이 날아와 운동량, 에너지, 진행 방향 등 다양한 정보를 전달한다. 내가 속한 팀의 임무는 1차 감지기 중 하나인 전자기 열량계**electromagnetic calorimeter, ECAL**의 데이터 수집 능력을 관리하는 것이었다.

ECAL은 CMS의 핵심부품 중 하나로서, 7만 5,000개의 텅스텐산납**$PbWO_4$**(텅스텐산나트륨, 염화납, 산소를 섞어서 만든 화합물: 옮긴이) 조각을 이어 붙인 원통형 장비이다. 조명을 비추면 유리처럼 빛나지만, 무게는 같은 크기의 납덩이만큼 무겁다. 전자나 광자가 여기에 부딪히면 터지는 듯한 섬광이 방출되고, 한쪽 끝에 부착된 센서에 모든 정보가 전달되어 전자나 광자의 에너지를 알아내는 식이다.

연구원과 공학자들은 ECAL을 만들면서 이루 말할 수 없을 정도로 많은 고생을 했다. 개개의 텅스텐산납 조각은 내벽을 백금으로 도금한 도가니에서 이틀 동안 결정結晶을 키우는 식으로 제작되었는데, 필요한 개수가 너무 많아서 소련의 옛 군사시설을 개조하여 생산공장으로 만들었고, 중국에도 비슷한 공장을 지어서 꼬박 10년 동안 풀가동을 했다. 게다가 중국 공장은 백금을 충분히 확보하지 못했기

♦ compact의 의미는 확실히 상대적이다. 가속기 고리의 반대쪽에 있는 감지기 ATLAS**A Toroidal LHC ApparatuS**는 높이, 폭, 길이가 CMS의 두 배이다. CMS는 ATLAS에 비해 규모가 작아서 compact라는 이름이 붙었다고 한다.

때문에, CMS 관리팀이 취리히의 UBSUnion Bank of Switzerland(스위스 연방은행과 스위스은행을 합병하여 만든 거대 금융기업: 옮긴이)를 직접 방문하여 "결정 생산이 완료되면 고스란히 반납한다"는 조건으로 금고에 보관 중인 1,000만 달러 상당의 백금을 빌려와야 했다.

독자들은 이렇게 묻고 싶을지도 모르겠다—"입자감지기의 작은 부품 하나를 만드는 데 무엇 하러 그토록 많은 시간과 돈을 들인단 말인가?" 답은 간단하다. ECAL은 실험 전체에 걸쳐 가장 중요한 부품이기 때문이다. 주된 역할은 광자와 전자의 에너지를 측정하는 것인데, 그 정확도가 실험의 성패를 좌우한다.

입자물리학의 최신 이론인 표준모형에는 최후의 퍼즐 조각 하나가 분실된 상태였는데, "강력, 약력의 기원과 입자들이 질량을 갖게 된 이유를 설명하는 입자"가 바로 그것이었다. 이 입자는 자연의 법칙을 이해하는 데 매우 중요했기 때문에, "신의 입자God particle"라는 별명까지 얻었다. 그렇다. 나는 지금 힉스보손Higgs boson을 말하는 중이다[처음부터 "신의 입자"는 아니었다. 미국의 물리학자 레온 레더만이 힉스입자를 주제로 한 책을 출판할 때 "오랜 세월 동안 물리학자들을 무던히도 괴롭혀 온 입자"를 원망하는 뜻에서 "God Damn Particle(빌어먹을 입자)"이라는 제목을 붙였는데, 편집진의 언어순화 과정을 거쳐 "God Particle"로 바뀐 것이다. 그러므로 이 별칭에는 철학이나 종교적인 의미가 손톱만큼도 담겨 있지 않다: 옮긴이].

1990년대에 CMS 제작계획을 세운 물리학자들은 힉스입자가 두 개의 광자로 붕괴되는 순간을 포착하는 것이 힉스입자의 흔적을 찾는 최선의 방법임을 깨달았다. 충돌기에서 발견된 대부분의 입자가 그렇듯이, 힉스보손은 절대로 직접 발견되지 않는다. 감지기에 도달하는 것은 입자 본체가 아니라 붕괴된 입자들뿐이다. 힉스입자는 붕괴되는 방식이 엄청나게 다양해서, 모든 가능성을 허용하면 데이터의 홍수 속에서 길을 잃기 십상이다. 이런 상황에서 힉스입자를 찾으려면 "빈번하게 일어나면서 관측하기도 쉬운" 붕괴를 집중 공략해야 하는데, 물리학자들이 모든 가능성을 타진한 끝에 두 개의 광자로 붕괴하는 경우가 제일 만만한 대상으로 낙점된 것이다. 물론 여기서도 "만만하다"는 단어는 다분히 상대적인 의미이다.

이 붕괴 과정을 포착하기 위해 제작된 것이 바로 ECAL(전자기 열량계)이다. 내가 2007년 7월에 CERN을 방문했을 때 초대형 건설프로젝트는 거의 마무리 단계에 접어들어, CMS의 거대한 지붕이 크레인에 들려 이제 막 제자리에 놓인 상태였다.

나에게 주어진 일은 ECAL 결정블록의 센서에 포착된 빛의 양을 에너지 단위로 환산하는 컴퓨터 프로그램을 작성하는 것이었다. CMS를 보기 전에는 별 볼 일 없는 일이라고 생각했는데, 직접 방문해서 그 위용을 보고 나니 위대한 작업에 작은 힘이라도 보탤 수 있다는 것이 얼마나 보람된 일인지 절실히 깨달았다.

그해 여름 내내 CERN에는 팽팽한 긴장감이 감돌았다. 나를 포함하여 견학차 방문했던 학생들이 적은 예산을 쪼개어 밤마다 술집을 찾아다니고 아침에는 게슴츠레한 눈으로 특강을 듣고 있을 때, 수천 명의 물리학자와 공학자, 그리고 컴퓨터과학자들은 인류 역사상 최대 규모의 실험을 준비하기 위해 밤낮을 가리지 않고 혼신의 노력을 기울이고 있었다.

이 거대한 기계의 첫 번째 목적은 '힉스보손'을 찾는 것이었다. 거의 반세기 전에 그 존재가 예견된 힉스보손은 물질의 근원을 이해하는 데 가장 중요한 입자이자, 사과파이의 구성성분 목록에 추가될 마지막 입자이기도 하다. 독자들 중에는 이렇게 생각하는 사람도 있을 것이다—"아무리 그래도 그렇지, 달랑 입자 하나를 찾기 위해 수십 년의 시간과 수십억 달러의 돈을 투자한다는 건 너무 과한 거 아닌가?" 아니다. 전혀 과하지 않다. 과학자들의 지적 유희를 위해 그토록 많은 돈을 선뜻 내주는 정부는 어디에도 없다. 힉스보손이 중요한 이유를 이해하려면 양자장을 좀 더 깊이 파고 들어가야 한다. 경고: 앞으로 언급될 내용은 독자들의 머리를 심하게 괴롭힐 수도 있다. 그러나 이 과정을 참아낸다면 현대 과학의 가장 심오하고 아름다운 개념을 이해하게 될 것이다.

숨은 대칭과 통일, 그리고 보손의 탄생

힉스입자(저자는 힉스보손**Higgs boson**이라는 용어를 자주 쓰고 있는데, 이것은 힉스입자가 보손**boson**에 속한다는 것을 강조할 때 쓰는 용어이다. 물론 '힉스입자'라는 용어보다 더 많은 정보를 담고 있긴 하지만, 보손과 페르미온**fermion**의 개념이 익숙하지 않은 독자들에게는 더 낯설게 느껴질 뿐, 별 도움이 되지 않는다고 생각한다. 그래서 번역판에서는 특별한 이유가 없는 한 '힉스입자'로 표기할 것이다: 옮긴이)가 물리학자에게 특별대접을 받는 이유를 이해하려면 물질의 구조를 근본부터 다시 생각해 볼 필요가 있다. 이 세상 모든 만물은 원자로 이루어져 있고, 원자는 음전하를 띤 전자와 양전하를 띤 원자핵으로 이루어져 있으며, 원자핵은 양전하를 띤 양성자와 전하가 없는 중성자로 이루어져 있다(양성자와 중성자를 합쳐서 핵자**nucleon**라 한다: 옮긴이). 그리고 양성자와 중성자는 위쿼크와 아래쿼크로 이루어져 있다. 그러므로 모든 물질의 구성성분은 전자와 위쿼크, 그리고 아래쿼크라는 세 가지 입자로 귀결된다. 여기까지는 이미 언급된 내용이다.

물론 구성성분을 모아놓는다고 해서 물질이 되는 것은 아니다.

원자의 구조는 구성요소와 함께 이들 사이에 작용하는 '힘'에 의해 결정되는데, 그중 전자와 원자핵을 결합시키는 전자기력과 원자핵 안에서 양성자와 중성자를 결합시키는 강력에 대해서는 이미 언급한 바 있다. 두 힘은 양자장(전자기장과 글루온장)을 통해 매개되며, 이 양자장에 불연속의 에너지 덩어리를 투입하면 양자화된 작은 파문(또는 입자라고도 함)이 생기는데, 전자기력의 경우에는 이것을 광자라 하고, 강력의 경우에는 글루온이라 한다.

그러나 미시세계에는 우리가 아직 논하지 않은 또 하나의 힘이 작용하고 있다. 우리가 알고 있는 모든 힘들 중에서 가장 희한한 힘—그것은 바로 약력weak force이다. 약력이 특별한 이유는 한 종류의 입자를 다른 종류의 입자로 변환시키는 유일한 힘이기 때문이다. 약력은 1896년에 프랑스의 물리학자 앙리 베크렐이 방사능을 발견하면서 처음으로 그 존재가 알려지게 되었다. 그로부터 몇 년 후, 어니스트 러더퍼드는 불안정한 원자핵이 베타붕괴라는 과정을 통해 다른 원자핵으로 변하면서 전자를 방출한다는 사실을 알아냈고, 이것 때문에 물리학자들은 큰 혼란에 빠졌다. 붕괴되는 원자핵에서 전자가 방출되었다는 것은 처음부터 원자핵 속에 전자가 포함되어 있음을 의미했기 때문이다. 그러나 이것은 1930년대에 이르러 틀린 것으로 판명되었다. 전자는 처음부터 원자핵에 들어 있던 입자가 아니라, 중성자가 베타붕괴를 일으켜 양성자로 변하는 과정에서 반뉴트리노와 함께 생성된 입자였다. 물리학자들은 중성자를 붕괴시키는 이 힘을 약력이라 불렀다.♦

그러나 1930년대의 물리학은 약력에 대해 아는 것이 거의 없었다. 약력을 서술하는 이론을 처음으로 구축한 사람은 이탈리아계 미국인 물리학자 엔리코 페르미였는데, 그는 다른 힘을 도입하지 않고 중성자가 양성자와 전자, 그리고 반뉴트리노로 붕괴되는 베타붕괴를 기존의 논리로 설명하여 많은 물리학자들의 호응을 얻어냈다. 그러나 얼마 지나지 않아 페르미의 이론은 대략적인 서술에 불과한 것으로 판명되었다. 에너지가 커질수록 이론으로 계산한 결과가 현실과 점점 멀어지다가 결국 "100%보다 큰 확률"이라는 난센스에 도달했기 때문이다.

이 문제를 해결하려면 더욱 근본적인 이론이 필요했다. 1950년대에 이르러 드디어 '양자장'이라는 완벽한 후보가 탄생했고, 전자기력의 작동원리를 설명하는 양자장이론이 최초로 성공을 거두었다. 한스 베테와 프리먼 다이슨Freeman Dyson, 리처드 파인만, 줄리언 슈윙거Julian Schwinger, 그리고 도모나가 신이치로朝永振一郎가 몇 년에 걸쳐 각자 독립적으로 완성한 이 이론은 훗날 양자전기역학quantum electrodynamics, QED으로 불리게 된다. 하전입자와 전자기장의 상호작용을 설명하는 양자전기역학은 과학사를 통틀어 가장 정확한 이론으로, 이론과 실험의 오차가 100억분의 1을 넘지 않는다.

이 놀라운 이론의 핵심에는 "국소게이지대칭local gauge symmetry"이라는 아름다운 원리가 자리 잡고 있다. 줄리언 슈윙거에 의해 처음으로 도입된 이 원리의 핵심은 다음과 같다—"전자기력, 강력, 약력 등 근본적인 힘은 자연의 깊은 곳에 존재하는 대칭으로부터 나타난 결과이다."

무언가 꽤 파격적이면서 단호한 주장 같지만, 그 속에 담긴 의미를 이해하려면 깔끔한 포장을 걷어낼 필요가 있다. 우선 한 걸음 뒤

◆ 지금 우리는 양성자와 중성자가 쿼크로 이루어져 있다는 사실을 잘 알고 있다. 양성자는 위-위-아래 쿼크로 이루어져 있고(uud) 중성자는 위-아래-아래 쿼크로 이루어져 있다(udd).

로 물러나, 물리학에서 대칭이 어떤 역할을 하는지 알아보자. 물리적 세계에서 대칭의 역할을 처음으로 간파한 사람은 독일의 뛰어난 여성 수학자 에미 뇌터Emmy Noether였다. 그녀의 이름이 붙은 "뇌터의 정리Noether' theorem"는 평생 동안 단 한 번도 제대로 된 대접을 받지 못한 채 외롭게 떠나간 그녀가 후대 물리학자들에게 남긴 최고의 선물이었다. 이 유명한 정리는 "우주에 특정한 대칭이 존재하면, 그에 대응하는 보존량이 존재한다"는 말로 요약된다. 그런데 여기서 말하는 대칭이란 무슨 뜻일까? 앞에서도 말했지만 주어진 물리계(기체 상자, 또는 태양계, 혹은 우주 전체)에 어떤 조작을 가했는데 그 후에도 물리계가 변하지 않을 때, 그 물리계에는 대칭이 존재한다. 예를 들어 정사각형은 가운데를 중심으로 90°, 180°, 270°, 360° 돌려도 모양이 변하지 않으므로, 정사각형은 회전대칭을 갖고 있다(또는 "정사각형은 90°의 정수배만큼 돌리는 회전변환에 대하여 대칭이다"라고 표현하기도 한다: 옮긴이).

자연의 법칙도 마찬가지다. 당신이 우주선을 타고 태양계를 완전히 벗어나 텅 빈 우주공간을 일정한 속도로 날아가면서, 우주선 안에서 물리학 실험을 하고 있다고 가정해 보자(어떤 실험이건 상관없다). 질문: 우주선이 날아가는 방향에 따라 각기 다른 결과가 얻어질 것인가? 방향에 상관없이 항상 같은 결과가 얻어진다면, 자연의 법칙은 공간의 회전에 대하여 대칭이다. 다시 말해서, 우주는 당신이 진행하는 방향에 아무런 관심도 없다는 뜻이다.♦

뇌터의 정리에 의하면 대칭이 존재하는 곳에 그에 해당하는 보

♦ 물론 우주선 주변에 지구와 같은 무거운 천체가 있으면 상황은 달라진다. 지구가 우주선을 잡아당기는 중력은 특정한 방향(지구의 중심과 우주선을 연결하는 직선 방향)으로 작용하기 때문에, 실험결과는 우주선의 진행 방향에 따라 달라진다. 다시 말해서, 중력은 공간의 회전대칭을 붕괴시킨다.

존량(변하지 않는 양)이 존재한다. 회전대칭이 존재하는 경우, 그에 대응하는 보존량은 각운동량(계가 갖고 있는 회전능력)이다.◆◆ 이와 관련하여 그동안 수많은 실험이 실행되었는데, 운동량이 보존되지 않는 경우는 단 한 번도 없었다. 계의 운동량은 증가하지도 감소하지도 않으며, 계의 각 요소에 재분포되는 것만 가능하다. 이는 곧 진공 중에서 임의의 강체**rigid body**(외부로부터 힘을 받아도 크기와 모양이 변하지 않는 물체: 옮긴이)를 회전시키면, 회전을 방해하는 요인이 없는 한 똑같은 속도로 영원히 회전한다는 것을 의미한다. 지구가 오랜 세월 동안 거의 균일한 자전 속도를 유지해 온 것도 바로 이 원리 덕분이다. 자연의 법칙에 회전대칭이 존재하기 때문에, 계절에 따라 일정한 간격으로 낮과 밤이 되풀이되는 것이다.

에너지와 운동량이 보존되는 이유도 대칭원리로 설명할 수 있다. 에너지가 보존되는 것은 자연의 법칙이 시간변환에 대하여 대칭이기 때문이고(즉, 시간이 과거나 미래로 흘러도 변하지 않기 때문이다. 이것을 시간변환대칭이라 한다), 운동량이 보존되는 것은 자연의 법칙이 공간의 모든 지점에서 똑같기 때문이다(즉, 공간 전체를 임의의 방향으로 이동시켜도 변하지 않기 때문이다. 이것을 병진대칭이라 한다). 그러나 대칭이 낳은 결과 중에는 방금 언급한 3가지보다 훨씬 중요한 것이 있다. 자연에 존재하는 힘 자체가 바로 대칭이 낳은 결과라는 것이다.

보존법칙과 관련된 세 가지 대칭(회전대칭, 시간대칭, 병진대칭)은 변환이 시간과 공간의 모든 점에 일괄적으로 적용되는 "광역대칭**global symmetry**"의 사례이다. 예를 들어 우주 전체를 90° 회전시키거

◆◆ 고전역학에서 각운동량은 물체의 크기와 형태, 질량, 그리고 회전속도에 따라 다르다. 그러나 아원자세계의 입자들은 스핀에 의한 각운동량을 추가로 가질 수 있다.

나 임의의 방향으로 1m 이동시키는 것은 변환이 일괄적으로 적용된 광역변환global transformation이며, 우주가 이런 변환에 대하여 불변이면 "광역대칭을 갖고 있다"고 말한다.

그러나 기본 힘과 관련된 대칭은 시간과 공간의 각 지점마다 다른 변환(국소변환local transformation)을 가했을 때 나타나는 "국소대칭local symmetry"이다. 입자물리학의 핵심인 국소대칭은 시각적 사례를 들기가 매우 어렵기 때문에, 비유를 들어 설명하는 게 나을 것 같다.

평평하게 잘 다듬어진 그라운드에서 축구 경기를 하는 두 팀을 상상해 보자. 그리고 우리에게는 그라운드의 해발고도를 1m, 또는 1km 등 원하는 대로 높이거나 내릴 수 있는 막강한 힘이 주어졌다고 하자. 이제 우리가 그라운드를 통째로 엄청난 높이까지 들어 올린다 해도, 선수들의 경기는 이전과 동일한 양상으로 진행될 것이다(고도가 높으면 호흡이 불편해지겠지만, 매끄러운 논리를 위해 지구의 대기가 아주 높은 곳까지 균일한 밀도로 존재한다고 가정하자). 이는 곧 축구 경기 자체가 그라운드의 광역변환(일괄적인 높이 변화)에 대해 불변임을 의미한다.

이제 그라운드의 높이를 일괄적으로 올리지 않고 한 팀은 오르막, 다른 팀은 내리막으로 공격하도록 한쪽 방향으로 기울였다고 가정해보자. 이런 변환은 그라운드의 각 지점마다 위로 올려진 높이가 다르므로 광역변환이 아닌 국소변환에 속한다. 기울어진 그라운드에서 축구경기를 한다면, 당연히 내리막 팀이 훨씬 유리하다. 공은 항상 낮은 쪽으로 가려 하고, 선수들도 낮은 쪽으로 뛰는 게 편하기 때문이다(사실 나는 축구에 대해 아는 것이 하나도 없지만, 이 정도는 아이들도 알 수 있다). 다시 말해서, 위와 같은 국소변환은 대칭으로 귀결되지 않는다.

그런데 막상 그라운드를 기울여 놓고 보니, 오르막 선수들에게 못 할 짓을 한 것 같아 마음이 편치 않았다. 그래서 그라운드를 다시 평평하게 만들려고 했더니, 한번 기울어진 땅은 되돌릴 수 없다고 한다. 이것 참 난처하게 되었다. 기울어진 그라운드에서 양 팀이 평소 기량을 똑같이 발휘하도록 만들 방법은 없을까? 답: 있다. 낮은 쪽에서 높은 쪽으로 바람이 일정한 속도로 불게 하면 된다. 바람의 속도를 적당히 조절해서 고도 때문에 생긴 이득이 맞바람 때문에 생긴 손해와 정확하게 상쇄되도록 만들면 경기는 다시 공정해진다. 다시 말해서, 붕괴된 대칭이 힘(바람)에 의해 복원된 것이다.

놀랍게도 이것은 양자전기역학에서 전자기력이 도입되는 과정과 크게 다르지 않다. 축구 경기를 "하전입자의 거동을 좌우하는 법칙"으로 대체하면 된다. 앞서 말한 대로 전자는 전자장의 파동(또는 진동)으로부터 나타난 결과이며, 이 파동은 바다에 일어나는 파도처럼 시간에 따라 변한다. 공간의 한 지점만 집중적으로 바라보면 그곳에서 일어나는 전자장의 진동은 특정한 주기로 커졌다 작아졌다를 반복하고 있다. 이때 임의의 한순간에 파동이 전체 주기 중 어떤 시점에 있는지 나타내는 양을 "위상phase"이라 한다. 즉, 위상은 각 지점에서 파동의 현 상태를 보여주는 작은 시계와 비슷하다.

상상 속의 축구장에서 그라운드의 높이를 임의로 바꾼 것처럼, 전자장의 위상을 바꾸면 어떻게 될까? 일단 시간과 공간의 모든 지점에서 전자의 시곗바늘을 주기의 절반만큼 일괄적으로 돌렸다고 가정해보자. 이 변환이 전자장의 거동에 아무런 영향도 미치지 않는다면 뇌터의 정리에 의해 보존량이 존재하는데, 그 양은 놀랍게도 전자의 전하인 것으로 밝혀졌다. 다시 말해서, 전자의 전하가 보존되는 이유는 광역대칭이 존재하기 때문이다.

정말로 놀라운 것은 지금부터다. 이제 시간과 공간의 각 지점에서 시곗바늘을 각기 다른 양만큼 돌렸다고 가정해 보자. 원한다면 시간과 공간의 모든 지점에 전자장의 위상을 나타내는 미세한 시계가 빽빽하게 배열되어 있다고 생각해도 좋다. 국소변환이란 예를 들어 이곳의 시계는 주기의 1/4만큼 앞으로 돌리고, 저곳에 있는 시계는 주기의 1/2만큼 뒤로 돌렸다는 뜻이다. 각 위치마다 위상을 다르게 바꿨는데도 전자장의 거동이 변하지 않게 만들려면, 새로운 양자장을 도입하는 수밖에 없다. 그리고 무엇보다 중요한 것은 새로 도입한 양자장의 특성이 전자기장과 완전히 동일하다는 것이다. 전자기장은 기울어진 축구장에 부는 바람과 비슷하다. 즉, 전자기장은 국소적으로 변한 전자장의 위상 때문에 달라진 장의 특성을 시간과 공간의 모든 점에서 원래대로 되돌리는 역할을 한다.

이쯤에서 다음 단계로 넘어갈 수도 있지만, 국소대칭과 양자장의 중요성을 제대로 이해하려면 좀 더 생각해 볼 필요가 있다. 양자전기역학에 의하면 자석이 냉장고에 붙고, 전선에 전류가 흐르고, 원자가 지금과 같은 구조를 갖는 이유는 자연의 법칙 깊은 곳에 대칭이 존재하기 때문이다. 나는 학부생 시절 이 사실을 처음 알았을 때 말로 표현할 수 없는 경외감을 느꼈다. 물론 지금도 놀랍기는 마찬가지다.

양자전기역학에서 전자기장을 낳는 위상변환의 집합은 U(1)이라는 수학적 대칭군symmetry group으로 표현된다. 자세한 내용은 굳이 알 필요 없고, 중요한 것은 "국소적 U(1) 위상변환을 가했을 때 자연의 법칙이 변하지 않으려면 전자기장이 반드시 존재해야 한다"는 것이다. 더욱 놀라운 것은 호수 표면에 반사된 아름다운 햇빛에서 무시무시한 번개에 이르기까지, 전자기장의 모든 법칙과 이로부터 일어난 모든 자연현상들이 U(1) 대칭군의 수학적 구조에 의해 결정된다는 사실이다. 또한 이것은 빛의 입자인 광자가 질량을 갖고 있지 않다는 뜻이기도 하다. 축구 경기에 비유하면 공의 크기와 경기장의 규격, 그리고 오프사이드와 같은 모든 경기규칙이 심오한 대칭원리로부터 자동으로 결정되는 셈이다.

이제 대칭의 개념은 우리를 "힉스입자와 약력"이라는 출발점으로 데려다준다. 양자전기역학이 완벽한 형태로 완성되었을 때, 물리학자들은 약력과 강력을 서술하는 양자장도 전자기력과 비슷한 대칭원리로부터 유도될 수 있을 것으로 기대했다. 물론 당연한 발상이다. 이 이론은 1954년에 양전닝楊振寧, Chen-Ning Yang과 로버트 밀스Robert Mills가 구축했는데, 마지막 단계에서 심각한 문제에 직면했다. 이론에서 질량이 없는 입자가 무더기로 예견된 것이다(앞으로 "질량이 없는 입자"라는 말이 자주 나올 텐데, 편의상 "무질량입자"로 표기하기로 한다: 옮긴이). 이 입자들은 질량이 없다는 점에서 광자(전자기장의 입자)와 비슷하지만, 분명히 전하를 띠고 있었다. 이런 입자가 실제로 존재한다면 모든 공간을 휘젓고 다닐 것이므로 이미 오래전에 발견되었어야 하는데, 단 한 번도 발견된 적이 없지 않은가. 그래서 대부분의 물리학자들은 양자전기역학과 비슷한 원리에서 출발한 양-밀스 이론Yang-Mills theory을 별로 심각하게 받아들이지 않았다.

지금 우리는 글루온과 같은 무질량입자가 존재한다는 것을 잘 알고 있지만, 이들은 양성자와 중성자 내부에서 엄청나게 센 강력으로 갇혀 있기 때문에 1954년에는 발견되지 않은 상태였다.

그러나 전자기장이 광자라는 무질량입자를 통해 U(1) 대칭군으로 설명되었듯이, 약력도 대칭원리로 설명하려면 이에 해당하는 무질량입자가 존재해야 한다. 약력의 양자장이론에 대응되는 가장 유력한 대칭군은 SU(2)이며, 여기에는 세 종류의 역장力場, force field과 함께 세 종류의 무질량입자 W^+, W^-, Z^0 보손이 존재한다.

여기서 잠시 보손(boson)의 의미를 짚고 넘어가자. 모든 입자는

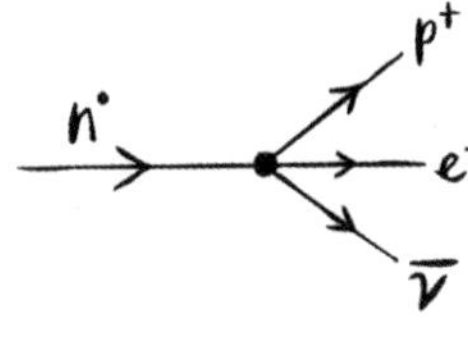

페르미의 베타붕괴이론
중성자(n^0)가 곧바로 양성자(p^+)와 전자(e^-), 그리고 반뉴트리노($\bar{\nu}$)로 붕괴된다.

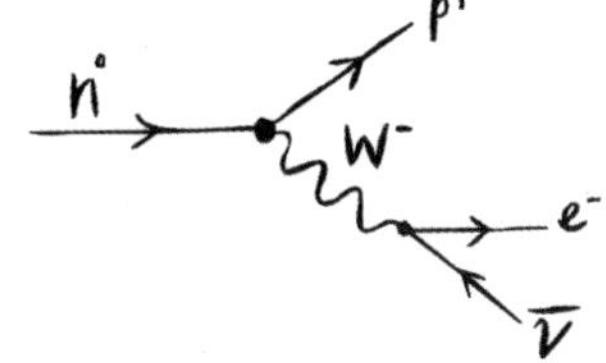

SU(2) 베타붕괴이론
중성자(n^0)가 양성자(p^+)로 변하면서 W^- 보손을 방출하고, W^- 보손은 다시 전자(e^-)와 반뉴트리노($\bar{\nu}$)로 붕괴된다.

스핀에 따라 두 종류로 나눌 수 있다. 앞서 말한 대로 양자역학적 스핀은 1/2의 정수배만 가질 수 있는데, 1/2의 홀수배(1/2, 3/2, 5/2 등)인 입자를 페르미온fermion이라 한다. 전자와 쿼크를 포함한 모든 몰질입자는 스핀이 1/2인 페르미온이다. 반면에 스핀이 1/2의 짝수배(0, 1, 2, 등)인 입자는 보손boson에 속한다. 광자와 글루온, 그리고 W^+, W^-, Z^0는 스핀이 1인 보손이다.

SU(2) 이론은 많은 장점을 갖고 있다. 예를 들어, 이 이론을 적용하면 베타붕괴에서 실제로 어떤 일이 일어나는지 자세히 설명할 수 있다. 중성자가 곧바로 양성자와 전자, 반뉴트리노로 붕괴된다는 페르미의 이론과 달리, 실제로 중성자는 W^- 보손을 방출하면서 양성자로 붕괴되고, W^- 보손이 다시 전자와 반뉴트리노로 붕괴된다.

전자기장이나 약력장 같은 역장의 경우, 장場에 대응되는 입자의 질량은 일종의 "에너지 통행료"라 할 수 있다. 이것은 자동차 운전자가 다리를 건널 때 지불하는 통행료와 비슷하다. 광자는 질량이 없으므로 전자기장을 공짜로 가로지를 수 있는데, 여기에는 두 가지 의미가 있다. 첫째, 전하를 띤 두 개의 입자는 아무리 멀리 떨어져 있어도 전자기장을 통해 상호작용을 교환할 수 있다. 물론 거리가 아주 멀면 힘이 거의 0에 가까워지겠지만, 완전히 0이 되지는 않는다. 물리학자들이 전자기력을 "장거리힘long range force"이라 부르는 것은 바로 이런 이유 때문이다. 전자기장 사용료가 0이라는 사실로부터 초래된 두 번째 결과는 전자기력의 세기가 상대적으로 약하다는 것이다.

그러나 여기에는 심각한 문제가 있다. SU(2) 이론에 의하면 W^+, W^-, Z^0 보손은 질량이 모두 0이므로 아주 광자처럼 쉽게 만들어져야 한다. 그렇다면 W^+, W^-, Z^0 보손은 모든 공간에서 광자처럼 흔히 발견되어야 하는데, 이런 입자는 지금까지 단 한 번도 발견된 적이 없다. 따라서 SU(2)는 옳은 이론이 될 수 없다. 게다가 무질량입자가 약력을 강력으로 바꾼다는 것은 더욱 있을 수 없는 일이다.

약력입자에게 질량이 없다면, 약력도 전자기력처럼 무한히 먼 곳까지 전달되는 장거리힘이어야 하고 영향력도 강해야 한다. 그러나 이름에서 알 수 있듯이 약력은 매우 약하면서 작용범위가 지극히 짧은 힘이다. 약력이 작용하는 범위는 원자핵의 크기를 벗어나지 못하기 때문에, 일상생활에서는 그 존재를 전혀 느낄 수 없다. 약력이 지금처럼 약해지는 한 가지 방법은 W입자(W^+와 W^-의 통칭)와 Z입자가 매우 큰 질량을 갖는 것이다. 다시 말해서, 매우 비싼 "약력장 사용료"를 지불하면 된다. 비유하자면 다리를 건너는 데 1m당 1,000달러쯤 될 것이다. 그래서 돈이 많은(에너지가 많은) 운전자들만 다리를 건널 수 있으며, 다리의 길이가 매우 짧은 것도 특징 중 하나이다. 결과적으로 W입자와 Z입자의 질량이 크면 약력이 약한 이유와 짧은 거리에서만 작용하는 이유를 설명할 수 있고, 1950~1960년대에 이들이 발견되지 않은 이유도 이해할 수 있다. 당시의 입자가속기는 출력이 약해서 무거운 입자를 만들어낼 수 없었기 때문이다.

그러나 이런 식의 수정에는 한 가지 문제가 있다. W입자와 Z입자에 질량을 부여하면, 처음에 약력의 형태를 결정할 때 사용했던 SU(2) 대칭이 붕괴되는 것이다. 게다가 이 이론은 "무한대의 확률"이라는 말도 안 되는 결과를 낳기 때문에 사실상 무용지물이었다.

이론물리학자들은 1930~1940년대에 고전 전자기학을 양자역학 체계에 맞게 업그레이드할 때에도 이와 비슷한 문제 때문에 골머리를 앓다가 어렵게 극복한 적이 있다. 이때 탄생한 이론이 바로 양자전기역학이다. 양자전기역학이 전대미문의 성공을 거둘 수 있었던 것은 "재규격화renormalization"라는 절묘한 계산 테크닉 덕분이었다. 슈윙거와 파인만, 그리고 도모나가는 이 공로를 인정받아 1965년에 노벨상을 공동으로 수상했다. 그러나 입자에 질량을 부여한 약력에는 재규격화 테크닉이 먹혀들지 않았기 때문에, 약력의 양자장이론은 폐기될 위기에 처했다.

물리학자들은 이 문제를 해결하기 위해 거의 10년 동안 사투를 벌였고, 완전한 이론이 정립될 때까지는 더 긴 시간을 기다려야 했다. 약력이론의 발달사에는 수많은 슈퍼스타들이 등장한다. 줄리언 슈윙거, 난부 요이치로南部陽一郎, 제프리 골드스톤Jeffrey Goldstone, 필립 앤더슨Philip Anderson은 이론의 기초를 다졌고 로버트 브라우트Robert Brout, 프랑수아 앙글레르François Englert, 피터 힉스Peter Higgs, 제럴드 구럴닉Gerald Guralnik, 칼 헤이건Carl Hagen, 톰 키블Tom Kibble은 잠재적인 해解를 찾았으며, 압두스 살람Abdus Salam, 셸던 글래쇼Sheldon Glashow, 스티븐 와인버그Steven Weinberg는 이 해를 약력에 적용했고, 헤라르트 엇호프트Gerard't Hooft와 마르티뉘스 펠트만Martin Veltman은 약력이론이 무한대를 낳지 않는다는 것을 증명했다. 이 모든 이야기를 소개하려면 책 한 권을 새로 써야 하므로,◆ 우리는 그냥 물리학에만 집중하기로 하자. 어쨌거나 최종적으로 완성된 이론은 입자물리학을 대표하는 표준모형의 핵심 중 핵심이다.

이로써 물리학자들은 역설적 상황에 직면했다. 약력입자(약력을 매개하는 입자. W입자와 Z입자)는 큰 질량을 갖고 있어야 한다. 그렇지 않으면 약력은 매우 강하면서 먼 곳까지 작용하는 장거리힘이어야 하는데, 현실은 전혀 그렇지 않다. 그러나 입자가 무거우면 이론에서 무한대가 속출하고, 약력의 형태를 결정해 준 보석 같은 대칭까지 붕괴된다.

잠깐… 혹시 대칭이 붕괴된 것이 아니라 어딘가에 숨어버린 것은 아닐까? 다시 말해서 약력을 매개하는 입자는 기본적으로 질량이 없지만, 무언가로부터 질량을 획득하게 된 것은 아닐까? 바로 여기서 '힉스장Higgs field'이라는 개념이 등장한다.

힉스장은 지금까지 우리가 접했던 것과 근본적으로 다른 양자장이다. 우리가 알고 있는 장은 스핀=1/2인 전자에 대응되는 물질장物質場, matter field이거나, 스핀=1인 광자에 대응되는 역장이었다. 그러나 힉스장에 대응되는 입자의 스핀은 0이라는 특이한 값을 갖고 있다.

이뿐만이 아니다. 힉스장은 공간의 모든 지점에서 0이 아닌 값을 가져야 한다. 전자기장과는 완전히 다른 특성이다. 광자가 알뜰하게 제거된 공간에서는 전자기장에 잔주름이 전혀 생기지 않으므로, 양자적 불확정성에 의해 나타나는 약간의 요동을 제외하면 전자기장의 값은 모든 곳에서 0이다. 그러나 힉스장에서 모든 입자를 제거해

◆ 자세한 내용을 알고 싶은 독자들은 프랭크 클로스Frank Close의 『The Infinity Puzzle 무한대 퍼즐』을 읽어보기 바란다.

도 장의 값은 0으로 사라지지 않는다. 즉, 모든 우주공간은 균일한 힉스장의 수프로 가득 차 있다.

여기서 핵심은 힉스장이 약력입자에게 질량을 부여한다는 것인데, 그 과정은 다음과 같다. 우주가 처음 탄생하던 순간에 힉스장의 값은 0이었고 세 개의 약력입자 W^+, W^-, Z^0는 질량을 갖고 있었으며, 이들 사이에는 SU(2)라는 대칭이 존재했다. 그러나 우주 탄생 후 1조분의 1초가 지났을 때 힉스장의 "스위치가 켜지면서" 0이 아닌 값을 갖게 되었고, 모든 공간은 힉스장의 수프로 가득 차게 되었으며, 약력입자는 갑자기 질량을 갖게 되었다. 초기에 존재했던 완벽한 대칭이 보이지 않는 곳으로 숨으면서 "강한 장거리힘"이었던 약력이 "약한 단거리힘"으로 바뀐 것이다.

우주 탄생 직후에는(탄생의 순간부터 1조분의 1초까지. 이토록 짧은 시간에는 '직후'라는 표현이 다소 부적절하게 느껴지지만, 더 좋은 단어가 없다: 옮긴이) 사과파이의 구성성분인 전자와 쿼크를 비롯하여 모든 물질입자들이 빛의 속도로 날아다녔다. 그러나 어느 순간부터 갑자기 "걸쭉해진" 힉스장 때문에 입자의 속도가 느려졌고, 이들이 힉스장과 상호작용을 교환하면서 없던 질량을 획득하게 되었다. 최선의 비유는 아니지만, 힉스장이 전자나 쿼크에 끈끈한 액체처럼 들러붙어서 속도를 늦추고 질량을 주입하는 것과 비슷하다. 반면에 광자나 글루온 같은 입자는 힉스장과 상호작용을 하지 않기 때문에 힉스장 속에서도 질량이 없는 상태를 유지한다.

그러므로 힉스장은 약력입자뿐만 아니라 물질을 구성하는 모든 물질입자에게도 질량을 부여한다.♦ 이것은 사과파이뿐만 아니라 우리의 우주를 형성하는 데 필수적인 요소이다. 힉스장이 없으면 전자 같은 입자가 광속으로 날아다니기 때문에 원자가 형성될 수 없고, 자연에 존재하는 기본 힘도 완전히 다른 방식으로 작용할 것이다. 간단히 말해서, 힉스장이 없으면 이 세상도 존재할 수 없다. 힉스장이 없는 세상이 어떤 곳인지 정확하게 서술하긴 어렵지만, 우리가 살 수 없는 세상이라는 것만은 분명하다.

힉스장이 입자에 질량을 부여하면서 대칭이 붕괴되었다는 가설(이것을 힉스 메커니즘**Higgs mechanism**이라 한다: 옮긴이)은 1964년에 세 연구팀에 의해 독립적으로 발표되었다. 브뤼셀의 로버트 브라우트와 프랑수아 앙글레르, 에든버러의 피터 힉스, 그리고 런던의 제럴드 구럴닉, 칼 헤이건, 톰 키블이 바로 그들이다. 그런데 왜 유독 피터 힉스만 유명해졌을까? 여기에는 약간 불공정한 사연이 숨어 있다. 평소 겸손한 성격의 힉스는 자신의 아이디어를 소개할 때 다른 창시자의 이름을 모두 집어넣어서 'ABEGHHK'tH 메커니즘'이라고 불렀는데,◆◆ 듣는 사람 입장에서는 이렇게 생각하기 쉬웠다—"저 어려운 이름을 어떻게 외워? 그냥 자기 이름을 붙여서 불러달라는 뜻이겠지."

힉스의 이름이 돋보인 이유가 또 하나 있다. 힉스는 이 내용을 논문으로 정리하여 학술지에 보냈다가 심사위원에게 "게재 부적합"이라는 판정을 받았다. 우주 에너지장을 새로 도입하는 건 좋은데, 그런 장이 정말로 존재한다는 것을 어떻게 증명한다는 말인가? 힉스는 다른 양자장이 그렇듯이 새로 도입한 양자장에 잔물결을 일으키면 입자가 생성된다는 것을 알고 있었기에 "입자가속기의 출력이 충분

◆ 힉스장은 전자와 쿼크 같은 기본 물질입자에만 질량을 부여한다. 그러나 양성자와 중성자가 갖고 있는 질량의 대부분은 쿼크의 질량이 아니라 쿼크를 결합시키는 글루온장의 에너지이다. 즉, 원자 질량의 대부분은 힉스장이 아닌 강력으로부터 기인한 것이다.

◆◆ ABEGHHK'tH는 Anderson, Brout, Englert, Guralnik, Hagen, Higgs, Kibble, 't Hooft의 약자이다.

히 커지면 문제의 입자가 발견될 것"이라고 예측했다. 요즘 물리학자들에게는 힉스장의 요동이 힉스입자로 나타난다는 것이 너무도 당연한 사실이지만, 당시에는 이것을 구체적으로 언급한 사람이 힉스밖에 없었기에 그의 이름을 붙여서 힉스입자Higgs particle로 불리게 된 것이다.

힉스 메커니즘은 새로운 양자장을 도입하여 입자가 질량을 갖게 된 이유를 설명했지만, 약력을 설명하는 완벽한 이론으로 인정하기에는 다소 부족한 점이 있었다. 그러던 중 1968년에 압두스 살람과 스티븐 와인버그, 그리고 셸던 글래쇼가 각자 독립적으로 힉스 메커니즘을 이용하여 현실 세계에 완전히 부합되는 이론을 구축하는 데 성공했다. 이론에 약력과 함께 전자기력까지 추가했더니, 질량획득 메커니즘이 완벽하게 작동한 것이다. 사실 이것은 힉스 메커니즘이 제대로 작동하는 유일한 방법이기도 했다. 완전히 다른 힘처럼 보였던 전자기력과 약력은 알고 보니 "약전자기력electroweak force"이라는 하나의 힘의 다른 측면이었다. 이것은 지금도 20세기 물리학이 거둔 가장 위대한 승리로 평가되고 있다. 태초에 한 몸이었던 전자기력과 약력이 다른 힘으로 분리된 이유는 힉스장이 W입자와 Z입자에 질량을 부여하고, 광자에게는 질량을 부여하지 않았기 때문이다.

약전자기이론은 19세기에 패러데이와 맥스웰이 구축한 전기와 자기의 통일이론(고전 전자기학)의 뒤를 잇는 가장 위대한 통일이론이었다. 이로써 전자기력은 심오한 대칭을 통해 약력과 통일되었으며, 그 결과로 탄생한 약전자기이론은 1983년에 CERN의 대형 양성자 싱크로트론 충돌기Super Proton Synchrotron collider에서 W^+, W^-, Z^0입자가 발견되면서 극적으로 검증되었다. 그 후로 약전자기이론은 표준모형의 핵심으로 자리 잡게 된다.

그러나 아직 해결되지 않은 문제가 남아 있었다. 이 모든 시나리오의 주인공인 힉스입자가 아직 발견되지 않은 것이다. 이 입자를 찾지 못하면 1960~1970년대에 걸쳐 어렵게 쌓아 올린 이론물리학의 금자탑이 송두리째 날아갈 판이었다. 약력의 강도를 설명하고, 약력과 전자기력을 통일하고, 원자를 구성하는 모든 입자들에게 질량을 부여한 것은 다름 아닌 힉스입자였다. 그리하여 힉스입자 사냥은 물리학 최대의 현안으로 떠올랐고, 선견지명을 가진 CERN의 일부 물리학자들은 1970년대 말부터 과학 역사상 가장 대담한 실험을 계획하기 시작했다.

빅뱅 제조기

2010년 3월 30일, 점심식사를 바로 앞둔 시간에 양성자 두 개가 역사를 새로 쓸 준비를 하고 있다. 이들은 제네바 도심으로부터 수 km 거리에 있는 CERN의 평범한 건물 안에서 수소 기체 용기의 내벽에 이리저리 부딪히며 다가올 실험을 초조하게 기다리는 중이다. 역사적 충돌실험의 선발주자로 뽑힌 이 양성자들은 138억 년 전에 빅뱅의 불구덩이에서 태어나 장구한 세월 동안 파란만장한 삶을 살았다.

이들은 창조의 빛을 보았고, 최초의 별이 태어나기 전에 우주를 덮고 있던 암흑을 보았으며, 푸른색 초거성의 빛나는 대기 속에서 격렬한 춤을 추었고, 폭발하는 초신성의 충격파를 타고 우주공간을 서핑했다. 그중 하나는 폴 매카트니Paul McCartney가 윙스Wings의 멤버로 활약할 때 왼손 가운뎃손가락 끝의 피부세포로 존재하다가 베이스기타 줄에 튕겨 날아가기도 했다.

그러나 실험에 선발된 이들은 138억 년에 걸친 파란만장한 삶을 이제 곧 마감해야 한다. 수소 기체 용기에 갇히지만 않았다면 인류의 종말과 태양의 최후, 심지어는 우주의 종말까지 볼 수 있었을 것이다. 정말로 불운하게도, 이들은 지구 역사상 가장 강력한 충돌실험의 샘플로 선발되었다. 과학이라는 대의를 위해 순교자가 될 운명에 처한 것이다.

어느 순간, 아무런 사전 경고 없이 갑자기 밸브가 열린다. 용기에 들어 있던 수소기체는 근처에 있는 금속상자로 사정없이 빨려 들어가고, 격렬한 전기충격이 가해지면서 양성자가 수소 분자로부터 분리된다. 이 양성자는 오랜 세월 동안 함께 지내왔던 전자와 작별을 고한 후 완전히 홀몸이 되어 첫 번째 가속기의 중심부와 연결된 진공 파이프 속으로 돌진하고, 30초에 걸쳐 '선형가속기 2Linear Accelator 2'라는 장비를 통과하면서 속도가 광속의 1/3까지 빨라진다. 실험에 선발된 양성자는 지난 수십억 년 동안 이토록 빠르게 움직여 본 적이 없다. 그러나 광속의 1/3은 그다지 유별난 속도가 아니다. 우주에서 지구로 쏟아지는 양성자들 중에는 이보다 훨씬 빠른 것도 많다.

그러나 양성자가 점점 커지는 일련의 원형가속기 속으로 진입하면 상황이 급변하기 시작한다. 원궤도를 따라 한 바퀴 돌 때마다 강력한 전기장이 에너지를 공급하여 속도를 높이고, 자기장도 점점 강해지면서 양성자를 궤도에 더욱 강하게 붙잡아 놓는다. 얼마 후 양성자는 용기에 함께 들어 있던 동료들과 함께 둘레 7km짜리 고리 모양의 대형 양성자 싱크로트론SPS(1975년부터 가동된 CERN의 입자가속기)으로 진입하여 광속의 99.9998%까지 가속된다.

이것으로 양성자의 시련이 끝났을까? 전혀 아니다. 어느 순간 갑자기 자기충격이 가해지면서 SPS 밖으로 튕겨 나온 양성자는 유도

파이프를 따라 더 큰 고리로 진입한다. 드디어 세계 최대의 입자가속기인 대형강입자충돌기LHC 안으로 들어온 것이다. 그런데 불길하게도 우리의 두 양성자는 둘레 27km짜리 고리 안에서 서로 반대 방향으로 내달리고 있다. 무언가 초대형 사고가 날 것 같은 분위기다. 그나마 경로의 곡률이 점차 완만해지고 있으니 양성자는 LHC 자석에 끌리는 힘이 줄어들었다며 잠시 안도의 한숨을 내쉬지만, 이 순간은 그리 오래 가지 않는다.

오전 11시 40분, 서로 반대 방향으로 원궤도를 따라 내달리는 두 가닥의 입자빔이 완성되었고, LHC는 양성자를 미지의 영역으로 밀어붙이기 시작한다. 이들은 한 바퀴 돌 때마다 금속제 구멍 안에 걸려 있는 200만 볼트의 무지막지한 전기장을 통과하면서 속도가 점점 광속에 가까워진다. 이와 동시에 충돌기의 대부분을 구성하는 수천 개의 초전도자석이 점점 더 강한 자기장을 생성하여, 무지막지한 힘으로 양성자를 고리의 중심부 쪽으로 유도한다.

지금까지 양성자는 거의 1시간 동안 끔찍한 "전자기 고문"을 견뎌왔다. 다행히도 특수상대성이론의 시간팽창효과 덕분에, 고속으로 움직이는 양성자의 입장에서 볼 때 이 시간은 1초가 채 되지 않는다. 오후 12시 38분, 27km짜리 고리를 약 4,000만 번쯤 돈 양성자는 광속의 99.999996%라는 환상적인 속도에 도달한다.

이제 개개의 양성자가 보유한 에너지는 3조 5,000억 eV(3.5TeV)에 도달했다. 정지상태 질량의 3,700배에 해당하는 양이다. 이들은 90ms(마이크로초. 1ms =100만분의 1초)마다 고리를 한 바퀴씩 돌면서, 자신의 장렬한 죽음을 기록하기 위해 대기 중인 거대한 감지기(ATLAS, ALICE, CMS, LHCb)의 중심을 반복해서 통과한다. 서로 반대 방향으로 회전 중인 두 양성자 빔 사이의 간격은 한 바퀴 돌 때마다 몇 mm씩 좁혀지고 있지만, 아직은 충돌하지 않았다.

오후 12시 56분, 두 가닥의 양성자 빔은 감지기 양쪽에 설치된 자석의 영향을 받아 궤도가 점점 더 가까워진다. 이제 둘 사이의 간격은 수염 한 가닥 두께보다 작아졌다.

오후 12시 58분, 우주가 창조된 이래 가장 빠른 속도에 도달한 우리의 두 양성자는 둘레 27km짜리 고리에서 마지막으로 스쳐 지나갔다. 이제 한 바퀴만 더 돌면 초대형 충돌사고가 일어날 참이다. 22.5ms 후 둘 사이의 거리는 절반으로 줄어들었고, 다시 22.5ms가 지난 후 이들은 각기 반대 방향으로 감지기의 동굴에 진입했다. 눈이 없어서 볼 수 없고 감각기관이 없어서 느끼지 못한다는 것이 그나마 다행이라면 다행이다.

LHC에서 만들어진 두 가닥의 강력한 빔이 네 개의 감지기 안으로 진입한 후, 우리의 가엾은 양성자는 빅뱅 후 볼 수 없었던 어마어마한 충돌을 일으켰다. 고에너지 충돌의 새로운 기록이 수립된 것이다.

이 충돌로 인해 양성자는 산산이 부서지고, 엄청난 불꽃과 함께 쿼크와 글루온이 사방으로 흩어진다. 이와 동시에 거대한 충격에너지가 주변 양자장에 일련의 파문을 일으켜 전자와 뮤온, 광자, 글루온, 쿼크 등 수많은 입자를 만들어낸다. 두 개의 양성자가 사라지면서 $E=mc^2$에 의거하여 새로운 입자가 탄생한 것이다.

100m 위의 지상 제어센터에서 모니터를 바라보던 물리학자와 공학자들은 최초의 충돌이 성공적으로 일어났음을 확인하고 일제히 환호성을 질렀다. 30년에 걸친 노력이 마침내 결실을 거두어, 과학 역사상 가장 야심 찬 실험의 서막이 오른 것이다. CERN의 제어센터에서 LHC를 담당해 온 공학자들에게는 더욱 뜻깊은 순간이었다. 이들은 2008년 9월에 LHC를 처음 가동했다가 폭발 사고가 난 후로

27km짜리 고리형 터널을 수리하느라 꼬박 1년을 보냈다. CERN의 과학자들이 샴페인 병을 터뜨리는 동안, LHC의 최고책임자 중 한 사람인 미르코 포저Mirko Pojer는 연구일지에 다음과 같이 기록했다—"첫 번째 충돌, 빔당 3.5TeV!"

2010년 3월 30일(화요일)은 CERN에서 일하는 모든 사람들에게 평생 잊을 수 없는 날이었다. 그날은 LHC 프로그램이 시작된 날이자, 우주를 대상으로 제기할 수 있는 가장 심오한 질문의 답을 찾기 시작한 날이기 때문이다. 그 후로 몇 주 동안 흥분으로 가득 찼던 CERN의 분위기가 지금도 생생하게 기억난다. LHCb 감지기를 최초로 통과한 입자가 또렷하게 남긴 흔적을 보았을 때는 가슴이 방망이질을 쳤고, 작은 부품을 관리할 때는 납덩이처럼 무거운 의무감과 책임감을 느꼈으며, 이론으로만 접해왔던 입자가 실제로 존재한다는 것을 감지기 데이터를 통해 확인했을 때에는 이루 말할 수 없는 흥분과 감격에 휩싸였다.

며칠, 몇 주가 지나면서 CERN 제어센터의 공학자들은 LHC를 다루는 기술이 점점 좋아졌고, 그 덕분에 실험데이터도 빠르게 쌓여갔다. 최고 에너지 충돌기록을 갱신한 그들에게 주어진 다음 임무는 4곳의 감지기에서 더 많은 데이터를 수집할 수 있도록 충돌 횟수를 높이는 것이었다.

내가 배속된 LHCb는 "바닥쿼크bottom quark"라는 입자를 찾기 위해 특별히 제작된 감지기이다. 바닥쿼크는 양성자와 중성자를 구성하는 아래쿼크의 무거운 버전으로, 이들의 특성을 자세히 분석하면 표준모형뿐만 아니라 아직 발견되지 않은 새로운 양자장에 대하여 많은 것을 알아낼 수 있다. 그러나 LHCb로는 감지할 수 없는 입자가 하나 있으니, 표준모형의 성패를 좌우하는 힉스입자가 바로 그것이다.

LHC에서 힉스입자를 알아볼 수 있는 감지기는 가장 큰 ATLAS와 CMS이다. 이들은 다양한 종류의 입자를 모두 감지할 수 있는 범용 감지기general purpose detector로서, 거대한 고리의 양쪽 맞은편에 설치되어 있다. ATLAS는 CERN의 주 건물 바로 옆에 있어서 이곳의 과학자들은 레스토랑을 비롯한 편의시설을 쉽게 이용할 수 있지만, CMS는 수 km 떨어진 프랑스 시골 마을 한복판에 자리 잡고 있기 때문에, 맛있는 점심을 먹으려면 오락가락하는 번거로움을 감수해야 한다(그래도 경치만은 단연 최고이다).

ATLAS와 CMS에서 일하는 과학자는 모두 합해서 6,000명이 넘는다. 이곳에서는 전 세계에서 모인 물리학자와 공학자 및 컴퓨터 공학자들이 아원자세계의 비밀을 밝히는 데 크고 작은 공헌을 하기 위해 혼신의 노력을 기울이고 있다. 물론 CERN에는 노년에 접어든 과학자도 많다. 이들은 1970년대에 LHC 계획에 참여했던 사람들로 지금은 주로 인력을 관리하고 수천 명의 의견을 수렴하여 연구소의 정책을 결정하는 중요한 임무를 수행하고 있다. 실험장비와 소프트웨어를 구축한 전문가들도 빼놓을 수 없다. 이들은 실험을 실행하고, 장비를 관리하고, 향후 실험계획을 수립하는 데 핵심적인 역할을 한다. 그리고 젊은 박사과정 학생과 박사후과정 연구원들은 홍수처럼 쏟아지는 데이터 속에서 새로운 입자의 흔적을 찾으며 청춘을 불태우고 있다.

이 거대한 실험이 제대로 굴러가는 것은 수많은 국제연구팀들이 긴밀하게 협조하면서 자신의 임무를 충실하게 수행하고 있기 때문이다. 그러나 놀랍게도 "힉스입자 사냥 프로젝트"의 성패는 소수의 젊은 과학자들 손에 달려 있었다. 이들의 능력이 남들보다 탁월해서가 아니라, 작업의 특성상 많은 인원이 필요하지 않았기 때문이다. 이들은 50년에 걸친 연구를 성공적으로 마무리 지어야 한다는 엄청난 부담을 떠안은 채, "입자는 왜 질량을 갖게 되었는가?"라는 근본적 질문의 답을 찾아 나섰다. 이 운 좋은 청년들 중에는 케임브리지 시절 나의 동료이자 런던 임페리얼 칼리지의 박사과정 학생 때 CMS팀에 합류한 매트 켄지Matt Kenzie도 끼어 있었다.

매트는 LHC가 가동된 다음 해인 2011년 봄에 CERN에 도착했다. 그는 원래 양자중력을 연구하는 이론물리학자가 되기를 원했으나, 석사과정 1년을 보낸 후 이론물리학이 적성에 맞지 않는다는 것을 깨달았다. 한동안 고민에 고민을 거듭한 끝에 매트는 실험 입자물리학으로 전공을 바꿔서 박사과정 지원서를 제출했는데, 서류제출 마감일을 넘기는 바람에 자칫하면 학교를 떠나야 할 위기에 처했다. 그러나 다행히도 자원자 중 한 명이 스스로 자퇴한 덕분에, 그야말로 "막차를 타고" 실험물리학계에 발을 들여놓을 수 있었다. 그런데 번갯불에 콩 볶아먹듯 면접을 치른 후 정신을 차리고 보니, 자신도 모르는 사이에 CERN에서 힉스입자를 찾는 프로젝트의 일원이 되어있었다고 한다(한국에서 공부하는 학생들에게는 정말 꿈같은 이야기다. 아마도 매트라는 학생의 지도교수가 힉스 프로젝트의 관련자였기에 이런 일이 가능했을 것이다: 옮긴이).

3,000명에 달하는 CMS 연구원들 중 수백 명이 힉스입자 사냥에 관여했지만, 실제로 이 일을 하는 사람은 수십 명에 불과했다. 매트는 자신이 이 역사적인 프로젝트에 참여하게 된 것이 실력이 아닌 운이라고 했다—"나 같은 사람이 힉스입자의 데이터를 분석하다니, 이게 말이나 되는 소리냐고. 그건 순전히 운이었어."

ATLAS와 CMS의 물리학자들은 LHC 속 충돌사건에서 운 좋게 힉스입자가 만들어져도 10^{-22}초 이내에 다른 입자로 붕괴된다는 사실을 잘 알고 있었다. 감지기까지 살아서 도달하기에는 너무 짧은 시간이다. 그러므로 힉스입자의 존재를 증명하는 길은 그것이 붕괴되면서 생성된 입자를 감지기로 포획하여 역추적하는 것뿐이다. 이것은 자동차 안에 다이너마이트를 가득 채워서 폭발시킨 후, 날아오는 파편을 사진으로 찍어서 제조사와 모델명을 알아내는 것과 비슷하다.

아니, 훨씬 어렵다. 자동차는 항상 같은 단위(재질)로 분해되지만, 힉스입자는 붕괴되는 방식이 다양하기 때문이다. 물론 개중에는 감지하기가 비교적 쉬운 붕괴도 있다. 예를 들어 힉스입자의 절반 이상은 바닥쿼크bottom quark와 반-바닥쿼크anti-bottom quark로 붕괴된다. 그러나 LHC 충돌에서 수많은 바닥쿼크가 별도로 생성되기 때문에, 증거를 찾기가 매우 어렵다(바닥쿼크와 반-바닥쿼크가 만나면 빛을 방출하면서 무無로 사라진다. 따라서 남는 것은 바닥쿼크뿐인데, 이것이 힉스입자가 붕괴되면서 생긴 것인지, 아니면 충돌사건에서 별도로 생긴 것인지 판별하기가 거의 불가능하다. 운 좋은 반-바닥쿼크가 끝까지 살아남아서 감지기에 도달해야 힉스입자의 존재를 입증할 수 있다: 옮긴이). 바닥쿼크와 반-바닥쿼크 쌍으로 붕괴된 힙스입자를 찾는 것은 "건초 더미에서 바늘 찾기"가 아니라, "바늘 더미 속에서 조금 더 뾰족한 바늘 찾기"와 비슷하다.

다행히도 좀 더 쉬운 방법이 있다. 가장 바람직한 경우는 힉스입자가 두 개의 고에너지 광자로 붕괴되거나 두 개의 Z 보손으로 붕괴되는 경우이다. 흔히 일어나는 붕괴는 아니지만, 그나마 난이도가 건초 더미에서 바늘 찾기와 비슷하다(좀 더 정확하게 말하면 "건초로 가득 찬 들판에서 바늘 찾기"와 비슷하다).

CERN에서 매트에게 주어진 임무는 힉스입자가 두 개의 광자로 붕괴된 신호를 찾는 데 사용될 컴퓨터 프로그램 작성을 돕는 것이었다. 처음에 CMS에서 연구팀 명단을 발표했을 때, 매트는 느낌이 별로 좋지 않았다. MIT 출신의 박사후 연구원을 상전으로 모시게 되었기 때문이다. 당시 MIT와 임페리얼 칼리지는 힉스입자를 놓고 서로 치열한 경쟁을 벌이고 있었기에, 매트는 본의 아니게 전쟁터 한복판으로 떨어진 꼴이 되었다—"경쟁이 정말 치열했어. 그 험악한 분위기에 휩쓸리기 싫을 정도로 말이야."

모든 사람들이 커다란 압박감에 시달렸다. 임페리얼 칼리지와 샌디에이고San Diego, CERN, 그리고 이탈리아의 물리학자들로 구성된 매트의 연구팀과 MIT의 연구팀이 두 개의 광자로 붕괴되는 힉스입자를 찾기 위해 치열한 경쟁을 벌이는 동안, CMS와 ATLAS의 연구원들도 두 개의 Z 보손으로 붕괴되는 힉스입자를 상대방보다 먼저 찾기 위해 안간힘을 쓰고 있었다. 매트는 몇 명의 박사과정 학생과 박사후 연구원으로 구성된 소수정예 팀에 속해 있었는데, 이들은 매주 최소 두 번씩 CERN의 사교활동 중심지인 '레스토랑 1'에 모여 아침이나 점심을 먹으면서 최신 연구결과를 논의했다. 이들에게 초과근무는 일상사였고, 힉스입자 사냥일지를 업데이트하는 날은 거의 예외 없이 밤을 새우곤 했다.

현장에서 뛰는 힉스 사냥꾼들은 어떤 방법을 사용했을까? 모든 것은 LHC 안에서 일어나는 충돌사건으로부터 시작된다. 일단은 모든 물리학자들의 바람대로, 힉스장이 정말로 존재한다고 가정하자. 그리고 LHC에서 양성자가 충돌할 때 발휘되는 에너지가 힉스장을 동요시켜서 힉스입자를 만들기에 충분하다고 가정하자. 첫 번째 난관은 단일충돌사건에서 힉스입자가 생성될 확률이 지극히 낮다는 점이다. 두 개의 양성자가 충돌할 때 어떤 입자가 생성될지 미리 예측할 방법은 없다. 양자역학에 의하면 우리는 특정 입자가 생성될 확률만 알 수 있을 뿐이다. 미시세계에서 일어나는 충돌은 면이 아주 많은 주사위를 굴리는 것과 같다. 개개의 면은 각기 다른 결과에 해당한다.

양성자 두 개가 충돌하면 대부분의 경우 쿼크와 글루온, 광자, 또는 W입자나 Z입자 등 우리가 이미 알고 있는 입자가 생성되며, 힉스입자가 생성될 확률은 지극히 낮다(10억분의 2쯤 된다). 따라서 간접적으로나마 힉스입자가 생성되는 현장을 포착하려면 충돌 횟수가 무조건 많아야 한다. 실제로 ATLAS와 CMS는 1초당 10억 회의 충돌을 일으킬 수 있으며, 이런 식으로 하루 24시간, 1주일에 7일, 1년에 9개월 동안 쉬지 않고 가동된다. 쉬는 시간이라곤 장비를 점검하거나 새로운 실험을 위해 세팅을 바꿀 때뿐이다. 2012년 말까지 LHC는 거의 6,000조 회에 가까운 충돌실험을 수행했다.

물론 실험 횟수가 많으면 데이터도 많아진다. 그동안 LHC에서 수집된 데이터는 지구에 있는 모든 하드디스크를 가득 채우고도 남을 정도이다. 이 엄청난 데이터 쓰나미에 파묻히지 않으려면 별로 중요하지 않은 데이터를 재빨리 판별하여 저장되기 전에 버리는 것이 상책이다. 이 작업은 "트리거**trigger**"라는 초고속 컴퓨터 알고리즘을 통해 수행되는데, 모든 충돌을 실시간으로 들여다보면서(25나노초당 한 번씩 확인함. 1나노초=10억분의 1초) 저장 가치를 판단하고 있다. 쿼크나 글루온 등 익히 알려진 따분한 입자가 튀어나오면 쓰레기통에 버리고, 무언가 흥미로운 결과가 나오면 하드디스크에 저장한다. 매트가 하는 일은 이 엄선된 데이터를 분석하여 힉스입자의 흔적을 찾는 것이다.

일단 데이터가 저장되기만 하면, "두 개의 광자로 붕괴된 힉스입자의 흔적"을 찾는 것은 (적어도 원리적으로는) 별로 어렵지 않다.

ATLAS와 CMS의 연구원들은 맞춤형 알고리즘을 이용하여 방대한 데이터에서 고에너지 광자쌍을 포함한 데이터를 골라내고 있다. 그런데 문제는 두 개의 양성자가 충돌할 때 광자 두 개가 생성되는 경우는 엄청나게 많고, 이들 중 힉스입자가 포함된 경우는 극히 드물다는 것이다(힉스입자와 무관한 광자를 배경광자background photon라 한다). 매트와 그의 동료들은 급류에서 사금을 찾듯이 넘쳐나는 광자의 홍수 속에서 힉스입자의 흔적을 찾는 방법을 개발해야 했다.

데이터를 걸러내도 필요 없는 정보가 태반인데, 이때 사용되는 또 하나의 트릭이 있다. 두 광자의 에너지를 더하면 광자쌍을 낳은 원래 입자의 질량을 알 수 있는데, 배경광자의 질량을 더한 값은 들쭉날쭉하면서 비교적 넓은 범위에 걸쳐 분포되는 경향을 보인다. 그러나 힉스입자에서 탄생한 광자는 출처가 정해져 있기 때문에, 질량의 합이 항상 같다(힉스입자의 질량과 같다). 힉스입자에서 탄생한 광자쌍의 질량의 합이 하나의 값에 집중되어, "두 광자의 질량의 합"을 가로축으로, "광자쌍의 수"를 세로축으로 삼은 그래프에서 볼록한 언덕 모양을 형성하는 것이다. 다음 페이지의 그래프에서 오른쪽 아래로 기울어진 사선은 배경광자의 분포도이고, 중간 부분에 튀어나온 혹은 힉스입자에서 광자가 생성된 경우를 나타낸다. 이런 징후가 두드러지게 나타나면 힉스입자가 존재한다는 강력한 증거가 될 수 있다.

2011년 크리스마스를 앞둔 어느 날, CERN 본부에서는 "ATLAS와 CMS에서 무언가 발견했다"는 소문이 돌기 시작했다. 연구원들은 지난 1년 동안 분석해 온 데이터를 정리하여 12월 13일에 과학 역사상 가장 사람을 감질나게 만들었던 입자를 주제로 특별 세미나를 개최했다. 그날 CERN의 본관에는 수백 명의 물리학자들이 회의실에 자리를 잡기 위해 건물 앞에 장사진을 쳤고, 매트는 자신의 연구실

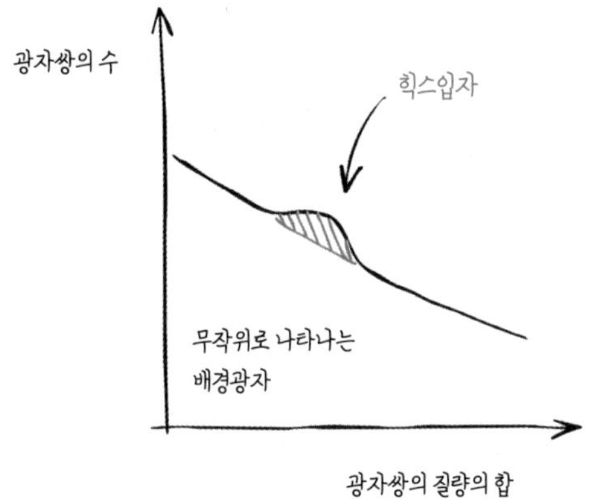

에서 회의 장면을 컴퓨터로 지켜보았다. 정말로 힉스입자가 발견되었을까? 사람들은 침을 삼키며 세미나가 시작되기를 기다렸다. 드디어 시작된 프레젠테이션—요점을 정리하면 "무언가 발견된 것 같긴 한데, 단언하기는 어렵다"는 것이었다. 잔뜩 기대하고 왔던 물리학자들의 눈에는 실망한 기색이 역력했다. ATLAS와 CMS의 연구원들은 125GeV 근처에서 작은 "언덕"을 발견했다고 선언했는데(참고로 양성자의 질량은 약 1GeV이고 Z입자의 질량은 약 90GeV이다), 힉스입자의 증거라고 보기에는 언덕의 크기가 너무 작았다. 그래도 한 가지 희망적인 것은 독립적으로 연구를 수행해 온 두 팀이 "같은 지점(질량)에서" 언덕을 발견했다는 점이었다.

그러나 연말 연휴를 보낸 후 2012년 봄에 데이터 수집이 재개되면서 갑자기 상황이 돌변했다. 작년에 발견한 언덕의 정체가 힉스입자일 가능성이 더욱 높아진 것이다. 매트를 비롯한 CMS의 연구원은 경쟁 관계에 있는 ATLAS 팀에게 뒤지지 않기 위해 하루걸러 날밤을 새워가며 분석에 몰두했다. 두 팀의 분석결과는 철저히 비밀에 부쳐졌는데, 이는 경쟁상대를 견제하려는 것이 아니라 상대 팀이 얻은 결과에 의식적, 또는 무의식적으로 영향을 받는 것을 막기 위한 조치였다. 모든 것이 승인된 후 마지막 순간에 최종데이터를 비교하면 이들이 발견한 것이 정말로 힉스입자인지, 그 진위 여부가 밝혀질 것이다.

2012년 초부터 그해 6월 말까지, ATLAS와 CMS 팀은 2011년 한 해 동안 수집한 것보다 훨씬 많은 데이터를 확보했다. 두 팀의 데이터를 처음으로 비교하던 날 아침, 매트가 속한 소수정예팀은 왁자지껄한 레스토랑 1에 모여서 잠이 덜 깬 눈으로 노트북을 들여다보다가 결정적인 그래프를 발견했다. 2011년 데이터에서 보았던 바로 그 위치에서 확실한 "언덕"이 나타난 것이다.

입자물리학의 초심자였던 매트는 이것이 얼마나 중요한 발견인지 미처 깨닫지 못하고 있었다. 그날 오후 CMS 세미나실에서는 수백 명의 물리학자들이 운집한 가운데 중국 출신의 MIT 박사과정 학생 양밍밍楊明明, Ming Ming Yang이 두 개의 광자로 붕괴된 힉스입자의 분석 결과를 발표했는데, 처음에는 2011년과 2012년에 얻은 결과를 조금씩 언급하면서 애간장을 태우다가 "여러분, 이 순간을 영원히 기억해 주시기 바랍니다"라는 멘트와 함께 마지막 그래프로 넘어가는 버튼을 눌렀다. 그러자 회의실 대형화면에는 125GeV에서 뚜렷한 "언덕"이 형성된 멋진 그래프가 나타났고, 청중들은 일제히 자리에서 일어나 거의 비명에 가까운 감탄사를 내질렀다. 그 후 Z 보손의 흔적으로부터 힉스입자를 추적해 온 ATLAS 팀도 동일한 지점에서 "언덕"을 발견했다는 사실이 알려지자, CERN 전체가 벌집을 쑤셔놓은 듯 순식간에 난장판이 되었다.

다음 날 매트는 CMS의 대변인인 조 인칸델라Joe Incandela로부터 한 통의 이메일을 받았는데, 거기에는 다음과 같이 적혀 있었다—"2012년 7월 4일에 발표할 공식 선언문을 준비하기 위해 귀하를 포함한 물리학자 50명을 초대하고자 하오니, 부디 참석하셔서 고견을 들려주시기 바랍니다(CERN에서는 이날을 '힉스디펜던스 데이Higgsdependence Day'라고 불렀다)." 이 역사적인 발견을 세상에 발표하는 중책을 맡은 사람은 CMS의 대변인 조와 ATLAS의 대변인 파비올라 자노티Fabiola Gianotti였다. 세미나실에 모인 50명의 물리학자들은 문장을 다듬고 다듬어서 멋진 최종 발표문을 작성했다.

CERN 전체가 흥분의 도가니에 빠져 있을 때, 매트는 투병 중인 아버지를 돌보기 위해 주말마다 영국의 집으로 돌아가야 했다. 그는 자신이 CERN에서 한 일을 부모님께 설명하기 위해 최선을 다했지만, 별 성과는 없었다고 한다. "아버지께서 말씀하시더군, '그래, 수고 많았다'라고 말이야. 그분의 관심거리는 따로 있었던 거지."

매트는 자리를 자주 비우는 바람에 CERN에서 공식발표를 하는 날 주 강당에 지정석을 배정받지 못했다. 그러나 그는 발표 당일날 아슬아슬하게 CERN에 도착하여 CMS의 다른 팀원들과 함께 비밀 침투작전을 펼쳤고, 결과는 매우 성공적이었다.

강당은 그야말로 흥분의 도가니였다. 한 물리학자는 "월드컵 축구 결승전을 관람하러 온 기분"이라고 했다. 그가 정말 축구장에 가봤는지는 알 수 없지만, 입자물리학자들의 모임치고는 확실히 생기가 넘쳤다. 사람들은 자리를 잡기 위해 건물 밖에서 밤새도록 줄을 선 채 기다렸고, 그들 중 수백 명은 끝내 자리가 없어서 발길을 돌려야 했다. 그날 나는 런던 국회의사당 근처에 있는 한 건물에서 과학자와 기자, 그리고 일부 정부 관료들과 함께 인터넷 생방송으로 발표 현장을 지켜보았다.

행사가 시작되기 몇 분 전에 CERN의 총책임자인 롤프 호이어Rolf Heuer가 피터 힉스, 프랑수아 앙글레르와 함께 등장했다. 두 사람은 거의 50년 전에 힉스입자를 최초로 예견하여 이 모든 프로젝트를 가능하게 만들었으니, 최고 영웅으로 대접받아 마땅했다. 매트는 그때서야 자신이 엄청난 일에 연루되었음을 깨닫고 식은땀을 흘렸다고 한다.

제일 먼저 CMS의 조 인칸델라가 몇 주 전에 공개했던 그래프를 다시 보여주면서 힉스입자의 존재를 재확인했다. 그리고 잠시 후 ATLAS의 파비올라 자노티가 등장하여 CMS와 동일한 위치에서 "언덕"이 형성된 그래프를 보여주자, 청중들은 목이 터져라 소리를 지르고 발을 구르며 한바탕 난리를 치렀다. 어느 정도였냐고? 월드컵 결승전에서 자국팀이 결승 골을 넣었을 때와 거의 똑같았다고 보면 된다.

그 자리에 모인 물리학자들은 함께 일궈낸 성공을 자축했고, 어느새 80대에 접어든 피터 힉스는 감격의 눈물을 흘렸다. 그는 1964년에 힉스입자의 존재를 예견했지만, 자신이 살아 있는 동안 그 입자가 발견되리라고는 전혀 예상하지 못했다고 한다. CERN의 사무총장이 행사 종료를 선언할 때, 매트는 비로소 자신이 어떤 일을 했는지 실감할 수 있었다—"이제 좀 감이 오는군. 나는 아직 전문가가 아니지만, 대단한 놈을 발견한 건 사실이야."

그렇다, 그들은 힉스입자를 발견했다.

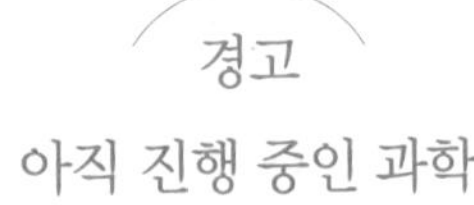

경고
아직 진행 중인 과학

힉스입자가 발견된 것은 사과파이 제조법을 찾아 나선 우리의 탐구 여정에 중대한 전환점이 되었다. 힉스입자는 입자물리학의 표준모형에서 마지막으로 제자리를 찾은 퍼즐 조각이다. 이로써 표준모형은 우주의 기본 구성요소와 이들의 거동을 서술하는 최고의 이론으로 자리 잡았다. 그러나 이 모든 성공에도 불구하고 표준모형은 아직도 2% 부족한 상태이다. 사과파이를 구성하는 물질이 "어디서 왔는지"를 설명하지 못했기 때문이다. 그러므로 우리의 여정도 아직 끝나지 않았다.

대형강입자충돌기LHC에서 발견된 힉스입자는 빅뱅이 일어나고 1조분의 1초가 지난 시점에 우주에서 어떤 일이 일어났는지를 말해준다. 그 덕분에 우리는 이 시기에 힉스장의 스위치가 켜지면서 기본 입자들에게 질량을 부여하고, 우주의 기본 구성요소의 초기 조건이 세팅되었음을 알게 되었다. 그러나 빅뱅 직후부터 1조분의 1초 사이에 일어난 일은 여전히 미지로 남아 있다.

사과파이를 구성하는 입자들은 처음에 어떻게 존재하게 되었는가? 우주에는 왜 양자장이 존재하는가? 우리가 모르는 구성요소가 아직도 남아 있는가? 우주는 어떻게 시작되었는가? 이 질문에 답하려면 힉스장의 스위치가 켜지기 전인 "최초의 1조분의 1초 이전"으로 돌아가야 한다. 우주 만물의 존재 여부는 바로 이 짧은 시기에 결정되었다. 현대물리학과 우주론에서 제기된 중요한 질문은 우주 탄생의 첫 순간에 일어난 사건과 밀접하게 관련되어 있다.

그러므로 나는 독자들의 여행을 안내하는 가이드로서 약간의 직권을 발휘하고자 한다. 지금부터 우리는 잘 닦여진 길에서 벗어나 모든 것이 불확실한 영역으로 진입할 예정이다. 미리 말해두지만, 멀리 갈수록 존재에 대한 확신은 점점 더 약해질 것이다. 앞으로 우리가 방문할 동네에서는 답은 물론이고 가끔은 명확한 질문을 던지는 것조차 불가능하다. 이것이 바로 칼 세이건이 우리에게 던진 화두話頭였다. 지금까지 우리가 알아낸 구성요소를 총동원하여 우주를 만들 때가 된 것이다.

11
장

만물의 조리법

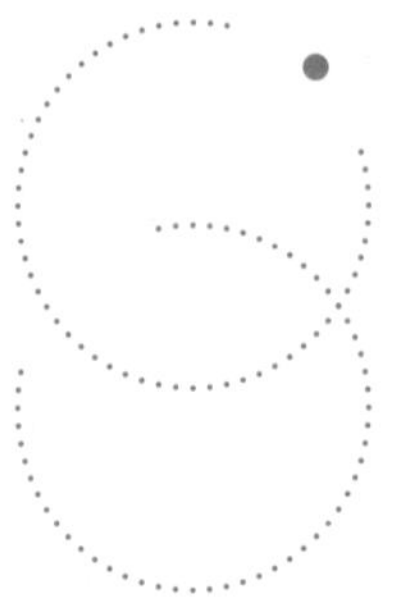

만물의 창조 작업은 빅뱅 후 100만분의 1초가 지났을 때 거의 마무리되었다. 처음 100만분의 1초 동안 우주는 엄청나게 뜨거워서 입자와 반입자가 끊임없이 생성되고 파괴되었다. 쿼크와 반쿼크, 전자와 반전자(양전자)는 펄펄 끓는 플라즈마 속에서 입자-반입자 쌍으로 나타났다가 사라지기를 반복하며 존재-비존재의 경계를 오락가락하고 있었다.

그러는 사이에 우주는 엄청난 속도로 팽창하면서 온도가 급격하게 떨어졌고, 100만분의 1초가 지난 시점에는 플라즈마에서 양성자와 반양성자 쌍이 만들어질 수 없을 정도로 차가워지면서 대량 멸종이 시작되었다. 입자와 반입자가 만나 무無로 소멸되고, 이 과정에서 생성된 무지막지한 복사에너지가 모든 물질을 쓸어버린 것이다. 모든 것이 우리 예상대로 진행되었다면 물질과 반물질은 완전히 사라지고, 우주에는 텅 빈 공간과 그 안을 외롭게 날아다니는 몇 개의 광자만 남았을 것이다.

그러나 대량 멸종의 와중에 입자의 100억분의 1이 기적처럼 살아남았다. 그 이유는 지금도 오리무중이다. 어쨌거나 입자가 반입자보다 100억분의 1쯤 많았기에, 이 자투리 입자들이 진화하여 지금의 은하와 별, 행성, 인간, 그리고 사과파이가 되었다.

표준모형은 이 세상을 구성하는 기본 입자의 거동을 훌륭하게 설명했지만, 이 이론에 의하면 물질우주는 애초부터 존재하지 않았어야 한다. 한갓 이론에 불과한 주제에 자신을 만들어준 창조주의 존재를 부정하다니, 난센스도 이런 난센스가 없다. 물리학자들이 "아직 발견되지 않은 무언가가 있다"고 믿는 것은 바로 이런 이유 때문이다.

문제의 기원은 젊은 디랙이 자신이 유도한 디랙방정식에서 반전자의 존재를 예견했던 1928년으로 거슬러 올라간다. 당시 그는 "반입자가 존재한다면, 그들은 항상 입자와 함께 쌍으로 생성되어야 한다"는 사실을 잘 알고 있었다. 전자를 만들려면 어쩔 수 없이 반전자도 함께 만들어야 한다는 뜻이다. 그 후로 실행된 모든 실험은 디랙이 옳았음을 확실하게 보여주었다. LHC에서 에너지가 물질로 변하는 것은 분명한 사실이지만, 충돌의 와중에 입자가 생성되면 그 짝에 해당하는 반입자도 반드시 생성된다. 반입자에 아무런 영향도 미치지 않은 채 입자를 만들거나 파괴하는 것은 불가능해 보인다.

입자와 반입자(또는 물질과 반물질)의 양이 완벽하게 균형을 이룬다면 이들은 우주 탄생 초기에 모두 사라졌을 것이고, 우주의 기원을 탐구하는 인간도 존재하지 않았을 것이다. 이것은 현대물리학의 가장 큰 미스터리이며, 그 이유를 설명하는 대부분의 가설에는 아직 발견되지 않은 양자장이 도입되어 있다.

다시 말해서, 입자물리학의 어떤 이론에서도 찾아볼 수 없는 새로운 방식으로 문제를 해결하겠다는 것이다(사실, 해결이라기보다 피해 가는 쪽에 가깝다). 입자와 반입자가 만나 완전히 소멸하는 대신, 무작위로 출렁대던 원시 플라즈마가 우연히 "물질이 더 많은 영역"과 "반물질이 더 많은 영역"으로 나뉘어진 것은 아닐까? 여기서 필름을 빠르게 돌려 현재로 오면, 이 영역들은 공간이 팽창함에 따라 방대한 영역으로 확장되었을 것이다. 물질이 반물질보다 많은 영역(이것을 '물질 영역'이라 하자)에는 기체, 먼지, 항성, 은하들이 산재해 있을 것이고, 반물질이 물질보다 많은 영역(이것을 '반물질 영역'이라 하자)에는 반기체와 반먼지, 반항성, 반은하들이 퍼져 있을 것이다. 지구로부터 아주 멀리 떨어져 있는 반은하는 겉보기에 은하와 다른 점이 없으므로, 밤하늘에서 망원경에 포착된 은하들 중에는 반물질로 이루어진 반은하가 존재할지도 모른다.

꽤 그럴듯한 생각이다. 문제는 우주에 반물질로 이루어진 영역이 정말로 존재한다면, 일상적인 물질로 이루어진 영역과 맞닿은 경계선(정확하게는 경계면)도 존재해야 한다는 것이다. 은하들 사이의 거대한 공간에도 소량의 수소와 헬륨 기체가 퍼져 있으므로, 이런 경계가 존재한다면 그 근방에서 기체와 반기체가 수시로 만나 소멸되면서 감마선이 방출되어야 한다. 그런데 이런 소멸 신호를 포착했다는 보고가 지금까지 단 한 건도 없는 것을 보면, 우주는 일상적인 물질로만 이루어져 있음이 분명하다.

그러므로 가능한 시나리오는 하나뿐이다. 우주가 탄생한 직후에 어떤 사건이 발생하여 물질이 반물질보다 "조금 더 많이" 만들어졌다고 생각하는 수밖에 없다. 물질과 반물질은 이 시기에 만나서 모두 사라졌지만, 미세한 차이(반양성자 10억 개당 양성자 10억 1개)가 끝까지 살아남아서 지금의 우주를 만들었다. 그러나 이 작은 불균형을 초래한 원인을 규명하기란 결코 쉬운 일이 아니다.

러시아의 이론물리학자 안드레이 사하로프Andrei Sakharov는 우주 초기에 물질이 생성되기 위해 필요한 조건을 세 가지로 요약한 '사하로프 조건Sakharov conditions'을 제시했다.

1. 쿼크가 반쿼크보다 많이 만들어지는 과정이 존재해야 한다.
2. 물질과 반물질을 연결하는 대칭은 불완전해야 한다.
3. 물질 생성 과정이 진행될 때, 우주는 열적평형상태thermal equilibrium에서 벗어나 있어야 한다.

첫 번째 조건은 누구나 이해할 수 있다. 물질이 반물질보다 많으려면 물질의 기본단위인 쿼크도 반쿼크보다 많아야 한다. 그러나 이것만으로는 부족하다. 물질과 반물질은 전하를 제외하고 물리적으로 완전히 동일하기 때문에, 1번과 같은 과정이 실제로 진행되었다면 그 반대 과정(반물질이 물질보다 많이 만들어지는 과정)도 똑같이 진행되어야 한다. 그래서 추가된 것이 두 번째 조건이다. 즉, 물질 생성 과정과 반물질 생성 과정은 동시에 일어났지만, 물질 생성 과정이 조금 더 빠르게 진행되었기 때문에 우주에는 물질이 반물질보다 많아졌다.

마지막으로, 이 모든 과정이 진행되는 동안 우주가 열평형상태에서 벗어나 있었다는 세 번째 조건이 필요하다. 일반적으로 열평형상태에 놓인 물리계에서는 모든 과정이 순방향과 역방향으로 똑같은 비율로 진행되기 때문에, 물질과 반물질의 균형이 그대로 유지된다. 따라서 물질과 반물질의 불균형을 설명하려면 우주의 역사에서 균형이 붕괴되어 "물질 생성 과정이 반물질 생성 과정보다 빠르게 진행되었던 시기"를 알아내야 한다.

지난 수십 년 동안 이론 및 실험물리학자들이 가장 큰 관심을 기울였던 연구과제 중 하나는 사하로프의 세 가지 조건을 동시에 만족하는 조리법을 찾는 것이었다. 그 사이에 이 문제와 관련된 논문도 꽤 많이 발표되었는데, 그중 가장 그럴듯한 가설 두 개를 골라 여기 소개하고자 한다. 어느 쪽이 옳은지 아직은 알 수 없지만, 관심을 갖고 찾다 보면 언젠가는 "만물의 조리법"이 모습을 드러낼 것이다.

거울 세계

거울에 비친 당신의 모습은 당신의 가족과 친구, 동료, 연인이 알고 있는 당신과 무언가 미묘하게 다르다. 거울에 비친 상은 좌-우가 뒤바뀌어 있기 때문이다. 당신의 코는 왼쪽으로 살짝 기울어졌을 수도 있고, 미소를 지을 때 입술이 오른쪽 위로 살짝 올라갈 수도 있다. 물론 이런 것은 당신만의 매력이니 걱정할 것 없다. 할리우드 스타와 슈퍼모델 중에서도 좌우가 완전히 똑같은 사람은 없다. 모든 사람은 완벽한 좌우대칭에서 조금씩 벗어나 있다.

그러나 불완전한 인간과 달리, 물리법칙은 오랜 세월 동안 물리학자들 사이에서 완벽한 대칭을 보유한 것으로 알려져 왔다. 우주를 거울에 비친 영상은 실제 우주와 구별할 수 없으며, 모든 과정이 실제와 똑같이 진행된다고 믿은 것이다. 상식적으로 생각해도, 자연은 왼쪽과 오른쪽 중 하나를 편애할 것 같지 않다. 자연의 법칙이 좌우대칭이라는 것은 너무나 기본적인 가정이어서 아무도 그것을 의심하지 않았다. 그러나 중국계 미국인 실험물리학자 우젠슝吳健雄, Chien-Shiung

Wu의 놀라운 실험결과가 알려지면서 오래된 믿음은 산산이 부서지게 된다.

1956년 미국 연방표준국U. S. National Bureau of Standards의 지원을 받아 실행된 우젠슝의 실험은 문자 그대로 세상을 뒤흔들었다. 자연의 기본 힘 중 하나인 약력이 "오른손잡이 입자right-handed particle"보다 "왼손잡이 입자left-handed particle"를 선호하는 것처럼 보였기 때문이다.

물론 입자에 두 손이 달려 있다는 뜻은 아니다. 여기서 말하는 "~손잡이"는 입자의 자전효과와 유사한 양자적 스핀과 관련되어 있다. 엄지손가락을 위로 치켜든 채 가볍게 주먹을 쥐었을 때, 왼손가락이 말려 들어간 방향을 왼손잡이 회전left-handed rotation 방향이라 하고, 오른손가락이 말려 들어간 방향을 오른손잡이 회전right-handed rotation 방향이라 한다. 이와 비슷하게 입자의 진행 방향과 스핀 방향의 관계에 따라 왼손잡이 입자와 오른손잡이 입자를 정의할 수 있다.

우젠슝은 방사성원소 코발트-60^{60}Co에서 방출된 전자 중 왼손잡이 전자가 오른손잡이 전자보다 많다는 사실을 발견하여 전세계 물리학자들을 놀라게 했다. 저명한 양자물리학자인 볼프강 파울리Wolfgang Pauli는 이 소식을 접했을 때 이렇게 외쳤다고 한다—"이건 말도 안 돼, 완전 난센스야!"[1] 그러나 우젠슝의 실험은 난센스가 아니

었다.◆ 약력은 분명히 거울 대칭을 위반하고 있었다. 그 후로 이 현상은 "반전성위배parity violation"라는 이름으로 불리게 된다(여기서 말하는 반전성parity은 '좌우대칭성'과 같은 뜻으로 이해해도 무방하다: 옮긴이).

반전성이 위배된 궁극적 이유는 약력이 왼손잡이 전자에게 더 강한 힘을 발휘하기 때문이다. 다시 말해서, 약력은 오른손잡이 입자보다 왼손잡이 입자를 선호한다는 뜻이다 무질량입자의 경우, 약력은 오직 왼손잡이 입자에게만 영향력을 행사한다. 전자기력이나 강력은 왼쪽과 오른쪽을 조금도 차별하지 않는데, 유독 약력만 유별난 취향을 갖고 있다.

믿었던 거울 대칭에게 배신당한 물리학자들은 "전하 대칭charge symmetry"이라는 새로운 대칭을 추가하여 질서회복을 시도했다. 우주 전체를 거울에 비쳐서 반전우주를 만든 후 모든 전하의 부호를 바꾸면(양전하를 음전하로, 음전하를 양전하로 바꾸면), 원래의 우주와 완전히 같아진다. 그런데 반전된 우주에서 전자와 양성자 같은 입자의 전하의 부호를 바꾸면 왼손잡이 입자는 오른손잡이 반입자가 된다. 다시 말해서, 반물질로 이루어진 반전우주가 되는 것이다!

좌우반전과 전하반전을 결합한 전하-패리티 대칭charge-parity symmetry, CP대칭이 정확하게 성립한다면, 약력이 오른손잡이 입자보다 왼손잡이 입자를 선호하는 것처럼, 왼손잡이 반입자보다 오른손잡이 반입자를 선호할 것이다. 이것은 향후 실행된 일련의 실험을 통해 거

◆ 우젠슝은 기발하면서도 세심한 실험으로 이 놀라운 사실을 발견했으나, 끝내 노벨상을 받지 못했다. 약력의 반전성위배와 관련하여 노벨상을 받은 사람은 이 현상을 이론적으로 예측한 양전닝과 리정다오李政道, Tsung-Dao Lee였다. 우젠슝이 노벨상 수상자 명단에서 제외되었을 때, 많은 사람들은 "우 박사가 동양계 여성이어서 부당한 대접을 받았다"며 노벨위원회에 곱지 않은 시선을 보냈다.[1]

의 사실로 확인되었다. 만일 우젠슝이 코발트-60 반원자◆◆에서 방출된 반전자를 실험 대상으로 삼았다면, 왼손잡이 반전자보다 오른손잡이 반전자가 더 많이 관측되었을 것이다.

CP대칭은 입자세계의 질서를 회복하는 데 성공했지만, 또 다른 문제를 낳았다. 우주에 CP대칭이 존재한다면 빅뱅 직후 물질과 반물질의 양이 정확하게 같았을 것이고, 우리는 존재하지 않았을 것이다.

다행히도 1964년에 브룩헤이븐의 실험팀은 과거에 우여곡절을 겪으며 어렵게 복구된 CP대칭을 또다시 무너뜨렸다. 당시 제임스 크로닌James Cronin과 발 피치Val Fitch가 이끄는 소규모 연구팀은 브룩헤이븐의 가장 강력한 입자가속기를 이용하여 "중성 케이온neutral kaon" 이라는 입자를 연구하고 있었다. 이 진귀한 입자는 야릇한 쿼크strange quark와 반아래쿼크로 이루어진 버전과, 아래쿼크와 반야릇한 쿼크로 이루어진 반입자 버전으로 존재한다. 그런데 크로닌과 피치가 실험 결과를 분석하던 중 케이온의 붕괴방식이 CP대칭원리를 위배한다는 놀라운 사실을 발견한 것이다.

우젠슝의 반전성위배가 몰고 온 충격을 작은 요동에 비유한다면, 크로닌과 피치의 CP위배CP violation는 거의 지진에 가까웠다. 이론물리학자들은 어떻게든 CP대칭을 복원하기 위해 안간힘을 썼지만, 그 후에 더욱 엄밀한 실험을 거치면서 CP위배는 부인할 수 없는 사실로 굳어졌다. CP대칭은 자연에 존재하는 정확한 대칭이 아니었던 것이다. 좌우를 뒤바꾼 후 모든 전하의 부호를 반대로 바꿔서 만든 우주는 원래의 우주와 아주 조금 다르다. 다시 말해서, 자연의 거울은 미

◆◆ 이렇게 큰 반원자는 아직 만들지 못했다. 지금까지 만든 반원자 중 가장 무거운 것은 2011년에 브룩헤이븐의 RHIC에서 충돌실험을 통해 만들어진 반헬륨anti-helium이다.

세하게 뒤틀려 있다.

CP위배가 발견되면서 반물질보다 물질이 우세한 이유를 설명할 수 있는 길이 열리긴 했지만, 이것만으로는 충분하지 않았다. 지금처럼 물질과 반물질의 불균형이 크게 나타날 정도로 CP위배가 빈번하게 일어났다는 증거를 찾지 못했기 때문이다. 이 문제는 잠시 후에 다룰 예정이다. 더욱 중요한 것은 사하로프의 세 가지 조건 중 하나밖에 충족하지 못했다는 점이다. 입자가 반입자보다 많은 이유를 설명하려면 현실 세계에서 한 번도 본 적 없는 새로운 요소를 찾아야 했다. 그것은 새로운 입자나 힘이 아니라, 엄청나게 어려운 수학이었다….

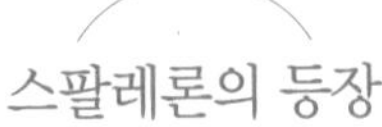

스팔레론의 등장

"그 영감 어린 아이디어가 떠올랐던 날이 지금도 생생하게 기억납니다. 1983년에 옥스퍼드 수학연구소를 장기 방문한 지 3개월쯤 지난 어느 날, 연구소를 나와 밴버리로드**Banbury Road**에 있는 아파트를 향해 터벅터벅 걸어가던 중 갑자기 무언가가 섬광처럼 떠올랐지요. 와우, 바로 그거야!"

잔뜩 흐린 10월의 어느 날, 나는 케임브리지대학의 응용수학 및 이론물리학과 휴게실에서 차 한 잔을 앞에 놓고 닉 맨튼**Nick Manton**과 대화를 나누었다. 그곳에는 우리 외에도 수십 명의 이론물리학자들이 삼삼오오 모여서 모닝커피를 마시고 있었고, 한쪽 구석에는 스티븐 호킹의 흉상이 우리를 내려다보고 있었다. 차와 함께 나온 케이크와 비스킷을 부러운 눈으로 바라보고 있는데(캐번디시의 카페에서 이런 것을 먹으려면 본인이 직접 가져가야 한다), 나의 의중을 간파한 닉이 그 비결을 설명해 주었다. "이게 다 호킹 교수님 덕분입니다. 우리 학과 연구비에서 큰돈을 떼어 11시 커피타임에 배정해 주셨거든요." 이곳을 방문한 사람이라면 다른 건 몰라도 풍족한 간식만은 두고두고 기억할 것이다.

내가 옥스퍼드를 방문한 것은 40년 전에 닉 맨튼이 표준모형 방정식에서 발견했던 이상한 요소를 발견자의 입으로 직접 듣고 이해하기 위해서였다. 처음에 그는 순수한 이론적 호기심에서 시작했다가 입자-반입자 불균형을 설명하는 유일한 방법을 알아냈다. 그가 떠올린 이상한 요소는 '스팔레론sphaleron'으로 알려져 있는데, 우주 만물이 존재하게 된 이유가 여기에 숨어 있을지도 모른다.

"'약전자기이론의 가능한 해解는 무엇일까?' 저는 한동안 이 생각에 빠져 있다가 다른 사람이 찾았다는 불안정한 해를 접하게 되었습니다. '이것을 내가 생각하는 이론에 적용할 수 있을까?' 그러다 갑자기 기막힌 아이디어가 떠올랐지요."

양자장이론 고급과정을 이수하지 않은 사람에게 닉의 아이디어를 설명하기란 거의 불가능에 가깝다. 그러나 그는 나를 이해시킬 수 있다고 자신하더니, 나를 데리고 연구실로 달려가 칠판에 구球와 원, 힉스장 기호, 그리고 입자의 에너지준위를 어지럽게 휘갈기며 열변을 토했다. 설명이 매우 명확하고 논리적이어서 나도 처음에는 이해했다고 생각했다. 그런데 연구실을 나오자마자 나의 기억은 마치 전원 공급이 끊긴 휘발성 메모리처럼 순식간에 증발해 버리고 말았다.

스팔레론은 전자기력과 약력, 그리고 힉스장의 기원을 설명하는 약전자기이론의 중요한 특성 중 하나이다. 닉이 옥스퍼드 근처를 거닐던 1983년에 CERN의 연구원들은 W입자와 Z입자를 발견하여 약전자기이론의 실험적 증거를 확보한 상태였다. 당시 닉은 약전자기

이론의 방정식을 연구하고 있었는데, 특히 "여러 개의 장場, field이 집합적으로 움직이면서 불안정한 배열을 초래하는 해解"를 집중적으로 파고들었다. 장이 일괄적으로 움직이는 상태는 물리적으로 매우 불안정하기 때문에, 그리스어로 '무너지기 쉬운'이라는 뜻의 "스팔레론"으로 불리게 된 것이다.

우선 확실하게 짚고 넘어갈 것이 있다. 스팔레론은 입자가 아니다. 전자나 힉스보손 같은 입자는 기타 줄을 퉁길 때 생성되는 단일음처럼 평균값 주변을 오락가락하는 단일 양자장의 진동으로 해석할 수 있다. 반면에 스팔레론은 이보다 훨씬 미묘한 개념으로, 하나의 양자장이 아니라 W장과 Z장, 그리고 힉스장이 바로크양식처럼 섞여서 한꺼번에 움직이는 "양자장의 오케스트라"에 해당한다. 음악에 비유하면 여러 개의 악기가 똑같은 선율을 연주하는 제주齊奏, unison와 비슷하다.

W장과 Z장, 그리고 힉스장이 집합적으로 움직이면 스팔레론이 생성되고, 스팔레론은 입자를 반입자로 바꾸거나 반입자를 입자로 바꾸는 기적 같은 능력을 발휘한다. 스팔레론은 물질을 만드는 기계로서, 여기에 약간의 반물질을 투입하면 일상적인 물질입자가 생성된다.

이 기적 같은 능력 덕분에 스팔레론은 표준모형에 등장하는 모든 요소들 중 입자-반입자의 균형을 깰 수 있는 유일한 후보이자, 물질의 근원을 설명하는 핵심 요소로 부각되었다. 다른 논리로 물질의 제조법을 완성하려면 새로운 입자를 도입해야 하지만, 스팔레론은 이미 알려진 W장, Z장, 힉스장만으로 충분하기 때문에 훨씬 더 매력적이다. 닉은 이 부분을 설명하면서 "기존 제품에 굳이 새로운 기능을 추가하지 않아도 된다"고 했다.

그렇다면 당장 후속질문이 떠오른다—그런 이상한 물체가 자연에 정말 존재하는가? 만일 존재한다면 어떤 형태인가? 스팔레론은 입자가 아니지만, 아마도 입자처럼 보일 것이며, 정확하게 정의된 위치와 질량, 그리고 부피를 갖고 있을 것으로 추정된다. 실제로 표준모형의 방정식을 이용하면 스팔레론의 크기와 질량을 계산할 수 있는데, 그 결과가 참으로 놀랍기만 하다.

스팔레론의 지름은 약 10^{-17}m(10만×1조분의 1m)로서 양성자의 100만분의 1밖에 안 되지만, 질량은 무려 9TeV(9조 eV)에 달한다. 양성자 1만 개를 합친 것만큼 무겁다. 지금까지 발견된 그 어떤 입자와도 상대가 안 될 정도도 슈퍼헤비급이다.

크기는 작은데 이토록 무거우니 밀도가 어마어마하게 높다. 실제로 스팔레론의 밀도는 양성자 밀도의 100억 배나 된다. 순수한 스팔레론을 티스푼으로 뜨면, 그 무게가 달의 두 배쯤 된다는 뜻이다. LHC를 최고 출력으로 풀가동해도 이런 입자를 만들 수는 없다. 백번 양보해서 출력이 충분하다 해도, 기존의 입자가속기처럼 입자를 충돌시키는 것만으로는 부족하다. 스팔레론을 만들어내려면 세 종류의 양자장에 에너지를 정확하게 배분해야 한다. LHC로 스팔레론을 만드는 것은 오케스트라 악기에 테니스공을 마구 던져서 베토벤의 9번 교향곡이 들려오기를 바라는 것과 같다. W장과 Z장, 그리고 힉스장이 똑같이 진동해야 스팔레론이 만들어진다. 그러므로 입자가 무작위로 충돌하는 LHC에서 스팔레론이 생성될 확률은 거의 0에 가깝다.

그러나 우주에는 이렇게 극단적이면서 특별한 조건이 조성된 시기가 있었다. 빅뱅이 일어난 직후부터 1조분의 1초 사이가 바로 그 시기였다('시기'보다 '찰나'라는 단어가 더 어울린다). 이 무렵에 우주공간을 가득 채우고 있던 플라즈마는 다량의 스팔레론이 생성될 정도로 초고밀도 상태였고, 바다의 해류처럼 집단으로 뭉쳐서 흐르고 있었다. 이런 상황에서는 W장, Z장, 힉스장이 함께 움직일 기회가 많기 때문에, 스팔레론이 생성될 확률이 입자가속기 내부보다는 높았을 것이다.

초기우주에 스팔레론이 존재했다면, 물질이 반물질보다 많이 생성된 이유를 설명할 수 있다. 실제로 지금까지 제기된 물질 조리법 중 학계의 관심을 끄는 후보군에는 어떤 방식으로든 스팔레론이 등장한다. 그런데 이런 것이 정말로 자연에 존재하는지 어떻게 알 수 있을까?

무엇보다도 스팔레론은 약전자기이론에서 자연스럽게 유도된 개념이다. 이 이론에서 예견된 W입자와 Z입자, 그리고 힉스입자가 실제로 발견되었으니, 스팔레론도 존재할 가능성이 높다. 또한 처음에 물리학자들은 입자가속기에서 스팔레론이 발견될 가능성이 거의 없다고 생각했지만, 최근 이론에 의하면 반드시 그렇지만도 않다.

최근에 실행된 계산에 의하면 LHC로 만든 무작위 요동에서 아주 드물게나마 스팔레론이 생성될 수도 있다. 한번 생성된 스팔레론은 즉시 10종의 물질입자로 붕괴되는데, 이 정도는 ATLAS나 CMS로 감지 가능하다.

브룩헤이븐에서 쿼크-글루온 플라즈마를 연구하기 위해 실행된 무거운 원자 충돌실험(ex: 금-금 충돌실험)은 더욱 바람직한 전망을 내놓았다. 이 실험에서는 수백 개의 양성자와 중성자들이 한꺼번에 충돌하여 좁은 영역에 강력한 자기장을 형성하고, 그 영향으로 W, Z, 힉스장이 한꺼번에 요동치기 때문에 스팔레론이 만들어질 가능성이 꽤 높은 편이다. 아직은 솔깃한 소식이 들려오지 않았지만, 언젠가는 표준모형의 가장 희한한 요소가 모습을 드러낼지도 모른다. 모든 것이 계획대로 된다면, 우리는 초기우주에서 물질이 살아남는 데 필요한 세 가지 조건 중 또 하나를 충족시킨 셈이다.

쿼크 조리법

지금까지 상황은 그런대로 괜찮은 편이다. 빅뱅 초기에 물질이 반물질보다 많이 생성되려면 사하로프의 세 가지 조건이 만족되어야 하는데, 표준모형은 그중 두 개를 만족하는 것처럼 보인다. 스팔레론은 입자를 반입자로, 또는 반입자를 입자로 바꾸는 방법을 제공했고, 약력이 쿼크와 반쿼크 사이의 대칭을 붕괴시킨다는 사실이 실험을 통해 확인되었다. 이제 남은 과제는 우주가 평형상태에서 벗어난 시기를 알아내는 것이다.

빅뱅 후 1조분의 1초가 지났을 때 힉스장의 스위치가 켜지면서 기본 입자들이 질량을 획득했고, 그 바람에 우주의 구성요소들은 몰라볼 정도로 달라졌다. 이 결정적인 사건 때문에 모든 만물이 존재하게 되었는지도 모른다.

힉스장의 스위치가 켜지기 전에는 기본 입자들의 특성이 지금과 완전히 달랐다. 훗날 물질을 구성하게 될 쿼크와 전자는 질량을 갖지 않은 채 빛의 속도로 날아다니면서 약전자기력이라는 단 하나의 힘을 통해 상호작용을 교환하고 있었다. 그러나 1조분의 1초 사이에 우주가 엄청난 속도로 팽창하면서 온도가 임계값 아래로 떨어졌다(약 100GeV). 그 결과 힉스장이 전 우주에 걸쳐 일정한 값으로 고정되면서 쿼크와 전자는 질량을 갖게 되었으며, 약전자기력은 전자기력과 약력으로 분리되었다.

흔히 "약전자기 상전이electroweak phase transition, EPT"로 알려진 이 사건은 사하로프의 세 번째 조건, 즉 물질이 생성될 때 우주가 평형상태에서 벗어나 있어야 한다는 조건을 만족한다. 약력에 의해 전하-패리티 대칭(CP대칭, 물질과 반물질 사이의 대칭)이 붕괴되었다는 실험적 증거와 물질을 반물질로(또는 그 반대로) 바꾸는 스팔레론 가설을 결합해서 생각해 보면, EPT가 일어났던 순간은 일상적인 물질이 반물질을 제치고 우주를 점령하여 지금과 같은 물질우주를 잉태한 결정적 순간이었을지도 모른다.

이런 일이 어떻게 일어날 수 있을까? "상전이相轉移"라는 단어에서 알 수 있듯이, 우주는 EPT가 일어났던 순간에 급격한 변화를 겪었다. 이것은 증기가 식어서 물이 되거나, 물이 얼어서 얼음이 되는 순간과 비슷하다. 그렇다면 EPT의 순간에 물질은 어떻게 탄생했을까? 그 답은 상전이가 일어난 방식에 따라 달라진다. EPT는 약간의 시간을 두고 점진적으로 진행되었을까? 아니면 갑작스럽고 불규칙하게 일어났을까?

점진적이고 균일한 상전이는 물질을 만드는 데 아무런 도움도 되지 않는다. 스팔레론을 통한 입자→반입자 변환과 반입자→입자 변환은 동일한 비율로 진행되기 때문에, 이것만으로는 물질과 반물질 사이의 균형을 깨뜨릴 수 없다. 그러나 EPT가 불균일하게 일어나면 물질이 반물질보다 많아질 수 있다.

그 세부과정은 꽤나 복잡하다. 하지만 만물의 조리법이 여기에 달려 있으므로, 각 단계별로 찬찬히 살펴보는 게 좋을 것 같다.

우주가 식다가 임계온도에 도달했을 때, 힉스장 스위치는 모든 곳에서 동시에 켜지지 않았다. 즉, 아주 짧은 시간 동안 힉스장이 켜진 곳과 켜지지 않은 곳이 혼재했고, 이로 인해 우주를 가득 채운 초고온 플라즈마에 거품이 형성되었다. 힉스장이 작동하는 거품 내부(이것을 힉스거품Higgsy bubble이라 하자)에서는 쿼크와 전자가 질량을 획득하여 약력과 전자기력이 별개의 힘으로 존재했지만, 힉스장이 0인 거품 바깥에는 무질량입자밖에 없었기 때문에 힘이라곤 약전자기력 하나뿐이었다.

이 거품을 증기구름에서 응결된 액체 물방울이라고 상상해 보자. 빛이 물방울 표면에서 반사되는 것처럼, 쿼크와 반쿼크는 거품의 표면에서 반사된다. 거품 외부에서 플라즈마 속을 배회하는 쿼크와 반쿼크는 거품 표면에 부딪혔을 때 안으로 뚫고 들어가거나, 밖으로 튕겨 나와서 다시 플라즈마 속을 배회할 것이다.

그런데 약력은 전하-패리티 대칭을 붕괴시키므로(즉, 약력이 입자에게 행사하는 힘은 반입자에게 행사하는 힘과 아주 조금 다르므로), 거품의 표면에서 반쿼크가 튕겨 나올 확률은 쿼크가 튕겨 나올 확률보다 조금 높다. 이는 곧 쿼크가 반쿼크보다 거품 안으로 들어갈 기회가 많다는 뜻이기도 하다. 이 효과가 누적되면 결국 거품 내부에는 쿼크가 많아지고, 외부 플라즈마에는 반쿼크가 많아진다. 쿼크와 반쿼크의 전체 개수는 이전과 똑같은데, 곳곳에 생긴 거품 때문에 분포가 불균일해진 것이다.

바로 이 시점에서 스팔레론이 주인공으로 등장한다. 힉스장이 작동하는 거품 안에는 스팔레론이 존재할 수 없지만, 힉스장이 꺼져 있는 밖에서는 수시로 생성되고 있다. 중요한 내용이므로 확실하게 기억해 두기 바란다—"스팔레론은 거품의 외부에만 존재한다." 거품 밖에서는 스팔레론이 여분의 반쿼크를 삼켜서 쿼크로 내뱉고 있지만, 거품 안에 있는 여분의 쿼크는 스팔레론의 손이 닿지 않으므로 안전하게 유지된다. 그 결과 우주 역사상 처음으로(역사라고 해봐야 찰나에 불과하지만) 쿼크가 반쿼크보다 많아졌다.

그리고 이 와중에 거품이 점점 커지면서 새로 만들어진 외부 쿼크를 조금씩 삼켜나갔고, 한번 거품 안으로 들어온 쿼크는 스팔레론으로부터 안전하게 보호되었다. 또한 이 거품들은 상전이가 시작된 직후부터 서로 충돌하면서 점점 덩치를 키워나가다가 결국 우주 전체를 차지하게 되었다. 다시 말해서, 우주 전체에 걸쳐 힉스장 스위치가 켜진 것이다. 거품이 우주를 가득 메웠으니 쿼크를 반쿼크로(또는 그 반대로) 바꾸는 스팔레론은 모두 사라졌고, 쿼크와 반쿼크 사이의 불균형도 그 상태로 동결되었다. 쿼크와 반쿼크의 양적 차이는 원래 존재했던 양에 비해 너무나도 작았지만, 이 정도면 현재 우주에 존재하는 물질을 만들기에 충분했다. 그리하여 약 100만분의 1초 후에 물질-반물질 대멸종이 일어난 후, 살아남은 물질이 지금과 같은 우주로 진화한 것이다(그런데 왜 하필 물질이 반물질보다 많았을까? 반물질이 물질보다 많았을 수도 있지 않을까? 물론이다. 그러나 후자의 경우라 해도 달라질 것은 없다. 만일 반물질이 더 많아서 살아남은 자투리가 지금의 우주를 만들었다면, 우리는 그것을 '물질'이라고 부르며 살아왔을 것이다: 옮긴이).

물리학자들은 이 기적적인 사건을 "약전자기 중입자 생성 **electroweak baryogenesis**"이라 부른다.♦ 용어가 좀 낯선 감이 있지만, "힉스장이 켜졌을 때 쿼크가 생성된 과정"이라고 장황하게 부르는 것보다는 나은 것 같다. 이 가설의 최대 장점은 실험을 통해 검증 가능하다는 것이다. 앞으로 보게 되겠지만, 대부분의 이론은 빅뱅에 가까워질수록 에너지의 규모가 엄청나게 커지기 때문에 직접 검증하기가 매우 어렵다. 그러나 약전자기 상전이**EPT**가 일어났던 온도(약 100GeV)는 대형강입자충돌기**LHC**의 최대 출력(약 1만 4,000GeV)보다 훨씬 낮으므로, 초기우주의 물질 형성 과정에 대한 가설을 검증할 수 있다.

♦ baryo는 세 개의 쿼크로 구성된 양정자와 중성자 같은 "강입자hadron"를 뜻하고, genesis는 "기원"이라는 뜻이다.

1. 거품 안에서 힉스장이 작동하기 시작한다.

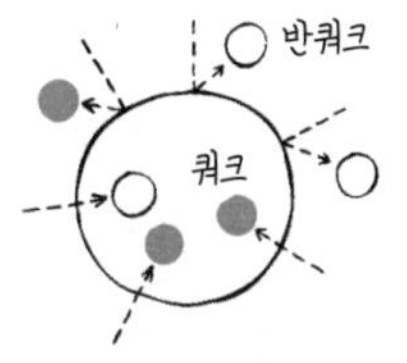

2. 전하-패리티 대칭의 위배(CP위배)에 의해 거품의 표면에서 반쿼크가 쿼크보다 많이 반사되고, 그 결과 거품 외부에는 반쿼크가 쿼크보다 많아진다.

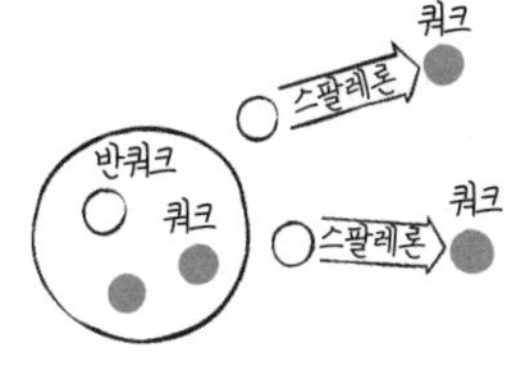

3. 거품 바깥에 있는 스팔레론이 반쿼크를 쿼크로 바꾼다.

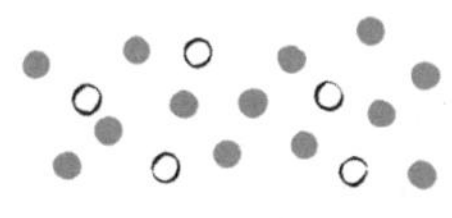

4. 거품이 팽창하다가 하나로 통합되면서 쿼크가 반쿼크보다 많아진다.

그러나 "표준모형의 범주를 벗어나면 안 된다"는 제한조건을 두면 위의 가설은 당장 몇 가지 문제에 직면하게 된다. 가장 큰 문제는 지금까지 관측된 물질-반물질의 불균형 정도가 너무 작다는 것이다. 이는 곧 힉스거품의 표면에서 쿼크가 반사될 확률과 반쿼크가 반사될 확률이 거의 비슷해서, 거품 내부에 남은 쿼크의 초과량이 별로 많지 않다는 것을 의미한다.

약력의 위상변화 자체도 문제를 야기한다. 힉스입자의 질량이 알려졌으므로, 이 값을 표준모형에 대입하면 위상변화가 어떤 방식으로 일어났는지 알 수 있다. 그런데 물리학자들이 계산을 해보니, 위상변화가 공간 전체에 걸쳐 균일하게 진행되어 거품이 형성되기 어렵다는 결론에 도달했다. 물론 거품이 없으면 스팔레론 가설도 폐기되어야 한다.

그렇다고 모든 희망이 사라진 것은 아니다. 아직 발견되지 않은 양자장이 존재한다면 방금 열거한 문제를 극복할 수 있다. 새로운 양자장이 쿼크와 반쿼크 사이의 CP대칭을 붕괴시키고 빅뱅의 순간에 거품이 형성되도록 힉스장의 거동에 영향을 주었다면, 우리의 스팔레론 가설은 극적으로 살아난다. 게다가 이 양자장은 실험으로 관측 가능하다.

물론 새로운 양자장이 발견될 장소는 LHC뿐이다. 이들이 정말 존재한다면 LHC로 요동시켜서 새 양자장에 대응되는 입자를 만들어낸 후 ATLAS나 CMS로 잡아내면 된다. LHCb의 연구원들은 지난 10년 동안 물질-반물질 비대칭을 증명하기 위해 매우 드문 형태의 쿼크를 집중적으로 연구해 왔다. LHCb의 'b'는 'beauty'의 약자로서, 아래쿼크(양성자와 중성자의 구성입자인)의 무거운 버전인 예쁨쿼크**beauty quark**를 의미한다(beauty quark는 bottom quark바닥쿼크의 다른 이름이다. beauty와 bottom은 첫 글자가 같기 때문에 흔히 b-quark로 통한다: 옮긴이). LHCb의 주된 임무 중 하나는 LHC에서 생성된 수십억 개의 바닥(예쁨)쿼크를 분석하여 바닥쿼크로 붕괴된 과정과 반바닥쿼크로 붕괴된 과정의 차이점을 알아내는 것이다.

ATLAS와 CMS는 지난 10년 동안 수많은 충돌사건을 분석해 왔지만, 아쉽게도 새로운 입자의 징후를 한 번도 발견하지 못했다. LHCb에서는 물질-반물질 대칭을 깨는 바닥쿼크의 증거가 여러 번 발견되었고 최근에는 대칭붕괴에 관여하는 맵시쿼크**charm quark**(위쿼크의 무거운 버전)도 발견되었으나, 현재 관측된 물질-반물질 비대칭을 설명하기에는 역부족이다.

LHC에서 약전자기 중입자 생성에 긍정적인 증거가 발견되지 않는다면 상황은 다소 절망적이다. 훨씬 저렴한 예산으로 진행 중인 다른 실험들도 별다른 결과를 내놓지 못했기 때문이다. 오히려 내가 예전에 방문했던 임페리얼 칼리지의 지하 실험(전자의 외형을 관측하는 실험)에서 약전자기 중입자 생성에 불리한 증거가 포착되었다.

대칭을 깨는 새로운 양자장이 존재한다면, 이들은 전자 주변에 특별한 방향성을 갖고 밀집되어 전자를 구球가 아닌 시가 모양으로 보이도록 만들어야 한다. 그런데 전자의 형태를 관측하는 대부분의 실험에서 "전자는 거의 구형에 가깝다"는 결과가 나왔기 때문에, 새로운 양자장이 존재할 가능성은 거의 0으로 치닫고 있다.

따라서 이 특별한 "물질 조리법"의 앞날은 별로 밝지 않은 편이다. 물론 미래에 실행될 전자외형 관측실험이나 LHC에서 새로운 양자장이 발견될 가능성이 남아 있으므로 게임이 완전히 끝난 것은 아니다. 그러나 기다림에 지친 일부 이론물리학자들은 물질의 기원을 다른 곳에서 찾기 시작했다. 그중에서 가장 관심을 끄는 것은 우주에서 가장 포획하기 어려운 입자인 뉴트리노이다.

유령이 만든 물질

일본 기후현岐阜縣 히다시飛驒市 근처의 이케노산池野山 지하에는 세계에서 가장 큰 인공물 중 하나인 슈퍼 카미오칸데Super-Kamiokande, 슈퍼-K가 열심히 가동 중이다. 이곳에는 지하 1km 아래에 있는 아연 광산에 용량 5만 톤짜리 원통형 용기가 설치되어 있고, 극도로 깨끗하게 정제된 물이 그 안에 가득 담겨 있다. 자유의 여신상을 통째로 담글 수 있을 정도로 어마어마한 크기다. 용기의 내벽과 바닥, 그리고 천장에는 금색의 구형 물체가 빽빽하게 달려 있는데, 이들은 "용기 안에 진입한 중성미자를 감지하는 눈"의 역할을 한다. 슈퍼-K는 세계 최대 규모의 뉴트리노 감지장치로서, 물질의 기원을 밝혀줄 후보로 부상하고 있다.

2020년 4월, 슈퍼-K에서 작업 중인 150명의 연구원들은 물질-반물질과 관련된 대칭을 뉴트리노가 깨뜨릴 수도 있다는 가능성을 처음으로 발견했다. 앞으로 더욱 정밀한 측정을 통해 사실로 판명된다면 물리학계에는 일대 지각변동이 일어날 것이다. 그전까지만 해도 물리학자들은 전하-패리티 대칭이 오직 쿼크의 약한 상호작용(약력)을 통해서만 깨질 수 있다고 생각했는데, 뉴트리노도 대칭을 깰 수 있다면 빅뱅 직후 물질이 생성되는 두 번째 길이 열리는 셈이다.

슈퍼-K의 결과가 그토록 중요한 이유를 이해하려면 먼저 뉴트리노의 특성부터 알아야 한다. 뉴트리노는 우주에서 가장 흔한 물질 입자인데, 전하가 없고 약력을 통해서만 원자와 상호작용을 하기 때문에 인간의 오감으로는 도저히 감지할 수 없다. 게다가 뉴트리노는 자기 앞을 가로막고 있는 행성과 별을 마치 아무것도 없는 것처럼 가뿐하게 통과한다. SF 작가들은 뉴트리노에 "유령 같은**ghostly**"이나 "잡을 수 없는**elusive**" 등의 형용사를 붙이다가 요즘은 더욱 인상적인 표현을 찾기 위해 개념어 사전을 열심히 뒤지고 있다.◆

"유령"이라는 수식어가 전혀 어색하지 않은 뉴트리노는 전자뉴트리노**electron neutrino**와 뮤온뉴트리노**muon neutrino**, 그리고 타우뉴트

◆ 그렇지 않아도 신비에 싸인 입자였는데, SF 작가들 때문에 더욱 신비로워졌다. "뉴트리노"라는 이름만 걸면 제아무리 황당한 장면이 나와도 대충 용납되는 분위기다.

리노tau neutrino라는 세 가지 향香, flavor으로 존재하며, 이들 각각은 전하를 띤 파트너 입자(전자, 뮤온, 타우입자)와 짝을 이룬다(짝을 이뤄서 함께 다닌다는 뜻은 아니다. 아래 그림 참조: 옮긴이). 일부 원자에 전자뉴트리노를 충분한 에너지로 발사하면 그중 일부가 전자로 변하고, 뮤온뉴트리노나 타우뉴트리노를 발사하면 뮤온이나 타우입자로 변한다. 뮤온과 타우입자는 전자의 "무거운 사촌"에 해당하는 입자로서, 이들 셋과 3종 뉴트리노를 합한 6종의 입자를 통틀어 "렙톤lepton(경입자)"이라 한다.

렙톤

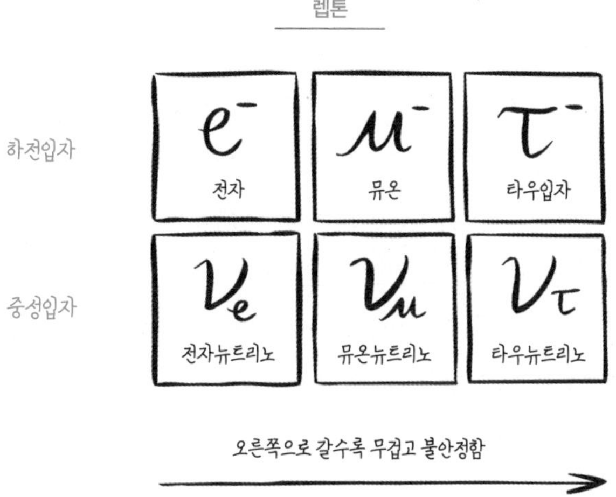

대다수의 물리학자들은 뉴트리노가 무질량입자라고 믿었다. 그러나 20여 년 전에 슈퍼-K에서 놀라운 발견이 이루어진 후로 상황이 크게 달라졌다. 1998년에 슈퍼-K의 과학자들은 뮤온뉴트리노가 지구를 관통하면서 타우뉴트리노로 변한다는 증거를 발견했는데, 흔히 "뉴트리노 진동neutrino oscillation"으로 알려진 이 현상은 3종의 뉴트리노에서 모두 일어날 수 있다. 전자뉴트리노나 뮤온뉴트리노, 또는 타우뉴트리노로 입자빔을 만들어서 수 km 거리에 설치된 감지기를 향해 발사하면 이들 중 일부가 향이 다른 뉴트리노로 변신을 시도한다(다른 두 가지 뉴트리노 중 하나로 변한다는 뜻이다: 옮긴이).

이것만으로도 충분히 흥미롭지만, 더욱 놀라운 소식이 있다. 뉴트리노가 물질-반물질과 관련된 대칭을 깨뜨릴 수도 있다는 것은(슈퍼-K에서 발견된 사실임) 곧 뉴트리노에 질량이 있음을 의미한다. 다시 말해서, 뉴트리노가 양자역학적 "지킬박사와 하이드"처럼 거동하려면 질량이 있어야 한다는 뜻이다. 그전까지만 해도 뉴트리노에 질량이 있다는 증거가 전혀 없었기 때문에, 물리학자들은 자연스럽게 뉴트리노를 무질량입자로 간주해 왔다. 그러나 뉴트리노는 분명히 질량을 갖고 있었다. 질량이 너무 작아서 관측이 안 되었던 것뿐이다. 지금까지 알려진 바에 의하면 뉴트리노의 질량은 0.5eV 이하로서, 전자의 100만분의 1도 안 된다. 왜 그럴까? 뉴트리노는 왜 그토록 작은 질량을 갖게 되었을까?

현재 제일 널리 수용된 답은 "시소 메커니즘**see-saw mechanism**"이다. 이름에서 알 수 있듯이 질량이 매우 큰 뉴트리노 3종이 추가로 존재한다고 가정하여, 기존의 가벼운 뉴트리노 3종과 균형을 되찾는 식이다. 무거운 뉴트리노를 덩치 큰 럭비선수라 하고 가벼운 뉴트리노를 가냘픈 발레리나에 비유하면, 두 사람이 시소 위에 서서 균형을 유지하는 원리와 같다(물론 럭비선수는 중심에 가까운 곳에 서 있고, 발레리나는 시소의 끝에 서 있어야 한다).

독자들은 이렇게 생각할지도 모른다. "시소 비유는 알겠는데, 이게 뉴트리노의 질량이 작은 이유와 무슨 상관이라는 거야? 이 친구, 모호한 시각적 비유를 들면서 얼렁뚱땅 넘어가려는 거 아냐?" 맞다. 나는 뉴트리노의 질량이 작은 이유를 아직 설명하지 않았다. 제대로 설명하려면 엄청나게 어려운 수학을 동원해야 하기 때문이다. 나는 독자들을 고문할 생각이 전혀 없기에, 아쉽지만 자세한 설명은 생략하기로 마음먹었다. 독자들은 다음 사실만 기억하면 된다. 슈퍼헤비급 뉴트리노가 존재한다면(그렇다는 증거는 전혀 없지만), 이들은 빅뱅의 순간에 물질을 만들어낸 주인공이 될 수도 있다.

초경량급 뉴트리노가 존재하는 이유를 설명하려면, 새로 도입한 슈퍼헤비급 뉴트리노는 질량이 정말로 커야 한다. 예상되는 질량은 양성자의 10억~1,000조 배 사이로서(10^9~10^{15}GeV) 우리가 알고 있는 어떤 입자보다 무거울 뿐만 아니라, LHC의 최대 출력보다 10만 배 이상 크다. 이 정도면 현실 세계에서 무거운 뉴트리노를 만들어내겠다는 생각은 미련 없이 접는 게 정신건강에 좋다. 그러나 초기우주에는 온도가 상상을 초월할 정도로 높았기 때문에, 이런 입자가 존재했을 가능성이 얼마든지 있다.

바로 이 슈퍼헤비급 뉴트리노가 우주에 물질-반물질 불균형을 초래한 주범이다. 우주가 팽창하고 식으면서 어느 순간부터 무거운 뉴트리노는 더 이상 생성되지 않았고, 이들은 힉스입자를 비롯한 일상적인 렙톤으로 붕괴되기 시작했다(이때 생성된 것이 가벼운 3종 뉴트리노와 전자, 뮤온, 타우입자이다).

이 무거운 뉴트리노가 전하-패리티 대칭을 깨뜨린다면, 이들이 렙톤보다 반렙톤으로 더 많이 붕괴되어 우주에 입자보다 반입자가 더 많은 상황을 초래할 수 있다. 잠깐, 우리가 원하는 것은 "입자가 반입자보다 많은 우주"인데, 방금 말한 건 정반대의 상황이 아닌가? 그렇다. 상황이 거꾸로 흘러가고 있다. 바로 이 시점에서 우리의 오랜 친구인 스팔레론이 진가를 발휘하기 시작한다.

앞서 말한 대로 스팔레론은 반입자를 입자로 바꾸는 능력이 있다. 빅뱅이 일어나고 약간의 시간이 흘렀을 때(그래봐야 처음 1조분의 1초 이내지만) 스팔레론이 반렙톤의 초과분을 일상적인 물질입자(쿼크, 전자 등)로 바꿔서, 오늘날 우리 주변에 존재하는 모든 물질의 기본 구성요소를 만들었을 것으로 추정된다.

너무 지나친 비약이라고? 맞다. 옳은 지적이다. 이것은 가정 위에 가정을 연거푸 쌓아서 만든 위태로운 가설일 뿐이다. 게다가 새로 도입한 슈퍼헤비급 뉴트리노의 질량이 너무 커서 현존하는 입자가속기로는 도저히 만들 수 없다. 어떻게 해야 이런 대책 없는 가설을 입증할 수 있을까?

바로 이 장면에서 슈퍼-K가 등장한다. 지금 논의 중인 제조법의 핵심은 빅뱅 직후에 슈퍼헤비급 뉴트리노가 물질-반물질의 균형을 깨뜨렸다는 것이다. 이들을 직접 관측할 수는 없지만, 가벼운 뉴트리노가 물질-반물질 대칭을 깨뜨리는 현장이 포착된다면 무거운 사촌들도 같은 일을 할 수 있다는 심증을 갖기에 충분하다.

도카이-카이모카 실험**Tokai to Kamioka experiment, T2K**은 슈퍼-K 뉴트리노 관측소에서 동쪽으로 295km 떨어진 태평양 연안의 도카이東海에서 시작된다. 이곳에서 강력한 입자가속기를 통과한 양성자가 흑연 덩어리를 강타하면 입자가 소나기처럼 쏟아져 나오는데, 이들 중 일부는 뉴트리노로 붕괴되어 일본열도의 맞은편에 있는 슈퍼-K 관측소로 이동한다. 뉴트리노가 주파하는 295km의 여정에는 수많은 바위와 산이 가로막고 있지만, 워낙 유령 같은 입자여서 극히 일부만 도중에 흡수되고 거의 대부분이 목적지에 도달한다.

T2K는 뮤온뉴트리노와 그 반입자인 반뮤온뉴트리노의 빔을 만들어낼 수 있다. 이들이 슈퍼-K를 향해 땅속을 달리는 동안 다른 향으로 바뀌기 시작하여, 도착할 때쯤에는 뮤온뉴트리로의 특정 비율이

전자뉴트리노로 바뀐다. 이 전자뉴트리노들이 슈퍼-K의 거대한 물탱크에 진입하면 극히 일부가 전자를 생성하면서 밝은 섬광을 방출하는데, 이때 생성된 전자의 수를 측정하면 뮤온뉴트리노가 전자뉴트리노로 바뀔 확률을 알 수 있다. 그리고 뮤온뉴트리노빔을 반뮤온뉴트리노빔으로 바꿔서 동일한 과정을 거치면 반뮤온뉴트리노가 반전자뉴트리노로 바뀔 확률도 알 수 있다.

뉴트리노가 물질-반물질 대칭을 따른다면, 뮤온뉴트리노가 전자뉴트리노로 바뀔 확률은 반뮤온뉴트리노가 반전자뉴트리노로 바뀔 확률과 같을 것이다. 그러나 2020년 4월에 T2K 연구팀은 뉴트리노가 향을 바꿀 확률이 반뉴트리노가 향을 바꿀 확률보다 높다는 것을 보여주는 강력한 증거를 발견했다. 게다가 뉴트리노는 물질-반물질 대칭을 미세하게 깨는 정도가 아니라, "최선을 다해서" 깨고 있었다.

이것은 정말로 흥미진진한 결과이다. 초경량급 뉴트리노가 물질-반물질 대칭을 깨뜨렸다는 것은 슈퍼헤비급 뉴트리노도 우주가 처음 탄생했을 때 같은 일을 수행하여 물질이 반물질보다 많아지도록 만들었음을 시사하기 때문이다. 지금까지 얻은 결과로는 단정 짓기 어렵지만, 현재 계획 중인 일본과 미국의 합동연구가 예정대로 진행된다면 몇 년 안에 확실한 결론이 내려질 것이다.

그러나 T2K가 원하는 결과를 얻는다 해도, 이것만으로는 빅뱅이 일어나는 동안 뉴트리노가 물질을 생성했다고 단언할 수 없다. 기술이 아무리 발전해도 무거운 뉴트리노를 만들어낼 수는 없기 때문이다. 여기서 우리는 빅뱅에 가까이 접근할수록 점점 더 불확실해지는 문제에 직면하게 된다. 우주의 여명기에 존재했던 에너지는 현대 입자물리학자들이 도달할 수 있는 최대에너지와 비교가 안 될 정도로 높았기 때문에, 지금 제기된 이론은 실험적 기반이 약할 수밖에 없다. 이런 점에서 볼 때 "힉스장이 켜지면서 물질이 만들어졌다"는 이전 조리법이 훨씬 매력적이다. 이 가설은 지금 당장(또는 가까운 미래에) 입증될 가능성이 있기 때문이다. 반면에 "빅뱅이 일어나는 동안 무거운 뉴트리노가 물질을 만들었다"는 가설은 영원히 입증되지 못할 수도 있다.

그렇다고 실망할 필요는 없다. 과학의 역사를 돌아보면 대부분의 이론은 의외의 실험결과에 맞추느라 대대적으로 수정되었을 때 비약적인 발전을 이루곤 했다. 우젠슝이 실험을 하기 전까지만 해도 자연에 거울 대칭이 깨져 있다고 생각한 사람은 아무도 없었으며, 쿼크가 물질-반물질 대칭을 깨뜨릴 수도 있다는 것은 아무런 예고 없이 물리학계에 내리친 청천벽력이었다. 이와 비슷한 파급력을 가진 실험이 지금 CERN에서 진행 중이다. 소수정예로 구성된 연구팀이 우주에서 가장 사라지기 쉬운 물질을 연구하고 있다. SF 소설이나 영화에서만 봐왔던 황당한 현상도 이들에게는 스쳐 지나가는 일상사에 불과하다.

반물질 생산공장

늦여름의 어느 무더운 아침, 나는 CERN 연구단지 안에 있는 커다란 금속제 창고(달리 뭐라 표현할 말이 없다) 앞에서 누군가를 기다리고 있었다. 가본 사람은 알겠지만, CERN의 각 건물에는 아파트 동수처럼 고유번호가 붙어 있다. 500에이커(약 2km²)에 걸쳐 무작위로 흩어져 있는 건물에 굳이 번호를 매긴다고 해서 쉽게 찾아지는 것도 아닌데, 대체 그런 번호를 왜 붙였는지 이해가 가지 않는다. 혹시 이것도 일종의 유머일까? 다행히도 393번 건물은 비교적 쉽게 찾을 수 있었다. 한쪽 벽에 대문짝만한 글씨로 "반물질 생산공장ANTIMATTER FACTORY"이라고 적혀있었기 때문이다.

그날은 ALPHA의 대변인인 제프리 행스트Jeffrey Hangst를 만나기로 한 날이었다. 눈에 잘 띄는 간판 덕분에 약속장소에 15분 일찍 도착한 나는 "최대한으로 순진한 표정을 짓고" 주변을 어슬렁거렸다. 할리우드 영화에서 반물질을 손에 넣으려고 애쓰는 사람은 거의 예외 없이 악당이었기에, 악당처럼 보이지 않으려고 최선을 다한 것이다.

제프리는 정확한 시간에 나타나 내가 있는 쪽으로 성큼성큼 걸어왔다. 훤칠한 키에 마른 체격, 검은 티셔츠와 짧게 기른 수염 등 외모만 놓고 보면 물리학자가 아니라 카리스마 넘치는 로커 같았다. 목에 건 연구원증이 없었다면 못 알아봤을 것이다. 아닌 게 아니라, ALPHA는 거대한 "로큰롤 실험실"을 방불케 했다. 반물질 생산공장으로 들어서자마자 떠나갈 듯한 소음이 들려왔기 때문이다. 온갖 기계들이 돌아가는 소리, 압축기에서 규칙적으로 들려오는 굉음, 거대한 크레인이 천장을 가로질러 움직일 때마다 건물 전체에 울려 퍼지는 사이렌 등등… 그야말로 정신이 하나도 없었다. 미국 펜실베이니아주의 제철 도시에서 어린 시절을 보낸 제프리는 자신이 하는 일이 천직이라고 했다. "그때 공부를 게을리해서 대학에 진학하지 않았다면 십중팔구 제철소에 취직했을 텐데, 대학을 졸업한 후에도 이런 공장에서 일하고 있으니 이게 저의 팔자인가 봅니다. 하하…" 듣고 보니 일리 있는 말 같았다. 지금은 철 대신 세상에서 제일 희한한 재료를 다루고 있지만 말이다.

제프리를 포함하여 50명의 연구원으로 구성된 ALPHA 연구팀은 반물질 생산공장(이하 반물질공장)에서 가장 단순한 형태의 반물질인 반수소 원자antihydrogen atom를 만들고, 연구하고 있다. 이것은 결코 아무나 할 수 있는 일이 아니다. 지구 근방에는 반물질을 채취할 만한 곳이 전혀 없기 때문에, ALPHA의 연구원들은 양전하를 띤 반전자와 음전하를 띤 반양성자를 정교하게 결합시켜서 반원자를 만들어내고 있다. 그야말로 아무것도 없는 맨땅에서 반물질을 만드는 셈이다. 우여곡절 끝에 반수소 원자를 손에 넣었다 해도, 그것을 긴 시간 동안 안전하게 보관하는 것은 엄청나게 어려운 과제이다. 일상적인 물질과 닿기만 하면 곧바로 사라지는 반물질을 대체 어디에 보관한다는 말인가? 내가 대화 중에 ALPHA를 탐지기라고 불렀더니, 제프리가 이맛살을 찌푸리며 말했다. "ALPHA는 감지기가 아닙니다. 입자를 감지하는 건 우리가 하는 일 중 극히 일부일 뿐이라고요. 전기적으로 중성인 반원자를 안전하게 보관하는 게 진짜 기술이죠. 정말 어려워요. 반수소 원자를 보관할 수 있는 곳은 전 세계를 통틀어 여기밖에 없습니다. 그러니 누군가가 이곳을 감지기라고 부르면 당연히 열 받죠."

반전자나 반양성자를 포획하여 가두는 것은 비교적 쉽다. 이들은 전하를 띠고 있기 때문에 진공상태의 용기 안에 전기장과 자기장을 적절한 형태로 만들어서 그 안에 반입자를 주입하면 용기의 내벽에 닿지 않은 채 허공에 떠 있도록 만들 수 있다. 그러나 반전자와 반양성자가 결합하여 중성 반수소 원자가 되면 상황은 완전히 달라진다. 전하가 없는 물체는 전기장이나 자기장으로 제어할 수 없기 때문이다. 이 문제를 최초로 해결한 연구실이 바로 ALPHA였다. 이곳의 연구원들은 2010년에 38개의 반수소 원자를 약 1/6초 동안 유지시키는 데 성공했고, 지금은 1,000개가 넘는 반수소 원자를 거의 무한정 보관할 수 있다.

제프리가 CERN에서 처음 일을 시작했던 20년 전만 해도, 많은 사람들은 반입자를 SF 작품에나 나오는 가상의 물질로 여겼다. 2008년에 댄 브라운Dan Brown의 소설 『천사와 악마Angels & Demons』가 영화로 제작될 때, 제프리는 영화감독 론 하워드Ron Howard와 주연배우 톰 행크스Tom Hanks에게 연구실을 안내하고 필요한 정보를 제공해 주었다고 한다. 이 영화는 사악한 악당들이 바티칸을 통째로 폭파하기 위해 CERN에서 반물질을 훔친다는 내용인데, 실제로 ATLAS에 있는 반수소 원자를 깡그리 긁어모아도 도시는커녕 파리 한 마리도 죽일 수 없다.♦

ALPHA의 목적은 반물질폭탄을 만드는 것이 아니라, 반수소 원자의 스펙트럼을 정밀하게 측정하고 분석하는 것이다. 일상적인 수소 원자와 마찬가지로, 반수소 원자에 들어 있는 반전자는 반양성자 주변의 고정된 양자궤도를 돌다가 다른 궤도로 점프할 때마다 광자를 흡수하거나 방출한다. 제프리와 그의 동료들은 이 광자의 진동수와 일상적인 수소 원자의 스펙트럼을 최대한 정교하게 비교하여 물질-반물질 대칭의 붕괴 여부를 확인하고 있다. 만일 대칭붕괴의 흔적이 조금이라도 발견된다면 물질의 기원을 밝히는 데 커다란 기여를 하게 될 것이다.

일상적인 수소 원자와 반수소 원자를 연결하는 대칭은 "전하-패리티-시간 대칭charge-parity-time symmetry, CPT"으로 알려져 있다. 전하-패리티 대칭(CP대칭)은 앞서 말한 대로 입자를 반입자로(또는 그 반

♦ 1999년에 NASA는 반수소 원자 1g(도시 전체를 날려버릴 수 있는 양)의 가격을 62조 5,000억 달러로 평가했다. 이런 돈을 벌려면 거의 우주의 나이(138억 년)에 해당하는 기간 동안 열심히 벌어서 한 푼도 쓰지 않고 저축해야 한다. 일루미나티Illuminati의 목적이 바티칸을 폭파하는 것이었다면, 번거롭게 반물질폭탄을 사용하는 대신 바티칸시티를 통째로 사들인 후 건설노동자를 대거 고용해서 건물 벽돌을 일일이 해체하는 편이 훨씬 싸게 먹힌다.

대로) 변환한 후 거울에 비친 상처럼 우주 전체의 좌-우를 바꾸는 변환에 대한 대칭인데, 이것은 쿼크가 붕괴되거나 (확실하진 않지만) 뉴트리노의 진동에 의해 깨질 수 있다. 그러나 물리학자들은 여기에 시간 반전Ttime-reversal(입자의 진행 방향을 반대로 바꾸는 변환, 또는 시간이 흐르는 방향을 반대로 바꾸는 변환)을 추가하여 CPT 변환을 가하면 자연의 법칙이 변하지 않을 것으로 예측하고 있다. 다시 말해서, 반물질로 이루어진 우주(C)의 좌-우를 뒤집고(P) 시간이 흐르는 방향을 미래가 아닌 과거로 바꾼(T) 우주는 지금 우리가 살고 있는 우주와 완전히 동일하다는 뜻이다.

이론물리학자들은 CPT대칭이 양자장이론의 기본적인 특성이므로 절대 깨질 리가 없다고 굳게 믿고 있으며, 제프리와 그의 동료들은 이 믿음의 진위 여부를 확인하기 위해 혼신의 노력을 기울이고 있다. 그러나 과거의 사례를 생각하면 걱정이 되는 것도 사실이다. 전하-패리티 위배(CP 위배)가 실험으로 확인되기 전까지만 해도, CP대칭이 살짝 붕괴되어 있다고 생각한 사람은 아무도 없었다. CPT대칭마저 붕괴된 것으로 판명된다면 양자장이론은 절체절명의 위기에 처할 것이다. 제프리는 이렇게 말했다—"이론물리학자들은 CPT가 곧 법이라고 주장합니다. 다른 말은 들으려고 하지도 않아요. 하지만 대칭은 반대사례가 발견되기 전까지만 유효합니다. 그들이 CPT대칭에 목을 매는 것은 양자장이론이 최후의 이론이라고 믿기 때문입니다. 아직도 사방에는 모르는 것이 널렸는데, 정말 오만하기 짝이 없지요. 저는 CPT가 곧 법이라는 이론가들의 주장에 동의하지 않습니다. 그들이 틀린 주장을 펼친 게 어디 한두 번인가요? 저는 실험물리학자로서 공정한 시각으로 이론의 진위 여부를 밝히기 위해 최선을 다할 뿐입니다."

제프리는 이론의 잠재적 능력과 무관하게 도전 자체를 즐기는 것 같았다. "이렇게 매력적인 일을 어떻게 포기할 수 있겠습니까? 반물질을 보관하는 것도 처음에는 불가능해 보였지만 제가 죽기 전에 이렇게 성공했잖아요. 정말 기적 같은 일이죠! 처음에 어중이떠중이들이 모여서 이 일을 시작했을 때, 반수소 원자를 만들 거라고 믿는 사람은 아무도 없었습니다. 외부인들은 우리가 운이 좋아서 반수소 원자를 만든다 해도, 절대 그것을 안전하게 보관할 수 없다고 했지요. 긍정적인 반응을 보인 사람은 거의 없었습니다. 하지만 지금 우리는 반수소 원자를 만들었을 뿐만 아니라, 새로운 스펙트럼선을 거의 하루에 한 개씩 발견하고 있습니다. 이런 것은 이제 일상사가 되었어요."

지금 ALPHA의 연구원들은 연예인 못지않은 주목을 받고 있다. 역사적인 현장을 직접 보기 위해 실험실 안으로 들어가는 길에, 제프리는 씨익 웃으며 벽에 걸린 화이트보드를 손가락으로 가리켰다. 그곳에는 지금까지 반물질 공장을 방문한 유명인들의 서명이 빼곡하게 적혀 있었는데, 그것만 봐도 ATLAS의 위상을 한눈에 알 수 있었다. 서명을 남긴 사람은 영화감독 론 하워드를 비롯하여 로저 워터스Roger Waters, 데이비드 크로스비David Crosby, 그레이엄 내시Graham Nash, 잭 화이트Jack White, 그리고 록밴드 뮤즈Muse와 슬레이어Slayer, 메탈리카Metalica, 픽시스Pixies, 레드 핫 칠리 페퍼스Red Hot Chili Peppers 등이다. 독자들도 눈치챘겠지만, 방문객은 록 뮤지션 쪽으로 상당히 편향되어 있다. 제프리 자신도 CERN에서 매년 열리는 음악 축제에서 기타를 연주해 왔다고 한다(이곳에서는 꽤 비중 있는 행사이다). 그래서인지 칠판에 적힐 이름을 꽤 까다롭게 고른다고 했다. 다음에는 누구의 이름이 적히길 바라냐고 물었더니, 그는 지체없이 대답했다. "당연히 핑크 플로이드Pink Floyd의 데이비드 길모어David Gilmour죠!"

계단을 내려가 실험실로 진입하니 오만가지 전선과 파이프, 전자판독기, 번쩍이는 불빛, 금속 프레임, 그리고 빛을 받아 반짝이는 절연판들이 아무런 규칙 없이 어지럽게 배열되어 있고, 그 중심에는 스테인리스강으로 만든 반수소 원자 포획용기가 놓여 있었다.

반수소 원자를 만들려면 우선 반양성자가 필요한데, 이것은 CERN의 대형 입자가속기 중 하나에서 발사된 양성자가 표적을 때릴 때 생성된다. 그러나 이 반양성자는 속도가 너무 빠르고 경로가 불규칙하기 때문에, 반양성자감속기**Antiproton Decelerator**라는 장치를 이용하여 속도를 늦춘 후 ALPHA로 보내진다. 이때에도 반양성자는 에너지가 너무 크기 때문에 알루미늄 막에 충돌시켜서 에너지를 줄인 후(즉, 온도를 식힌 후) 전자와 섞는 과정을 거치게 되고, 이 모든 단계가 완료되면 반양성자의 온도는 수십억 도에서 100K(-173℃)까지 떨어진다. 한편, 방사성원소에서 방출된 반전자(양전자)는 자기장 속에서 나선궤적을 그리다가, 온도가 충분히 낮아지면 반수소 원자 포획용기 안으로 주입된다.

처음에 반양성자와 반전자는 인공적으로 걸어놓은 전기장에 의해 일정 거리를 유지한다. 이 상태에서 전기장을 미세하게 조절하면 반대전하를 띤 반양성자 구름과 반전자 구름이 서서히 가까워지다가 섞이면서 드디어 반수소 원자가 만들어진다. 이들은 약한 자성을 띠고 있기 때문에, 강력한 자기장의 영향을 받아 용기의 내벽에 닿지 않는다. 이 과정을 8시간 동안 반복하면 한 번에 수천 개의 반수소 원자를 만들어서 안전하게 보관할 수 있다. 이것은 ALPHA 연구팀이 거의 20년에 걸쳐 이루어낸 위대한 성과이다.

반수소 원자 구름을 용기에 담는 데 성공했다면, 다음 단계는 스펙트럼을 관측하는 것이다. 용기를 향해 적절한 진동수의 레이저를 발사하면 최저 에너지준위에 있던 반전자가 더 높은 에너지준위로 점프한다. 그 후 또 다른 광자가(레이저는 광자로 이루어져 있다: 옮긴이) 점프한 전자를 때려서 아예 원자 바깥으로 날려버리는 경우가 있는데, 이렇게 되면 홀로 남은 반양성자가 용기 안을 떠돌다가 용기의 내벽에 부딪히면서 완전히 소멸된다. 이때 생성된 입자를 검출기로 잡아내서 소멸사건이 일어난 횟수를 헤아리면 방금 전에 발사한 레이저의 진동수가 반전자를 점프시키기에 알맞은 값이었는지 확인할 수 있다.

연구팀은 2010년에 최초로 반수소 원자를 안전하게 가두는 데 성공한 후 완전히 재건된 ALPHA를 이용하여 2016년에 최초로 반수소 원자의 양자점프를 확인했다. 양자점프가 일어날 확률은 약 1조분의 1인데, 지금은 이런 측정을 단 하루 만에 해낼 수 있다고 한다. 제프리는 의기양양하게 말했다. "우리가 해냈다는 것이 아직도 믿기지 않습니다. 처음엔 우리도 엄청 놀랐어요." 지금까지 측정된 반수소 원자의 스펙트럼선은 일상적인 수소 원자와 완벽하게 일치하며, ALPHA팀의 측정 정밀도는 기존의 수소 원자 스펙트럼의 정밀도에 거의 접근한 상태이다. "수소 원자 스펙트럼의 정확도는 200년 사이에 10^{15}분의 1(1,000조분의 1)에 도달했습니다. 하지만 우리의 반수소 원자 스펙트럼은 단 2년 만에 10^{12}분의 1까지 도달했지요!"

그러나 ALPHA는 이보다 훨씬 흥미로운 측정을 실행하고 있다. 제프리는 실험실 바닥에서 몇 m 높이에 있는 철제 구조물을 손가락으로 가리켰다. 그 안에는 ALPHA의 또 다른 버전이 설치되어 있었는데, 특이하게도 수평방향이 아닌 지붕 쪽을 바라보고 있다. 이것이 바로 ALPHA-g(여기서 g는 gravity중력의 약자이다)로서, 위에서 떨어지는 반물질을 포획하는 장치이다.

반물질이 발견된 지 거의 100년이 지났는데도, 과학자들은 그것이 일상적인 물질의 중력에 의해 당겨지는지, 아니면 밀려나는지 아직 모르고 있다. 대부분의 물리학자들은 반물질도 물질처럼 중력에 의해 당겨진다고 믿고 있지만, 실험으로 확인되기 전까지는 그 누구도 장담할 수 없다. ALPHA-g의 임무는 반수소 원자를 만들어서 밖으로 발사한 후 어떤 식으로 떨어지는지 확인하는 것이다.

만일 물질과 반물질이 서로 밀어내는 것으로 판명된다면, 물리학과 우주론은 커다란 전환점을 맞이하게 된다. 제프리는 커다란 탱크를 올려다보며 설명을 이어나갔다. "일부 광적인 물리학자들은 밀어내는 중력이 반물질대칭과 암흑에너지, 그리고 암흑물질의 신비를 풀어줄 것이라며 실험결과가 나오기를 학수고대하고 있답니다. 밀어내는 중력이 정말로 발견된다면 우리가 놓치고 있는 모든 것을 말끔하게 설명할 수 있을 겁니다." 물질과 반물질이 서로 밀어낸다면 이들은 처음부터 멀리 분리되었을 것이므로, 굳이 "반물질보다 물질을 많이 만들어내는 조리법"을 찾지 않아도 우주에서 반물질이 발견되지 않는 이유를 설명할 수 있다. "많은 물리학자들이 이미 논문을 완성해 놓고 우리의 실험결과가 발표되기를 기다리고 있답니다. 출발선에 늘어선 육상선수들 옆에서 총성을 울리는 심판이 된 기분이지요."

2018년, 제프리와 그의 팀원들은 향후 2년 동안 진행될 LHC 업그레이드 공사가 시작되기 전에 ALPHA-g를 작동시키기 위해 안간힘을 쓰고 있었다. 실험이 시작되기만 하면 물질-반물질 사이의 중력이 인력인지 척력인지 곧바로 알 수 있었지만, 그전에 공사가 시작되면 CERN의 입자가속기는 2년 동안 가동이 중단되기 때문이다. 그러나 안타깝게도 제프리는 목적을 달성하지 못했다. "그해 5월부터 11월까지 일주일에 7일, 하루 12~15시간을 꼬박 이 일에 매달렸지만 끝내 막차를 놓치고 말았지요. 한 달만 더 주어졌다면 분명히 성공했을 겁니다."

그들은 성공을 코앞에 두고 실험실 문을 닫아야 했다. 지금 제프리와 그의 동료들은 ALPHA와 ALPHA-g가 재가동되었을 때 최상의 성능을 발휘할 수 있도록 만반의 준비를 하는 중이다. 결과를 빨리 아는 것보다 실험도구를 개선하는 것이 훨씬 중요하기 때문이다. "제대로 작동해도 고칠 건 고치자(If it works, fix it)"—이것이 제프리의 좌우명이다[원래 격언은 "If it works, don't fix it(제대로 작동하면 굳이 고치지 말라)"이다: 옮긴이].

게다가 ALPHA 연구팀은 전용 실험실도 없이 반물질의 중력효과를 관측하는 다른 두 팀의 경쟁자들과 함께 반물질 공장을 나눠서 쓰고 있다. 그러나 제프리는 자신만만하다. "두고 보세요. 분명히 우리가 이길 겁니다." 그의 연구팀이 처음으로 반수소 원자를 만들었고 양자점프도 최초로 관측했으니 자신감을 가질 만하다. 독자들도 내기를 건다면 제프리 팀에게 걸 것을 강력하게 권하는 바이다.

실험물리학자인 내가 볼 때, ALPHA의 접근법은 정말 고무적이다. 그들은 엄청나게 어려운 관측에 도전했을 뿐만 아니라, 저명한 물리학자들이 한결같이 옳다고 믿는 원리를 굳이 검증하기 위해 애쓰고 있다. 제프리는 "이 세상 어떤 원리도 검증되기 전에는 믿을 수 없다"고 주장한다. 양자장이론의 대가였던 리처드 파인만도 이런 말을 한 적이 있다—"이론이 아름답다거나, 이론을 구축한 사람이 똑똑하다거나… 이런 것은 이론의 진위 여부와 아무런 상관도 없다. 이론이 제아무리 완벽해 보인다 해도, 실험결과와 일치하지 않으면 곧장 쓰레기통으로 가야 한다."[2]

내가 보기에 ALPHA는 가장 순수한 실험물리학이다. 이곳의 연구원들은 물리적 세계를 손에 쥔 채, 자연의 가장 기본적인 원리를 실험실에서 연구하고 있다. 이런 일을 수행하려면 정확성을 추구하려는 굳은 의지와 과감한 결단력을 항상 장착하고 있어야 한다. 물론 제프리는 자신의 일을 매우 좋아하는 사람이다. 그는 따가운 여름 햇살 아래에서 눈을 깜박이며 말했다. "이런 곳은 세상 어디에도 없을 겁니다. 제가 자격을 취득한 일은 이것밖에 없어요. 이 일을 하지 않으면 저는 길거리에서 빈 깡통을 앞에 놓고 기타를 쳐야 합니다. 선택의 여지가 없는 거지요. 저는 하루를 마무리할 때마다 속으로 되뇌곤 합니다. '오케이, 오늘도 일을 망치지 않았으니 대성공이야!'라고 말이죠."

12장

누락된 구성요소

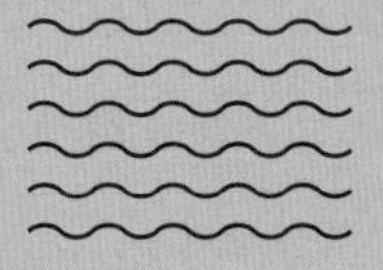

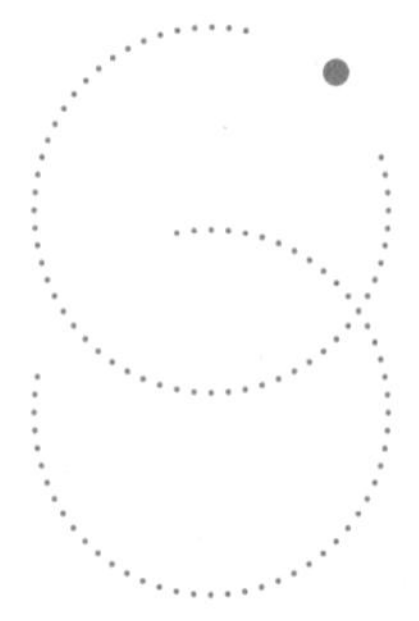

"막강한 충돌에너지로 새로운 기록을 수립한 LHC는 이제 방대한 영역으로 탐험을 시작합니다. 이와 함께 암흑물질과 새로운 힘, 새로운 입자와 힉스입자를 찾는 대규모 사냥도 본격적으로 시작될 것입니다."[1]

이것은 2010년 3월 30일에 LHC에서 가속된 첫 번째 양성자가 충돌하여 새로운 입자를 쏟아내던 순간에 ATLAS의 대변인 파비올라 자노티가 감지기의 스위치를 올리면서 했던 말이다. 그날 1만 명에 가까운 CERN의 관계자는 기대와 희망으로 잔뜩 부풀어있었고, 전 세계의 이론물리학자는 평생 동안 그들을 괴롭혀 왔던 문제의 답을 애타게 기다리고 있었다. 오랜 세월을 기다려 온 세계 최대의 과학 장비가 드디어 첫 가동에 들어가면서 한 세대에 한 번 올까 말까 한 기회가 찾아왔다. 온갖 비밀로 가득 찬 아원자세계를 탐험하는 길이 열린 것이다.

자노티는 하나의 문제에 지나치게 집중된 여론을 의식했는지, "힉스입자를 찾는 것은 LHC의 여러 가지 목적 중 하나일 뿐"이라고 했다. 실제로 주류학자를 포함한 대부분의 물리학자들은 힉스입자가 발견될 것을 믿어 의심치 않았다. 힉스입자는 1970년대 말부터 표준모형의 마지막 퍼즐 조각으로 인식되어 왔으며, 이미 정설로 굳어진 표준모형을 유지하기 위해서라도 당연히 존재해야 할 입자였다. 세계 최고의 입자물리학자 중 한 사람인 니마 아르카니하메드Nima Aykani-Hamed는 "힉스입자가 존재하지 않는다고 주장하는 사람이 있다면, 내 1년 치 연봉을 걸고 내기를 할 의향이 있다"며 호언장담했고, 대부분의 실험물리학자들도 힉스입자를 미지의 영역으로 발을 들여놓기 전에 마지막으로 남겨진 연습문제쯤으로 생각했다.

표준모형은 물질의 구조와 양자장, 자연에 존재하는 힘, 질량의 기원 등 많은 의문을 해결했지만, 완전한 이론이 되기에는 아직 부족한 점이 많다. 많은 물리학자들은 표준모형을 "임시변통용 땜질로 대충 만들어놓은 볼썽사나운 이론"으로 간주하고 있다. 힘을 예로 들어보자. 표준모형에는 전자기력과 약력, 그리고 강력이라는 세 가지 힘이 등장한다. 그런데 왜 하필 세 가지인가? 아무도 모른다. 전자기력과 약력은 약전자기력으로 통일되었지만, 강력은 여전히 꿔다놓은 보릿자루처럼 홀로 남겨져 있다. 모든 힘들은 고에너지에서 하나로 통일될 것인가? 역시 아무도 모른다. 그러나 가장 심각한 문제는 누구나 알고 있는 중력이 완전히 배제되어 있다는 점이다.

물질입자로 들어가면 상황이 더욱 나빠진다. 모든 만물은 전자, 위쿼크, 아래쿼크로 이루어져 있고, 이들은 전자뉴트리노와 함께 "1세대 입자first generation particles"를 형성한다. 그러나 물질입자가 이 네 가지로 존재하는 이유를 아는 사람은 아무도 없다. 식물학자가 들판에서 새로운 종種을 찾아 도감을 만들듯이, 우리는 그저 새로 발견된 입자를 목록에 적어 넣을 뿐이다. 물질입자가 한 종류면 왜 안 되는가? 또는 5가지나 100가지일 수도 있지 않은가? 그런데 왜 하필 4 종류란 말인가? 게다가 자연에는 이 4가지 입자의 무겁고 불안정한 버전인 2세대 입자(맵시쿼크, 야릇한 쿼크, 뮤온, 뮤온뉴트리노)와 더욱 무겁고 불안정한 3세대 입자(꼭대기쿼크, 바닥쿼크, 타우, 타우뉴트리노)도 함께 존재한다(입자가 불안정하다는 것은 수명이 짧다는 뜻이다: 옮긴이). 입자의 세대는 왜 3개인가? 4개나 1,000개면 안 되는 이유라도 있는가? 이것도 여전히 오리무중이다.

표준모형이 처음 완성되었을 때부터 많은 사람들은 임의적 요

표준모형

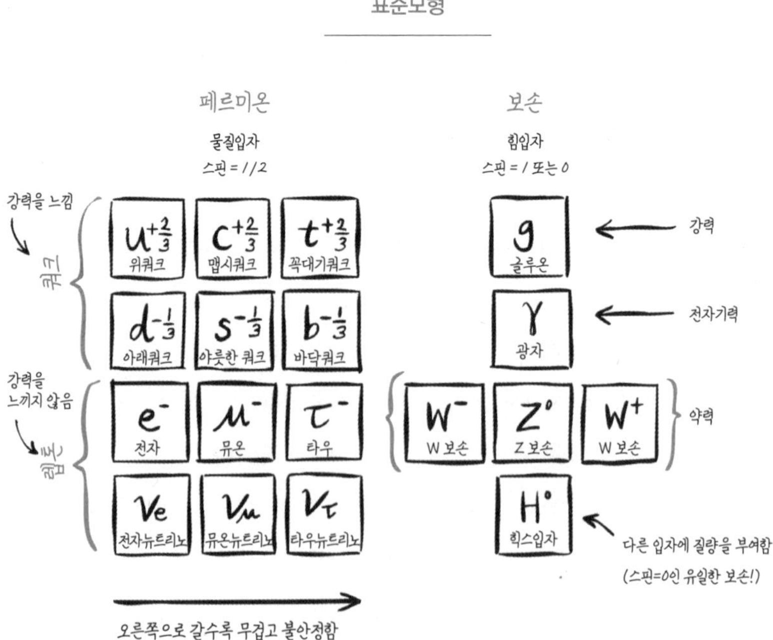

소를 하나의 원리로 말끔하게 설명해 주는 더욱 심오하고 우아한 이론을 갈망해 왔다. 앞에서 말한 바와 같이, 자연에 존재하는 힘은 자연법칙의 대칭 때문에 나타난 것처럼 보인다. 표준모형은 중세시대 성당의 거대한 스테인드글라스stained glass(유리에 색을 칠하거나 색유리를 이용하여 무늬나 그림을 나타낸 판유리: 옮긴이)에서 떨어져 나온 조각처럼, 훨씬 거대한 대칭구조의 작은 파편일지도 모른다. 자연의 아름다움과 웅장함이 드러나려면 다른 조각들을 찾아서 올바른 자리에 끼워 맞춰야 한다. 물론 자연이 우리의 미적 감각에 부합한다는 보장은 없다. 과거의 물리학자들은 통일성과 단순함을 지침으로 삼아 이론을 구축해 왔지만, 사실 이런 것은 인간의 미적 취향일 뿐 자연의 원리와는 아무런 관계도 없다. 그러나 굳이 미학을 논하지 않더라도, 표준모형에 무언가 중요한 요소가 누락되었음을 보여주는 확실한 증거가 있다.

앞서 말한 대로, 빅뱅의 어마어마한 열기 속에서 물질이 생성된 과정을 설명하려면 새로운 양자장을 도입해야 한다. 그러나 표준모형을 가장 크게 위협한 도전장은 입자물리학이 아닌 천문학 분야에서 날아왔다. 천문학자들이 20세기에 누적된 천문관측자료를 분석하던 중 "우주에는 눈에 보이는 것보다 훨씬 많은 무언가가 존재한다"는 심증을 갖게 된 것이다. 1930년대에 스위스의 천문학자 프리츠 츠비키Fritz Zwicky는 1,000개가 넘는 은하들로 구성된 코마은하단Coma Cluster의 운동속도를 계산하다가 깜짝 놀랐다. 중력으로 은하단의 형태를 유지하기에는 속도가 너무 빨랐기 때문이다. 츠비키는 이 현상을 설명하기 위해 성단 안에 눈에 보이지 않는 물질이 있다고 가정하고, 그것을 "암흑물질dunkle Materie, dark matter(영)"이라 불렀다. 암흑물질의 강력한 중력 덕분에 성단의 형태가 유지된다고 생각한 것이다.

암흑물질은 그 후 거의 40년 동안 숱한 논쟁을 야기하다가, 1970년대에 미국의 천문학자 베라 루빈Vera Rubin의 정교한 관측 결과가 알려지면서 정설로 자리 잡게 된다. 그는 우리와 가장 가까운 이웃 은하인 안드로메다은하의 이동속도가 너무 빨라서, 암흑물질이 없으면 산산이 흩어져야 한다는 놀라운 결론에 도달했다. 코마성단이 그랬던 것처럼, 안드로메다은하도 지금과 같은 속도로 움직이면서 형태를 유지하려면 눈에 보이지 않는 암흑물질이 다량으로 존재하여, 안드로메다의 별들을 중력으로 단단히 묶어 놓아야 했다.

천문학자들은 처음에 루빈의 관측 결과를 믿지 않았지만, 향후 몇 년 동안 관측자료가 쌓이면서 은하의 질량이 부족하다는 사실을 더 이상 부정할 수 없게 되었다. 오늘날 물리학계에는 암흑물질을 부정하면서 "뉴턴과 아인슈타인의 중력은 틀린 이론이며, 중력은 먼 거리에서 우리가 알고 있는 것보다 훨씬 강한 힘을 발휘한다"고 주장하는 사람도 있다. 그러나 가장 논리적인 해결책은 은하수를 포함한 대부분의 은하들이 눈에 보이지 않는 암흑물질 구름의 중심부에 자리 잡고 있어서, 항성들 사이에 별도의 추가 중력이 작용한다고 생각하는 것이다. 이 보이지 않은 물질을 굳이 "암흑물질"이라는 암울한 이름으로 부르는 이유는 빛을 방출하거나 흡수하지 않고 반사하지도 않아서 망원경에 잡히지 않기 때문이다. 그래서 천문학자들은 유령의 집에서 가구의 위치를 마음대로 바꾸는 폴터가이스트poltergeist처럼 암흑물질이 별과 은하, 그리고 빛에 미치는 중력(은하와 성단이 현재 모습을 유지하는 데 필요한 중력)을 계산한 후, 이로부터 암흑물질의 분포상태를 역으로 추적하고 있다.

암흑물질에 대한 증거는 우주 전역에 널려 있다. 지금은 관측데이터를 토대로 암흑물질의 분포지도까지 만들 수 있는 수준이다. 이

자료에 의하면 우주에 존재하는 암흑물질의 총량은 일상적인 물질(별, 행성, 먼지)의 5배가 넘는다.

암흑물질보다 더욱 신비한 것은 "밀어내는 중력"의 원인으로 추정되는 암흑에너지이다. 천문학자들은 우주의 팽창속도가 점점 빨라지는 이유를 암흑에너지에서 찾고 있다. 암흑물질과 암흑에너지는 우주에 존재하는 모든 에너지(물론 질량도 포함된다)의 95%를 차지한다. 인간을 포함하여 밤하늘에 떠 있는 별과 은하를 모두 더해봐야 전체의 5%밖에 안 된다는 뜻이다. 우리 눈에 보이는 것은 방대한 미지의 바다를 표류하는 작은 거품일 뿐이다.

표준모형에는 암흑물질이나 암흑에너지에 해당하는 입자(또는 양자장)가 없다.♦ 우주를 서술하는 이론에 우주의 95%가 누락되었다는 것이 좀 당혹스럽지만, 입자물리학자에게는 더없이 좋은 기회이기도 하다. 사실 입자물리학 실험으로 암흑에너지의 정체가 밝혀질 가능성은 거의 없다. 그러나 LHC의 충돌실험이나 땅속 깊이 설치된 지하실험실에서 암흑물질 입자가 일상적인 물질과 충돌하는 현장을 포착할 수는 있다. 이런 입자가 발견된다면 별과 은하의 운동을 설명할 수 있을 뿐만 아니라, 표준모델을 넘어선 훨씬 큰 대칭을 발견할 수도 있을 것이다.

암흑물질이 LHC 건설에 강력한 동기가 된 것은 분명한 사실이지만, 물리학이 충돌기로 간절하게 확인하고 싶었던 것은 암흑물질이 아니었다. 그들의 가장 큰 관심사는 어떤 미스터리를 해결하는 것이었는데, 여기에는 새로운 입자를 발견하는 것 이상의 중요한 의미

♦ 독자들 중에는 암흑물질의 후보 입자로 뉴트리노를 떠올리는 사람도 있을 것이다. 그러나 뉴트리노는 너무 가벼운 데다 이동속도가 지나치게 빠르기 때문에, 암흑물질의 후보로는 심히 부적절하다.

가 담겨 있었다. 문제는 이 미스터리가 기존의 자연법칙을 심각하게 위협하고, 우주를 이해하는 우리의 능력을 의심하게 만들었다는 점이다. 힉스장에서 탄생한 이 미스터리에 의하면 원자와 인간, 심지어는 사과파이까지도 존재할 수 없다.

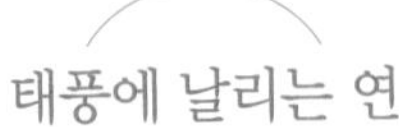

태풍에 날리는 연

몬티 파이튼**Monty Python**(1970년대에 활약한 영국의 코미디 극단: 옮긴이)의 코미디 영화 〈브라이언의 인생**Life of Brian**〉에는 주인공 '나자렛의 브라이언'이 로마군에게 쫓기는 장면이 나온다. 1세기의 예루살렘에서 브라이언은 거리를 질주하다가 길을 잘못 들어 탑 꼭대기로 올라간다. 거기서 떨어지면 틀림없는 사망인데, 비명을 지르며 뛰어내린다. 그러나 초현실주의를 표방한 영화답게, 브라이언의 몸이 땅에 닿기 직전에 때마침 그곳을 날아가던 외계 우주선 지붕으로 떨어져 외눈박이 외계인과 동승하게 된다. 그 후 우주선은 순식간에 달까지 날아가 다른 우주선의 집중공격을 받다가 다시 지구로 추락하는데, 하필 그곳은 방금 전에 자신이 뛰어내린 바로 그 장소였다. 처참하게 부서진 우주선에서 브라이언이 기어 나오자 추락 장면을 목격한 한 행인이 말을 건넨다. "와우! 당신 정말 운이 좋았어."

여기서 '운'은 브라이언의 생존을 서술하기에 한참 부족한 단어이다. 그가 탑 꼭대기에서 뛰어내리던 순간에 외계 우주선이 그 많은 행성들 중에서 하필이면 지구를, 그것도 그냥 지구가 아니라 브라이언이 투신하는 예루살렘의 탑 아래를 지나갈 확률이 과연 얼마나 될까? 또 이 우주선이 달까지 날아갔다가 다른 우주선에게 공격을 당하여 다시 예루살렘의 탑으로 추락할 확률은 얼마인가? 그리고 처참하게 추락한 우주선에서 브라이언이 멀쩡하게 살아남을 확률은 얼마인가? 브라이언이 이 모든 일을 겪고도 살아남을 확률을 구하려면 방금 말한 세 개의 확률을 곱해야 한다. 간단히 말해서 거의 0이라는 뜻이다. 이뿐만이 아니다. 지구 근처에 우주선을 타고 다닐 정도의 지능을 가진 생명체가 존재할 확률과, 그들이 만든 우주선에 선루프가 설치되어 있을 확률, 그리고 브라이언이 떨어지던 순간에 때마침 이 선루프가 열려 있을 확률도 곱해야 한다.

이 정도면 아무리 운이 좋아도 감당하기 어렵다. 그러나 표준모형에 의하면 별과 인간 등 원자로 이루어진 모든 만물은 "말도 안 되는 우연의 일치"가 한두 번도 아니고 연달아 일어나면서 나타난 결과이다.

이 우연의 일치는 우주공간을 가득 채우고 있으면서 모든 입자에게 질량을 부여한 힉스장과 밀접하게 관련되어 있다. 앞서 말한 바와 같이 빅뱅 후 약 1조분의 1초가 지났을 때 우주 전체에 걸쳐 힉스장의 스위치가 켜지면서 질량을 가진 입자들이 공간을 누비기 시작했고, 이때 결정된 질량은 지금 우리가 알고 있는 모든 만물(사과파이 포함)의 구성성분을 결정지었다.

힉스입자가 발견되면서 힉스장은 실제로 존재하는 장이 되었고, W입자와 Z입자의 질량에 기초하여 힉스입자의 질량이 약 246GeV라는 사실도 밝혀졌다. 자, 지금부터가 논리의 핵심이다. 모든 기본 입자의 질량은 힉스입자의 '246GeV'라는 질량으로부터 결정되었다. 집안에서 보일러의 온도를 조절하는 다이얼처럼, 우주의 온도를 조절하는 다이얼이 있다고 가정해 보자. 이 다이얼을 왼쪽으로 돌리면 표준모형에 등장하는 모든 입자의 질량이 작아지고, 오른

쪽으로 돌리면 커진다. 여기서 질문 하나—우주가 지금과 같은 모습으로 진화하여 훗날 지구에 생명체가 번성하려면 다이얼을 얼마나 정확하게 고정해야 할까? 답: 말도 안 되게, 어마무시하게, 기가 막히고 코가 막히게, 정말 환상적으로 정확해야 한다(더 강한 어휘를 쓰고 싶은데, 생각이 나지 않는다. 어쨌거나 이 값을 골디락값**Goldilocks value**이라 한다).

우리의 이론에 의하면 힉스장이 가질 수 있는 가장 확률 높은 값은 단 두 개, 0GeV와 10,000,000,000,000,000,000GeV뿐이다. 그 이유는 잠시 후에 논하기로 하고, 일단은 천지신명께 감사기도부터 드려야 할 것 같다. 두 경우 모두 최악의 시나리오가 펼쳐지기 때문이다. 힉스장의 값이 0이었다면(즉, 스위치가 켜지지 않았다면) 전자는 무질량입자로 남아서 원자를 형성하지 못했을 것이고, 원자가 없으면 우리도 존재하지 않았을 것이다. 그리고 두 번째 시나리오처럼 힉스장이 모든 공간에 똑같이 켜져서 엄청난 질량을 갖게 되었다면, 모든 입자들은 그 즉시 중력으로 똘똘 뭉쳐 블랙홀이 되었을 것이다. 이런 우주에서는 어떤 생명체도 태어날 수 없으며, 설령 태어났다 해도 도저히 살아갈 수 없다.

반면에 힉스장의 값이 246GeV이면 기본 입자들은 크지도 작지도 않은 적절한 질량을 획득하여 흥미진진한 물질과 천체로 가득 찬 우주가 만들어진다. 무질량입자들이 판치는 공허한 우주나 블랙홀밖에 없는 암울한 우주와는 완전 딴판이다. 그러나 힉스장이 이렇게 적절한 값으로 정확하게 세팅되려면 "기적 중의 기적 중의 기적" 같은 사건들이 연달아 일어나야 한다. 이 확률은 브라이언이 우여곡절을 겪고 살아남을 확률보다 훨씬, 엄청나게, 비교가 안 될 정도로 작다.

이 문제의 기원은 "텅 빈 공간이 힉스장에 미치는 영향"에서 찾을 수 있다. 물리학자들이 진공**vacuum**이라 부르는 바로 그 공간이다. 앞서 말한 대로 입자가 하나도 없는 텅 빈 공간에도 양자장이 깔려 있기 때문에, 완벽한 진공은 존재하지 않는다. 앞에서 우리는 양자장이 입자의 특성에 영향을 미칠 수 있음을 확인한 바 있다. 예를 들면 양자장이 전자의 주변에 모여들어 외형을 바꾸는 식이다. 진공에 존재하는 양자장도 힉스장의 세기에 어떤 식으로든 영향을 미쳤을 것이다.

진공에 깔린 양자장은 고요할 것 같지만 전혀 그렇지 않다. 하이젠베르크의 불확정성원리에 의하면 진공 속 양자장은 고요한 연못의 반짝이는 수면처럼 끊임없이 요동치고 있기 때문에, 장의 에너지가 0인지 아닌지 확인할 수 없다. 빈 공간에 깔린 장의 에너지는 0을 중심으로 끊임없이 오락가락하고 있다.

원리적으로 양자적 요동에는 에너지가 포함되어 있다. 어느 정도의 에너지가 들어 있는 것일까? 이상하게 들리겠지만, 그 값은 당신이 장을 바라보는 거리에 따라 달라진다. 양자장을 확대하여 가까운 거리에서 바라볼수록 불확정성원리에 의해 요동이 점점 크게 나타난다. 다시 말해서, 양자장을 무한히 가까운 거리에서 바라보면 요동이 무한히 커져서 진공 자체가 무한대의 에너지를 갖게 된다는 뜻이다. 다행히도 초단거리에서는 중력이 엄청난 위력을 발휘하기 때문에, 무한정 확대하는 것은 불가능하다.

이처럼 더 이상 확대할 수 없는(다가갈 수 없는) 거리의 한계를 플랑크길이**Planck length**라 하는데, 그 값은 대략 16조×1조×1조분의 1m쯤 된다. 십진표기법으로 쓰면 0.0000000000000000000000000000000000016m이다. 플랑크길이와 쿼크 사이의 크기 비율은 쿼크와 당신 사이의 크기 비율과 비슷하다. 좌우지간 상상을 초월할 정도로 작다. 두 입자 사이의 거리가 플랑크길이보다 가까워지도록 강제로 밀어붙이면, 이들은 막강한 중력에 의해 초소형 블랙홀로 붕괴된다. 즉, 플랑크길이는 두 입자가 가까워질 수 있는 한계거리이다. 이보다 가까운 거리를 논하는 것은 물리적으로 무의미하며, 여기서 더 크게 확대하는 것도 불가능하다.

그래도 플랑크길이는 상상을 초월할 정도로 작기 때문에, 이 거리에서 양자요동은 엄청난 크기로 일어난다. 대충 계산해 보면, 1cm^{3}의 진공 안에서 양자장의 요동에 저장된 에너지는 관측 가능한 우주에 존재하는 모든 별을 한 번도 아니고 여러 번 폭파할 수 있을 정도로 막대하다.♦

계산 결과가 충격적이라고? 당연하다. 충격을 받지 않는 것이 오히려 이상하다. 우주에 별과 은하가 멀쩡하게 존재하고 당신과 내가 아직도 살아 있는 것을 보면, 각설탕만 한 공간에 우주를 날려버리고도 남을 에너지가 담겨 있다는 주장은 아무리 생각해도 틀린 것 같다. 실제로 물리학자들 중에는 이 논리의 타당성을 의심하는 사람도 있다. 그러나 양자장의 개념을 수용한다면 인정할 수밖에 없는 결과이다. 다행히도 이 무지막지한 진공에너지**vacuum energy**는 공간 자체에 갇혀 있기 때문에 우리의 생존을 위협하지 않지만, 힉스장에는 막강한 영향력을 행사할 수 있다.

힉스장은 표준모형에 등장하는 장**場, field**들 중에서 매우 독특하다. 물질입자의 스핀은 모두 1/2이고 힘입자의 스핀은 모두 0인데, 스핀이 1인 입자는 힉스밖에 없다. 다른 장과 달리 격렬한 진공요동의

♦ 이것은 기초물리학의 커다란 과제인 "우주상수문제cosmological constant problem"와도 밀접하게 관련되어 있다. 진공요동에 담긴 에너지가 이 정도로 크면 우주의 팽창속도가 너무 빨라서 은하가 형성될 겨를이 없다. 이 무지막지한 에너지에도 불구하고, 우주는 왜 갈가리 찢어지지 않았는가? 이것은 물리학이 풀어야 할 가장 큰 미스터리이다.

영향을 받는 힉스장은 마치 "태풍에 날리는 연"을 연상케 한다.

가장 강력한 태풍 속에서 연을 날린다면 어떤 일이 벌어질까? 가능한 시나리오는 연이 바람에 휩쓸려 높이 날아가거나, 바닥으로 곤두박질치거나, 둘 중 하나이다. 만일 연이 고도 30cm를 꾸준히 유지하면서 맴돈다면 누구나 깜짝 놀랄 것이다.

그런데 놀랍게도 힉스장은 바로 이런 상태를 유지하고 있다. 힉스장이 태풍 속의 연처럼 엄청난 진공요동에 시달리면 플랑크에너지(10,000,000,000,000,000,000GeV)까지 끌려 올라가거나 0GeV로 곤두박질쳐야 정상이다. 그러나 힉스장은 246GeV라는 기적 같은 값을 유지하면서 원자가 생성될 수 있는 환경을 만들었고, 그로부터 모든 우주 만물이 탄생했다.

이것은 '기적'이라는 말로 대충 넘어갈 일이 아니다. 기적이 일어난 이유를 어떻게든 논리적으로 설명해야 한다. 표준모형의 범주 안에서 이 상황을 이해하려면 지금까지 발견된(그리고 아직 발견되지 않은) 모든 양자장의 격렬한 요동이 서로 상쇄되어 기적처럼 정확한 값으로 고정되었다고 생각하는 수밖에 없다. 이것은 태풍 안에서 여러 방향으로 소용돌이치는 바람이 서로 정확하게 상쇄되어 연이 조용하게 저공비행을 하는 것과 비슷하다.

여러 종의 양자장이 서로 상쇄되어 최종적으로 246GeV라는 값이 남을 확률은 대충 100만×1조×1조분의 1($1/10^{30}$)쯤 된다. 로또 복권 1등에 네 번 연속으로 당첨될 확률보다 작다.

양자장들이 은밀하게 결탁해서 이런 기적을 만들어냈을까? 말도 안 되는 소리다. 어떤 위대한 우주 수선공이 양자요동을 적절한 값으로 균형을 맞춰서 원자가 존재하도록 만들었다는 느낌을 지우기 어렵다. 다시 말해서, 모든 물리법칙이 생명체의 존재를 허용하는 쪽으로 미세조정되었다는 이야기다.

무언가 이상한 냄새가 나지 않는가? 대부분의 물리학자들은 이런 냄새를 병적으로 싫어한다. 한여름 몇 달 동안 소파 밑에 방치해 둔 넙치처럼 냄새도 참 지독하다. 흔히 "계층문제hierarchy problem"로 알려진 이 문제를 해결하기 위해, 물리학자들은 표준모형을 넘어선 이론을 찾겠다며 지난 수십 년 동안 거의 사투를 벌여왔다. 이들은 새로운 양자장이나 우리가 모르는 다른 요인에 의해 힉스장이 완벽한 골디락값으로 세팅되었을지도 모른다는 희망을 품고 있지만, 현실은 그리 녹록치 않다. 이것은 태풍 속에서 날리는 연을 지면 위 30cm에 묶어둔 말뚝을 찾거나, 태풍이 일기예보에서 예측한 것보다 훨씬 약했음을 깨닫는 것과 비슷하다.

그 많은 돈과 시간을 투자하여 대형강입자충돌기LHC를 건설한 이유 중 하나는 이런 새로운 현상을 발견하는 것이었다. 힉스입자를 찾는 것과 함께 계층문제를 해결하는 것이 LHC의 주된 임무였으며, 두 번째 임무는 지금도 여전히 수행 중이다. 이것은 정말로 판돈이 큰 도박이자, 단순한 과학 문제를 넘어 "물리학을 연구한다는 것은 무슨 뜻인가?"라는 원초적인 질문을 떠올리게 한다. 우주에 인간의 능력으로 설명할 수 없는 특성이 존재한다면 우리의 도전은 결국 실패로 끝날 것이고, 그렇지 않으면 성공할 가능성이 있다.

이 모든 문제의 배후에는 지난 수십 년 동안 물리학자들을 괴롭혀온 유령이 숨어 있다. 찬반양론으로 갈려 숱한 논쟁을 야기했던 그 유령의 정체는 다름 아닌 "다중우주"이다. 간단히 말해서, 우리 우주가 "각기 다른 법칙이 적용되는 여러 개(또는 무한개)의 우주 중 하나"라는 것이다. 이 황당한 가설을 받아들이면 힉스장이 기적 같은 값을 갖게 된 것은 더 이상 기적이 아니라 필연적인 결과가 된다. 다른 우주가 존재한다는 것을 인정한다면 대부분의 우주는 힉스장의 값이 0이거나 플랑크스케일(엄청나게 큰 값)이어서 원자가 존재하지 않고, 우리의 우주는 힉스장이 246GeV여서 생명체가 살 수 있게 되었다고 생각하면 그만이다. 우리 우주의 힉스장이 246GeV로 고정된 것은 기적이 아니라. 오직 그런 우주에서만 생명체가 살 수 있기 때문이다("내가 10년 전에 로또복권 1등에 당첨된 것은 기적이 아니라, 지금 내가 남들보다 잘 살고 있기 때문"이라는 논리이다. 복권에 당첨되지 않았다면 "당첨된 이유를 궁금해하는 나"도 존재하지 않을 것이기 때문이다: 옮긴이).

계층문제를 이런 식으로 해결하면 우리 우주의 힉스장이 그런 적절한 값으로 선택된 이유를 영원히 알 수 없을 것이다. 힉스장은 우주로 날아갔다가 다시 제자리로 추락한 브라이언처럼, 그냥 운이 좋았던 것뿐이다. 원자가 생성되어 생명체로 진화한 것도 얼떨결에 찾아온 행운 덕분이다. 독자들은 이런 식의 설명으로 만족할 수 있겠는가? 당연한 결과겠지만, 물리학자들 중에는 이것을 "재앙에 가까운 변명"으로 간주하는 사람이 꽤 많이 있다. 이런 식의 논리는 그 진위 여부를 확인할 수 없기 때문이다. 다중우주의 정의에 의해 다른 우주는 우리와 완전히 단절되어 있으므로 그곳의 힉스장을 측정할 수 없고, 기막힌 행운이 하필 우리 우주에 찾아온 이유도 알 길이 없다.

그러므로 다중우주가 정말로 존재한다면 무無에서 사과파이를 만드는 방법도 절대로 알 수 없다.

그래도 많은 물리학자들은 "아직 알려지지 않은 어떤 요인에 의해 힉스장이 적절한 값으로 고정되었다"고 믿으면서, 그 요인을 찾기 위해 노력하고 있다. 이것이 사실이라면 힉스입자와 질량이 비슷한 새로운 입자가 존재할 가능성이 생긴다. 힉스입자도 가설에서 출발하여 결국 LHC에서 발견되지 않았던가? 그래서 수백 명의 물리학자들은 우리가 "탄생 확률이 지극히 낮은 우주"에 살게 된 이유를 규명하기 위해 표준모형이라는 단단한 갑옷의 틈새를 파고들기 시작했다.

미지의 세계로

매주 수요일 아침이 되면 한 무리의 물리학자들이 케임브리지에 있는 캐번디시 연구소 1층의 창문 없는 회의실에 모여든다. 이들은 커다란 테이블에 둘러앉아 커피를 마시면서 토론을 벌이는데 "스쿼크squark", "뉴트럴리노Neutralino", "Z 프라임Z primes", "미세 블랙홀micro black holes" 등 암호를 방불케 하는 용어들이 난무하여, 대체 무슨 소린지 알아들을 수가 없다. 가끔은 누군가가 앞으로 뛰어나와 화이트보드에 상형문자를 연상케 하는 화살표와 물결선을 그리기도 하고, 난해한 수식을 사정없이 휘갈겨 쓰기도 한다. 좌중에는 화이트보드를 손가락으로 가리키며 열변을 토하는 사람도 있고, 말없이 노트북 키보드를 두드리는 사람도 있다.

이들이 구성한 초대칭 연구팀Supersymmetry Working Group은 내가 캐번디시를 방문했던 2008년 이전부터 매주 한 번씩 토론회의를 개최해왔다. 입자물리학계에는 수많은 회의가 진행되고 있지만,◆ 초대칭 연구팀은 아주 특별한 조직에 속한다. 토론 멤버가 LHC에서 일하는 실험물리학자들과 캐번디시의 이론물리학자들, 그리고 케임브리지대학교의 수학과 교수들로 구성되어 있기 때문이다. 이들은 10년

◆ 전하는 소문에 의하면 한때 ATLAS에서는 회의가 너무 많아서 일에 지장을 준다며 "회의 수를 줄이는 방법을 모색하는 연구팀"을 만들었는데, 이들이 정기적인 모임을 시작하자 회의 수가 오히려 더 많아졌다고 한다.

이 넘는 세월 동안 LHC에서 얻은 최신 실험결과와 캐번디시에서 개발한 최신 이론을 결합하여 새로운 현상을 발견하고 설명하는 데 주력해왔다.

벤 알라나흐Ben Allanach와 사라 윌리엄스Sarah Williams도 초대칭 연구팀의 일원이다. 이론물리학 교수인 벤은 지난 10년 동안 LHC에서 얻은 데이터에 기초하여 표준모형을 뛰어넘는 새로운 이론을 개발하고 이론물리학자들의 차기 실험계획을 수립하는 등 이론과 실험 분야에서 핵심적인 역할을 해왔으며, 사라는 ATLAS의 데이터북에 기록된 수조 건의 충돌실험에서 새로운 징후를 찾고 있다.

지난 몇 년 동안 이들의 마음을 사로잡은 연구주제는 단연 초대칭supersymmetry이었다. 벤은 물리학자가 된 후로 줄곧 이 문제에 매달려 왔고, 사라를 포함한 수백 명의 ATLAS 연구원들은 초대칭 효과를 입증하기 위해 수많은 충돌실험을 실행했다.

초대칭은 물리학이 직면한 여러 개의 심오하고 근본적인 문제들을 한 방에 해결해 주는 아주 유별난 개념이다. 기존의 이론에 이 개념을 도입하면 빅뱅 무렵에 물질이 반물질보다 많았던 이유와 암흑물질의 특성을 설명할 수 있을 뿐만 아니라, 우주초기에 모든 힘들(전자기력, 약력, 강력, 중력)이 단 하나의 통일된 힘으로 존재했다는 엄청난 가설까지 가능해진다. 그러나 뭐니 뭐니해도 초대칭의 가장 큰 매력은 난폭한 진공에너지로부터 힉스장을 안전하게 보호하여, 힉스장이 지금처럼 적절한 값(원자가 생성될 수 있는 값)을 갖게 된 이유를 설명할 수 있다는 것이다.

이름에서 알 수 있듯이 초대칭은 자연의 기본 구성요소에 부과된 또 하나의 새로운 대칭으로, 물질과 반물질을 연결하는 대칭과 크게 다르지 않다. 단, 초대칭을 통해 연결되는 두 부류는 입자와 반입자가 아니라 페르미온과 보손이다. 즉, 초대칭은 전자와 쿼크, 뉴트리노 같은 물질입자를 광자, 글루온, 힉스입자 같은 힘입자와 연결시키는 대칭이다.

앞서 말한 대로 물질입자와 힘입자는 스핀(spin)이 다르다. 모든 물질입자는 페르미온에 속하면서 스핀이 1/2인 반면, 힘입자는 보손에 속하면서 스핀이 모두 0이고 힉스보손만 1이다. 초대칭이론에 의하면 표준모형에 등장하는 스핀=1/2인 모든 물질입자는 스핀=0인 "초대칭짝superpartner"을 갖고 있으며, 모든 힘입자는 스핀=1/2인 초대칭짝을 갖고 있다. 초대칭짝에 해당하는 입자들은 원본 입자와 스핀만 다를 뿐, 그 외의 모든 특성은 완전히 동일하다.

초대칭입자들은 대부분 생소한 이름을 갖고 있다. 예를 들어 전자의 초대칭짝은 "셀렉트론selectron"이고, 쿼크의 초대칭짝은 "스쿼크squark"이다(앞에 붙은 s는 "super"를 의미한다. 한글 명칭은 아직 정해진 규범이 없다: 옮긴이). 힘입자의 초대칭짝으로 가면 이름이 더욱 난해해져서 광자의 초대칭짝은 포티노photino, 글루온의 초대칭짝은 글루이노gluino이고 W, Z입자와 힉스입자의 초대칭짝은 각각 위노wino, 지노zino, 힉시노higgsino이다. 그 중에서도 스스트레인지 스쿼크sstrange squark(야릇한 쿼크의 초대칭짝)라는 이름이 제일 끔찍하다. 별생각 없이 발음하면 옆에 있는 친구의 얼굴에 침을 튀기기 십상이다. 초대칭짝에 해당하는 입자를 통틀어서 스파티클sparticle(초대칭입자)이라 한다. 정말 갈수록 가관이다. 내 마음속 한구석에는 초대칭이 발견되지 않기를 바라는 마음도 있다. 그래야 전통과 권위를 자랑하는 물리학 무대에서 이런 바보 같은 용어가 사라질 것이기 때문이다.

명명법은 별로 마음에 안 들지만, 초대칭은 기초물리학에서 가장 아름답고 강력한 개념으로 자리 잡았다. 특히 이론물리학자에게 초대칭은 힉스장을 재앙에서 구출해 줄 몇 안 되는 후보 중 하나이다. 앞에서 말한 대로 힉스장은 진공 중에서 일어나는 양자장의 요동에 독특한 방식으로 영향을 받는다. 표준모형에 등장하는 25종의 양자장은 각자 나름대로 요동을 일으켜서 양자태풍을 만들고, 그 속에서 표류하는 힉스장의 에너지는 0으로 곤두박질치거나 플랑크에너지 수준으로 커진다. 25종의 양자태풍이 서로 상쇄되어 힉스장의 값이 246GeV로 고정될 이유는 어디에도 없다. 그러나 LHC에서 발견된 힉스장의 값은 분명히 246GeV이다. 어떻게 이런 일이 가능하단 말인가?

초대칭을 도입하면 이 골치 아픈 문제가 일거에 해결된다. 표준모형에 등장하는 모든 양자장은 각자 자신만의 초대칭짝에 해당하는 슈퍼필드superfield(우리 말로 '초장超場'이라고 번역하려다가 포기했다: 옮긴이)를 갖고 있는데, 약간의 수학을 거치면 슈퍼필드의 요동이 표준장(슈퍼필드의 초대칭짝, 즉 원래의 장)의 요동과 크기가 정확하게 같고 방향만 반대임을 알 수 있다. 예를 들어 전자장의 바람이 힉스장을 한쪽 방향으로 날리면 셀렉트론(전자의 초대칭짝)장은 힉스를 반대 방향으로 날려서 두 효과가 정확하게 상쇄된다. 서로 반대 방향으로 부는 두 개의 양자태풍이 정확하게 상쇄되어 맑고 청명한 날씨가 되는 것이다.

그러므로 초대칭을 도입하면 기적 같은 미세조정을 해명하느라 애쓸 필요가 없고, 검증 불가능한 다중우주에 매달릴 필요도 없다. 잡다한 가정을 하지 않고 "이 세상이 지금처럼 보이는 이유"를 설명했으니, 이 정도면 꽤 자연스러운 이론이다. 게다가 다양한 버전의 초대칭 이론에 공통적으로 등장하는 가장 가벼운 입자는 암흑물질의 후보로 손색이 없다.

그러나 초대칭이론에도 문제는 있다. 그 많은 초대칭짝들은 죄다 어디로 사라졌는가? 우주에 완벽한 초대칭이 존재한다면, 초대칭짝 입자들은 스핀을 제외한 모든 특성이 원본 입자와 완전히 동일하므로 이미 오래전에 발견되었어야 한다. 이 문제를 어떻게 해결해야 할까? 다행히도 방법이 하나 있다. 초대칭이 살짝 붕괴되어 불완전한 형태로 남아 있다고 가정하면 된다. 박람회장에 있는 구불구불한 거울 앞에 섰을 때 당신의 몸이 마치 증기롤러에 깔린 것처럼 납작하게 보이는 것과 비슷하다. 일반적으로 초대칭이 붕괴되면 초대칭입자의 질량이 표준모형의 원본 입자보다 커지기 때문에, 초대칭짝이 발견되지 않은 이유를 설명할 수 있다. "현존하는 입자가속기로 만들 수 없을 정도로 질량이 심하게 커졌기 때문"이라고 우기면 된다. 그러나 여기에는 치러야 할 대가가 있다. 입자의 질량을 크게 키워서 초대칭을 심하게 망가뜨릴수록 양자요동이 '덜' 상쇄되는 것이다. 애초에 우리는 힉스장을 구제하기 위해 초대칭을 도입했으므로, 초대칭짝 때문에 상쇄가 불충분하게 일어난다면 말짱 헛일이다. 따라서 초대칭이 정말로 존재한다면, 초대칭짝 입자들은 힉스입자보다 너무 심하게 무겁지 않아야 한다. 물리학자들이 LHC에 기대를 거는 이유가 바로 이것이다. 힉스입자가 이미 발견되었는데, 이보다 조금 더 무거운 초대칭짝도 발견되지 말라는 법이 없지 않은가.

이 정도면 이론 및 실험물리학자들이 초대칭에 매달릴 만하다. 그러나 힉스장을 진정시키는 방법은 초대칭 말고도 또 있다. 초대칭은 각기 반대 방향으로 부는 양자태풍이 서로 상쇄되어 힉스장을 진정시켰다고 주장하지만, 다른 가설 중에는 "애초부터 양자태풍은 불지 않았다"고 주장하는 이론도 있다. 진공요동이 힉스장을 위험에 빠뜨린 이유는 진공 중에서 특정 부위를 크게 확대할수록 요동이 점점 더 커지기 때문이다. 앞에서도 말했지만 이 확대 과정은 두 입자가 하나로 합쳐서 블랙홀이 되는 '플랑크길이' 수준까지 계속된다.

플랑크길이가 상상을 초월할 정도로 짧은 이유는 중력이 전자기력보다 1조×1조×1조 배 이상 약한 힘이기 때문이다. 즉, 중력은 다른 세 가지 양자적 힘(전자기력, 강력, 약력)과 비교할 때 너무나도 약해서, 이들 셋 중 하나가 부각되는 실험에서는 그 흔적조차 찾을 수 없다. 중력이 다른 세 개의 힘과 견줄 정도로 크게 나타나려면 두 입자 사이의 거리가 엄청나게 가까워야 하고, 이를 위해서는 두 입자를 엄청난 에너지로 충돌시켜야 한다. LHC를 이용하면 두 입자를 10^{-18}m까지 접근시킬 수 있는데, 이 정도면 꽤 가까운 거리지만 플랑크길이에 비하면 명함도 못 내미는 수준이다(플랑크길이의 10^{18}배에 달한다!).

그런데 중력이 눈에 보이는 것보다 훨씬 강하다면 어떻게 될까? 만일 이것이 사실이라면 두 입자가 블랙홀로 붕괴되는 사건은 우리의 예상보다 훨씬 먼 거리에서 일어날 것이다. 다시 말해서, "중력이 두드러질 때까지 진공을 확대하는 과정"이 예상보다 일찍 끝난다는 뜻이다. 그리고 확대가 일찍 중단되면 양자요동의 크기가 훨씬 작아져서, 양자태풍은 "양자산들바람"으로 잦아든다.

중력이 가까운 거리에서 우리의 예상보다 강해지도록 만들려면 어떻게 해야 할까? 공간에 별도의 차원次元, **dimension**을 도입하면 된다. 웬 뚱딴지같은 소리냐고? 일단 설명을 들어보시라. 우리는 전-후, 좌-우, 상-하로 이동할 수 있는 3차원 공간에 살고 있다. 그러나 고차원이론에 의하면 방금 말한 3가지 외에 우리가 움직일 수 있는 방향이 더 존재한다. 네 번째 차원으로 이동하는 물체를 상상해 보라. 잘 안 떠오른다고? 사실은 나도 그렇다. 아무리 머리를 쥐어짜도 전-후, 좌-우, 상-하 이외에 다른 방향을 떠올리는 건 불가능하다. 수학자나 물리학자 중에서 "나는 4차원 공간을 머릿속에 그릴 수 있다"고 주장하는 사람이 있다면, 장담하건대 그는 거짓말을 하고 있거나 자신을 너무 과대평가하고 있는 것이다(비스듬한 방향은 새로운 방향이 아닌가?—아니다. 비스듬한 이동은 전-후, 좌-우, 상-하 이동의 조합으로 구현될 수 있기 때문이다. 새로운 차원을 따라 일어나는 이동은 기존 이동의 조합으로 구현될 수 없다: 옮긴이). 그러나 고차원공간을 수학적으로 표현하는 건 얼마든지 가능하다. 이런 이론에서 우리가 추가된 차원을 인식하지 못하는 이유는 차원 자체가 너무 작거나, 우리를 구성하는 입자들이 3차원 세계에 구속되어 있기 때문이다.

반면에 중력은 불량 파이프에서 물이 새어 나가는 것처럼 다른 차원에도 영향을 미친다. 이 "중력누출가설"을 수용하면 일상적인 3차원 공간에서 중력이 약하게 보이는 이유를 설명할 수 있으며, 모든 차원을 고려할 때 중력은 결코 약한 힘이 아니라는 것도 알 수 있다.

언뜻 들으면 SF소설 같지만, 여분차원이론이 내놓은 결과는 초대칭이론과 마찬가지로 LHC를 통해 관측 가능하다. 우리가 모르는 차원이 추가로 존재한다면 초소형 블랙홀을 만드는 데 필요한 에너지는 플랑크에너지보다 훨씬 작을 것이므로, LHC의 충돌실험에서 만들어질 수도 있다.

초소형 블랙홀을 만든다는 소식이 알려지자 영국의 언론들은 자극적인 기사를 쏟아내기 시작했다. 특히 LHC가 가동되기 직전인 2008년에 영국의 일간지 〈데일리메일Daily Mail〉의 헤드라인에는 "다가오는 수요일, 인류는 멸종할 것인가?ARE WE ALL GOING TO DIE NEXT WEDNESDAY?"라는 기사가 실렸고,[2] 미국의 《타임Time magazine》은 내용을 조금 순화하여 "충돌기는 종말을 초래할 것인가?COLLIDER TRIGGERS END-OF-WORLD FEAR?"라는 기사를 내보냈다.[3] 과학 전문 기자들이 자세한 내용을 모르는 채 "초소형 블랙홀이 지구의 중심으로 가라앉아서 지구 전체를 삼킨다"고 생각했던 것이다.

여론의 압박에 견디다 못한 CERN의 임원들은 다양한 종말 시나리오를 검토하기 위해 전문위원회를 구성했고, 얼마 후 이들은 "LHC 충돌의 안전성 재고Review of the Security of LHC Collisions"라는 제목의 평가보고서를 제출했다. 여기에는 지금까지 발표된 위험평가 중 가장 흥미진진한 내용이 담겨 있는데, 주된 내용은 다음과 같다—"고에너지 입자 충돌실험에서 고려해야 할 부분은 작은 '거품'이 생성될 수도 있다는 점이다… 이 거품이 팽창하면 지구뿐만 아니라 우주 전체가 파괴될 수도 있다."[4]

여기까지는 정말 흥미진진하다. 그러나 이 보고서는 "그럴 가능성은 거의 없다"고 결론지었다. 지금도 우주에서는 수많은 입자들이 LHC 보다 큰 에너지를 갖고 지구로 쏟아지고 있는데, 충돌에 의한 종말 시나리오가 사실이라면 지구는 이미 오래전에 사라졌어야 한다. 어쨌거나 LHC가 가동되고 10년이 넘은 지금까지 지구가 멀쩡한 것을 보면, 위원회의 평가가 옳았던 것 같다.

초소형 블랙홀이 지구에 위협이 되지 않는 이유는 블랙홀이 복사에너지를 방출한다는 "호킹복사Hawking radiation"에서 찾을 수 있다. 실제 블랙홀에서는 이 과정이 관측할 수 없을 정도로 느리게 진행되지만, LHC에서 만들어진 초소형 블랙홀은 생성되자마자 지구를 위협할 겨를도 없이 즉각적으로 복사를 방출하면서 붕괴되고, 이때 방출된 입자는 ATLAS나 CMS에 감지된다.

초대칭과 여분차원은 힉스장의 세기를 설명하는 여러 가지 가설 중 가장 그럴듯한 후보로 자리 잡았다. 양자태풍 속에서 우리의 연(힉스장)을 일정한 높이로 유지시키는 원인이 무엇이건 간에, 최상의 시나리오는 힉스입자의 에너지(질량)와 비슷한 영역에서 무언가가 발견되는 것이다. 그래서 2010년에 LHC 충돌실험이 처음 실행되었을 때, 전 세계의 물리학자들은 힉스입자와 함께 우주의 새로운 구성성분이 발견되기를 간절히 바라고 있었다.

LHC가 가동된 첫해에는 CERN의 제어센터에서 충돌기를 운용하는 엔지니어들이 새로운 기계의 작동법을 배워나가는 중이었기 때문에, 실험이라기보다 사실상 워밍업에 가까웠다. 그러나 겨울 휴가가 끝나고 2011년 봄에 다시 가동을 시작했을 때에는 작년 한 해 동안 수집한 것보다 많은 데이터가 처음 며칠 사이에 수집되었다. 이제 게임이 본격적으로 시작된 것이다.

2011년 크리스마스 며칠 전부터 ATLAS와 CMS에서 힉스입자를 암시하는 데이터가 포착되기 시작했지만 초대칭입자는 감감무소식이었다. 그러나 아직은 실험 초기 단계였기에, 물리학자들은 희망을 갖고 기다렸다.

시간을 빨리 돌려서 2012년 7월, CERN의 대변인은 힉스입자가 발견되었음을 공식적으로 선포했고, 아주 잠시 동안 입자물리학은 전 세계인의 관심사로 떠올랐다. 그러나 물리학자들은 샴페인을 터뜨리면서도 아직 발견되지 않은 초대칭입자 때문에 마음이 편치 않았다. 나의 동료인 사라 윌리엄스는 그 무렵에 박사과정 학생의 신분으로 CERN에 파견되어 몇 주일 동안 날밤을 새워가며 슬렙톤**slepton**(렙톤의 초대칭짝)을 찾았지만 아무런 성과도 거두지 못했다. 이제 곧 새로운 소식이 들려올 것이라며 잔뜩 들떠 있는 상사들을 대할 때마다 그녀의 마음이 얼마나 타들어 갔을지 짐작이 가고도 남는다.

초대칭입자와 초소형 블랙홀 등 새로운 무언가를 찾으려는 노력은 결국 수포로 돌아갔고, 새로 발견된 힉스입자의 질량은 더욱 심각한 문제를 야기했다. 가장 단순한 초대칭이론에 의하면 힉스입자의 질량은 Z입자와 비슷한 90GeV 근처여야 하는데, ATLAS와 CMS에서 관측한 값은 125GeV였다. 이 정도 차이는 이론을 수정해서 어떻게든 끼워 맞출 수 있지만, 원래 이론에 흠집을 내고 마음 편할 물리학자는 없다.

2012년 말, 내가 속해 있던 LHCb 연구팀은 초대칭 팬들에게 더 나쁜 소식을 전했다. 우리가 관측한 것은 아주 드물게 일어나는 바닥쿼크의 붕괴 현상이었는데, 특정 버전의 초대칭이론에는 꽤 반가운 소식이었지만 붕괴율 자체는 기존의 표준모형과 거의 정확하게 일치했다. 그런데 BBC에서 이 뉴스를 보도할 때 "LHCb가 초대칭을 병원에 입원시켰다"는 크리스 파크스**Chris Parkes**(그는 나의 대학 동료이다)의 말을 인용하는 바람에 여러 물리학자들의 심기를 불편하게 만들었다.[5] 또한 나의 상사이자 케임브리지 소재 LHCb팀의 리더인 발 깁슨은 실험결과가 "초대칭에 매달리는 이론가들을 혼란에 빠뜨렸다"고 했다.[6] 이왕 말이 나왔으니 하는 말인데, 실험물리학자들은 자신의 실험으로 인해 이론물리학자의 주장이 틀린 것으로 판명될 때 가장 짜릿한 쾌감을 느낀다(반면에 이론물리학자는 자신의 이론이 실험을 통해 옳은 것으로 판명될 때 세상에 태어난 보람을 느낀다!: 옮긴이). 한편, CERN에서 거의 30년 동안 초대칭을 연구해 온 이론물리학자 존 엘리스**John Ellis**는 "LHCb가 발표한 내용은 일부 초대칭이론에서 이미 예견된 결과이다. 나는 결코 그런 사소한 일로 잠을 설치지 않는다"며 건재함을 과시했다.[7]

두 사람 다 세계적으로 유명한 물리학자인데, 어떻게 반응이 이토록 다를 수 있을까? 이유는 간단하다. 초대칭이론은 하나의 이론이 아니라, 다양한 버전으로 존재하는 "다면체 이론"이기 때문이다. 그래서 웬만한 반증으로는 초대칭이론을 굴복시킬 수 없다. 당신이 제일 선호하는 초대칭이론이 있는데 아무리 기다려도 LHC에서 그 증거가 발견되지 않는다면, 기존의 변수를 조정하거나 새로운 요소를 도입하여 증거가 발견되지 않는 이유를 설명할 수 있다. 그러나 이런 행위는 초대칭의 목적을 훼손시킨다. 원래 초대칭이론은 표준모형의 미세조정**fine-tuning**[이론의 변수들이 지금과 같은 값(생명체가 존재할 수 있는 값)으로 결정된 이유]을 설명하기 위해 도입되었는데, 여기서 또다시 미세조정을 시도하면 이론을 도입한 의미가 없어지기 때문이다.

2012년 크리스마스를 며칠 앞두고 LHC 첫 실험의 마지막 양성자가 충돌했다. 이 놀라운 기계를 만들고 운용해 온 공학자들이 뿌듯한 마음으로 지난 3년을 돌아보는 동안, 물리학자들은 LHC를 통해 알려진 물리학의 현주소를 바라보며 심각한 고민에 빠졌다. 처음 가동될 때에는 장밋빛 꿈으로 한껏 부풀어있었는데, 막상 LHC가 인도하는 주소지로 가 보니 황량한 사막 한복판에 "힉스입자"라는 나무 한 그루만 덩그러니 서 있지 않은가.

일부 물리학자들은 최악의 시나리오를 떠올렸다—"힉스입자를 발견한 것이 LHC의 한계가 아닐까? 이보다 근본적인 문제는 LHC로도 알아낼 수 없는 것이 아닐까?" 이런 소문이 퍼지자 젊은 물리학자들은 인생 계획을 수정하기 시작했다. 더 이상 우려먹을 게 없는 입자물리학에 인생을 걸기가 불안해졌기 때문이다. CMS에서 힉스입자를 발견할 때 큰 공을 세웠던 매트 켄지는 박사학위를 받은 후 "ATLAS와 CMS에는 별 희망이 없다"며 LHCb로 자리를 옮겼다. 그러나 나이 든 물리학자들은 성급한 판단을 경계한다. 초대칭을 발견하기 위해 30년을 고군분투해 왔는데, 몇 년을 더 기다리지 못할 이유가 없다는 것이다. 케임브리지대학교의 벤 알라나흐 교수는 "초대칭은 우리가 초대한 파티에 아직 도착하지 않았지만, 못 온다는 통고가 없었으므

로 곧 오리라 믿는다"며 동료들을 위로했다.[8]

현재 상황을 보면 희망을 가질 만하다. LHC는 처음 가동된 해에 몇 가지 문제 때문에 최고 출력의 절반밖에 발휘하지 못했는데, 2년에 걸쳐 보완한 끝에 2015년에는 최고 기록인 13TeV에 도달했다. 미지의 영역을 탐험할 준비가 한번 더 완료된 셈이다.

2015년 크리스마스를 며칠 앞둔 어느 날, 놀라운 소식이 들려왔다. ATLAS와 CMS의 연구원들이 과거에 한 번도 도달한 적 없는 고에너지 데이터에서 새로운 입자를 암시하는 "언덕"을 발견한 것이다. 힉스입자의 흔적이 발견되었던 2011년 크리스마스에는 새로운 입자가 두 개의 광자로 붕괴된 흔적이 나타났었는데, 이번에는 힉스입자보다 6배나 무거운 750GeV에서 비슷한 흔적이 관측되었다.

힉스입자가 발견되었을 때 잠깐 기뻤던 것을 제외하고, 지난 5년 동안 서서히 쌓여온 이론물리학자들의 스트레스가 이 소식으로 한 방에 날아갔다. 그로부터 몇 주일 사이에 500편 이상의 논문이 온라인 프리프린트 게시판에 업로드되었으며,♦ 많은 사람들은 그 언덕이 초대칭입자의 증거라고 생각했다. 드디어 새로운 양자군대가 모습을 드러낼 것인가?

2016년 8월, 전 세계의 물리학자들이 입자물리학계의 가장 큰 행사인 국제 고에너지물리학회**International Conference on High Energy Physics**에 참석하기 위해 시카고로 모여들었다. ATLAS와 CMS의 연구원들은 그해에 새로 얻은 데이터를 추가하여 750GeV에서 나타난 "언덕"을 업데이트하여 발표할 예정이었는데, 발표 전날 연구원 중 한

♦ 이 게시판의 주소는 arXiv.org로서, 정식 학술지에 발표하기 전에 자신의 연구를 과학계에 알리는 수단으로 활용되고 있다.

사람이 온라인에 논문을 섣불리 공개하는 바람에 바람 빠진 풍선이 되고 말았다. 게다가 새로운 데이터를 추가한 그래프에는 언덕의 형태가 거의 사라지고 없었다. 데이터의 무작위 요동 때문에 잠시 언덕처럼 보였던 것이다. 통계적 우연 때문에 500여 편의 논문이 작성되었다가 곧장 휴지통으로 직행했다. 이렇게 허망할 수가….

ATLAS 팀의 사라 윌리엄스는 2015년 데이터에서 초소형 블랙홀을 찾고 있었는데, LHC의 출력이 높아진 후로 많은 기대를 걸었지만 아무것도 찾지 못했다.

LHC의 초대형 실험은 그 후 3년 동안 거의 모든 분야의 기록을 경신하면서 방대한 양의 고품질 데이터를 수집했고, 향후 2년간의 수리를 위해 작동이 중단된 2018년 12월 3일까지 총 1만×1조 회의 충돌을 기록했다. 그러나 이 많은 데이터에도 불구하고 힉스보다 무거운 입자의 징후는 단 한 번도 발견되지 않았다. 결국 최악의 시나리오가 실현되는 것일까?

기초물리학은 지난 100년 이래 최고의 위기에 직면해 있다. 빅뱅 직후 생성된 물질의 기원은 아직도 모호하고 암흑물질의 정체도 알려지지 않았으며, 기적처럼 미세조종된 우주에 우리가 살게 된 이유도 오리무중이다. 그리고 이 질문의 답을 찾기 위해 만들어진 인류 역사상 최대 규모의 실험장비LHC는 불완전한 표준모형을 제공한 후 줄곧 헛발질만 해왔다. 그렇다면 LHC는 실패작인가?—아니다. LHC는 공학과 기술이 거둔 위대한 승리로 평가되어야 한다. 목적을 이루지 못한 것은 인간일 뿐, LHC는 자신의 임무를 충실하게 수행해 왔다. LHC를 통해 알아낸 우주가 우리의 이론과 일치하지 않은 것은 LHC의 잘못이 아니다. 우주는 인간이 만들어낸 이론에 아무런 관심도 없이 있는 그대로의 모습을 보여줄 뿐이다.

아직도 많은 물리학자들은 "어느 날 LHC에서 초대칭입자가 발견되어 다중우주라는 사이비 과학에서 우리를 구해줄 것"이라는 믿음 하에 초대칭이론을 고수하고 있다. 그러나 개중에는 좀 더 실용적인 방향으로 연구방향을 수정한 학자도 많다. 힉스장의 적절한 강도와 암흑물질의 특성을 설명하고 모든 힘을 하나로 통일한다는 기치 아래 야심 차게 출발했던 '초대칭 프로젝트'는 결국 실패한 것으로 보인다. 초대칭입자가 존재하는데도 불구하고 아직 발견되지 않은 것이라면 질량이 그만큼 크다는 뜻이고, 질량이 그 정도로 크면 진공요동이 강하게 일어나서 힉스장을 골디락값 밖으로 날려버렸어야 한다. 그렇다면 우주는 생명체가 도저히 살 수 없는 생지옥이 되어야 하는데, 현실은 전혀 그렇지 않다. 케임브리지의 초대칭 연구팀은 이런 변화를 감지하고 2019년 초에 "현상론 연구팀Phenomenology Working Group"으로 간판을 바꿔 달았다.

앞으로 어떻게 될 것인가? 여기가 막다른 길인가? 설명할 수 없는 우주의 특성이라는 것이 정말로 존재하는가? 진부하게 들리겠지만 모든 위기는 또 다른 기회이다. 그리고 지금 우리가 처한 위기는 아주 커다란 기회일지도 모른다. LHC는 우리가 찾던 해답을 주지 못했지만 여전히 무언가를 말해주고 있으며, 우리가 할 일은 그 '무언가'의 정체를 알아내는 것이다. 지금이야말로 기존의 가정을 재검토하고, 주어진 문제를 다른 각도에서 바라볼 때이다. 거창한 생각이나 선입견은 한쪽 구석으로 치워놓고, 자연의 순수한 목소리에 귀를 기울여야 한다.

사실 자연은 아주 오래전부터 우리가 생각하지 못한 방식으로 외쳐왔을지도 모른다. 지난 몇 년 동안 LHCb에서는 의외의 신호가 여러 번 포착되었는데, 이들은 한결같이 표준모형에서 벗어나 있었다. 장담하기엔 아직 이르지만, 우주의 양파껍질을 또 한 차례 벗기고 더 깊은 속을 바라볼 기회가 찾아올 수도 있다.

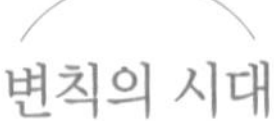

변칙의 시대

초대형 감지기인 ATLAS나 CMS와 달리, LHCb는 그다지 큰 주목을 받지 못한다. LHCb는 힉스입자를 발견하지 못했고(정확하게 말하면 못한 게 아니라 안 한 거다!) 암흑물질이나 초소형 블랙홀처럼 큰 이슈가 될 만한 대상을 찾지도 않는다. ATLAS와 CMS의 장비들은 다른 차원으로 가는 포털처럼 매우 그럴 듯하게 생겼지만 LHCb는 지하동굴에 자리 잡고 있어서 분위기가 몹시 칙칙하고 그 안에 들어서면 거대한 토스트랙**toast rack**(구운 식빵을 일렬로 세워놓는 거치대: 옮긴이)처럼 생긴 물건이 제일 먼저 눈에 뜨인다.

ATLAS와 CMS가 사색적인 이론을 검증하기 위해 풀가동되고 있을 때, LHCb는 표준모형을 뛰어넘어 무언가를 보여줄 마지막 희망으로 떠올랐다. 지난 몇 년 사이에 LHCb의 데이터에서 새로운 변칙變則, **anomaly**이 연달아 발견되었기 때문이다.

ATLAS/CMS와 LHCb의 차이를 이해하기 위해, 빽빽한 정글의 변두리에 서 있는 두 명의 사냥꾼 A, B를 생각해 보자. 이들은 코끼리 전문가로부터 "끝없이 펼쳐진 밀림 속 어딘가에 코끼리가 살고 있다"는 이야기를 들었다. A는 코끼리를 잡겠다는 일념으로 자신의 길을 가로막는 덤불을 칼로 난도질하면서 씩씩하게 나아갔다. 그러나 정글이 너무 넓고 울창한 데다 빛도 잘 들어오지 않아서 시간이 흐를수록 앞으로 전진하기가 어려워졌고, 결국은 "코끼리가 눈앞에 보이지 않는 한" 더 이상 나아갈 수 없는 한계점에 도달하고 말았다.

한편, B는 무턱대고 정글을 뒤지는 대신 코끼리의 발자국이나 코끼리 때문에 꺾어진 나뭇가지를 추적하기로 했다. 발밑을 일일이 살펴야 하기 때문에 전진 속도는 느리지만, 난도질을 계속할 필요가 없으므로 체력 소모가 적고 왔던 길을 되돌아갈 필요도 없다. 시간이 한참 지난 후, 드디어 B는 부드러운 땅에서 코끼리의 발자국으로 추정되는 흔적을 발견했고, 발자국을 따라가다가 또 다른 발자국을 연달아 발견했다. B는 발자국이 인도하는 대로 정글 깊숙이 들어간 끝에 드디어 코끼리를 만날 수 있었다. 처음부터 올바른 길을 따라갔기 때문이다.

칼을 휘두르며 정글을 헤쳐나가는 사냥꾼 A는 양자 정글에서 1조×1조 회의 충돌을 일으켜 새로운 입자를 찾는 ATLAS나 CMS와 비슷하다. 찾으려는 대상과 그것이 존재하는 영역이 확실하게 정의된 경우에는 이런 저인망식 싹쓸이 탐사가 매우 효과적이다. 실제로 힉스입자도 이런 식으로 발견되었다. 그러나 찾으려는 입자가 손에 닿지 않는 곳에 있으면(너무 무거워서 충돌기로 만들어낼 수 없거나, 보통 입자들 사이에 교묘하게 숨어 있으면) 백날을 뒤져봐야 말짱 헛일이다.

이런 경우에는 간접탐색이 훨씬 유용하다. 발자국을 추적하는 사냥꾼 B처럼, 일상적인 표준모형 입자에 미친 영향을 추적하면 새로운 양자장을 찾을 수 있다. 이 방법은 입자가 너무 무거워서 직접 발견할 수 없는 경우에도 적용 가능하다는 장점이 있지만, 발자국만 보고 사냥감을 추적하는 B처럼 자신이 찾는 대상의 정체를 미리 파악하기가 쉽지 않다. 대충 말하자면 LHCb는 두 번째 방법과 비슷하다. 다목적 용도로 개발된 ATLAS나 CMS와 달리 LHCb는 이미 알려진 입자의 비정상적인 거동을 잡아내는 도구로 개발되었기 때문에, 표준모형 입자를 관측하는 데 특화되어 있다. 앞서 말한 대로 LHCb의 'b'는 물질을 구성하는 아래쿼크의 가장 무거운 사촌인 예쁨쿼크beauty quark의 첫 글자이다. 음전하를 띤 이 입자는 종종 "바닥쿼크bottom quark"로 불리기도 한다. 일부 물리학자들은 6종의 쿼크 중 제일 무거운 두 개에 "진실쿼크truth quark"와 "예쁨쿼크"라는 낭만적인 이름을 붙였는데, 학계의 대세는 "꼭대기쿼크top quark"와 "바닥쿼크"로 굳어진 듯하다. 물론 LHCb와 함께 칙칙한 지하에서 살고 있는 우리는 "바닥bottom" 보다 "예쁨beauty"이라는 용어를 선호한다(역자도 저자의 딱한 처지를 고려하여, 어색함에도 불구하고 앞으로는 "예쁨쿼크"로 쓰기로 하겠다: 옮긴이).

예쁨쿼크가 흥미로운 이유는 새로운 양자장에 매우 민감하게 반응하기 때문이다. 예쁨쿼크가 새로운 양자장의 영향을 받으면 수명(처음 생성된 후 다른 입자로 붕괴될 때까지 걸리는 시간)과 다른 입자로 붕괴되는 빈도가 달라진다. 물론 이 효과를 확인하는 가장 좋은 방법은 예쁨쿼크의 붕괴 과정을 포착하는 것인데, 극히 드물게 일어나는 사건이기 때문에 각별한 주의가 필요하다.

예쁨쿼크가 야릇한 쿼크와 뮤온, 그리고 반뮤온으로 붕괴되는 과정을 예로 들어보자. 표준모형의 이론에 의하면 이런 붕괴는 간단하게 일어나지 않고 W입자와 Z입자, 그리고 꼭대기쿼크를 포함한 복잡한 양자장을 거쳐야 한다. 이것은 런던 지하철에서 직통노선이 없는 두 역 사이를 오가기 위해 다른 노선을 여러 번 갈아타는 것과 비슷하다. 대부분의 사람들은 이런 복잡한 이동을 기피할 것이므로, 두 역 사이를 오가는 승객도 매우 드물 것이다. 이와 마찬가지로 예쁨쿼크의 붕괴 과정에는 여러 종류의 양자장이 복잡하게 개입되어 있기 때문에, 일상적인 붕괴만큼 자주 일어나지 않는다.

그런데 두 지하철역을 직통으로 연결하는 다른 교통수단이 있다면 어떻게 될까? 예를 들어 두 역 사이를 20분 만에 오가는 버스가 운행 중이라고 가정해 보자. 이것은 예쁨쿼크의 붕괴를 일으키는 새로운 힘이 자연에 존재하는 것과 비슷한 상황이다. 새로운 장의 입자가 LHC로 만들어낼 수 없을 정도로 무겁다면 얼마든지 가능한 이야기다. 이 힘의 장場 속에서 움직이는 입자가 없다 해도 장 자체는 존재할 것이며, 약간의 에너지가 장과 관련된 입자를 생성하지 않은 채 아주 짧은 시간 안에 장을 통과할 수도 있다.♦

그러므로 예쁨쿼크가 야릇한 쿼크와 뮤온, 그리고 반뮤온으로 붕괴되는 빈도를 관측하여 표준모형의 이론적 예견치와 비교하면, 보이지 않는 새로운 양자장의 존재여부를 가늠할 수 있다. 그러나 이 붕괴는 극히 드물게 일어나기 때문에(예쁨쿼크 100만 개 중 한 개가 이런 식으로 붕괴된다), 붕괴 현장을 포착하려면 엄청나게 많은 예쁨쿼크를 확보해야 한다.

다행히도 LHC는 아주 탁월한 "예쁨쿼크 제조기"이다. 양성자는 글루온장을 통해 단단히 결합된 쿼크로 이루어져 있기 때문에, 양성자를 정면충돌시키면 다량의 쿼크를 얻을 수 있다. LHC가 제대로 작동하면 1년 동안 LHCb 안에서 수십억 개의 예쁨쿼크와 반예쁨쿼크를 만들어낼 수 있으며, LHCb는 바로 이들을 연구하는 데 특화된 장비이다.

이 붕괴는 정말로 드물게 일어나는 사건이어서, LHCb로 충분한 데이터를 수집할 때까지 꽤 긴 시간이 소요되었다. 처음에는 아쉽게도 모든 결과가 표준모형에 부합되는 것처럼 보였지만, 정확도를

♦ 중성자가 양성자로 붕괴될 때에도 이와 비슷한 일이 일어난다. W입자는 중성자보다 80배 이상 무겁기 때문에 붕괴 과정에서 직접 생성되지 않는데도, 중성자→양성자 붕괴는 W 보손장W boson field을 통해 일어나고 있다.

개선한 후부터 약간의 편차가 나타나기 시작했다.

2014년, LHCb 연구팀은 예쁨쿼크가 야릇한 쿼크와 뮤온, 그리고 반뮤온으로 붕괴되는 빈도수와 뮤온이 전자로 대치된 유사 붕괴의 빈도수를 비교하다가 첫 번째 중요한 단서를 발견했다. 전자와 뮤온, 그리고 타우입자는 표준모형의 힘에 반응하는 방식이 완전히 동일하지만, 뮤온은 전자보다 200배 무겁고 타우입자는 전자보다 무려 3,500배나 무겁다. 이렇게 체급이 다른 렙톤을 힘이 동일하게 취급하는 현상을 "렙톤 보편성lepton universality"이라 하는데, 표준모형에서는 매우 엄격하게 준수되는 규칙이다. 렙톤 보편성이 사실이라면 예쁨쿼크가 전자로 붕괴되는 사건과 뮤온으로 붕괴되는 사건은 거의 동일한 빈도로 일어날 것이다.

그러나 LHCb 연구팀이 얻은 데이터는 그렇지 않았다.

예쁨쿼크가 뮤온으로 붕괴되는 빈도수는 전자로 붕괴되는 빈도수의 75%밖에 되지 않았다. 예쁨쿼크가 뮤온보다 전자를 선호하는 것일까? 통계의 오차범위는 10%로 제법 큰 편이어서, 잘못하면 2016년에 ATLAS와 CMS가 날린 헛발질처럼 통계의 무작위 요동일 가능성도 있었다. 그러나 몇 년 후 새로 구축된 데이터 샘플로 분석해 보니 뮤온 붕괴는 전자붕괴의 69%였고 오차범위는 더 작은 것으로 나타났다.

이론물리학계가 LHCb에 관심을 갖기 시작한 것은 바로 이 무렵부터였다. ATLAS와 CMS의 "언덕"이 사라진 후 LHCb의 데이터에서 심상치 않은 징후가 나타났기 때문이다. 뮤온 대신 타우입자tau, τ(전자의 가장 무거운 버전)가 생성되는 또 다른 버전의 붕괴도 비슷한 양상을 보였다. 한편, CERN에서 수천 마일 떨어진 캘리포니아의 바바 실험팀BaBar experiment(스탠퍼드 SLAC 소속의 국제 협력팀)과 일본의 벨 실험팀Belle experiment도 예쁨쿼크가 붕괴될 때 렙톤 보편성 규칙이 깨진다는 증거를 확보했다. 셋 중 그 어느 팀도 표준모델의 타당성을 위협할 정도로 확실한 증거를 제시하진 못했지만, 이런 변칙이 계속 쌓이다 보면 새로운 그림이 서서히 모습을 드러낼 수도 있다.

나는 2019년 봄에 케임브리지대학교의 응용수학 및 이론물리학과를 방문하여 벤 알라나흐와 대화를 나눈 적이 있다. 초대칭 전문가인 그는 물리학자가 된 후로 수많은 이론모형을 구축했고, LHC를 운용하는 실험물리학자들과 함께 초대칭입자를 찾는 전략을 연구해 왔다. 그러나 ATLAS와 CMS의 부정적인 결과가 발표된 후로 벤은 연구주제를 바꾸었다(적어도 지금은 그렇다).

"많은 사람들이 실망했지요. 특히 저희처럼 오랜 세월 동안 초대칭을 연구해 온 사람들이 느낀 실망감은 말로 표현할 길이 없습니다. 사람들의 반응은 각양각색이었어요. 개중에는 아직도 초대칭을 굳게 믿는 물리학자도 있지만, 대다수의 사람들은 이미 자리를 떠났습니다."

벤은 예쁨쿼크의 붕괴에서 나타난 변칙이 새로운 물리학의 출발점일 수도 있다고 했다. "그것은 지금 우리가 가진 유일한 희망입니다. 정말 흥미롭지요." 문제는 이 변칙이 진짜인지, 아니면 일시적인 환영인지를 확인하는 것이다. 이 분야의 물리학자들은 믿었던 통계자료에 뒤통수를 세게 얻어맞은 적이 있기 때문에, 웬만한 증거로는 꿈쩍도 하지 않는다. 그러나 벤은 이번에 발견된 변칙이 2016년의 사례와는 다르다고 장담한다. "변칙이라고 부르기에는 너무 자주 나타나잖아요. 분명히 무언가가 있습니다." 더 큰 문제는 이 변칙이 쿼크의 거동을 설명하는 이론이나 실험결과를 잘못 해석한 결과일 수도 있다는 점이다. 실험자들은 결과를 한쪽으로 편향시킬 수 있는 모든 요인을 고려하기 위해 항상 최선을 다하고 있지만, 입자탐지기가 워낙 크고 복잡해서 무언가를 놓칠 가능성은 항상 존재한다.

나는 벤에게 물었다. "결과를 놓고 돈내기를 한다면 어느 쪽에 거시겠습니까?"

벤은 한동안 창밖을 바라보다가 어렵게 입을 열었다. "글쎄요, 결과가 한쪽으로 나와도 당신은 동일한 결과를 재차 확인할 수 있는 다른 실험을 요구할 것 같은데요…."

"그래도 내기를 꼭 해야 한다면요?"

"저는 기존의 물리학과 새로운 물리학을 차별하지 않습니다. 공정한 시각에서 판단하려고 항상 노력하고 있어요. 하지만 새로운 물리학이 등장한다면 내 인생 최고의 사건이 될 것입니다."

벤은 초대칭에서 멀어진 후 다른 방법으로 문제를 해결하기 위해 노력해 왔다. 거창하고 우아한 하나의 원리로 수많은 문제를 일거에 해결하는 대신, 데이터를 일일이 분석하여 바닥부터 하나씩 설명해나가는 "상향접근법bottom-top approach"을 택한 것이다. 자연에 변칙이 정말로 존재한다면, 그 원인은 과연 무엇일까?

"이 분야는 'Z 프라임(새로운 역장)'과 '렙토쿼크leptoquark'라는 두 진영으로 나뉘어진 상태입니다." 이들은 본질적으로 예쁨쿼크의 붕괴에 관여하는 새로운 양자장이다. Z 프라임은 약력의 Z입자와 비슷한 역장力場, force field의 일종인데, 전자보다 뮤온을 더 강하게 잡아당기는 등 렙톤 보편성을 따르지 않는다. 반면에 렙토쿼크는 이보다 더욱 생소한 개념이다.

표준모형의 가장 큰 미스터리는 입자 목록 그 자체이다. 자연에는 왜 12종의 입자(6개의 쿼크와 6개의 렙톤)가 존재하며, 이들은 왜 3세대로 나뉘어 존재하는가? 사과파이의 구성요소인 위쿼크, 아래쿼크, 전자는 1세대 입자이고, 2세대 및 3세대 입자들은 이들의 무겁고 불안정한 버전들로 구성되어 있다. 물질입자 목록에 나타난 패턴은 19세기 말에 멘델레예프가 그렸던 화학원소의 주기율표를 연상시킨다. 화학원소의 패턴은 더욱 깊은 구조를 이해하는 실마리를 제공했고, 이로부터 원자의 양자적 구조가 밝혀졌다. 표준모형의 물질입자들도 우리에게 이와 비슷한 실마리를 주고 있는 것일까?

렙토쿼크는 렙톤과 쿼크로 동시에 붕괴할 수 있는 새로운 입자로서, 명백하게 다른 두 종류의 입자(쿼크와 렙톤)를 연결하는 다리 역할을 한다. 이런 입자가 실제로 존재한다면, 우주를 구성하는 물질입자의 궁극적 기원을 밝히는 퍼즐의 첫 번째 조각이 될 수 있다.

이것은 표준모형 이후로 입자물리학이 이루어낸 가장 위대한 업적이 될 것이다. 변칙 데이터가 처음 쌓이기 시작했을 때, 벤과 그의 동료들은 표준모형에 새로운 양자장을 추가하여 모든 변칙을 한 방에 설명하는 기존의 해결책에 집중했다. 그러나 지금 그들은 새로운 양자장을 포함하는 더욱 크고 우아한 구조를 찾는 중이다.

LHC는 초대칭의 증거를 찾는 데 실패했지만, 벤은 아직도 힉스장이 미세조정된 이유를 설명하는 무언가를 찾고 있다. "책상 위에 있던 연필이 굴러서 바닥으로 떨어졌는데, 우연히 똑바로 섰다는 게 말이 됩니까? 여기에는 분명히 그럴 만한 이유가 있습니다." 더욱 놀라운 것은 이들이 예쁨쿼크의 변칙을 설명하기 위해 개발 중인 이론이 힉스장을 안정시키고 우주가 생명이 살 수 없는 황무지로 붕괴되는 것을 막아준다는 점이다. 이것은 초대칭이론도 해내지 못한 엄청난 기능이다.

이 두 가지 기능이 제대로 작동되려면 힉스입자는 근본적인 단일입자가 아니라 새로운 양자장의 혼합일 가능성이 높다. 힉스입자가 태풍에 날리는 연처럼 진동요동에 민감한 이유는 스핀이 0이기 때문이다. 그러나 힉스입자가 스핀≠0인 여러 양자장의 혼합이라면(그리고 이들의 스핀을 합한 값이 0이라면), 진공요동에 영향을 받지 않을 것이다. 게다가 힉스장을 구성하는 새로운 양자장들은 표준모형의 물질입자가 1, 2, 3세대로 존재하는 이유를 설명할 수 있을지도 모른다.

우주의 구성요소를 설명하기 위해 긴 세월 동안 사투를 벌여왔던 물리학자들은 지금 걱정과 기대가 공존하는 중요한 전환점에 도달했다. 데이터에 나타난 변칙이 실재인지, 앞으로 더 강해질 것인지, 아니면 예전에 그랬던 것처럼 유야무야 사라질지는 아무도 알 수 없다. 그러나 어떤 결론으로 귀결되건 간에, 자연이 우리에게 무언가를 말하고 있다는 것만은 분명한 사실이다. 물론 우리 모두는 그 변칙이 현실이기를 간절히 바라고 있다. 만일 그렇다면 현실을 덮고 있는 양파껍질을 또 한 번 벗겨내고, 표준모형을 넘어선 영역에서 첫 번째 징후를 발견하게 될 것이다. 예쁨쿼크의 변칙이 사실로 판명된다면 나 같은 실험물리학자에게는 더 이상 좋은 소식이 없다. 자연의 구성요소가 한창 발견되었던 1960~1970년대보다 훨씬 흥미진진한 "새로운 탐험의 시대"가 열릴 것이기 때문이다.

그러나 변칙이 사라져 버리는 최악의 사태가 도래해도, 우리는 의미심장한 교훈을 배울 수 있다. 힉스입자 외에 아무것도 발견하지 못한 채 2035년에 LHC의 전원이 영원히 꺼지는 악몽 같은 시나리오가 현실이 된다면, 기초물리학에 대한 우리의 접근방법을 총체적으로 재고再考해야 한다. 아마도 주된 원인은 양자장과 진공, 그리고 중력에 대한 이해가 부족했기 때문일 것이다. 빅뱅의 순간을 정확하게 재현하려면 이 세 가지 요소를 완벽하게 알아야 한다. 그래야만 칼 세이건이 말한 것처럼 "아무것도 없는 무無의 상태에서" 우주를 만들어낼 수 있다.

13
장

우 주
만 들 기

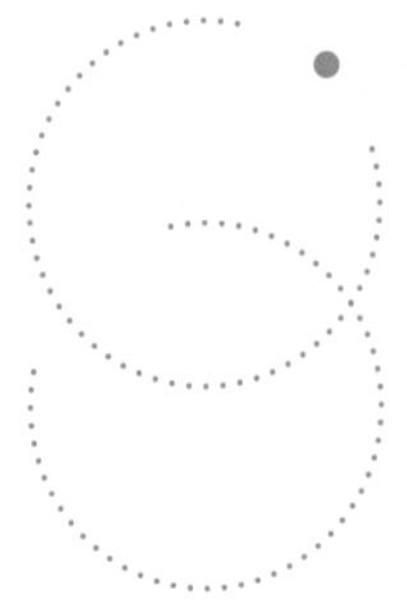

이제 냉혹한 진실을 마주할 때가 되었다. 무無에서 사과파이를 만들겠다는 우리의 꿈은 아직도 요원하기만 하다. 그럴듯한 아이디어도 많고 실험과 관찰을 통해 배운 것도 많지만, 사과파이의 구성입자가 빅뱅에서 살아남은 비결은 아직도 미스터리로 남아 있고, 힉스장이 원자가 형성될 수 있는 값으로 정확하게 세팅된 이유도 여전히 오리무중이다. 우리는 암흑물질의 정체도 알아내지 못했다. 암흑물질의 막강한 중력이 없었다면 일상적인 물질은 은하와 별, 행성으로 자라나지 못했을 것이며, 지구가 없으면 사과파이의 핵심재료인 사과도 자라지 않았을 것이다.

미스터리는 고사하고 표준모형에 누락된 양자장이 있는지조차 확실치 않다. 게다가 이미 알려진 양자장이 우주에 존재하는 이유를 설명할 수 없고, 이들이 더욱 근본적인 요소로 구성되어 있는지도 알 수 없다. 방금 언급한 것들은 아직 답을 찾지 못한 질문의 극히 일부에 불과하다. 미국 국방부장관을 지냈던 도널드 럼스펠드Donald Rumsfeld의 표현을 빌면 "알려진 미지known unknowns"에 해당한다.

아직 그런 것이 있는지조차 알 수 없는 "알려지지 않은 미지unknown unknowns"도 분명히 존재할 것이다. 문제가 있다는 사실 자체를 모르니 질문을 할 수도 없다. 간단히 말해서, 우리 앞에는 알아야 할 것이 산더미처럼 쌓여 있다는 뜻이다.

그렇다면 무無에서 사과파이 만드는 방법은 잠시 제쳐두고, 좀 더 큰 질문을 제기해 보자—"우리는 과연 아무것도 없는 것에서 사과파이를 만드는 방법을 알아낼 수 있을까?" 우리는 이 책을 읽으면서 지난 수백 년 동안 수천 명의 화학자, 물리학자, 천문학자, 실험가, 이론가, 기술자, 기계제작자, 공학자, 그리고 컴퓨터공학자들이 서로 긴밀한 협조하에 물질의 기원을 조금씩 밝혀왔음을 알게 되었다. 또한 이들은 물질의 기원을 추적하다가 죽어가는 별의 중심부에 도달했고, 결국은 빅뱅 후 1조분의 1초가 지난 시점까지 과거로 거슬러 올라갔다. 이런 이야기를 길게 늘어놓을 수 있다는 것 자체가 과학자들이 남긴 커다란 업적이다. 문제는 이 이야기가 앞으로 얼마나 길게 이어질까 하는 것이다. 인류가 우주 탄생의 비밀을 완벽하게 밝히는 날이 과연 오기는 오는 걸까?

이 질문을 좀 더 구체화시켜 보자. "완전한 무의 상태에서" 시작하는 궁극의 사과파이 조리법은 어떤 형태일까? 사과파이에 들어 있는 물질의 궁극적인 기원을 설명하려면 우주가 시작되던 순간, 즉 시간=0일 때 무슨 일이 일어났는지 알아야 한다. 다시 말해서, 칼 세이건의 말대로 "우주를 만드는 이론"이 필요하다.

현대물리학은 두 개의 거대한 주춧돌 위에 구축되었다. 미시세계(원자와 입자의 세계)를 서술하는 양자장이론과 거시적 규모에서 우주(은하, 별, 행성 등)의 거동을 서술하는 중력이론이 바로 그것이다. 두 이론은 각자 자신의 영역에서 눈부신 성공을 거두었지만(지금까지 실행된 그 어떤 실험도 두 이론에 반하는 결과를 내놓은 적이 없다), 빅뱅의 순간으로 다가가면 오작동을 일으키기 시작한다.

이유는 간단하다. 양자장이론은 중력을 고려하지 않았고, 중력이론은 양자역학을 고려하지 않았기 때문이다. 물론 일상적인 상황에서는 이것 때문에 문제가 발생하는 경우가 거의 없다. 중력은 전자기력의 1조×1조×1조분의 1밖에 안 되기 때문에, 입자규모의 미시세계에서 실험을 실행하는 경우, 중력은 나머지 세 개의 힘(전자기력, 강력, 약력)과 비교할 때 너무나 작아서 완전히 무시해도 무방하다. 이와 반대로 별과 은하, 또는 우주 전체를 다루는 천문학이나 우주론에서는 (앞으로 곧 만나게 될 예외적인 경우를 제외하고) 원자규모에서 일어나는 미세한 양자적 효과를 고려할 필요가 전혀 없다.

그러나 빅뱅의 순간에는 우주 전체가 아원자규모로 존재했다. 우주 만물(에너지와 장, 시간과 공간)이 원자보다 훨씬 작은 점 안에 밀집되어 있었으므로, 이 극단적인 환경에서는 중력과 양자역학의 영향을 동시에 받았을 것이다. 따라서 우주 탄생의 순간을 물리학으로 서술하려면 입자물리학과 우주론, 양자장이론, 그리고 일반상대성이론을 하나로 합친 "양자중력이론quantum theory of gravity"이 필요하다.

양자중력이론은 지난 100년 동안 모든 물리학자들이 꿈꿔온 성배聖杯였다. 여러 세대에 걸쳐 수많은 물리학자들이 이 분야에 투신하여 몇 가지 가능성 있는 후보 이론(끈이론string theory, 고리양자중력이론loop quantum gravity, 인과역학적 삼각법causal dynamical triangulation, 점근적으로 안정한 중력이론asymptotically safe gravity 등)을 개발했는데, 이들 중 어떤 것도 정설로 인정되지 않은 상태이다.

그다지 희망적인 상황은 아니지만, 양자중력이론이 개발된다면 적어도 우주 탄생의 순간을 설명하는 데 필요한 새로운 언어를 확보하는 셈이다. 그러나 궁극의 우주 조리법을 알아내려면 이보다 훨씬 멀리 가야 한다. 모든 문제를 해결한 최종이론이라면 양자중력을 포함하면서 우주의 탄생과 현존하는 입자 목록까지 설명할 수 있어야 한다. 이런 이론이 개발된다면 6개의 쿼크와 6개의 렙톤이 존재하는 이유를 비롯하여 이들이 지금과 같은 질량과 전하를 갖게 된 이유와 세 개의 양자적 힘(전자기력, 강력, 약력)이 지금처럼 강해진 이유, 힉스장의 세기, 암흑물질의 정체, 그리고 빅뱅에서 물질이 탄생한 과정도 알 수 있을 것이다. 이것이 바로 물리학자들이 오매불망 기다려 온 "만물의 이론**theory of everything**"이다.

표준모형의 산파 중 한 사람인 스티븐 와인버그가 1992년에 출간한 『최종 이론의 꿈**Dreams of a Final Theory**』은 만물의 이론을 주제로 한 책이다. 그가 생각하는 만물의 이론이란 아름답고 강력한 원리로부터 양자세계의 모든 특성을 설명하는 이론이었다. 기본입자의 질량이나 전하를 방정식에 인위적으로 입력하지 않고, 방정식으로부터 이런 값들이 자연스럽게 얻어지는 완벽한 이론을 꿈꾼 것이다. 이런 이론이 존재한다면 너무나 우아하고 완벽해서 조금만 수정을 가해도 전체가 무너져 내릴 것이다. 간단히 말해서, 손톱만큼도 더하거나 뺄 것이 없는 완벽한 이론, 그것이 바로 만물의 이론이자 최후의 이론이다.

지금 생각하면 정말 꿈같은 이야기지만, 와인버그가 『최종이론의 꿈』을 집필했던 1990년대에 일부 물리학자들 사이에는 최후의 이론이 모습을 드러내기 시작했다는 소문이 돌고 있었다. 와인버그도 자신의 책에 "최종이론의 윤곽이 눈에 보이기 시작한 것 같다"고 적어

놓았다.[1]

와인버그가 이런 장밋빛 전망을 내놓은 이유는 그 무렵에 이론 물리학계를 휩쓸던 끈이론string theory을 믿었기 때문이다. 끈이론은 지난 40년 동안 "가장 유망한 양자중력이론"이라는 기대를 한몸에 받으면서 최고의 인기를 누려왔으며, 끈이론학자들은 만물의 이론이 드디어 수중에 들어왔다며 흥분을 감추지 못했다.

궁극의 이론

미국 뉴저지주 프린스턴Princeton의 외곽에 녹음이 우거진 거리에는 나무판자로 지은 하얀 집 한 채가 우두커니 서 있다(현관 앞에는 작은 정원도 있다). 입구에 세워놓은 작은 간판에는 "사유지Private Residence"라고 적혀 있는데, 사실 이것은 호기심 많은 관광객들의 접근을 막기 위한 궁여지책이다.

이 집은 1932년에 아인슈타인이 나치의 유태인 박해를 피해 미국으로 건너온 후 세상을 떠날 때까지 생의 마지막 23년을 지낸 곳이다. 그 당시 머서가Mercer Street 112번지를 방문한 사람은 수학기호로 가득 찬 논문 더미 속에서 헝클어진 머리에 털스웨터 차림으로 연구에 여념이 없는 늙은 아인슈타인을 발견하곤 했다. 1940년대 말에 이곳을 자주 방문했던 조지 가모프는 "아인슈타인과 대화를 나누는 동안 그의 연구 노트를 어깨너머로 흘끗 보긴 했지만, 아인슈타인이 직접 보여준 적은 없다"고 했다.

아인슈타인은 1919년에 개기일식 관측을 통해 일반상대성이론의 타당성이 입증되면서 세계적인 명사가 되었다. 또한 그의 일반상대성이론은 시간과 공간, 그리고 중력에 대한 기존의 개념에 대대적인 수정을 가하여 역사상 가장 위대한 과학자로 알려진 아이작 뉴턴의 고전물리학을 제치고 새로운 중력이론으로 자리 잡았다. 아인슈타인의 이론에 의하면 시간과 공간은 사건이 진행되는 단순한 배경(좌표)이 아니라, 트램펄린trampoline(스프링으로 연결된 그물망이나 천 위에서 점프하는 운동기구: 옮긴이)처럼 휘어지고, 늘어나고, 압축되고, 진동하는 물리적 직물織物, fabric이다. 뉴턴은 중력의 법칙을 발견했지만 중력이 작용하는 이유까지 설명하지는 않았다. 그는 "지구는 어떻게 아무것도 없는 빈 공간을 거쳐 달에 중력을 행사하는가?"라는 질문에 직면했을 때 이렇게 대답했다—"나는 아무런 가정도 내세우지 않는다." 그러나 아인슈타인은 중력이 일종의 "환영幻影"임을 입증함으로써 이 수수께끼를 해결했다. 지구 주변의 공간은 볼링공을 얹은 트램펄린처럼 휘어져 있고, 달은 이 휘어진 공간상의 직선(전문용어로 측지선測地線, geodesic이라 함)을 따라 움직인다. 즉, 지구 근처의 공간에서는 직선 자체가 휘어져 있다(직선의 정의는 "두 점을 잇는 가장 짧은 선"이다. 그런데 공간 자체가 휘어져 있으면 두 점을 잇는 가장 짧은 선은 직선이 아니라 곡선이며, 이것이 바로 측지선이다: 옮긴이).

일반상대성이론은 아인슈타인이 완성한 최고의 걸작으로, 그 결과가 너무도 심오하여 지금도 활발히 연구되고 있다. 블랙홀과 중력파gravitational wave, 그리고 현대우주론은 일반상대성이론이 낳은 결과물이며, 이론 자체가 너무도 아름답고 함축적이어서 적용 분야도 무궁무진하다. 아인슈타인 자신도 "비길 데 없이 아름답다"고 했는데,[2] 이것은 자화자찬이라기보다 본인조차 감탄할 정도로 아름답다는 의미일 것이다. 일반상대성이론에 용기를 얻은 아인슈타인은 자신의 중력이론(일반상대성이론)과 제임스 클러크 맥스웰의 전자기학을 결합한 통일장이론unified field theory을 구축하기로 마음먹었다. 일반상대성이론보다 스케일이 훨씬 크면서 한층 더 아름다운 이론을 개발하기로 한 것이다.

아인슈타인은 홀로 두문불출하며 필생의 연구에 총력을 기울였고, 그로 인해 주류과학계에서 점점 멀어져 갔다. 동료들은 그가 헛수고를 한다고 생각했지만, 당대 최고의 과학자가 가는 길을 감히 막을 수도 없었다. 아인슈타인도 자신을 다음과 같이 평가했다—"나는 이제 뒷방 늙은이가 다 되었다. 내가 양말을 신지 않고 다니는 모습이 사람들에게는 옹고집 노친네처럼 보이는 모양이다. 그러나 연구에 관한 한, 나는 그 어느 때보다 열정적이다."[3]◆

아인슈타인은 결코 실현될 수 없는 꿈을 좇고 있었다. 그는 이 땅에 살다 간 그 어떤 과학자보다 많은 업적을 남겼지만, 생의 마지막 수십 년을 "아름다움으로 자연을 통일한다"는 돈키호테식 발상에 매달리다가(낭비했다고 생각하는 사람도 있다) 1955년에 세상을 떠났다.

사실 아인슈타인은 실패할 수밖에 없었다. 20세기 초에 새로 등장한 양자역학을 부정했을 뿐만 아니라, 약력과 강력 등 입자물리학의 눈부신 발전을 고려하지 않았기 때문이다. 이들이 누락된 통일이론은 절대 성공할 수 없다. 게다가 양자장이론과 일반상대성이론이 낳은 위대한 발견들은 아인슈타인이 세상을 떠나고 한참 후에 이루어졌다. 통일이론을 연구하기에는 시기가 너무 빨랐던 것이다.

상황이 극적으로 바뀌기 시작한 것은 1970년대 중반부터였다. 전자기력과 약력이 약전자기력이라는 하나의 힘으로 통일되면서(실

◆ 아인슈타인은 "엄지발가락이 유난히 길어서 양말에 구멍이 날 수밖에 없기 때문에 아예 신지 않는다"고 해명했다.

험을 통한 증명은 10년 후에 이루어졌다) 이론물리학자들의 사고 스케일이 갑자기 커진 것이다. 다음 단계는 강력을 약전자기력에 통합하는 "대통일이론grand unified theory"을 구축하는 것이었는데, 1974년에 셸던 글래쇼와 하워드 조자이Howard Georgi가 앞에서 언급한 국소대칭군 중 하나인 SU(5) 대칭군◆◆에 기초한 후보 이론을 구축하여 들뜬 분위기를 더욱 고조시켰다. 놀랍게도 이들은 이 단순한 대칭으로부터 전자기력과 약력, 강력, 그리고 지금과 같은 전하를 가진 물질입자(전자, 뉴트리노, 위쿼크, 아래쿼크)까지 유도하는 데 성공했다. 이와 함께 표준모형에는 기존의 장 외에 새로운 장이 여러 개 도입되었는데, 문제는 이와 관련된 입자의 질량이 양성자의 1만×1조 배(약 10^{16}GeV)에 달한다는 것이었다. 지금의 기술로 이런 입자를 생성시키려면 지구에서 알파 센타우리Alpha Centauri(지구에서 제일 가까운 별. 거리 = 약 42조 km: 옮긴이)를 잇는 충돌기가 있어야 한다.

이 정도면 대통일이론 검증이 불가능할 것 같지만, 다행히도 방법이 있다. 새로 예견된 역장은 양성자가 반전자와 쿼크-반쿼크 쌍으로 이루어진 파이온으로 붕괴되는 것을 허용하는데, 양성자로 이루어진 물질은 우주가 탄생한 후 지금까지 멀쩡하게 존재하고 있으므로 양성자 붕괴는 아주 느리게 진행되어야 한다. 구체적인 계산을 통해 얻은 양성자의 평균수명은 약 10억×10억×1조 년(10^{30}년)이다. 이렇게 긴 수명을 무슨 수로 확인할 수 있을까? 방법이 있다. 양성자 한 개가 붕괴될 때까지는 평균적으로 엄청나게 긴 시간이 걸리지만, 똑같이 "엄청나게" 많은 양성자를 한곳에 모아놓으면 그들 중 몇 개는 빠

◆◆ 표준모형의 전자기력, 약력, 강력은 자연법칙의 국소대칭으로부터 유도된다. 각 힘에 대응되는 대칭군은 U(1), SU(2), SU(3)이다.

른 시간 안에 붕괴될 것이다. 이제 붕괴되는 양성자를 관측할 방법만 있으면 되는데, 이것도 오케이다. 물을 가득 채운 거대한 수조를 땅속에 묻고, 수조의 내벽에 빛 감지기를 촘촘하게 달아서 양성자가 붕괴할 때마다 반짝이도록 만들면 된다. 1982~1983년 사이에 일본의 카미오카산上岡山(현재 슈퍼-K가 가동 중인 곳)과 미국 이리호Lake Erie 연안의 소금광산 지하에 초대형 물탱크가 설치되어 본격적인 데이터 수집에 들어갔다. 그러나 여러 해가 지나는 동안 양성자 붕괴는 단 한 번도 관측되지 않았고, 글래쇼와 셸던의 대통일이론은 결국 후보 자리에서 물러나야 했다.

대통일이론이 양성자 붕괴 때문에 한창 스트레스를 받던 무렵, 이론물리학계에 한바탕 열풍이 불어닥쳤다. 1984년에 마이클 그린Michael Green과 존 슈바르츠John Schwartz가 정체된 이론물리학의 물꼬를 트는 계산 결과를 발표한 것이다. 그때부터 이론물리학자들은 다음과 같은 구호를 입에 달고 다녔다—"대통일이론은 잊어라. 끈이론의 세상이 왔다!"

끈이론은 1970년대에 쿼크를 묶어두는 강력을 서술하기 위해 도입되었다가 목적을 달성하지 못하여 거의 사장된 후 '양자중력'이라는 더욱 야심 찬 목표를 내걸고 화려하게 부활한 이론이다. 1970년대에 이론물리학자들은 끈이론에 중력자graviton(전자기력을 매개하는 광자처럼, 중력을 매개하는 것으로 추정되는 가상의 입자)가 자연스럽게 포함되어 있다는 사실을 알고 있었지만, 강력을 서술한다는 원래 목적을 달성하지 못했기 때문에 더 이상 관심을 기울이지 않았다. 그런데 1984년에 그린과 슈바르츠가 "끈이론에는 수학적 변칙anomaly♦이 존재하지 않는다"는 놀라운 사실을 증명하면서 하루아침에 이론물리학의 총아로 떠오르게 된다. 변칙이 존재하는 이론은 흘수선 아래에 커다란 구멍이 뚫린 배처럼 성공할 가능성이 거의 없다. 그런데 끈이론에 변칙이 존재하지 않는다는 사실이 수학적으로 증명되었으니, 그토록 오랫동안 기다려 왔던 양자중력이론의 막강한 후보로 등극한 것이다.

이 사건이 바로 "끈이론의 1차 혁명"이다. 아인슈타인이 꿈꿨던 대통일의 냄새를 맡은 이론물리학자들은 앞다퉈 이 분야로 뛰어들었다. 끈이론은 양자중력이론의 유력한 후보일 뿐만 아니라, 하나의 체계 안에서 미시세계의 모든 것을 설명해 주는 만물의 이론처럼 보였다. 게다가 1992년에 와인버그가 『최종이론의 꿈』이라는 책을 통해 끈이론을 "유일하면서 완벽한 최종이론"으로 소개하면서(물론 지난 10년 동안 끈이론이 거둔 성과에 기초한 주장이었다) 물리학자가 아닌 일반인들 사이에서도 유명세를 타기 시작했다.

끈이론을 주제로 출간된 논문과 책은 헤아릴 수 없을 정도로 많다. 나보다 훨씬 많이 아는 전문가들이 썼으니, 자세한 내용을 알고 싶다면 그중 하나를 골라 읽어보기 바란다.♦♦ 나는 이론물리학자가 아닐 뿐더러 우리의 목적상 세부적인 내용까지 알 필요는 없기에, 끈이론의 핵심만 간단하게 짚고 넘어가기로 하자. 끈이론의 핵심은 전자를 비롯한 기본 입자들이 야구공 같은 입자가 아니라 "진동하는 끈"이라는 것이다. 만물의 기본 구성요소는 끈이며, 끈이 진동하는 방식에 따라 다양한 입자로 나타난다. 이것은 기타 줄의 진동수에 따라 각기 다른 음이 생성되는 것과 비슷하다. 특정 모드로 진동하면 전자가 되고, 다른 진동모드에서는 쿼크가 되고, 또 다른 진동모드에서는 중

♦ 여기서 말하는 "변칙"은 12장에서 언급한 "예쁨쿼크의 변칙"과 완전히 다른 개념이니, 혼동하지 않기 바란다.

♦♦ 브라이언 그린Brian Greene의 『엘러건트 유니버스The Elegant Universe』를 강력 추천한다.

력자가 되는 식이다. 그러니까 끈이론은 아원자세계를 "양자역학적 교향곡"으로 바꿔놓은 셈이다.

그러나 이 매력적인 아이디어에는 그에 상응하는 대가가 따랐다. 무엇보다도 끈이론은 우주에 초대칭이 존재해야 의미를 갖기 때문에 초대칭 버전으로 수정되어야 한다. 이것이 바로 "초끈이론superstring theory"이다. 단, 힉스입자를 진정시키기 위해 도입한 초대칭과 달리 끈이론에 등장하는 초대칭입자(초끈)는 0부터 플랑크질량 사이에서 임의의 질량을 가질 수 있기 때문에, 이들이 LHC에서 발견되지 않아도 이론에 지장을 주지 않는다.

더욱 심각한 문제는 끈이 존재하는 공간이 최소 9차원이라는 점이다. 우리가 속한 공간은 명백하게 3차원이니, 여기서 끈이론은 짐을 싸야 할 것 같다. 그러나 끈이론은 "여분의 6차원이 플랑크길이만큼 작은 영역에 돌돌 말려 있어서, 어떤 실험으로도 관측되지 않는다"는 논리로 이 어려운 난관을 극복했다. 끈이론의 생존비결을 단적으로 보여주는 대목이다. 어쨌거나 끈이론은 1980년대 말에서 1990년대 초까지 전성기를 구가했고, 끈이론학자들은 뜬구름 잡는 듯한 수학의 향연을 벌이면서 "언젠가는 끈이론이 실험으로 검증 가능한 예측을 내놓을 것"이라고 장담했다.

그러나 다시 수십 년이 흐른 후에도 그 장담은 끝내 실현되지 않았다. 문제의 원인은 여러 가지가 있지만, 가장 치명적인 것은 위에서 언급한 "여분의 차원"이다. 끈이론이 서술하는 세계와 우리에게 친숙한 세계가 서로 일치하려면 "차원다짐dimensional compactification"이라는 과정을 통해 여분의 차원을 보이지 않는 곳으로 숨겨야 한다. 이 과정은 차원을 아주 작고 복잡한 형태로 꼬깃꼬깃하게 접는 것과 비슷하다. 예를 들면 종이를 아주 작은 공 모양으로 꽉꽉 누르는 식이다. 문제는 종이가 2차원 평면이 아니라 6차원 물체라는 점이다. 어쨌거나 끈이론이 서술하는 우주의 형태는 여분의 차원을 접는(또는 꽉꽉 누르는) 방식에 따라 완전히 달라진다. 여분차원의 형태에 따라 끈의 진동모드가 달라지고, 진동모드가 달라지면 그로부터 생성되는 입자와 힘도 달라지기 때문이다.

끈이론학자들은 여분차원을 다지는 방법이 단 하나뿐이기를 바랐다. 그래야 끈이론이 우리의 우주를 서술하는 유일한 이론이 될 수 있기 때문이다. 그러나 안타깝게도 방법의 수는 1보다 큰 것으로 판명되었다. 얼마나 큰가 하면… 자, 지금까지 살아오면서 독자들이 접해온 그 많은 숫자들 중 무한대를 제외한 가장 큰 숫자를 만나게 될 테니 마음의 준비를 하기 바란다. 여분차원을 다지는 방법의 수는 자그마치 10^{500}개나 된다! 1 다음에 0이 500개 붙은 수이다. 마음 같아선 10진표기법으로 쓰고 싶은데, 그랬다간 이 책의 편집자가 나를 잡아먹겠다고 덤빌 것 같아 참기로 했다. 이 숫자를 탤리마크**tally mark**, 𝍸로 쓰고 싶어도 그럴 수가 없다. 𝍸를 10^{500}/5번 쓰려면 엄청난 크기의 종이가 필요한데, 그 종이를 구성하는 원자의 수가 관측 가능한 우주 전체에 존재하는 원자의 수보다 많기 때문이다. 이제 10^{500}이 얼마나 큰 수인지 감이 오는가?

바로 여기서 문제가 발생한다. 당신이 끈이론학자이고, 끈이론의 수많은 버전 중 당신이 가장 좋아하는 버전이 있다고 하자. 당신은 이 버전이 현존하는 우주를 제대로 서술하는지 확인하기 위해 차원다짐에 도전했고, 당신이 가장 선호하는 방법을 동원하여 마침내 성공했다. 그런데 아뿔싸… 그 우주에 존재하는 쿼크는 6개가 아니라 8개라는 결과가 얻어졌다. 실망이 크겠지만 좌절할 필요는 없다. 아직도 10^{500}-1개의 이론이 남아 있으니까. 가만… 정말 그런가? 숫자를 자세히 보니 그게 아니다. 우주에 존재하는 모든 원자들을 끈이론 학자로 만들어서 모든 후보 이론을 일일이 각개격파시킨다 해도 턱없이 모자란다. 그래도 혹시 모르니까 복권을 사는 마음으로 하나씩 확인해 봐야 하지 않을까? 물론 시도를 하긴 했다. 그러나 지금까지 그 누구도 우리 우주와 일치하는 끈이론을 찾아내지 못했다. 그래서 일부 비평가들은 끈이론을 "만물의 이론theory of everything"이 아닌 "우리 우주를 제외한 만물의 이론theory of everything else"라고 부른다.

와인버그의 꿈은 아무래도 악몽으로 변한 것 같다. 끈이론이 지금까지 살아남은 이유는 우리의 우주를 설명하는 유일한 이론이기 때문이 아니라, 유연성이 너무 탁월해서 반증하기가 거의 불가능한 이론이기 때문이다. 일각에서는 "머지않아 여분차원을 없애는 방법이 단 몇 가지, 또는 한 가지로 압축될 것"이라며 끈이론을 적극적으로 옹호하는 사람도 있지만, 다수의 끈이론학자들은 끈이론의 한계를 인정하는 쪽으로 노선을 바꿨다.

이들의 논리는 꽤 설득력이 있다. 뉴턴의 중력법칙이 제아무리 막강해도 태양계에 존재하는 행성의 수를 예측할 수 없는 것처럼, 끈이론만으로는 모든 입자의 질량을 예측할 수 없다는 것이다. 뉴턴은 중력법칙을 이용하여 행성이 공전하는 이유를 설명하고 궤도의 형태와 공전주기를 정확하게 계산했지만, 태양계의 정확한 구조(두 개의 거대 얼음 행성과 두 개의 거대 가스 행성, 그리고 네 개의 바위형 내행성♦)까지 설명하지는 못했다. 이런 것은 법칙에서 비롯된 필연적 결과가 아니라 우연의 산물이기 때문이다. 우리 은하에는 수천억 개의 별이 있고 대부분의 별은 행성을 거느리고 있으며, 또 이들 중 대부분은 우리 태

♦ 태양계에서 주민등록 말소된 명왕성은 따지지 말자.

양계와 완전히 다른 구조를 갖고 있다.

뉴턴의 중력법칙에는 이런 맥락의 논리가 성립한다. 우주에는 엄청난 수의 항성(별)이 존재하기 때문이다. 그러나 끈이론은 "우주 전체"의 구성요소를 설명하는 이론이므로, 위와 같은 논리가 성립하려면 10^{500}개의 다중우주가 존재해야 한다. 이것을 받아들이면 기본 입자들이 지금과 같은 특성을 갖게 된 것을 우연한 사건으로 간주할 수 있다. 아마도 빅뱅이 일어나던 순간에 무언가 알 수 없는 매커니즘이 작용하여 여분차원을 초미세공간에 무작위로 욱여넣었는데, 다행히 그 결과가 "생명체에게 우호적인 우주"로 나타났을 것이다(사실 우주는 생명체에게 매우 적대적인 곳이다. 아무런 장비 없이 살아남을 수 있는 곳은 지구밖에 없다. 외계생명체가 존재한다 해도, 그들 역시 고향 행성을 벗어나면 살아갈 수 없을 것이다: 옮긴이). 대부분의 "다른 우주"에서는 입자 목록과 자연법칙이 우리와 완전히 다를 것이며, 우리가 우리 우주에서 살게 된 것은 무작위로 세팅된 조건이 우리의 생존과 진화에 적절했기 때문이다.

다중우주는 일종의 감옥탈출 카드(보드게임에서 플레이어가 감옥에 갇혔을 때 사용하는 비장의 카드: 옮긴이)이다. 다중우주를 도입하면 끈이론은 "우리의 우주가 생명체에게 우호적인 이유"를 굳이 설명하려고 애쓸 필요가 없다. 다중우주는 우리가 생각할 수 있는 모든 문제를 일거에 해결하는 만병통치약이기 때문이다. 문: 힉스장은 왜 기적처럼 원자가 생성될 수 있는 값으로 결정되었는가? 답: 그런 우주는 수많은 다중우주 중 하나일 뿐이다. 문: 빅뱅이 일어나던 무렵에 왜 물질이 반물질보다 많았는가? 답: 그런 우주는 수많은 다중우주 중 하나일 뿐이다. 문: 1974년에 처녀였던 우리 어머니는 왜 우리 아버지가 주는 보드카와 오렌지를 거절하지 않았는가? 답: 역시 그런 우주는 수많은 다중우주 중 하나일 뿐이다.

다중우주를 비하하려는 것이 아니다. 가능성이 조금이라도 있는 이론은 옳은 이론일 수도 있다. 이것은 기나긴 과학의 역사를 거치면서 인류가 배운 소중한 교훈 중 하나이다. 과거에 인류는 지구가 우주의 중심이라고 철석같이 믿으면서 사람을 잡아 죽이고 가택연금을 시키는 등 온갖 횡포를 부리다가, 지구가 태양 주변을 공전하는 여러 행성 중 하나에 불과하다는 명백한 증거 앞에 꼬리를 내릴 수밖에 없었다. 그 후 새로운 우주의 중심으로 떠오른 태양은 천체망원경의 성능이 좋아지면서 은하수에 존재하는 수천억 개의 별들 중 그저 그런 하나의 별로 좌천되었고, 우주의 전부라고 믿었던 은하수는 우주에 존재하는 수십억×수십억 개의 은하들 중 하나로 밝혀졌다. 지난 수백 년 동안 우리의 입지는 이처럼 계속 변방으로 밀려났는데, 우주라고 해서 "수많은 우주들 중 하나"가 아닐 이유가 없지 않은가. 우주가 유일하지 않다는 것은 철학적으로도 매우 그럴듯한 발상이다. 다만 문제는 그 진위 여부를 확인할 길이 없다는 것이다.

우리는 신의 존재를 부정할 수 없듯이, 다중우주를 부정할 수 없다. 어느 날 신이 닫혀 있던 하늘의 지퍼를 열어서 황홀한 파도나 지옥 불을 내릴 수 있는 것처럼, 우리 우주 근처를 지나가던 다른 우주가 갑자기 우리에게 달려들어 충돌할 수도 있다(이런 경우 신은 우리에게 차 한 잔과 커스터드 크림을 하사할 것 같다. 참고로, 나는 어릴 때부터 영국 성공회 교회에 다녔다). 그러나 이런 일이 일어나지 않는다고 해서 신이 존재하지 않는다거나 다중우주가 존재하지 않는다는 증거가 될 수는 없다. 그리고 '신'은 우리가 지금과 같은 우주에 살게 된 이유를 다른 어떤 이론 못지않게 깔끔하게 설명할 수 있다.

다중우주가설을 수용하는 것은 "애고, 너무 어려워서 도저히 안 되겠어!"라며 두 손 들고 항복하는 것과 같다. 답을 찾는 행위를 포기하는 것이기에, (내가 보기에) 다중우주에 빠져드는 건 시간낭비일 뿐이다. 한 마디로, 다중우주는 지루하기 짝이 없다!

이런데도 불구하고 끈이론은 어떻게 명맥을 유지하는 것일까? 끈이론은 어떤 장점을 갖고 있을까? 일일이 나열하면 꽤 길다. 우선 끈이론은 중력이론의 양자역학 버전인 양자중력이론이다. 제대로 골격을 갖춘 양자중력이론은 이것밖에 없다. 끈이론을 먼 거리에서 보면 아인슈타인의 일반상대성이론이 되고 가까이 들여다보면 양자역학이 되는데, 이것은 다른 어떤 이론도 흉내 낼 수 없는 장점이다. 또한 끈이론은 빅뱅의 순간을 설명하는 데 필요한 양자중력이론이어서, 표준모형이 입자물리학을 설명하려면 끈이론과 협조할 수밖에 없다. 두 이론을 엮는다고 해서 당장 만물의 이론이 될 수는 없지만, 우주의 역사를 통틀어 우리가 상상할 수 있는 모든 상황을 어느 정도까지는 설명할 수 있을 것이다.♦

이뿐만이 아니다. 끈이론은 수학적 구조가 매우 풍부하여 다른 분야를 연구할 때 강력한 도구로 사용될 수 있다. 요즘 대다수 끈이론학자들은 만물의 이론이나 양자중력이론 대신 끈이론의 수학에서 새로운 개념을 개발하고, 양자장이론을 더욱 깊이 이해하고, 끈이론을 이용하여 고체물리학과 쿼크-글루온 플라즈마를 연구하는 데 전념하고 있다. 수천 명의 이론물리학자와 수학자들이 아직도 끈이론에 매달리는 이유는 이론의 끝장을 보기 위해서가 아니라, 이론에 담긴 컨텐츠가 워낙 다양하기 때문이다. 나는 양자중력이론을 연구하는 모

♦ 물론 물리학은 무소불위의 학문이 아니다. 본문의 내용을 좀 더 정확하게 풀어 쓰면 "기본 입자 및 중력과 관련된 모든 상황을 설명할 수 있다"는 뜻이다. 생물학이나 경제학, 또는 사랑 같은 복잡한 대상을 설명할 때 물리학은 별 도움이 되지 않는다.

든 물리학자들에게 말하고 싶다. 실험물리학에 비하면 이론물리학은 정말 저렴한 과학이다. 이론물리학자는 앉을 수 있는 의자와 다량의 종이, 그리고 무한리필 커피와 쓰레기통만 있으면 된다. 무엇을 해도 큰돈 들어갈 일이 없으니, 상상의 나래를 마음껏 펼쳐도 된다.

그러나 비평가들은 말한다. "끈이론 추종자들은 명색이 우주의 근본을 연구한다면서 실험으로 검증 가능한 결과를 단 하나도 내놓지 못했다. 더욱 걱정되는 것은 그들 중 이런 답답한 상황을 걱정하는 사람이 아무도 없다는 점이다." 엄밀히 말하면 이것은 끈이론뿐만 아니라 모든 양자중력이론이 직면한 문제로서, 근본적 원인은 다음과 같다—양자중력이론이란 "양자역학과 중력이 모두 강하게 작용하는 경우에 적용되는 이론"이며, 이런 상황은 에너지와 밀도가 극단적으로 높은 경우에만 일어날 수 있다. 우리가 아는 한 이런 경우는 우주의 역사를 통틀어 딱 한 번 있었는데, 그것이 바로 빅뱅의 순간이었다.

대형강입자충돌기LHC가 도달할 수 있는 에너지는 1만 4,000GeV(14TeV)이다. 그러나 양자중력효과가 나타나려면 플랑크에너지에 도달해야 하고, 이를 위해서는 입자를 10^{19}GeV까지 가속시켜야 한다. 입자의 에너지가 적어도 LHC 출력의 1,000조 배는 되어야 한다는 뜻이다. 이런 에너지에 도달하려면 충돌기가 은하수만큼 커야 한다. 현재 CERN의 예산 규모를 고려할 때, 앞으로 당분간은 만들 수 없을 것 같다.

미래를 애써 예측하는 것은 그다지 현명한 짓이 아니다. 앞으로 가속기 기술이 아무리 발전해도 절대로 플랑크에너지에 도달할 수 없다고 누가 장담할 수 있겠는가? 하지만 누군가와 내기를 한다면, 나는 한 치의 망설임도 없이 "이번 세기는 물론이고 다음 세기에도 도달하지 못한다"는 쪽에 걸 것이다. 솔직히 말해서, 나는 영원히 만들 수 없다고 생각한다. 내 생각이 맞다면 끈이론이 빅뱅의 순간을 올바르게 서술한다 해도, 그 타당성은 영원히 검증될 수 없을 것이다.

그렇다고 끈이론이 무용지물이라는 뜻은 아니다. 궁극의 충돌기를 만들지는 못하더라도, 플랑크에너지 근처에 도달하는 방법을 우주 자체가 제공할 수도 있다. 지난 50년 동안 천문학자들이 되돌아볼 수 있는 우주의 과거는 "빅뱅 후 38만 년"으로 한정되어 있었다. 초창기의 원시 불구덩이가 충분히 식어서 투명한 기체가 될 때까지 38만 년이 걸렸기 때문이다. 이때 방출된 복사에너지(빛)는 마이크로파 우주배경복사cosmic microwave background radiation, CMB의 형태로 지금까지 남아 있다. 우주배경복사는 천체관측을 가로막는 일종의 방화벽이어서, 그보다 먼 과거를 관측하는 것은 원리적으로 불가능해 보였다. 그러나 2015년 9월에 우주를 관측하는 새로운 방법이 등장하여, 드디어 빅뱅 직후의 순간까지 들여다볼 수 있게 되었다.

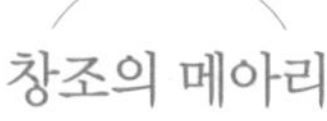

창조의 메아리

따뜻하고 습한 공기를 마시며 테다소나무lobolly pine가 울창하게 자란 루이지애나주 남부의 숲속에서는 우주 관측의 신기원을 이룩할 혁명적 연구가 조용하게 진행되고 있다. 리빙스턴Livingston이라는 작은 도시 외곽에 설치된 망원경은 빛(가시광선, 적외선, 자외선)을 이용한 기존의 망원경과 생긴 모습부터 확끈하게 다르다. 길이 4km짜리 거대한 L자형 콘크리트 튜브가 숲을 가로질러 직각으로 설치되어 있는데, 언뜻 보면 기하학자가 쓰는 자尺를 크게 뻥튀기해 놓은 것 같다. 광학망원경과 비슷한 구석이 전혀 없지만, 이것도 엄연한 망원경이다. 외관이 다른 이유는 이 망원경이 빛 대신 중력파를 이용하여 우주를 관측하기 때문이다.

망원경의 정식명칭은 LIGOthe Laser Interferometer Gravitational-Wave Observatory이다. 리빙스턴에서 190번 고속도로를 타고 한동안 달리다가, 다 쓰러져가는 철도건널목에서 갈림길로 빠져나와 낡은 트레일러 주택과 고장난 차가 즐비한 도로를 타고 숲 쪽으로 가다 보니 "속도제한 시속 16km"라는 표지판이 보인다. 시속 16km… 거의 기어가라는 소리다. 이 근처에서 무언가 매우 민감한 작업이 진행되고 있다는 뜻이기도 하다. 표지판에서 곧게 뻗은 길을 따라 500m쯤 더 가니, 드디어 LIGO 관측소 입구가 시야에 들어왔다.

2016년 2월, 희한하게도 과학 관련 뉴스가 일간지 1면을 장식했다. 알베르트 아인슈타인이 정확하게 100년 전에 예견했던 시공간의 물결, 즉 중력파가 LIGO에 포착된 것이다. 앞서 말한 대로 일반상대성이론에 의하면 시공간은 별이나 행성 등 질량이 존재하는 곳에서 트램펄린처럼 휘어지고, 늘어나고, 압축될 수 있는데 중력파는 여기서 초래된 직접적인 결과이다. 즉, 시공간은 질량에 탄성체처럼 반응하기 때문에, 큰 천체가 움직이면 시공간이 압축과 팽창을 반복하면서 물결이 형성된다.

2015년 9월 14일 오전 5시 51분, LIGO의 핵심부품 업그레이드를 마치고 첫 번째 데이터 수집에 들어간 리빙스턴 관측소에 최초의 중력파 신호가 감지되었다. 그리고 그로부터 100만 분의 7초 후, 3,000km 떨어진 워싱턴주 핸포드Hanford에 설치된 쌍둥이 장비에는 북쪽을 향해 빛의 속도로 진행하는 똑같은 진동이 감지되었다. 그것은 13억 년 전에 아주 먼 은하에서 질량이 태양의 30배에 달하는 두 개의 거대한 블랙홀이 소용돌이 궤적을 그리다가 충돌하면서 생성된 우주의 메아리였다. 충돌의 마지막 순간에 두 블랙홀이 하나로 합쳐지면서 시공간에 거대한 요동이 일어났는데, 이때 발생한 에너지는 관측 가능한 우주 전체 에너지의 50배에 달했다. 태양의 세 배에 해당하는 질량이 고스란히 중력에너지로 변한 셈이다(질량 m이 고스란히 에너지로 변하면 mc^2이 된다. c는 빛의 속도이므로, c^2은 엄청나게 큰 수이다: 옮긴이). 이 초대형 사고의 여파가 13억 년 후 지구에 도달할 때에는 사고지점과 지구 사이의 거리가 너무 멀어져서(13억 년 동안 우주가 꾸준히 팽창했으므로) 직각으로 뻗어 있는 LIGO의 팔 길이가 양성자 폭의 1/1000 밖에 변하지 않았지만, 이 정도면 중력파의 존재를 확인하기에 충분했다.

LIGO는 최초의 중력파를 감지함으로써 우주 관측의 새로운 장을 열었다. 전자기파(빛)나 뉴트리노, 또는 그 외의 입자를 전혀 방출하지 않는 천체들이 역사상 처음으로 관측 가능한 영역에 들어온 것이다. 그 덕분에 천문학자들은 충돌하는 블랙홀과 중성자별을 비롯하여 그동안 짐작조차 할 수 없었던 기이한 천체사건을 관측할 수 있게 되었다.

보안검색을 거친 후 LIGO의 본관 건물 쪽으로 걸어가니 리빙스턴 관측소의 소장 조 지아임Joe Giaime이 마중 나와 있었다. 본관은 금속판으로 덮어놓은 창고처럼 생겼는데, 외벽에 칠해놓은 푸른색과 흰색 띠가 매우 인상적이었다(위장색을 칠해놓은 군대용 막사와 비슷하다). 조는 1986년에 MIT를 졸업한 후 줄곧 LIGO를 지켜온 천체물리학자로서, 그의 지도교수였던 라이 바이스Rai Weiss는 중력파를 발견하여 2017년에 킵 손Kip Thorne, 배리 배리시Barry Barish와 함께 노벨상을 받았다.

조는 이 분야에 처음 투신할 때만 해도 자신에게 주어진 프로젝트가 얼마나 중요한 일인지 감을 잡지 못했다고 한다. 그는 "LIGO"라는 명칭이 만들어지기 1년 전부터 중력파를 연구해 왔으며, 1989년에 MIT와 칼텍이 공동연구계획서를 미국과학재단에 제출할 때 초안 작성을 도왔다. 그로부터 6년 후, 어렵게 재원을 확보한 공동연구팀은 루이지애나주와 워싱턴주에 쌍둥이 연구소를 건설하기로 결정하고 일사천리로 일을 진행시켰다.

조는 30년 동안 망원경을 한 번도 들여다본 적 없는 유별난 천체물리학자다. "저는 과학자라기보다 악기 연주자에 가깝습니다. 도구를 설계하고 만들면서 경력을 쌓아왔으니까요." 그는 2015년까지 LIGO를 준비시키는 데 총력을 기울였다.

조를 따라 본관에서 조금 걸어가니 LIGO의 거대한 팔 중 하나와 연결되는 다리에 도달했다. 그곳에 서면 직선을 따라 숲을 가로질러 4km까지 뻗어 있는 LIGO의 콘크리트 튜브가 한눈에 들어온다. 왼쪽으로 눈을 돌리면 첫 번째 튜브와 90° 각도를 이루는 두 번째 튜브도 볼 수 있다.

중력파가 LIGO 근처를 지나가면 공간이 특정 방향으로 팽창과 수축을 겪으면서 직각 방향으로 설치된 LIGO의 두 팔 길이에 미세한 변화가 일어난다. 본관 건물에 설치된 레이저 발생장치에서 튜브의 방향을 따라 두 가닥의 레이저빔이 발사되면 튜브의 끝에 있는 거울에 반사된 후 출발점에 있는 간섭계로 되돌아오도록 세팅되어 있다. 평소에는 두 튜브의 길이가 정확하게 같지만, 그 근처로 중력파가 지나가면 길이에 미세한 차이가 생긴다. 레이저는 바로 이 차이를 감지하는 도구이다. 두 가닥의 레이저가 동시에 도달하지 않으면 두 튜브의 길이에 차이가 생겼다는 뜻이며, 간섭계에 형성된 간섭무늬를 분석하면 정확한 차이를 알 수 있다.

기본 아이디어는 이것이 전부다. 그런데 문제는 LIGO에 도달한 중력파가 너무 약해서, 다른 오만가지 진동에 쉽게 묻혀버린다는 점이다. 게다가 리빙스턴 관측소를 에워싼 숲은 목재와 종이를 생산하는 기업체의 소유지여서(루이지애나주는 날씨가 덥고 습해서 나무의 성장 속도가 매우 빠르다), 벌목팀이 작업을 할 때마다 배경잡음(진동)이 발생한다(물론 영국에서 온 과학작가와 그가 몰고 온 렌터카는 두말할 것도 없다). LIGO는 이렇게 열악한 곳에서 벌목업체와 "불편한 조화"를 이루며 임무를 수행하고 있다.

LIGO를 방해하는 것은 시도 때도 없이 쓰러지는 나무뿐만이 아니다. 중력파를 감지하려면 10^{-19}m의 변화까지 감지할 정도로 예민해야 하는데(조의 표현을 빌면 "쿼크 두 개가 간신히 들어가는 크기"이다), 건물 복도에서 들려오는 발자국 소리는 말할 것도 없고 멕시코만에서 대륙붕이 붕괴될 때 발생하는 진동조차도 10^{-19}m보다 크다. 그래서 LIGO에는 거울의 진동을 방지하는 4중진자세트를 포함하여 각종 내진장치가 설치되어있다.

LIGO는 허리케인 카트리나Katrina가 뉴올리언스 일대를 휩쓸고 지나간 직후인 2005년에 처음으로 원하는 정밀도에 도달했다. 그 무렵 과학자들은 중력파가 곧 LIGO에 감지될 것이라며 목이 빠지도록 기다렸지만 아무런 소식도 듣지 못했고, 10년에 걸친 업그레이드 과정을 거친 후에야 비로소 "실전용 중력파 감지기"로 거듭날 수 있었다.

조와 함께 본관으로 돌아와 제어실 쪽으로 가 보니 수많은 책상과 컴퓨터 모니터가 대형스크린을 향해 놓여 있었다. 그런데 조와 내가 들어서자마자 연구원들이 웅성거리기 시작했고, 일부는 자리에서 벌떡 일어나 대형스크린을 유심히 바라보았다. 때마침 인도네시아의 말루쿠제도Maluku Islands에서 발생한 진도 7.1짜리 지진파가 LIGO를 때린 것이다. 말루쿠제도는 관측소에서 무려 1만 5,000km나 떨어져 있지만, 이 정도 진동이면 정교하게 맞춰놓은 광학장비를 망가뜨리고도 남는다. 조가 긴 한숨을 내쉬며 말했다. "이 지진파가 지구를 돌고 돌다가 완전히 잠잠해지려면 몇 시간이 걸립니다. 그때까지는 우리가 할 수 있는 일이 아무것도 없어요." 나는 제어실을 둘러보며 속으로 감탄사를 연발했다. 지구 반대편에서 일어나는 지진을 비롯하여 벌목, 자동차, 비행기 등이 만들어내는 온갖 방해진동을 극복하고 양성자의 1만 분의 1에 불과한 변화를 감지하기란 거의 불가능해 보였다.

그러나 제어실의 장비들은 완벽하게 작동하고 있었다. 가동을 시작한 지 몇 년밖에 안 되었지만, LIGO는 우주에 대한 이해의 폭을 크게 넓혀놓았다. 지금까지 LIGO에서 거둔 가장 큰 수확은 아마도 2017년 8월 17일에 감지된 중력파일 것이다. 이 신호는 LIGO의 두 관측소와 이탈리아 북부의 버고Vergo 관측소에 거의 동시에 도달했는데, 연구원들은 초신성 폭발의 잔해인 초고밀도 중성자별 두 개가 서로 충돌하면서 생성된 중력파일 것으로 예측했다. 그렇다면 사실을 확인할 좋은 기회가 아닌가! 중성자별이 충돌하면 블랙홀과 달리 강력한 전자기파복사가 방출되기 때문에, 이것까지 망원경에 잡히면 하나의 천체사건에서 중력파와 전자기파를 동시에 관측한 최초의 사례가 된다. LIGO와 Vergo의 연구원들은 중력파를 감지하자마자 곧바로 세계 각지의 천문대에 "전자기파복사 수배령"을 내렸다. 갑자기 중대임무를 하달받은 천문학자들은 망원경으로 하늘을 이 잡듯이 뒤지기 시작했고, 거의 11시간이 지난 후 지구로부터 1억 4,000만 광년 떨어진 은하에서 강력한 전자기파의 근원을 찾아냈다.

이것은 하나의 근원에서 중력파와 전자기파가 동시에 관측된 최초의 사례이자, 화학원소의 발생이론을 재평가하는 중요한 계기가 되었다. 앞서 말한 대로, 오랫동안 천문학자들은 거성巨星이 초신성 단계로 넘어갈 때(즉, 폭발할 때) 철보다 무거운 원소가 만들어진다고 생각해왔다. 그런데 이 충돌사건이 관측되면서 "중성자별이 충돌하여 하나로 합쳐질 때 무거운 원소가 만들어질 수도 있다"는 또 하나의 가능성이 제기된 것이다. 그 후 분광학자들은 2017년 충돌 데이터를 분석하여 금과 백금을 비롯한 귀금속의 뚜렷한 흔적을 발견했다. 이것은 다량의 보석류가 중성자별의 충돌을 통해 생성되었음을 보여주는 강력한 증거이다.

조와 나는 각자 커피잔을 들고 사무실로 돌아와 향후 몇 년에 걸친 LIGO의 운용계획에 대해 이야기를 나누었다. "이곳에는 규모의 법칙이라는 게 있습니다. 아주 경이로우면서도 끔찍한 법칙이지요." 조가 커피를 마시며 말을 이어나갔다. "기기의 감도가 두 배 높아질 때마다 관측 가능한 거리도 두 배로 멀어집니다. 하지만 공간의 크기는 거리의 세제곱에 비례하니까, 뒤져야 할 공간이 여덟 배로 커지는 거지요. 그래서 우리 연구원들은 데이터를 수집하는 것보다 기기의 성능을 높이는 쪽에 훨씬 관심이 많습니다. 누구나 변화를 추구하잖아요? 성능을 높이면 엄청난 보답이 돌아오니까, 절대 서두르면 안 됩니다."

리빙스턴 관측소에서는 2024년까지 LIGO의 성능을 두 배로 높인다는 목표하에 연구시간의 절반은 데이터 수집에, 나머지 절반은 성능개선에 투입하고 있다. 이들의 계획이 성공한다면 우주의 방대한 영역이 새로운 관측 대상으로 떠오르게 된다. 그러나 이들은 장기적으로 더욱 원대한 계획을 세워놓고 있다.

LIGO는 중력파가 존재한다는 사실을 증명함으로써 완전히 새로운 형태의 천문학을 창조했다. 지금 유럽과 미국에서는 우주에 대한 이해의 폭을 혁명적으로 넓혀줄 몇 개의 대규모 프로젝트가 진행되고 있다. 유럽에서는 10km짜리 지하 튜브 세 개로 이루어진 삼각관측소를 계획 중이고(망원경의 이름은 아인슈타인 망원경Einstein Telescope이다), 미국은 LIGO의 대형 버전에 해당하는 코스믹 익스플로러Cosmic Explorer 건설계획을 검토하고 있다. 그러나 가장 야심 찬 프로젝트는 우주선 세 개가 정삼각형 대형을 유지하면서 태양 주변을 선회하는 LISALaser Interferometer Space Antenna이다. 내장된 레이저를 다른 우주선에 발사하여 250만 km짜리 팔(튜브)을 만든다는 것이 기본 아이디어다. LISA 프로젝트는 몇 년 동안 침체기를 겪다가 LIGO에서 중력파가 발견된 후로 다시 활발하게 추진되고 있으며, 유럽우주국European Space Agency의 아인슈타인 망원경 프로젝트는 2030년대에 본격적으로 시작될 예정이다.

조의 설명은 계속된다. "이 망원경은 극도로 민감해서 관측 가능한 우주에서 일어나는 모든 블랙홀 충돌을 관측할 수 있어요. 수명을 다한 별에서 최초의 블랙홀이 탄생한 순간도 보게 될 겁니다." 가장 흥미로운 사실은 빅뱅의 순간에 탄생한 원시블랙홀 집단을 관측할 수도 있다는 것이다. 우주가 극단적으로 뜨겁고 밀도가 높았던 처음 1초 동안, 양자장의 요동으로부터 초고밀도 영역이 형성되어 블랙홀로 붕괴될 수도 있다. 우주 초창기에 이런 블랙홀이 생성되었다면, 개중에는 지금까지 살아남은 것도 있을 것이다. 아인슈타인 망원경이나 코스믹 익스플로러가 최초의 별이 형성되기 전에 블랙홀끼리 충돌하는 현장을 잡아낸다면, 원시블랙홀이 지금도 존재한다는 강력한 증거가 될 것이다. 또는 태양보다 가벼운 블랙홀이 발견될 수도 있다. 이런 블랙홀은 질량이 너무 작기 때문에 붕괴하는 별에서 만들어질 가능성이 거의 없으므로 원시블랙홀의 강력한 후보이다. 원시블랙홀이 발견되면 빅뱅이 일어나던 순간의 물리적 조건을 알 수 있을 뿐만 아니라, 암흑물질의 구성성분에 대해서도 중요한 정보를 얻을 수 있을 것으로 기대된다.

그러나 뭐니 뭐니 해도 가장 큰 희망사항은 빅뱅의 불구덩이를 직접 들여다보는 것이다. 빅뱅 후 38만 년 동안 우주는 아원자 입자의 초고온 플라즈마로 가득 차 있었다. 이 시기에 광자는 똑바로 나아가지 못하고 핀볼게임처럼 양성자나 전자와 끊임없이 부딪치면서 갈팡질팡했기 때문에 공간 전체가 불투명한 상태였다. 따라서 천체망원경의 성능이 아무리 좋아도 이 시기를 들여다보는 것은 불가능하다(망원경으로 먼 곳을 본다는 것은 과거를 본다는 뜻이기도 하다: 옮긴이). 그러나 중력파는 물질에 흡수되지 않으므로, 이 시기에도 아무런 방해를 받지 않은 채 공간을 타고 이동했을 것이다.

물론 우주 초기에 생성된 중력파의 대부분은 공간이 팽창함에 따라 서서히 약해지다가 지금쯤 완전히 사라졌을 것이다. 이 시기의 중력파가 이제 와서 발견되려면 상상을 초월할 정도로 격렬한 사건을 통해 생성되었어야 한다. 한 가지 가능성은 빅뱅 후 1조분의 1초 이내에 11장에서 말한 힉스거품이 팽창하다가 서로 충돌하는 경우이다. 11장에서 우리는 물질이 반물질보다 많은 이유를 설명하기 위해 "뜨거운 플라즈마 안에서 힉스장의 값이 주변보다 큰 영역"을 힉스거품으로 정의했었다. 이 거품이 팽창하면 옆에 있는 다른 거품과 거대한 충돌을 일으켜 초강력 중력파를 낳았을 것이고, 그 여파는 지금도 희미하게 남아서 우주를 배회하고 있을 것이다. 현재 운용 중인 LIGO나 Vergo는 이 여파를 감지하기에 역부족이지만, 위에 언급한 차세대 중력파 감지기라면 얼마든지 가능하다. 미래의 천문학자들이 이 신호를 포착한다면 빅뱅 후 1조분의 1초 이내에 형성된 물리적 조건을 직접 확인할 수 있을 뿐만 아니라, 사과파이 구성요소의 궁극적 기원에 대해서도 중요한 실마리를 찾을 수 있을 것이다.

운이 좋으면 더욱 먼 과거까지 볼 수도 있다. 앞서 말한 대로 양자중력이론을 검증할 만한 입자충돌기를 만드는 것은 현실적으로 불가능하다. 그러나 빅뱅에 아주 가까운 시기에는 우주 자체가 궁극의 입자충돌기처럼 작동했다. 좀더 구체적으로 말하면 빅뱅의 순간(시간=0인 순간)에서 1조×1조×1조분의 1초까지인데, 이 짧은 시간 동안 우주는 정말이지 말도 안 되는 속도로 빠르게 팽창했다. 이것이 바로 그 유명한 "인플레이션inflation(급속팽창)"이다.

아직은 인플레이션이 정확하게 어떤 과정을 거쳐 일어났는지, 심지어 인플레이션이 정말로 일어났는지조차 확실치 않지만, 이 가설에 의하면 우주는 100억×1조×1조분의 1초 사이에 최소 1조×10조 배로 팽창했다. 이 문장의 끝에 찍은 마침표가 그 짧은 시간 동안 은하수의 100배 이상 커진 셈이다. 이토록 황당무계한 인플레이션이론이 학자들 사이에 널리 수용된 비결은 우주의 몇 가지 특이한 성질을 설명해 주었기 때문인데, 그중에서도 가장 중요한 것은 우주에 지금과 같은 구조체(은하, 별, 행성 등)가 존재하게 된 이유를 매우 그럴듯하게 설명했다는 점이다.

인플레이션이 일어나지 않았다면 빅뱅과 함께 탄생한 물질이 우주공간에 완전히 균일하게 퍼져서 은하와 별, 그리고 행성이 형성되지 않았을 것이다. 이런 우주는 방대한 공간에 수소 원자와 헬륨 원자만 넓게 퍼져 있을 뿐, 아무런 사건도 일어나지 않는 "극도로 심심한 우주"이다. 그러나 인플레이션은 매우 놀라운 사실을 말해주고 있다. 우주에서 우리 눈에 보이는 모든 구조체들은 원자보다 훨씬 가까운 거리에서 발생한 양자요동이 인플레이션과 함께 거대한 규모로 팽창한 결과이다. 이 양자요동 때문에 주변보다 밀도가 조금 높은 영역이 군데군데 생겨났고, 이들이 중력에 의해 붕괴되면서 지금과 같은 천체들이 만들어졌다. 다시 말해서, 오늘날 관측 가능한 우주에 존재하는 수십억×수십억 개의 은하들은 우주의 첫 순간에 양자 수준에서 뿌려진 "작은 씨앗"이 인플레이션과 함께 자라난 결과이다.

인플레이션은 우주론을 대표하는 이론으로 입지를 굳혔고 많은 부분이 사실로 확인되었지만, 실제로 일어났다는 확실한 증거는 아직 발견되지 않은 상태이다. 물론 광학망원경으로 빅뱅 후 1조×1조×1조분의 1초까지 들여다보는 것은 원리적으로 불가능하다. 그러나 탐색 수단을 빛에서 중력파로 바꾸면 이야기가 달라진다. 인플레이션이 정말로 일어났다면 시공간이 휘둘리면서 거친 파동이 생성되었을 것이고, 그 여파는 지금도 우주 곳곳에 메아리처럼 퍼져나가고 있을 것이다. 오늘날 이들은 파장이 엄청나게 길어지고 강도도 감지할 수 없을 정도로 약해졌지만, 미래형 관측소가 계획대로 완성된다면 우주 창조의 메아리를 들을 수 있을지도 모른다(물론 "듣는다"는 것은 은유적 표현이다: 옮긴이).

문제는 인플레이션이론의 종류가 매우 다양하고(각 버전은 각기 다른 양자장과 다른 에너지를 갖고 있다), 관측 가능할 정도로 강력한 중력파를 낳는 버전은 그중 일부에 불과하다는 것이다. 가장 단순한 인플레이션이론에서 발생한 중력파는 강도가 너무 약해서 LISA조차도 감지할 수 없다. 이런 경우 인플레이션의 메아리를 포착하는 한 가지 방법은 중력파가 창조의 빛(우주배경복사)에 미친 영향을 찾는 것이다.

이론적 계산에 의하면 인플레이션에서 발생한 중력파는 우주배경복사에 "B-모드**B-mode**"라는 왜곡된 패턴을 낳는다. 그러나 이 패턴은 강도가 너무 약하고 성간먼지(별과 별 사이의 빈 공간에 떠다니는 먼지)

와 매우 비슷하기 때문에 관측하기가 엄청나게 어렵다. 지난 2014년, 남극에서 BICEP2 망원경으로 우주배경복사를 관측하던 일단의 연구원들이 "인플레이션의 중력파 때문에 생성된 왜곡패턴을 발견했다"고 발표한 적이 있다. 이 소식이 학계에 퍼지자 전 세계의 과학자들은 "우주론의 새로운 지평이 열렸다"며 흥분을 감추지 못했고, 개중에는 "차기 노벨상 수상자가 이미 결정되었다"고 장담하는 사람도 있었다. 그러나 얼마 후 BICEP2 연구팀은 최악의 상황으로 빠져들었다. 우주배경복사의 왜곡된 패턴이라고 생각했던 신호가 사실은 성간먼지였던 것이다. 관측을 반복할수록 결과는 더욱 확실해졌고, BICEP2 연구팀이 얻은 데이터에서 먼지효과를 걷어냈더니 평범한 우주배경복사로 되돌아갔다.

이런 실패에도 불구하고, 과학자들 중에는 앞으로 몇 년 안에 우주배경복사에서 중력파의 흔적이 발견될 것이라고 믿는 사람도 있다. 이들은 남극과 아타카마 사막**Atacama Desert**(칠레 북부에 있는 사막)의 천체망원경과 지구 주변을 도는 우주망원경에서 관측데이터가 더 많이 수집되면, 우주배경복사의 지도가 더욱 정밀해져서 원시중력파에 의한 효과를 찾을 수 있을 것이라고 장담한다(물론 원시중력파가 존재했다는 가정하에 그렇다). 만사가 이들의 바람대로 풀린다면, 우주가 탄생한 최초의 순간의 초-고에너지 데이터를 손에 넣을 수 있는 절호의 기회가 될 것이다.

대화를 마치고 주차장으로 돌아가려고 하는데, 조가 이별의 선물이라며 모니터에 떠 있는 아이콘 하나를 클릭했다. "이 소리 좀 들어보세요." 그러자 한동안 정적이 흐르다가, 테이블 구석에 놓인 스피커에서 이상한 소리가 들리기 시작했다. "이게 바로 우리가 최초로 잡아낸 중력파 소리랍니다." 소리가 점점 커지더니, 어느 순간 무언가가 충돌하는 듯한 굉음이 들려왔다. 그것은 130억 년 전에 두 개의 블랙홀이 충돌하면서 발생한 소리였다(진짜 충돌음이 아니라, 중력파의 진동수를 변환하여 사람이 들을 수 있는 가청주파수로 재구성한 음성파일일 것이다: 옮긴이).

사람들은 현대 과학이 이룩한 업적에 쉽게 익숙해지는 경향이 있다. 그러나 조의 연구실 의자에 앉아 첨단장비로 포착한 소리, 그것도 아득한 옛날에 발생한 초대형 사건의 메아리를 듣고 있자니 낙관적인 생각이 저절로 떠올랐다. 실험실에서 장비를 다루건, 노트에 방정식을 끄적이건, 또는 우주에서 날아온 신호를 분석하건 간에, 모든 과학의 기본은 '탐험'이다. 그리고 일단 탐험 길에 올라 새로운 현상과 미스터리를 좇아가다 보면 출발점에서 점점 더 멀어진다. 이 여행은 영원히 계속될 것인가? 아니면 어느 날 갑자기 끝날 것인가? 이마도 이것은 모든 질문 중에서 가장 근본적이고 심오한 질문일 것이다.

14장

이것으로 끝인가?

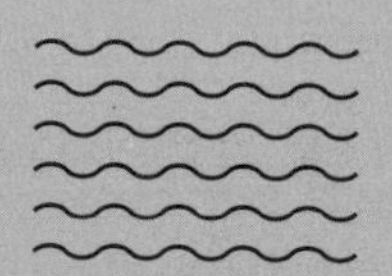

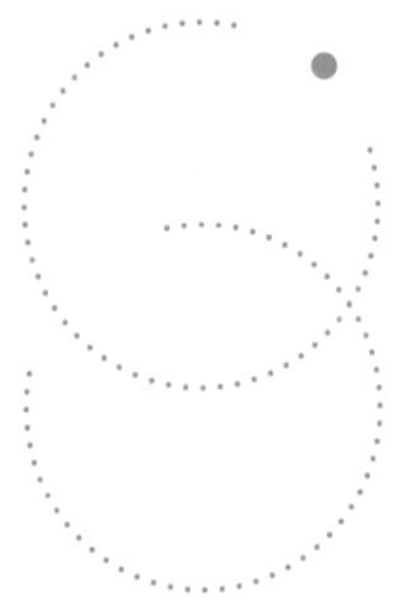

때는 서기 8억 4,300만 년, 수억 년에 걸친 10^{19}GeV 건설공사가 드디어 마무리되었다. 은하입자물리학기구Galactic Organization for Particle Physics, GOPP 측에서는 우주 역사상 최대 규모 프로젝트의 준공일을 맞이하여 범우주적인 기자회견을 열었다. 텅 빈 우주공간에는 은하의 중심부 주위를 도넛 모양으로 에워싼 충돌기가 은빛으로 반짝이며 위용을 과시하고 있다. 우주 역사상 가장 크고 비싼 실험장비, 바로 초거대형 강입자충돌기the Impossibly Large Hadron Collider, ILHC이다. 둘레가 3,000광년에 달하는 ILHC는 현실 세계의 근본적 특성을 알아내겠다는 일념으로 800종의 외계종족들이 범은하 공동연구단을 구성하여 일궈낸 최고의 걸작이다. 은하계 전체가 오늘을 학수고대하며 기다려왔다. 이제 조금 있으면 ILHC 속에서 양자중력효과를 관측할 수 있을 정도로 충분한 에너지를 가진 입자들이 역사적인 정면충돌을 일으킬 예정이다. 자연의 기본법칙을 완벽하게 이해하는 날이 마침내 코앞으로 다가온 것이다.

돌아보면 참으로 험난한 여정이었다. 계획을 세우고, 은하연합 정부에 지원금을 신청하고, 방대한 양의 자석을 공급할 태양계를 선발하고 계약하는 데에만 수천 년이 걸렸고, "충돌기가 우주의 종말을 초래한다"며 소심한 종족들이 걸어온 수천 건의 소송을 처리하느라 천문학적인 시간과 비용이 소모되었다. 오늘 아침에도 프랑스 대표단이 "공동성명문은 은하 공용어 버전과 우리 고대어 버전으로 동시에 발표되어야 한다"며 고집을 부리는 바람에, 발표가 몇 시간이나 지연되기도 했다.

어쨌거나 디데이가 찾아왔다. 오늘이 바로 그날이다. 거의 100만 년에 걸쳐 10^{19}GeV까지 가속된 양성자 빔이 조금 있으면 첫 번째 충돌을 일으킬 것이다. GOPP의 사무총장이 12개 촉수 중 하나를 흔들며 입을 열었다. "신사 숙녀 여러분, 그리고 무형의 에너지로 존재하는 생명체와 생각하는 균류 여러분, 드디어 기다리던 순간이 도래했습니다. 자, 플랑크에너지의 세계로 여러분을 초대합니다!" 그러자 회의장에 설치된 대형 TV에서 강렬한 빛이 뿜어져 나왔다. 조금 전까지만 해도 촬영카메라가 행성만한 입자감지기의 내부를 비추고 있었는데, 갑자기 화면 전체가 빛으로 덮여버린 것이다. 사무총장이 담당자에게 물었다. "스플러그 교수님, 결과가 어떤가요?"

그러자 둥근 빛 덩어리처럼 생긴 스플러그가 수신용 테이프에 적힌 데이터 분석결과를 사무총장에게 건네주었다. "흠… 이거 흥미롭군요." 그녀는 놀란 마음을 감추려 애썼지만 이미 말을 더듬고 있었다. "아무래도 우… 우리가 블랙홀을 마… 만든 것 같네요. 하지만 걱정할 것 없어요. 에너지를 더 투입하면… 스플러그 교수님, 출력을 높이세요!"

전자석 조종 다이얼을 돌리자 ILHC의 출력이 플랑크에너지를 넘어 10^{21}GeV에 도달했다. 그러나 화면 속의 빛은 더욱 강하게 작렬했고, 기자들은 눈이 휘둥그레졌다. 사무총장은 계속 말을 더듬는다. "아하, 그… 그렇군요. 이제 알겠어요… 신사 숙녀, 그리고 기타 등등 여러분, 죄송합니다… 오늘 가동식은 여기서 마… 마쳐야 할 것 같습니다."

중요한 사실을 강조하기 위해 초단편 SF 소설을 써보았다. 우리는 우주가 어떻게 시작되었는지 영원히 알 수 없을 것이다. 플랑크에너지에 도달할 수 있는 궁극의 충돌기를 만들어서 작은 공간에 과도한 에너지를 욱여넣으면, 충돌한 두 입자는 블랙홀로 붕괴된다. 블랙홀의 내부는 빛조차도 빠져나올 수 없는 "사건지평선event horizon"으로 에워싸여 있기 때문에, 플랑크길이보다 작은 영역에서 일어나는 일은 사건지평선에 가려 보이지 않는다. 그렇다고 더 높은 에너지로 입자를 충돌시키면 더 큰 블랙홀이 생성되면서 문제가 더욱 악화될 뿐이다.

나에게 이 문제를 더욱 생생하게 일깨워 준 사람은 케임브리지 대학교의 응용수학 및 이론물리학과 교수인 데이비드 통David Tong이었다. 양자장이론의 대가이자 달변가로 유명한 그는 자신이 느끼는 흥분과 궁금증을 대화에 고스란히 담아내면서 상대방을 압도한다. 나이보다 젊어 보이는 외모와 두툼한 뿔테안경 때문인지, 언뜻 보면 〈닥터 후〉의 주인공 데이비드 테넌트David Tennant를 닮았다.

데이비드는 원래 끈이론을 연구하는 물리학자였으나, 실험으로 검증될 가능성이 없다는 사실을 깨닫고 연구 분야를 바꾸었다. "양자중력이론이 실험을 통해 검증되려면 운이 엄청나게 좋아야 합니다. 내가 죽기 전에 그런 행운을 누릴 가능성이 거의 없다고 생각하니, 갑자기 흥미가 사라지더군요."

그는 장난기 가득한 표정으로 말을 이어나갔다. "혹시 음모론 같은 거 좋아하십니까? '양자중력이론은 절대로 구축될 수 없다', 또는 '자연은 양자중력을 은밀하게 숨기고 있다'는 증거가 무려 세 개나 있답니다."

첫 번째 증거를 제시한 사람은 20세기에 가장 저평가된 이론물리학자 중 한 사람인 케네스 윌슨Kenneth Wilson이다. 입자물리학자들 사이에서 재규격화군normalization group(물리계를 확대, 또는 축소했을 때 어떤 형태로 보이는지를 말해주는 수학적 객체)의 전문가로 유명한 그는 "먼 거리에서 물리계의 거동을 서술할 때, 계의 깊은 속에서 진행되는 세부사항은 중요하지 않다"고 주장했다. 이것을 데이비드 식으로 표현하면 다음과 같다—"뉴턴은 행성의 거동 방식을 연구할 때 쿼크를 전혀 고려하지 않았다(사실은 고려할 수도 없었다)."

다시 말해서, 우주의 기본 구성요소를 추적할 때 플랑크 규모(플랑크에너지, 플랑크길이, 플랑크시간 등)까지 따질 필요가 없다는 뜻이다. 이렇게 작은 규모에 존재하는 것들은 원자나 입자 같은 현실적 관측 대상에 흔적을 남길 가능성이 거의 없기 때문이다. 이 책의 주제가 사과파이를 계속 확대해 나가면서 구성성분을 추적하는 것이었기에, 내 입장에서는 결코 가볍게 넘길 말이 아니었다.

데이비드의 설명은 계속된다—"둘째, 초기우주에서 인플레이션은 무슨 역할을 했습니까? 따지고 보면 인플레이션은 모든 것을 희석시켜서 빅뱅과 관련된 모든 실마리를 우주지평선 너머로 날려버렸습니다. 우리 눈에 절대로 띄지 않게 말이죠." 인플레이션이 먼 훗날 인류에게 관측될 중력파를 낳았을 수도 있지만, 이것을 보려면 인플레이션이 시작된 시점인 "빅뱅 후 10^{-36}초"까지 거슬러가야 한다. 그러

나 시간=0이었던 빅뱅의 순간은 공간이 팽창하면서 우주지평선 너머로 사라졌다. 빅뱅의 'ㅂ'은 사라지고 '-|뱅'만 남은 꼴이다.

"세 번째는 우주의 검열과 관련되어 있습니다. 빅뱅 말고 현재 양자중력효과가 나타나는 곳은 어디일까요? 그래요, 바로 블랙홀의 특이점singularity이죠. 하지만 이곳도 사건지평선에 가려 보이지 않습니다! 중력은 참으로 이상한 힘입니다. 더 가까운 거리에서 보려면 더 큰 충돌기가 필요하니까요. 플랑크에너지의 100배에 달하는 10^{21}GeV짜리 충돌기를 만들었다고 칩시다. 이 기계를 작동시키면 어떤 일이 벌어질까요? 그래요, 거대한 블랙홀이 생성됩니다. 아무것도 없는 무無에서 사과파이를 만들려고 한다고요? 글쎄요… 아마 어려울걸요? 그 무라는 것 자체가 우리를 피해 숨어 있으니까요."

나는 대학원 박사과정 학생이었던 2011년에 위스콘신주의 매디슨Madison에서 개최된 대규모 국제학술회의에 참석한 적이 있다(나의 국제학술회의 데뷔전이기도 했다). 그때는 힉스입자가 아직 발견되지 않은 채 애간장만 태우던 시기였기에, 참가자들이 발표한 대부분의 논문은 추측성 가설로 가득 차 있었다(예를 들면 "초대칭의 증거는 아직 발견되지 않았지만 조금만 기다리면 좋은 소식이 있을 겁니다"와 같은 식이었다). 지루하기 짝이 없는 논문발표를 들으며 꾸벅꾸벅 졸다가, 회의의 총 책임자인 니마 아르카니하메드가 단상에 올라왔을 때 정신이 번쩍 들었다.◆

니마의 연설이 시작되자 하품을 연발하던 사람들이 자세를 고

◆ 힉스입자가 발견된다는 쪽에 1년치 연봉을 걸겠다던 바로 그 사람이다(내기의 성사 여부는 알려지지 않았다).

쳐앉고 귀를 기울였다. 머리끝에서 발끝까지 검은색으로 차려입고 검은 머리를 뒤로 깔끔하게 빗어넘긴 그는 우리에 갇혀 으르렁대는 사자처럼 단상을 오락가락하면서 기초물리학의 미래에 대한 자신의 비전을 당당하게 펼쳐나갔다. 그의 연설은 금쪽같은 점심시간을 잡아먹어 가며 계속되었지만, 도중에 나가는 사람이 한 명도 없었기에 나 역시 주린 배를 참아가며 자리를 지킬 수밖에 없었다.

세계 최고의 물리학자 중 한 사람인 니마 아르카니하메드는 아인슈타인이 말년을 보낸 곳이자 이론물리학의 교황청으로 통하는 프린스턴 고등과학원Princeton Advanced Study의 교수이다. 그는 이론입자물리학에 커다란 업적을 남겼을 뿐만 아니라 카리스마 넘치는 과학 전도사로 일반 대중들 사이에서도 인기가 높다. 내가 그와 전화 인터뷰를 하기 위해 전화를 걸었을 때 그는 기차를 타고 프린스턴에서 뉴욕으로 가는 중이었는데, 고맙게도 나의 요구에 흔쾌히 응해주었다. "무엇보다 지금 진행 중인 멋진 작업에 대해 언급하고 싶군요. 이것은 향후 50년, 또는 더 긴 세월에 걸쳐 물리학의 연구주제를 결정하게 될 조용한 지적 혁명입니다. 지금 우리는 환원주의 패러다임이 틀렸다는 것을 잘 알고 있으니까요."

나는 짧게 대답했다. "오, 그렇습니까?"

환원주의는 모든 것을 가장 작은 단위로 분해하여 세상의 이치를 설명하는 철학사조로서, 입자물리학을 떠받치는 주춧돌이라고 해도 과언이 아니다. 지금까지 이 책에 언급된 모든 내용도 환원주의에 관한 이야기다. 지난 500년 동안 물리학은 환원주의에 입각하여 수많은 자연현상을 놀라울 정도로 정확하게 설명해 왔다. 그런데 이제 와서 환원주의가 틀렸다니, 사고도 이런 대형 사고가 없다.

환원주의를 난관에 빠뜨린 첫 번째 요인은 블랙홀이다. 플랑크

규모에서 일어나는 사건을 조사하기 위해 충분한 에너지로 입자를 충돌시키면 블랙홀이 생성되고, 여기서 에너지를 키울수록 블랙홀의 덩치도 커진다. 니마는 바로 이 점을 지적하고 있었다. "하지만 현실 세계에서는 에너지가 커지면 거리가 멀어지지요. 이것은 양자역학과 중력에 관하여 우리가 알고 있는 가장 심오한 사실이며, 환원주의적 관점에서 볼 때 완전한 미스터리입니다."

그렇다면 플랑크 규모에서 환원주의가 통하지 않는다고 해서 크게 걱정할 일은 아닌 것 같다. 어차피 아무리 애를 써도 플랑크 규모에는 절대로 도달하지 못할 테니 말이다. 그런데 놀라운 것은 플랑크 규모에 도달하기 훨씬 전에 환원주의가 우리를 실망시킬 수도 있다는 점이다. 그 증거는 지금 당장이라도 LHC에서 찾을 수 있다.

앞에서 보았듯이 입자물리학의 가장 큰 문제는 힉스장의 값이 원자(그리고 지금과 같은 우주)가 생성되기에 알맞은 246GeV로 고정된 이유를 설명하는 것이다. 검증이 아예 불가능한 다중우주가설은 제쳐두고, 이 문제의 해답을 찾으려면 점점 더 짧은 거리를 들여다봐야 하며 이를 위해서는 점점 더 많은 에너지를 투입해야 한다. 이 과정에서 초대칭입자가 발견될 수도 있고, 공간의 여분차원이나 힉스입자의 더 작은 구성성분이 발견될 수도 있다. 그러나 지금까지 LHC가 진공을 확대하여 찾아낸 것이라곤… 그렇다, 힉스입자뿐이다.

벤 알라나흐는 이 상황이 "방으로 걸어 들어갔다가 혼자 똑바로 서 있는 연필을 목격한 것과 같다"고 했다. 이런 경우에 환원주의자들은 연필의 상태를 유지하는 다른 요인이 눈에 보이지 않는 초단거리에서 작용한다는 가정을 세울 것이다. 돋보기를 들이대고 열심히 찾다 보면 연필과 천장을 연결하는 가느다란 줄이 보일 수도 있고, 연필을 바닥에 고정시키는 초미세형 집게가 발견될 수도 있다.

그러나 힉스입자의 경우에 이와 비슷한 요소가 단 하나도 발견되지 않는다는 것은 이런 식의 접근법이 틀렸음을 의미한다. 미시세계를 확대하는 방식으로는 절대 설명할 수 없는 무언가가 자연에 존재한다는 뜻이다.

니마는 말한다. "LHC가 우리에게 던져준 가장 큰 과제는 환원주의 패러다임에 수정을 가하는 것입니다."

지금 기초물리학은 위험한 상태에 놓여 있다. 이 세상을 깊이 들여다볼수록 더 많이 알 수 있다는 믿음이 지금과 같은 상태를 자초한 것이다. 힉스입자를 이해하려고 애쓰는 과정에서 환원주의가 붕괴된다면, 물리학 전체에 일대 파문이 일어날 것이다. 니마는 힉스입자의 정체를 밝히는 것이야말로 향후 50년 안에 물리학이 풀어야 할 가장 중요한 문제라고 강조했다.

"과거에는 힉스 같은 입자를 한 번도 본 적이 없어요. 가장 최근에 발견되었다고 해서 특별대접을 하자는 게 아닙니다. 일단 힉스입자는 스핀이 0입니다. 우리가 알고 있는 입자들 중에서 가장 단순하지요. 게다가 전기전하도 없고, 물리적 특성이라곤 질량뿐입니다. 정말 당혹스러울 정도로 단순합니다."

2012년에 힉스입자가 발견된 후, ATLAS와 CMS의 연구원들은 스핀이 0임을 확인하고 다른 입자로 붕괴되는 과정을 관측하는 등 힉스입자에 대한 추가정보를 꾸준히 제공해 왔다. 또 2020년대 중반에는 LHC의 성능을 한 단계 업그레이드하여 충돌 빈도수를 높인 덕분에, 물리학자들은 힉스를 더욱 가까운 거리에서 볼 수 있게 되었다. 그러나 LHC가 은퇴하는 2035년이 되어도 우리는 여전히 희미한 그림밖에 볼 수 없을 것이다. 니마가 말한 과제를 완수하려면 더욱 강력한 확대경이 있어야 한다.

니마는 지난 몇 년 동안 전 세계를 돌아다니면서 차세대 충돌기를 건설할 후보지를 물색해 왔다. 지금까지 물망에 오른 후보는 기존의 CERN 부지와 베이징北京 외곽인데, 어느 곳으로 결정되건 둘레 100km에 출력이 LHC의 7배인 괴물이 건설될 예정이다. 이들 중 "미래형 원형충돌기Future Circular Collider, FCC(완공되면 이름이 바뀔 수도 있다)"로 알려진 CERN 프로젝트는 두 단계에 걸쳐 진행된다. 우선 CERN 부지에서 주라산맥으로 이어지는 알프스산 기슭의 제네바호수 지하에 (지질학적으로 수용 가능한 최대 면적인) 둘레 100km짜리 원형 터널을 뚫고, 그 안에 전자-양전자 충돌기를 건설한다. 이곳에서는 힉스입자를 대량으로 생산하여 물리적 특성을 정밀하게 관측할 예정이다. 이 실험이 원하는 수준에 도달하면, 진정한 괴물이라 할 수 있는 양성자-양성자 충돌기로 업그레이드된다. LHC의 초대형 버전에 해당하는 이 충돌기의 최대 출력은 무려 100TeV(100조 eV)에 달한다.

이 괴물 같은 장비가 완성되면 입자물리학자들 앞에 새로운 세계가 펼쳐질 것이다. 예를 들어 양성자-양성자 충돌기는 출력이 워낙 막강하여 암흑물질♦에 의한 효과를 완전히 배제시키고 물질이 최초로 생성되었던 초기우주의 상태를 재현할 수 있다. 그러나 니마 아르카니하메드는 새 충돌기의 최우선 과제가 힉스입자를 연구하는 것이라고 강조했다. 이것만으로도 천문학적 비용을 투자할 가치가 있다는 것이다.

돈 이야기가 나왔으니 말인데, 100km짜리 충돌기는 결코 싼

♦ 암흑물질의 또 다른 이름은 "WIMPsweakly interacting massive particles(상호작용이 약하면서 무거운 입자)"이다.

물건이 아니다. 미래형 원형충돌기FCC의 건설비용은 260억 유로(한화 35조 원)이며, 과거의 사례로 미루어볼 때 앞으로 더 높아질 가능성이 다분하다. 너무 비싸다고? 아니다. 사람을 달에 보낼 때는 현재 시세로 1,240억 유로(1,520억 달러, 168조 원)가 들었다.[1] 게다가 우주선은 1회용인 반면, 양성자 충돌기는 장장 70년 동안 사용할 수 있다. 다음 세기 초까지 사용 가능한 장비치곤 저렴한 편이다. 물론 이 프로젝트가 성공하려면 수십 년 동안 수십 개 국가들이 긴밀한 협조하에 필요한 자원을 공급해야 한다. 한 국가에서 모든 비용을 대는 프로젝트가 아니라는 뜻이다. 이렇게 생각하면 부담은 더욱 줄어든다. 실제로 FCC 건설비용은 CERN의 기존 연간예산으로 충당할 수 있는 수준이다. 예를 들어 영국인 1인당 매년 2.3유로(3,100원)씩 걷으면 FCC를 건설할 수 있다. 물리학자 앤드류 스틸Andrew Steele의 표현을 빌면 "껌값밖에 안 된다."[2]

그래도 세계적인 경제 침체와 코로나-19 팬데믹을 고려할 때 결코 적은 돈은 아니다. 많은 사람들은 오직 물리학자만을 위한 장난감을 만드는 데 수십, 수백억 달러를 쓰는 것이 도를 넘은 지출이라고 생각한다. 실제로 초대형 충돌기 건설 프로젝트를 무리하게 추진했다가 실패한 사례가 있다. 텍사스주 포트워스Fort Worth 근처의 사막 밑에는 20km 길이의 터널이 지금도 방치되어 있다. LHC보다 세 배 강력한 둘레 90km짜리 초전도 초충돌기Superconducting Super Collider, SSC를 건설하다가, 프로젝트가 도중에 폐기되는 바람에 텅 빈 터널만 남은 것이다. 공사가 중단된 이유는 여러 가지가 있지만, 가장 큰 이유는 역시 돈이었다. 이미 20억 달러가 넘게 지출된 상태에서 1993년에 미국 의회는 "충돌기가 돈값을 하기 어렵다"며 프로젝트 자체를 백지화시켰고, 이 일을 계기로 미국 입자물리학계는 쉽게 회복할 수 없는 타격을 받았다.

입자물리학은 물리학자들뿐만 아니라 일반 대중에게도 유익한 과학인가? 나는 지금까지 이 문제를 한 번도 언급하지 않았다. 이 책의 주제인 사과파이의 기원과 별 관련이 없기 때문이다. 그러나 차세대 충돌기가 주어진다면 물리학자들은 자연에서 새로운 현상을 발견하는 것 외에, 일반 대중에게 유익한 결과물이 나오도록 노력할 필요가 있다. 그래야 설득력 있는 주장을 펼칠 수 있기 때문이다. 무엇보다도 충돌기와 관련된 최첨단 기술은 폭넓게 활용될 수 있는 하부 기술을 낳는다. CERN의 연구원이었던 팀 버너스리Tim Berners-Lee가 개발한 월드와이드웹World Wide Web, WWW이 그 대표적 사례이다. 이것은 원래 물리학자들 사이에서 정보를 공유하는 수단으로 개발되었다가, 모든 사람이 쓸 수 있도록 아무런 대가 없이 세상에 공개되었다. 또한 가속기용으로 개발되었다가 MRI 스캐너로 개량되어 전 세계 병원으로 퍼져나간 초전도자석도 빼놓을 수 없다. 발명품뿐만이 아니다. 물리학과 학생들 중 상당수는 LHC 프로젝트에 영감을 받아 입자물리학이나 천문학을 세부전공으로 택했고, 공부를 마친 후에는 경제, 정치 등 다양한 분야에 진출하여 사회발전에 중요한 일익을 담당해 왔다. 마지막으로, 기초 지식 자체를 활용하는 날이 올 수도 있다. J. 톰슨J, Thomson이 1897년에 전자를 발견했을 때, 많은 사람들은 그것을 과학자의 놀이감 정도로 취급했으나, 현대 기술의 대부분은 바로 이 전자에 대한 이해가 깊어지면서 탄생한 것이다. 기본 지식을 현실 세계에 응용할 때까지는 대체로 오랜 시간이 걸리고 어떤 발명품이 나올지 미리 예측할 수도 없지만 전화, 라디오, TV, 트랜지스터 같은 발명품이 등장할 때마다 세상은 혁명적인 변화를 겪었다. ATLAS의 연구원 존 버터워스John Butterworth의 말처럼, 힉스드라이브Higgs drive(힉스장의 파도를 타고 공간을 가로지르는 이동방법: 옮긴이)를 이용하여 우주공간을 누비는 날이 절대 오지 않는다고 누가 장담할 수 있겠는가?[3]

그래도 두 개의 거대한 충돌기가 260억 유로만큼 제값을 할지는 따져봐야 한다. 이 돈을 다른 소규모 프로젝트에 나눠서 투자하는 편이 더 낫지 않을까? 그럴 수도 있다. 단, 260억 유로 전액을 기초물리학의 다른 분야에 투자한다는 가정하에 그렇다. 그러나 세상은 이런 식으로 돌아가지 않는다. CERN이 기초물리학 연구에 정부가 관심을 갖고 투자하도록 설득할 수 있었던 것은 과거의 성공사례 덕분이기도 했지만, CERN이라는 조직의 명성도 큰 몫을 했다. CERN이 문을 닫았을 때 그곳에서 쓰던 예산이 다른 연구 분야에 재분배되리라는 것은 지나치게 순진한 생각이다. CERN의 연구비를 다른 투자 가치와 비교하려면 분야가 같거나, 최소한 투자에서 얻는 이익을 수치로 환산할 수 있어야 한다. "차라리 그 돈으로 가난한 사람을 돕는 게 낫다"는 주장은 일견 그럴듯하게 들리지만, CERN이 없어진다고 해서 그 돈이 모두 빈민구제에 사용된다는 보장은 어디에도 없다.

과학계에서도 "차세대 충돌기에서 새로운 입자가 발견된다고 믿을 만한 근거가 없다"고 주장하는 사람이 없는 것은 아니다. 과거에도 LHC의 연구원들은 초대칭입자와 암흑물질이 발견될 것이라고 호언장담했다가 공수표만 날리고 말았다. 니마에게 이런 이야기를 했더니, 갑자기 잔뜩 흥분하여 목소리 톤이 높아지기 시작했다. 직접 보지는 못했지만, 그의 옆좌석에 앉은 일행들은 잠이 번쩍 깼을 것이다. 이때 니마가 했던 말을 여기 소개한다.

그건 정말 말도 안 되는 소립니다. 그래프에서 "언덕"을 발견한 후

스톡홀름으로 가고 싶어서 안달 난 사람들(노벨상을 노리는 사람들: 옮긴이)이 주로 그런 말을 하지요. 그들이 생각하는 입자물리학은 그런 것입니다. 개인의 명성을 높이는 수단일 뿐이죠. 안타깝게도 현실이 그렇습니다. 하지만 저는 입자물리학의 매력을 그런 곳에서 찾지 않습니다. 지금까지 발견된 입자들, 그리고 그 입자에 붙은 흥미로운 이름들은 제가 극복해야 할 장애물입니다. 물론 제가 입자물리학에 인생을 건 것은 자연의 신비함에 매료되었기 때문입니다. 그것이 바로 입자물리학이 존재하는 이유니까요.

저 같은 사람은 "물리학의 지난 100년 역사를 통틀어 지금이 가장 중요한 순간"이라고 외칠 것이고, 또 어떤 사람들은 "그래봐야 우리가 본 것은 힉스입자뿐"이라며 찬물을 끼얹을 겁니다. 그들이나 저나 동일한 목표를 추구하는 물리학자인데 의견이 이렇게 상반되다니, 좀 혼란스럽긴 합니다. 제가 마약에 빠졌을까요? 아니면 그들이 마약중독자일까요? 둘 다 아닙니다. 저는 지금이 가장 좋은 시기라고 생각합니다. 지금 입자물리학은 급격한 90도 회전을 눈앞에 두고 있습니다. 지난 수백 년 동안 겪어온 좌회전과 우회전 중에서 가장 중요한 회전이지요. "90도 회전해서 암흑과 죽음의 세계로 간다"고 생각하는 사람은 빨리 짐을 싸고 다른 일자리를 알아보는 게 좋을 겁니다.

앞으로 수십 년 후, 차세대 미래형 충돌기에서 초대칭입자가 발견되거나 힉스입자를 구성하는 더 작은 입자가 발견된다면 "더 깊이 들여다볼수록 더 많이 알게 된다"는 환원주의의 기본원리가 다시 한 번 확인되면서 물리학과 환원주의의 동맹관계가 더욱 견고해질 것이다. 그러나 아이러니하게도 가장 흥미로운 경우는 미래형 충돌기가 아무것도 발견하지 못한 경우이다. 초대칭도, 여분차원도 없이 평범한 힉스입자만 존재한다면 환원주의는 박물관으로 갈 것이고, 물리학자들은 세상을 이해하는 방법 자체를 바꿔야 한다. 독자들은 이렇게 생각할지도 모른다—"이론물리학자를 찾아가서 '차세대 충돌기에서 아무것도 발견되지 않는다면 어떻게 하시겠습니까?'라고 직접 물어보면 되지 않을까?" 그렇게 간단한 문제가 아니다. 구식 접근법의 문제점을 확실하게 인지하지 않고서는 혁명적 변화를 꾀할 수 없기 때문이다. "세상을 뒤집으려면 먼저 실험을 해야 합니다."—펜Penn Station에서 내린 니마가 택시를 잡아타면서 마지막으로 남긴 말이다.

2019년 여름에서 가을로 접어들던 어느 날, CERN의 모든 시설이 일반 대중에게 공개되었다. 방문 기간은 단 이틀이었는데 총 방문객이 7만 5,000명을 넘었고, 최고 인기를 누렸던 대형강입자충돌기LHC 투어에는 워낙 많은 사람이 몰려드는 바람에 작열하는 햇빛 아래 몇 시간 동안 줄을 서서 기다려야 했다. 그날 나는 오렌지색 티셔츠에 푸른색 재킷을 차려입고(나름대로 패션에 신경 썼다), 안전모를 쓰고, 호기심에 가득 찬 관람객들을 지하 100m에 있는 LHCb로 안내했다. 오색찬란한 금속기기에 매료된 관람객들은 잘 몰랐겠지만, 사실 감지기 부품의 대부분은 제거된 상태였다.

2018년, 두 번째 수리를 위해 LHC의 전원을 껐을 때 LHCb의 연구원들은 공백기를 대체할 2년짜리 프로젝트에 착수했다. LHC가 재가동되면(2022년 예정) LHCb의 데이터 수집 능력이 40배로 향상되어 아주 드물게 일어나는 사건도 포착할 수 있게 된다. 이 글을 쓰고 있는 지금도 지난 몇 년 동안 큰 관심을 불러일으켰던 예쁨쿼크의 변칙이 여전히 존재하며, 2020년에는 나의 동료들이 변칙을 더욱 확실하게 보여주는 실험결과를 발표했다. 앞으로 변칙이 점점 약해지다가 사라질지, 또는 표준모형을 넘어선 새로운 양자장의 증거로 판명될지는 아직 알 수 없지만, 우리는 업그레이드된 LHCb가 그 해답을 알려줄 것으로 기대하고 있다. 단언할 수는 없지만, 물질의 기원을 설명하는 물리학 이론에 혁명적인 변화가 초래될지도 모른다.

지금 우리는 물리학과 우주론의 황금기에 살고 있다. 수십 년 전만 해도 상상조차 할 수 없었던 최첨단 실험장비와 관측소가 세계 곳곳에 설치되어 어느 때보다 활발하게 가동되고 있다. 방금 전에는 그랑사소 국립연구소 측으로부터 "보렉시노(뉴트리노 감지기) 관리팀이 모든 역경을 이겨내고 마침내 원하는 데이터를 얻었다"는 소식이 도착했다. 탄소-질소-산소 순환에서 생성된 뉴트리노가 태양 중심부에서 양성자를 헬륨으로 만드는 과정이 물질의 기원에 대한 이야기의 또 다른 한 부분을 장식한 것이다.

미래의 전망은 "대체로 맑음"이다. 앞으로 수십 년 안에 새로운 중력파 관측소와 (지구와 우주에 설치될) 최신 천체망원경, 지하 암흑물질 관측소, 초대형 뉴트리노 관측소 등이 완공될 예정이다. 이들이 무엇을 발견할지는 알 수 없지만(다시 한번 강조하건대, 실험물리학은 '탐험'이다!) 분명히 놀라운 결과가 얻어질 것이다. 그리고 입자물리학 분야에서도 LHC는 향후 10년 동안 건재할 것이므로, 수천 명의 물리학자들이 수조×수조 개의 데이터를 일일이 분석하다 보면 진실의 다음 단계로 넘어가는 실마리가 발견될 것이다. 나는 그렇게 믿는다.

1990년대에 학창시절을 보낸 나는 다양한 과학서적과 다큐멘터리를 접하면서 물리학이 극적인 클라이막스를 향해 다가가고 있음을 느꼈다. 물리학자들은 한 세기 동안 혁명적인 발견과 대규모 통일이론을 하나로 엮어서 우주를 서술하는 궁극의 이론에 거의 다가갔고 그 후로도 장족의 발전을 이룩했지만, 아인슈타인의 꿈은 멀리 사라진 것처럼 보였다.

그러나 그것은 성급한 판단이었다. 1970년대와 1980년대는 그야말로 기적의 시대였다. 자연을 관장하는 세 개의 힘이 이 시기에 통일되었고 이론적 예측이 실험으로 검증되었으며, 자연의 아름다운 수학적 구조가 발견되었다. 아마도 이 시대의 물리학자들은 표준모형이 만물의 이론으로 도약할 준비가 되었다고 생각했을 것이다. 그러나 현실은 그렇지 않았다. 지금 우리는 10,000GeV라는 엄청난 에너지로 미시세계를 탐사할 수 있지만, 플랑크에너지는 이보다 1,000조 배나 크다. 견고한 실험적 증거를 발판으로 삼는다 해도, 10^{15}배에 달하는 에너지 차이를 한 번에 뛰어넘어 양자중력의 세계로 진입하는 것은 현실적으로 불가능하다.

과연 우리는 무無에서 사과파이를 만드는 방법을 알아낼 수 있을까? 양자역학과 중력이론에 의하면, 우리는 아무리 노력해도 우주가 탄생한 순간(중력, 시간, 공간, 양자장 등 모든 것이 하나로 통일되어 있던 순간)에 도달할 수 없을 것 같다. 실망스러운가? 그럴 필요 없다. 사실은 그 반대이기 때문이다. 우리는 물질과 우주의 기원을 이해하기 위해 꽤 먼 길을 걸어왔지만, 플랑크 규모에 도달하려면 아직 멀고도 멀었다. 궁극의 이론을 논할 때가 아니다. 아직 풀리지 않은 미스터리가 사방에 널려 있다. 암흑물질의 정체는 무엇인가? 빅뱅의 와중에 물질은 왜 반물질보다 많아서 지금까지 살아남았는가? 힉스장이 기적과 같은 값을 갖게 된 이유는 무엇인가? 다행히도 과학은 미스터리가 많을수록 강한 위력을 발휘한다. 더욱 희망적인 것은 방금 열거한 미스터리가 앞으로 몇 년 안에 해결될 가능성이 있다는 점이다.

니마 아르카니하메드는 "차세대 충돌기가 넘어야 할 가장 큰 장애물은 돈이나 정치, 또는 기술적 문제가 아니라 힉스입자 연구에 일생을 바칠 젊은 물리학자를 확보하는 것"이라고 했다. 'CERN 개방의 날'에 이곳을 방문하여 LHCb를 둘러본 방문객들 중에는 호기심 가득한 청소년들도 많이 있었다. 그 아이들은 단체관람 도중에 쉬는 시간을 주었음에도 불구하고, 밖으로 나가지 않고 실험실 장비를 일일이 둘러보면서 온갖 질문을 쏟아냈다. 학생들의 초롱초롱한 눈빛에서 물리학의 밝은 미래를 보았다면 지나친 비약일까? 그 청소년들 중 일부는 미래형 원형충돌기가 처음 가동되는 날 아침 회의에 참석하여 잔뜩 긴장한 표정으로 카운트다운을 세고 있을지도 모른다.

그렇게 된다면, 그들도 물질의 구성요소와 기원을 밝혀온 수백 년 역사의 일부가 될 것이다. 나 역시 호기심 많던 어린 시절에 과학과 사랑에 빠졌고, 한없는 경외감을 느꼈다. 놀라운 발견(그리고 우리가 별의 내부와 빅뱅의 열기 속에서 만들어졌다는 사실에 매혹된 사람들)의 배경에는 시간과 문화, 분야, 꿈, 신체적 강약, 자존심 등을 초월한 수많은 사람들의 탐구 정신이 있었다. 우리가 이 세상을 더욱 깊이 이해할 수 있었던 것은 이들의 노력이 우리의 발길을 이끌어준 덕분이다. 그들은 서로에 대해 전혀 모르는 상태에서 자신에게 할당된 수수께끼에 전념했을 뿐이지만, 모든 사연이 하나의 이야기로 통합되어 우리에게 전수되었다. 나는 이것이야말로 인간이 만들어낸 가장 위대한 이야기라고 생각한다.

사과파이 같은 평범한 물체도 이 우주적 드라마와 깊이 관련되어 있다. 따라서 사과파이를 이해하는 것은 곧 우주를 이해하는 것이며, 우리가 우주의 작은 부분임을 이해하는 것과 같다. 물론 궁극의 기원은 영원한 미스터리로 남을 수도 있다. 그러나 역사를 돌아보면 자연은 인간을 놀라게 하는 데 거의 무한에 가까운 능력을 발휘해

왔다. 지금보다 더 먼 곳을 관측하고 더 작은 영역을 들여다보았을 때 무엇이 나타나서 우리를 놀라게 할지, 그 누가 짐작할 수 있겠는가? 우리는 꽤 먼 길을 걸어왔지만, 이야기는 지금도 만들어지는 중이다. 도중에 포기하지 않고 탐험을 계속한다면, 우주의 조리법을 발견하는 날이 언젠가는 반드시 찾아올 것이다.

무에서 시작하는 사과파이 조리법

용량: 8인분 조리시간: 138억 년

재료

- 약간의 시공간
- 쿼크장 6개, 렙톤장 6개
- U(1) × SU(2) × SU(5) 국소대칭
- 힉스장 1개
- 초대칭 또는 공간의 여분차원(상황에 따라 선택)
- 암흑물질(마트에서 팔지 않음)
- 그 외 소량의 다른 물질

사과 만들기

01 제일 먼저, 아주 작은 우주를 만듭니다.

02 그 우주를 약 10^{-32}초 동안 10조×1조 배로 팽창시킵니다. 시간이 조금이라도 초과하면 텅 빈 우주가 되어 파이를 만들 수 없으니 주의하세요.

03 이 단계가 완료되면 우주의 온도가 극적으로 상승하여 다량의 입자와 반입자가 생성되어야 합니다. 또 U(1), SU(2), SU(5) 국소대칭에 의해 자동으로 전자기장과 강력장이 생성되었는지 확인하세요. 모든 것이 정상이면 우주가 계속 팽창하면서 온도가 내려가도록 1조분의 1초 동안 방치해 둡니다.

04 이 시점에 도달하면 힉스장의 스위치를 켜서 다이얼을 246GeV에 맞춥니다. 장의 값이 안정적으로 유지되도록 초대칭이나 여분차원을 추가할 것을 권합니다. 그렇지 않으면 나중에 원자를 요리할 수 없게 되니 주의하세요. 뜻대로 되지 않는다면 원하는 결과가 나올 때까지 위의 과정을 100만×1조×1조×1조 번 반복합니다.

05 힉스장의 스위치가 모든 곳에서 동시에 켜지지 않도록 주의하세요. 그래야 혼합물 속에서 생성된 거품이 반쿼크보다 쿼크를 잘 흡수하여 나중에 물질이 형성될 수 있습니다. 그리고 거품 바깥에서는 스팔레론을 이용하여 반쿼크를 쿼크로 바꿔주세요. 힉스장이 원하는 값에 도달했을 때 쿼크가 반쿼크보다 많아야 하고, 약전자기력은 전자기력과 약력으로 분리되어야 합니다.

06 쿼크와 글루온으로 이루어진 뜨거운 수프가 응고되어 양성자와 중성자가 나타날 때까지 100만분의 1초 동안 계속 팽창시킵니다(이 과정에서 온도가 내려갈 것입니다). 물질과 반물질이 서로 만나서 사라지도록 내버려 두면 초기 양의 100억분의 1쯤 남을 겁니다. 걱정 마세요. 이 정도 양이면 사과파이를 만들고도 남습니다.

07 여기서 2분쯤 가다리다가 혼합물의 온도가 10억 도 아래로 내려가면 수소를 제외한 원소가 처음으로 만들어지기 시작합니다. 이제 당신이 만든 혼합물에는 양성자 7개당 중성자 1개가 존재하고, 이와 함께 엄청난 양의 광자가 섞여 있을 것입니다.

08 이 혼합물을 불 위에 얹어 놓고 "핵융합이 일어나 가벼운 원자핵이 만들어질 때까지" 약 10분에 걸쳐 불의 세기를 서서히 줄여주세요. 그러면 헬륨과 수소가 약 3:1의 비율로 생성되고, 소량의 리튬도 덤으로 얻게 됩니다.

09 수소-헬륨 혼합물이 충분히 냉각될 때까지 기다려 주세요. 권장시간은 38만 년입니다. 모든 일이 잘 진행되면 수소 원자핵과 헬륨 원자핵에 전자가 포획되어 최초로 중성원자가 형성될 것이고, 주변 공간이 드디어 투명해집니다. 지금부터 1억~2억 5,000만 년 동안은 아무 일도 하지 않고 기다려야 하므로, 어디 가서 따뜻한 차 한 잔 마시며 쉴 것을 권합니다.

10 오래 기다리셨습니다. 이제 수소와 헬륨으로 이루어진 거대한 구름이 자체 중력으로 뭉치면서 최초의 별이 형성됩니다. 중심부에서는 수소가 헬륨으로 변하고 헬륨이 다시 탄소로 변하는 삼중알파과정**triple-alpha process**이 시작될 것입니다. 연속되는 핵융합 반응으로 철**Fe**이 만들어지면 융합 반응은 일단락되고, 별이 수명을 다하여 초신성 폭발을 일으키면 그동안 만들어놓은 무거운 원소들이 우주공간으로 흩어집니다.

11 그 후 90억 년에 걸쳐 2세대 별과 초신성, 그리고 충돌하는 중성자별에서 철보다 무거운 원소들이 만들어집니다. 이제 우주에는 수소에서 우

라늄에 이르는 다양한 원소들이 적절한 비율로 존재하게 되었습니다. 이 재료를 활용하여 직경이 13,000km인 구형 바위를 만들어서 노란 왜성矮星, dwarf star 근처의 서식 가능한 지역에 갖다 놓으세요. 이로부터 생성된 행성에 수소와 산소(물이 더 좋습니다), 탄소, 그리고 질소가 충분히 있는지 확인해 주시기 바랍니다(모자라면 바위를 다시 만들어야 합니다).

12 이제 약간의 생물학을 곁들일 차례입니다. 사실 지금부터는 확실한 것이 거의 없습니다만, 약간의 운이 따르면 사과와 나무, 소, 밀을 비롯하여 몇 가지 생명체가 살게 될 것입니다. 이때쯤이면 슈퍼마켓도 생겼을 것이므로, 재료가 없으면 직접 가서 사오셔도 됩니다.

쇼트크러스트 페이스트리용 재료

- 일반 밀가루 400g, (납작하게 펴야 하므로 조금 넉넉하게 준비할 것)
- 설탕 2스푼
- 소금 약간
- 강판에 간 레몬제스트lemmon zest(잘게 썰은 레몬 껍질: 옮긴이)
- 사각형 모양으로 자른 차가운 버터 250g

내용물(속) 재료

- 요리용 사과 600g (유럽에서는 품종에 따라 요리용 사과cooking apple와 '생으로 먹는 사과eating apple'로 나눈다: 옮긴이)
- 레몬주스
- 옅은 갈색 설탕 (50g + 토핑용 1스푼)
- 옥수수전분 2스푼

마무리용 재료

- 계란 1개(미리 풀어둘 것)
- 황설탕demerara 또는 옅은 갈색 설탕 1~2스푼

드디어 사과파이 만들기

01 먼저 파이의 페이스트리(껍질)를 만들어봅시다. 밀가루, 설탕, 소금, 레몬제스트, 버터를 그릇에 넣고 빵가루처럼 될 때까지 섞은 후, 미리 풀어둔 계란과 물을 넣고 덩어리로 뭉칠 때까지 저어주세요. 또는 마른 상태의 재료를 반죽기에 넣고 잠시 동안 돌려서 섞은 후에 풀어둔 계란과 물을 넣고 걸쭉한 반죽이 될 때까지 휘저어도 됩니다.

02 반죽을 랩으로 싸서 냉장고에 넣고 30분 동안 식혀줍니다.

03 반죽을 냉장고에서 꺼낸 후 파이의 윗부분을 만들 때 쓰기 위해 1/3을 따로 떼어놓습니다.

04 도마 표면에 밀가루를 살짝 뿌린 후 남은 반죽(2/3)을 올려놓고 롤링핀을 이용하여 3mm 두께로 얇고 넓게 펴주세요. 크기는 파이 접시보다 5~8cm쯤 커야 합니다. 반죽을 조심스럽게 들어 올려서 파이 접시 위에 올려놓습니다.

05 반죽을 접시에 단단히 고정시키고 옆면은 역경사overhang(90도보다 큰 경사: 옮긴이)가 지도록 세워주세요. 기포가 없는지 꼼꼼하게 확인한 후 냉

장고에 넣고 10분간 식혀줍니다.

06 오븐을 200℃로 예열하고, 베이킹 트레이**baking tray**도 오븐에 넣어 예열해 줍니다.

07 이제 파이 안에 들어갈 내용물(속)을 만들 차례입니다. 사과껍질을 벗겨서 속을 파낸 후 잘게 썰어서 찬물이 담긴 그릇에 넣고 레몬주스를 추가합니다. 잠시 후 물을 따라내고 재료를 말려주세요.

08 큰 그릇에 설탕, 계피, 옥수수 전분을 넣어 섞은 후, 미리 썰어둔 사과를 넣고 잘 저어줍니다. 이것으로 내용물이 완성되었습니다. 파이 접시에 넣을 때는 수평을 잘 맞추고, 가장자리에서는 내용물이 접시보다 높아지도록 만들어주세요. 모양이 잡히면 풀어둔 계란을 반죽의 가장자리에 발라줍니다.

09 아까 남겨둔 반죽(1/3)을 롤러로 납작하게 펴서 파이를 덮고, 가장자리를 눌러서 단단하게 밀봉시킵니다. 그리고 잘 드는 칼로 삐져나온 반죽을 잘라내고 테두리에 주름을 잡아주세요. 칼끝으로 파이의 가운데 부위에 작은 구멍을 몇 개 뚫은 후, 남은 계란(풀어놓은 것)을 파이 위에 발라줍니다.

10 장식을 원한다면 방금 전에 테두리에서 잘라낸 반죽을 다시 롤러로 편 후, 원하는 모양(보통 나뭇잎 모양을 선호하지만, 원자나 별 모양도 괜찮습니다)으로 잘라 파이 위에 얹고 풀어놓은 달걀을 발라주면 됩니다. 이제 냉장고에 넣고 30분 동안 식혀주세요.

11 파이에 설탕을 뿌리고 오븐에 넣어 반죽이 황금빛을 띤 갈색으로 변하고 사과가 부드러워질 때까지 구워줍니다. 예상 소요시간은 45~55분입니다.

12 이제 가족이나 친구들과 함께 맛있게 먹으면 됩니다. 생크림이나 바닐라 아이스크림을 곁들이면 더욱 좋습니다(주의: 내용물(속)이 뜨거우니 조심하세요).

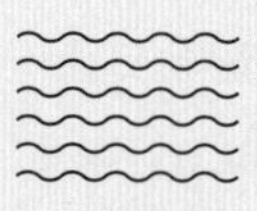

감사의 글

지금은 2020년 9월, 완성된 원고를 앞에 놓고 잠시 감회에 잠겼다. 내가 생각했던 글과 단어가 모여서 이렇게 한 권의 책으로 완성되었다니 믿기지가 않는다. 내가 여기까지 올 수 있었던 것은 수많은 사람들의 아량과 인내, 전문성, 통찰력, 충고, 그리고 전폭적인 지원 덕분이었다.

귀한 시간을 할애하여 나와 대화를 나누고, 자신의 일터와 하는 일을 소개하고, 동료들을 소개해 주고, 미완성원고를 읽어준 분들에게 깊이 감사드린다. 그들의 이름은 지안파올로 벨리니, 알도 이아니, 마티아스 융커Matthias Junker, 제니퍼 존슨, 매트 켄지, 사라 윌리엄스, 제프리 행스트Jeffrey Hangst, 닉 맨튼, 조 지아임, 캐런 키네무치, 헬렌 케인스, 장부 수, 리주안 루안, 후안 말다세나Juan Maldacena, 니마 아르카니하메드, 조지프 콘론Joseph Conlon, 자비네 호젠펠더Sabine Hossenfelder, 이자벨 레이비, 시드니 라이트Sidney Wright, 파노스 차리토스Panos Charitos, 존 엘리스, 숀 캐럴Sean Carroll, 귄터 디세르토리Günther Dissertori, 그리고 마이클 베네딕트Michael Benedikt이다. 책의 후반부를 꼼꼼하게 읽고 어려운 부분을 알기 쉽게 수정해 준 데이비드 통과 벤 알라나흐에게도 고마운 마음을 전한다. 이들 덕분에 책의 오류가 크게 줄어들었다. 물론 최종판에 오류가 남아 있다면, 그것은 전적으로 나의 책임임을 밝혀두는 바이다. 물론 위에 언급한 사람들 외에 1,400명에 달하는 LHCb의 동료들과 전 세계 수천 명의 과학자들, 그리고 거대한 실험도구를 건설하는 데 도움을 준 수십억 명의 납세자들에게도 말로 형언할 수 없는 빚을 졌다. 그들이 없었다면 애초부터 책에 쓸 내용이 하나도 없었을 것이다.

책을 집필하는 동안 값진 조언과 함께 첨단이론의 전당으로 나를 이끌면서 용기를 북돋아 준 그레이엄 파멜로Graham Farmelo와, 맨체스터에서 러더퍼드의 낡은 연구실을 안내해 준 닐 토드Niel Todd에게도 감사드린다.

캐번디시 연구소 부설 레일리 도서관Rayleigh Library과 다나연구센터Dana Research Center 부설 과학박물관의 뛰어난 직원들, 특히 항상 친절하게 나를 도와주었던 프라바 샤Prabha Shah에게도 고맙다는 인사를 전하고 싶다. 또한 고교시절 나에게 과학에 대한 열정을 심어주고 현미경까지 대여해 준 물리 선생님 존 워드John Ward와, 친절하게도 대여를 허락해 준 캐롤린 마우드Caroline Marwood 선생님에게도 감사드린다.

내가 물리학자가 된 후로 지금까지 항상 친절과 관용으로 이끌어준 나의 상사 발 깁슨에게도 고마운 마음을 전한다. 그가 없었다면 이 책은 세상 빛을 보지 못했을 것이다. 과학박물관에서 일하는 나의 동료들, 특히 알리 보일Ali Boyle의 도움도 빼놓을 수 없다. 나는 그를 통해 과학을 주제로 사람들과 소통하는 방법을 배웠고, 부족한 부분을 개선할 수 있었다.

오랫동안 생각해 온 추상적 아이디어를 구체화시키고 이것이 한 권의 책으로 탄생할 수 있도록 이끌어준 나의 출판대리인 사이먼

트레윈Simon Trewin에게도 깊이 감사드리며, 사과파이를 주제로 영국인이 쓴 글을 출판하도록 미국 출판사를 설득해 준 뉴욕 WME의 도리언 카츠마르Dorian Karchmar와 런던 WME의 제임스 먼로James Munro, 플로렌스 도드Florence Dodd, 안나 딕슨Anna Dixon에게도 고마운 마음을 전하고 싶다.

이 책을 편집해 준 피카도르Picador의 라비 머친다니Ravi Mirchindani와 더블데이Doubleday의 야니프 소하Yaniv Soha에게도 감사드린다. 라비는 나의 엉성한 아이디어를 세련되게 다듬어주었고, 야니프는 탁월한 통찰력을 발휘하여 책의 품질을 몰라볼 정도로 높여주었다. 또한 책에 삽입된 나의 조잡한 그림을 멋지게 수정해 준 멜 노토버Mel Northover와, 원고를 정리하면서 나의 바보 같은 실수를 정확하게 바로잡아준 에이미 라이언amy Ryan에게 각별한 감사의 말을 전한다.

마지막으로, 지난 18개월 동안 한없는 사랑으로 나를 응원해 준 친구들과 가족들에게 감사드린다. 항상 가까운 곳에서 개인 상담사 역할을 해준 수지Suzie 덕분에 외롭지 않게 책을 쓸 수 있었고, 나의 사랑하는 알렉산드라Alexandra 누나가 10년 전부터 나에게 책을 쓰라고 부추긴 덕분에 여기까지 올 수 있었다. 또한 모든 원고를 꼼꼼하게 읽으면서 문제점을 지적해 주고, 아이디어가 궁할 때마다 영감어린 조언을 해주고, 시도 때도 없이 터지는 투정을 끝까지 들어주고, 차 한잔을 곁들인 잡담이 필요할 때마다 인적, 물적 자원을 아낌없이 지원해주신 나의 부모님 비키Vicky와 로버트Robert에게 머리 숙여 깊이 감사드린다. "부모님, 저를 호기심 많은 아들로 키워주셔서 감사합니다. 이것 때문에 삶이 조금이라도 피곤했다면, 그건 다 부모님께서 자초하신 일입니다."

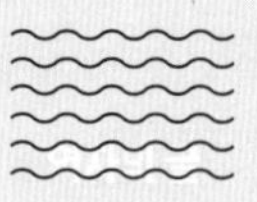

역자 후기

물리학에서 소립자elementary particles를 연구하는 분야, 즉 입자물리학은 역사라고 해봐야 150년을 채 넘지 않지만, 물리학 전반에 걸쳐 가장 큰 영향을 미쳐왔다. 만물의 궁극적 구성성분을 연구하는 분야이니 학술적인 면에서 다른 분야에 영향을 미친 것은 당연한 일이겠으나, 입자물리학은 여기에 몇 술 더 떠서 국제학계의 흐름(유행)과 선진국의 과학정책까지 좌지우지해왔다. 모든 물리학 이론은 실험을 통해 검증되어야 하는데, 입자와 관련된 이론을 검증하려면 상상을 초월하는 비용이 들어가기 때문이다. 즉, 입자물리학의 위력은 '돈'이라는 하나의 단어로 요약된다. 입자물리학을 이론적으로 연구하는 학자들은 대부분의 이론가가 그렇듯이 펜과 종이, 그리고 커다란 쓰레기통만 있으면 된다. 그러나 이론적으로 예견된 입자가 실제로 존재하는지 확인하려면, 스위스의 장인이 만든 시계보다 수백 배 정교하면서 규모가 수십 km에 이르는 초대형-초정밀 도구가 필요하다. 흔히 입자가속기, 또는 입자충돌기로 불리는 실험도구가 바로 그것이다. 유럽 입자가속기센터CERN에 있는 강입자충돌기의 둘레가 27km이니, 도구라기보다 실험단지experiment site에 가깝다. 수십조 원을 가뿐하게 잡아먹는 이 '돈 먹는 하마'가 있어야 누군가가 천 원짜리 펜으로 써 내려간 이론(가설)을 검증할 수 있다.

그러나 세간에 알려진 물리학자는 대부분이 이론물리학자들이고, 대부분의 교양과학서도 그들이 쓴 것이다. 상대성이론의 아인슈타인, 양자역학의 닐스 보어와 슈뢰딩거는 말할 것도 없고 요즘 활발하게 저술활동을 펼치고 있는 브라이언 그린Brian Greene과 미치오 카쿠Michio Kaku 등도 모두 이론물리학자이다. 이론적으로 펼쳐놓은 물리학은 더할 나위 없이 우아하고 깔끔하고 지적이어서, 독자들은 그들이 잘 차려놓은 밥상 앞에 앉아 간간이 셰프를 칭찬하며 산해진미를 맘껏 즐기기만 하면 된다. 과학에 관심 있는 대부분의 독자들은 이런 식의 전개에 익숙할 것이다.

이 책의 저자인 해리 클리프Harry Cliff는 유럽 입자가속기센터CERN에서 초대형 가속기로 입자를 사냥하는 실험물리학자이다. 그가 하는 일은 거대한 입자감지장치의 한 부분에 사용되는 제어장치의 소프트웨어를 제작한 것뿐이지만, 이것만으로도 박사학위 논문을 쓰기에 충분했다. 그는 대학원 시절부터 입자가속기가 가동되는 현장을 뛰어다니며 머리가 아닌 온몸으로 물리학을 공부했고, 그 유명한 힉스입자가 발견되던 순간에도 CERN의 연구원들과 함께 축배를 들었다. 그래서인지 그가 들려주는 입자물리학에는 사람이 살아가는 이야기가 진하게 배어있다. 책의 진행방식도 입자물리학의 변천사가 아니라 "실험실 및 천문관측소 순회방문기"를 방불케 한다.

만물의 최소단위를 찾는 이 책의 여정은 하나의 사과파이에서 시작된다. 1980년대에 방영된 과학 다큐멘터리 〈코스모스Cosmos〉에서 진행자 칼 세이건Carl Sagan이 사과파이에서 출발하여 우주의 기원을 추적해나갔기 때문이다. 저자가 평소에 칼 세이건을 존경해서 그랬는지, 아니면 사과파이를 너무 좋아해서 그랬는지는 알 수 없지만, 어쨌거나 책의 원제목은 〈무無에서 사과파이 만드는 법How to Make an Apple Pie from Scratch〉이고, 마지막 부록에는 실제 사과파이 조리법까지 소개되어있다. 어차피 모든 물질은 전자와 쿼크로 이루어져 있으니 사과파이가 아니라 비빔밥에서 출발해도 같은 결론에 도달하게 되어 있다. 해리 클리프가 아닌 다른 사람이 같은 주제로 책을 써도 크게 다르지 않을 것이다. 그러나 이 책에는 실험물리학자만이 느낄 수 있는 현장감이 생생하게 살아있다. "이렇게 저렇게 하면 입자가속기가 작동한다"는 것은 물리학과 학부생도 알고 있지만, "요렇게 조렇게 하면 입자가속기가 망가진다"는 것은 그 장치를 직접 만져본 사람만 알 수 있지 않은가. 게다가 저자는 입자물리학의 현주소를 실감 나게 전달하기 위해 자신의 본거지인 CERN을 비롯하여 영국의 유럽공동핵융합실험장치JET와 이탈리아의 그랑사소 국립연구소, 미국의 아파치 포인트천문대와 브룩헤이븐 연구소, 그리고 얼마 전에 중력파를 발견하여 유명해진 LIGO 관측소 등을 직접 방문하여 현장에서 일하는 실험가들의 일상을 실감 나게 담아냈다. 이런 곳에는 물리학의 우아함이나 고결함 대신 밤샘작업과 사고수습, 임기응변으로 얼룩진 중노동이 있을 뿐이지만, 한낱 가설에 불과했던 이론이 진리로 등극한 것은 이들의 노고 덕분이다.

입자물리학의 태동기에는 실험가와 이론가의 구별이 거의 없었다. 20세기 초에 어니스트 러더퍼드는 원자의 모형을 직접 상정하고 방사성원소에서 자연적으로 방출되는 알파입자(이것이 최초의 입자가속기였다!)를 금속박막에 발사하여 원자핵의 존재를 입증했다. 이론과 실험이 몇 평 남짓한 연구실 안에서 한 사람의 지휘하에 원스톱으로 이루어진 것이다. 그러나 천연 방사선의 에너지로는 원자핵보다 깊은 곳을 탐색할 수 없었기에 거대한 자석으로 작동하는 입자가속기가 등장했고, 가속기의 규모가 커질수록 설계-운용-관리가 어려워지면서 "실험입자물리학"이라는 분야가 독립적으로 운영되기 시작했다. 이론과 실험이 이토록 철저하게 분리된 경우는 물리학뿐만 아니라 다른 어느 분야에서도 찾아보기 힘들다.

한편, 중노동에서 자유로워진 이론물리학자들은 주특기인 상상력을 마음껏 발휘하여 우주가 탄생한 빅뱅의 순간까지 가설의 영역을 넓혀왔고, 심지어는 차원을 마음대로 쥐락펴락하며 4차원이었던 시공간을 11차원까지 키워놓았다. 앞서 말한 대로 상상의 나래를 펼치는 데에는 큰돈이 들어가지 않기 때문이다. 이런 식으로 신나게 달리다 보니, 이론물리학은 지금의 입자가속기로는 도저히 검증할 수 없는 까마득한 곳으로 가버렸다. 현재 CERN의 강입자충돌기가 발휘할 수 있는 에너지는 약 14TeV인데, 끈이론이나 양자중력이론을 검증하려면 충돌기의 에너지를 10,000,000,000,000,000TeV(1경 TeV)까지 키워야 한다. 간단히 말해서 불가능하다는 이야기다. 사람들은 흔히 "이론과 현실은 다르다"고 입버릇처럼 말하지만, 이건 다른 정도가 아니라 아예 딴 세상에 사는 것 같다.

그러나 "천리 길도 한 걸음부터"라 하지 않던가. 입자물리학은 자연에 존재하는 상호작용의 근원을 추적한 끝에 표준모형Standard Model이라는 금자탑을 쌓았고, 우주의 기원을 설명하기 위해 지금도 조금씩 앞으로 나아가는 중이다. 굳이 빅뱅의 순간을 재현하지 않더라도 풀어야 할 문제는 사방에 널려있다. 암흑물질의 정체는 무엇인가? 초기우주에는 왜 반물질보다 물질이 많았는가? 반물질과 물질 사이에 작용하는 중력은 인력인가 척력인가? 이런 문제를 하나씩 해결하다 보면 흩어진 퍼즐 조각들이 서서히 제자리를 찾아가면서 전체적인 그림이 드러날 것이다. 돈이 엄청나게 들어간다는 게 문제지만, 옛날부터 인간의 호기심은 재화와 용역을 투자하게 만드는 매우 강력한 동기였다.

이 책에는 입자물리학의 태동기에서 시작하여 표준모형과 힉스 입자, 반물질, 그리고 암흑물질에 이르는 변천사가 일목요연하게 정리되어있다. 대중과의 소통을 중요하게 생각하는 저자답게 생기발랄하고, 어려운 내용을 쉽게 풀어내는 능력도 매우 탁월하다. 나 역시 오랜만에 실험물리학자가 쓴 글을 번역하면서 입자물리학을 새로운 관점에서 바라볼 수 있었다.

마지막으로, 농담 같은 퀴즈 하나 – 이론물리학과 실험물리학의 차이는 무엇일까?

답: 저자는 옳다고 우기지만 아무도 믿지 않는 것이 이론물리학이고, 모든 사람들이 옳다고 믿는데 저자만 믿지 않는 것이 실험물리학이다.

2022년 8월 26일

역자 박병철

후주

서문

1. CERN, "Cryogenics: Low temperatures, high performance," home.cern.
2. Jon Austin, "What is CERN doing? Bizarre clouds over Large Hadron Collider prove portals are opening," *Daily Express*, June 29, 2016, www.express.co.uk.
3. Sean Martin, "Large Hadron Collider could accidentally SUMMON GOD, warn conspiracy theorists," Daily Express, October 5, 2018, www.express.co.uk.
4. Alex Knapp, "How much does it cost to find a Higgs boson?," *Forbes*, July 5, 2012, www.forbes.com.
5. Lucio Rossi, "Superconductivity: Its role, its success and its setbacks in the Large Hadron Collider of CERN," *Superconductor Science and Technology* 23 (2010): 034001 (17 pages).
6. Stephen Hawking, *A Brief History of Time* (Bantam Books, 1988), page 175.

1장 기본 조리법

1. Holmes, page 257.
2. Brock, page 104.
3. Joseph Priestley, *Experiments and Observations on Different Kinds of Air*, vol. 2 (London, 1775).
4. Brock, page 108.

2장 가장 작은 조각

1. Thackary, page 85.
2. Gribbin, page 7.
3. Albert Einstein, *Investigations on the theory of the Brownian movement*, A. D. Cowper 번역(Dover Publications, 1956), page 18.

3장 원자의 구성성분

1. Isobel Falconer, "Theory and Experiment in J. J. Thomson's Work on Gaseous Discharge" (브리스톨대학교 박사학위 논문, 1985), page 103.
2. Wilson, page 83.
3. Thomson, page 341.
4. Eve, page 34.
5. Wilson, page 228.
6. Chadwick, AIP 인터뷰, session 4.
7. Fernandez, page 65.
8. Fernandez, page 73.

4장 원자핵 분해하기

1. Wilson, page 405.
2. Wilson, page 394.
3. Chadwick, AIP 인터뷰, session 3.
4. Chadwick, AIP 인터뷰, session 3.
5. Hendry, page 45.

5장 열핵 오븐

1. Sun Fact Sheet, NASA, http://nssdc.gsfc.nasa.gov/planetary/factsheet/sunfact.html
2. Kragh, page 84.
3. Gamow, page 15.
4. Gamow, page 58.
5. Gamow, page 70.
6. Iosif B. Khriplovich, "The Eventful Life of Fritz Houtermans," *Physics Today* 45, no.7 (1992): 29.

7. Cathcart, page 218.
8. Gamow, page 136.
9. Tassoul, page 137.
10. Cassé, page 82.

6장 별

1. Mitton, Paul Davies의 서문, page x.
2. Mitton, page 207.
3. Hoyle, page 265.
4. Hoyle, page 265.
5. Hoyle, page 266.
6. Jennifer Johnson, "Populating the periodic table: Nucleosynthesis of the elements," Science 363, no. 6426 (February 1, 2019): 474–78.
7. Chown, page 56.
8. Frebel, page 88.
9. Frebel, page 92.

7장 궁극의 우주요리사

1. Kragh, 46.
2. Kragh, page 55.
3. Alpher, AIP와의 인터뷰, session 1.
4. Chown, page 10.
5. Kragh, page 183.
6. Fortune computer program(June, 1987) 중 "오늘의 인용문(quote of the day)"에서 발췌.

8장 양성자 조리법

1. C. T. R. Wilson — Biographical.NobelPrize.org. 노벨 물리학상 수상 연설집(*Nobel Lectures, Physics*) 1922–1941 (Elsevier Publishing Company, 1965).
2. Martin Bartusiak, "Who Ordered the Muon?," *New York Times*, September 27, 1987.
3. Willis Lamb, 노벨상 수상 연설, December 12, 1955. www.nobelprize.org.

4. Robert L. Weber, *More Random Walks in Science* (Taylor & Francis, 1982), page 80.
5. Gell-Mann, page 12.
6. Riordan, e-book location 2528.
7. Riordan, e-book location 2765.

9장 입자란 진정 무엇인가?

1. Farmelo, page 164.

10장 최후의 구성성분

후주 없음.

11장 만물의 조리법

1. Ralph P. Hudson, "Reversal of the Parity Conservation Law in Nuclear Physics," in *A Century of Excellence in Measurements, Standards, and Technology*. NIST Special Publication 958 (National Institute of Standards and Technology, 2001).
2. Richard Feynman, "The Character of Physical Law," lecture 7, "Seeking New Laws," 코넬대학교 초청강연, 1964.

12장 누락된 구성요소

1. CERN Press Release, "LHC research program gets underway," March 30, 2010.
2. Michael Hanlon, "Are we all going to die next Wednesday?," *Daily Mail*, September 4, 2008, www.dailymail.co.uk.
3. Eben Harrell, "Collider Triggers End-of-World Fears," *Time*, September 4, 2008, www.time.com.
4. John R. Ellis et al., "Review of the Safety of LHC Collisions," *Journal of Physics* G 35, no. 11 (2008): 115004.
5. Pallab Ghosh, "Popular physics theory running out of hiding places," BBC News website, November 12, 2012, www.bbc.co.uk.
6. Pallab Ghosh, "Popular physics theory running out of hiding places," BBC News website, November 12, 2012, www.bbc.co.uk.

7. Pallab Ghosh, "Popular physics theory running out of hiding places," BBC News website, November 12, 2012, www.bbc.co.uk.
8. Alok Jha, "One year on from the Higgs boson find, has physics hit the buffers?," *The Guardian*, August 6, 2013, www.theguardian.com.

13장 우주 만들기

1. Weinberg, page ix.
2. 아인슈타인이 하인리히 장거(Heinrich Zangger)에게 보낸 편지. 베를린, 1915년 11월 26일. 버트람 슈바르츠실트(Bertram Schwarzschild) 번역 및 주석.
3. Paul Halpern, *Einstein's Dice and Schrödinger's Cat* (Basic Books, 2015), 167p.

14장 이것으로 끝인가?

1. Alex Knapp, "Apollo 11's 50th Anniversary: The Facts and Figures Behind the $152 Billion Moon Landing," *Forbes*, July 20, 2019, www.forbes.com.
2. Andrew Steele, "Blue Skies Research," *Scienceogram UK*, scienceogram.org.
3. Jon Butterworth, "Impact? I want an interstellar Higgs drive please," *The Guardian*, July 16, 2012, www.theguardian.com.

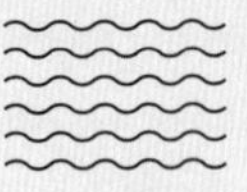

참고문헌

Ball, Philip. *Beyond Weird*. Vintage, 2018.

Brock, William H. *The Fontana History of Chemistry*. Fontana Press, 1992.

Brown, Gerald, and Chang-Hwan Lee. *Hans Bethe and His Physics*. World Scientific, 2006.

Cassé, Michael. *Stellar Alchemy: The Celestial Origin of Atoms*. Cambridge University Press, 2003.

Cathcart, Brian. *The Fly in the Cathedral*. Viking, 2004.

Chandrasekhar, S. *Eddington: The Most Distinguished Astrophysicist of His Time*. Cambridge University Press, 1983.

Chown, Marcus. *The Magic Furnace*. Jonathan Cape, 1999.

Close, Fran. *Antimatter*. Oxford University Press, 2009.

———. *The Infinity Puzzle*. Oxford University Press, 2011.

Conlon, Joseph. *Why String Theory?* CRC Press, 2016.

Crowther, J. G. *The Cavendish Laboratory 1874-1974*. Science History Publications, 1974.

Davis, E. A., and I. J. Falconer. J. J. *Thomson and the Discovery of the Electron*. Taylor & Francis, 1997.

Eve, A. S. *Rutherford: Being the Life and Letters of the Rt. Hon. Lord Rutherford, O.M.* Cambridge University Press, 1939.

Farmelo, Graham. *The Strangest Man*. Faber and Faber, 2009.

Fernandez, Bernard. *Unraveling the Mystery of the Atomic Nucleus: A Sixty Year Journey 1896–1956*. Springer, 2013.

Frebel, Anna. *Searching for the Oldest Stars*. Princeton University Press, 2015.

Gamow, George. *My World Line, An Informal Autobiography*. The Viking Press, 1970.

Gell-Mann, Murray. *The Quark and the Jaguar*. Little, Brown and Company, 1994.
Green, Lucie. *15 Million Degrees: A Journey to the Center of the Sun*. Viking, 2016.
Gribbin, John. *Einstein's Masterwork*. Icon Books, 2015.
Hendry, John. *Cambridge Physics in the Thirties*. Adam Hilger, 1984.
Holmes, Richard. *The Age of Wonder*. Harper Press, 2008.
Hoyle, Fred. *Home Is Where the Wind Blows*. University Science Books, 1994.
Huang, Kerson. *Fundamental Forces of Nature: The Story of Gauge Fields*. World Scientific, 2007.
Kragh, Helge. *Cosmology and Controversy*. Princeton University Press, 1996.
Mitton, Simon. *Fred Hoyle: A Life in Science*. Aurum Press, 2005.
Pais, Abraham. *Inward Bound: Of Matter and Forces in the Physical World*. Oxford University Press, 1986.
Rickles, Dean. *A Brief History of String Theory*. Springer, 2014.
Riordan, Michael. *The Hunting of the Quark*. Simon and Schuster, 1987.
Segrè, Gino. *Ordinary Geniuses: Max Delbrück, George Gamow, and the Origins of Genomics and Big Bang Cosmology*. Viking, 2011.
Tassoul, Jean-Louis, and Monique Tassoul. *A Concise History of Solar and Stellar Physics*. Princeton University Press, 2004.
Thackray, Arnold. *John Dalton: Critical Assessments of His Life and Science*. Harvard Monographs in the History of Science. Harvard University Press, 1972.
Thomson, J. J. *Recollections and Reflections*. G. Bell and Sons, Ltd., 1936.
Vilbert, Douglas A. *The Life of Arthur Stanley Eddington*. Thomas Nelson and Sons Ltd., 1956.
Weinberg, Steven. *Dreams of a Final Theory*. Vintage, 1993.
Wilson, David. *Rutherford, Simple Genius*. Hodder and Stoughton, 1983.

그 외

BBC Radio 4, *In Our Time: John Dalton*, October 26, 2016.
Interview of James Chadwick by Charles Weiner on April 20, 1969.
Niels Bohr Library & Archives, American Institute of Physics. www.aip.org.
Interview of Ralph Alpher by Martin Harwit on August 11, 1983.
Niels Bohr Library & Archives, American Institute of Physics. www.aip.org.
Interview of Carl Anderson by Charles Weiner on June 30, 1966.
Niels Bohr Library & Archives, American Institute of Physics. www.aip.org.

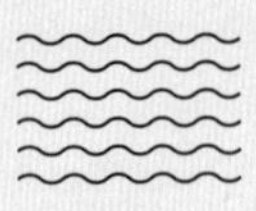

찾아보기

인명

내용

다정한 물리학

거대한 우주와 물질의 기원을 탐구하고 싶을 때

초판 1쇄 발행 2022년 8월 26일
초판 3쇄 발행 2022년 11월 4일

지은이 해리 클리프
옮긴이 박병철
펴낸이 김선식

경영총괄이사 김은영
책임편집 강대건 **책임마케터** 박태준
콘텐츠사업8팀장 김상영 **콘텐츠사업8팀** 강대건, 김민경
편집관리팀 조세현, 백설희 **저작권팀** 한승빈, 김재원, 이슬
마케팅본부장 권장규 **마케팅4팀** 박태준, 문서희
미디어홍보본부장 정명찬
홍보팀 안지혜, 김민정, 오수미, 송현석
뉴미디어팀 허지호, 박지수, 임유나, 송희진, 홍수경 **디자인파트** 김은지, 이소영
재무관리팀 하미선, 윤이경, 김재경, 안혜선, 이보람
인사총무팀 강미숙, 김혜진, 황호준
제작관리팀 박상민, 최완규, 이지우, 김소영, 김진경, 양지환
물류관리팀 김형기, 김선진, 한유현, 민주홍, 전태환, 전태연, 양문현, 최창우
외부 스태프 **표지디자인** 공간디자인 이용석 **본문디자인** 장선혜

펴낸곳 다산북스 **출판등록** 2005년 12월 23일 제313-2005-00277호
주소 경기도 파주시 회동길 490 3층
전화 02-704-1724 **팩스** 02-703-2219
이메일 dasanbooks@dasanbooks.com
홈페이지 www.dasan.group **블로그** blog.naver.com/dasan_books
종이 IPP **인쇄·제본** 갑우문화사 **코팅 및 후가공** 평창피엔지

ISBN 979-11-306-9305-7 (03400)